国家职业资格培训教材
技能型人才培训用书

维修电工（技师、高级技师）

第2版

国家职业资格培训教材编审委员会　组编
王兆晶　主编

机械工业出版社

本书是依据《国家职业技能标准》维修电工技师和高级技师的知识要求和技能要求，按照岗位培训需要的原则编写的。本书的主要内容包括：电气传动与自动控制、可编程序控制器应用、复杂机械设备的电气测绘与设计、复杂机械设备电气控制电路故障检修、新技术应用、电气设备的计划管理及大修工艺编制、论文答辩及培训指导。书末附有与之配套的试题库和答案，以便于企业培训、考核鉴定和读者自测自查。

本书主要用作企业培训部门、职业技能鉴定机构的教材，也可作为高级技校、技师学院、高职、各种短训班的教学用书。

图书在版编目（CIP）数据

维修电工．技师、高级技师/王兆晶主编．—2版．—北京：机械工业出版社，2012.3（2024.6重印）
国家职业资格培训教材
ISBN 978-7-111-37704-7

Ⅰ．①维…　Ⅱ．①王…　Ⅲ．①电工—维修—技术培训—教材
Ⅳ．①TM07

中国版本图书馆CIP数据核字（2012）第043244号

机械工业出版社（北京市百万庄大街22号　邮政编码100037）
策划编辑：王振国　责任编辑：王振国
版式设计：霍永明　责任校对：张　征　姜　婷
封面设计：饶　薇　责任印制：单爱军
北京虎彩文化传播有限公司印刷
2024年6月第2版第12次印刷
184mm×260mm・22.25印张・3插页・565千字
标准书号：ISBN 978-7-111-37704-7
定价：49.00元

电话服务　　　　　　　　　　网络服务
客服电话：010-88361066　　机　工　官　网：www.cmpbook.com
　　　　　010-88379833　　机　工　官　博：weibo.com/cmp1952
　　　　　010-68326294　　金　书　网：www.golden-book.com

机工教育服务网：www.cmpedu.com

国家职业资格培训教材(第2版)
编 审 委 员 会

第 2 版 序

在“十五”末期，为贯彻落实“全国职业教育工作会议”和“全国再就业会议”精神，加快培养一大批高素质的技能型人才，机械工业出版社精心策划了与原劳动和社会保障部《国家职业标准》配套的《国家职业资格培训教材》。这套教材涵盖 41 个职业工种，共 172 种，有十几个省、自治区、直辖市相关行业 200 多名工程技术人员、教师、技师和高级技师等从事技能培训和鉴定的专家参加编写。教材出版后，以其兼顾岗位培训和鉴定培训需要，理论、技能、题库合一，便于自检自测，受到全国各级培训、鉴定部门和广大技术工人的欢迎，基本满足了培训、鉴定和读者自学的需要，在“十一五”期间为培养技能人才发挥了重要作用，本套教材也因此成为国家职业资格鉴定考证培训及企业员工培训的品牌教材。

2010 年，《国家中长期人才发展规划纲要（2010—2020 年）》、《国家中长期教育改革和发展规划纲要（2010－2020 年）》、《关于加强职业培训促就业的意见》相继颁布和出台，2012 年 1 月，国务院批转了“七部委”联合制定的《促进就业规划（2011—2015 年）》，在这些规划和意见中，都重点阐述了加大职业技能培训力度、加快技能人才培养的重要意义，以及相应的配套政策和措施。为适应这一新形势，同时也鉴于第 1 版教材所涉及的许多知识、技术、工艺、标准等已发生了变化的实际情况，我们经过深入调研，并在充分听取了广大读者和业界专家意见的基础上，决定对已经出版的《国家职业资格培训教材》进行修订。本次修订，仍以原有的大部分作者为班底，并保持原有的“以技能为主线，理论、技能、题库合一”的编写模式，重点在以下几个方面进行了改进：

1. 新增紧缺职业工种——为满足社会需求，又开发了一批近几年比较紧缺的以及新增的职业工种教材，使本套教材覆盖的职业工种更加广泛。

2. 紧跟国家职业标准——按照最新颁布的《国家职业技能标准》（或《国家职业标准》）规定的工作内容和技能要求重新整合、补充和完善内容，涵盖职业标准中所要求的知识点和技能点。

3. 提炼重点知识技能——在内容的选择上，以“够用”为原则，提炼出应重点掌握的必需的专业知识和技能，删减了不必要的理论知识，使内容更加精练。

4. 补充更新技术内容——紧密结合最新技术发展，删除了陈旧过时的内容，补充了新的技术内容。

5. 同步最新技术标准——对原教材中按旧的技术标准编写的内容进行更新，所有内容均与最新的技术标准同步。

6. 精选技能鉴定题库——按鉴定要求精选了职业技能鉴定试题，试题贴近教材、贴近国家试题库的考点，更具典型性、代表性、通用性和实用性。

7. 配备免费电子教案——为方便培训教学，我们为本套教材开发配备了配套的电子教案，免费赠送给选用本套教材的机构和教师。

8. 配备操作实景光盘——根据读者需要，部分教材配备了操作实景光盘。

一言概之，经过精心修订，第2版教材在保留了第1版教材精华的同时，内容更加精练、可靠、实用，针对性更强，更能满足社会需求和读者需要。全套教材既可作为各级职业技能鉴定培训机构、企业培训部门的考前培训教材，又可作为读者考前复习和自测使用的复习用书，也可供职业技能鉴定部门在鉴定命题时参考，还可作为职业技术院校、技工院校、各种短训班的专业课教材。

在本套教材的调研、策划、编写过程中，曾经得到许多企业、鉴定培训机构有关领导、专家的大力支持和帮助，在此表示衷心的感谢！

虽然我们已经尽了最大努力，但教材中仍难免存在不足之处，恳请专家和广大读者批评指正。

国家职业资格培训教材第2版编审委员会

第1版 序一

当前和今后一个时期，是我国全面建设小康社会、开创中国特色社会主义事业新局面的重要战略机遇期。建设小康社会需要科技创新，离不开技能人才。“全国人才工作会议”、“全国职教工作会议”都强调要把“提高技术工人素质、培养高技能人才”作为重要任务来抓。当今世界，谁掌握了先进的科学技术并拥有大量技术娴熟、手艺高超的技能人才，谁就能生产出高质量的产品，创出自己的名牌；谁就能在激烈的市场竞争中立于不败之地。我国有近一亿技术工人，他们是社会物质财富的直接创造者。技术工人的劳动，是科技成果转化为生产力的关键环节，是经济发展的重要基础。

科学技术是财富，操作技能也是财富，而且是重要的财富。中华全国总工会始终把提高劳动者素质作为一项重要任务，在职工中开展的“当好主力军，建功‘十一五’，和谐奔小康”竞赛中，全国各级工会特别是各级工会职工技协组织注重加强职工技能开发，实施群众性经济技术创新工程，坚持从行业和企业实际出发，广泛开展岗位练兵、技术比赛、技术革新、技术协作等活动，不断提高职工的技术技能和操作水平，涌现出一大批掌握高超技能的能工巧匠。他们以自己的勤劳和智慧，在推动企业技术进步，促进产品更新换代和升级中发挥了积极的作用。

欣闻机械工业出版社配合新的《国家职业标准》为技术工人编写了这套涵盖41个职业的172种“国家职业资格培训教材”。这套教材由全国各地技能培训和考评专家编写，具有权威性和代表性；将理论与技能有机结合，并紧紧围绕《国家职业标准》的知识点和技能鉴定点编写，实用性、针对性强，既有必备的理论和技能知识，又有考核鉴定的理论和技能题库及答案，编排科学，便于培训和检测。

这套教材的出版非常及时，为培养技能型人才做了一件大好事，我相信这套教材一定会为我们培养更多更好的高技能人才做出贡献！

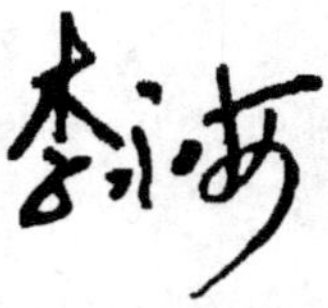

（李永安　中国职工技术协会常务副会长）

第1版 序二

为贯彻“全国职业教育工作会议”和“全国再就业会议”精神，全面推进技能振兴计划和高技能人才培养工程，加快培养一大批高素质的技能型人才，我们精心策划了这套与劳动和社会保障部最新颁布的《国家职业标准》配套的《国家职业资格培训教材》。

进入21世纪，我国制造业在世界上所占的比重越来越大，随着我国逐渐成为“世界制造业中心”进程的加快，制造业的主力军——技能人才，尤其是高级技能人才的严重缺乏已成为制约我国制造业快速发展的瓶颈，高级蓝领出现断层的消息屡屡见诸报端。据统计，我国技术工人中高级以上技工只占3.5%，与发达国家40%的比例相去甚远。为此，国务院先后召开了“全国职业教育工作会议”和“全国再就业会议”，提出了“三年50万新技师的培养计划”，强调各地、各行业、各企业、各职业院校等要大力开展职业技术培训，以培训促就业，全面提高技术工人的素质。

技术工人密集的机械行业历来高度重视技术工人的职业技能培训工作，尤其是技术工人培训教材的基础建设工作，并在几十年的实践中积累了丰富的教材建设经验。作为机械行业的专业出版社，机械工业出版社在“七五”、“八五”、“九五”期间，先后组织编写出版了“机械工人技术理论培训教材”149种，“机械工人操作技能培训教材”85种，“机械工人职业技能培训教材”66种，“机械工业技师考评培训教材”22种，以及配套的习题集、试题库和各种辅导性教材约800种，基本满足了机械行业技术工人培训的需要。这些教材以其针对性、实用性强，覆盖面广，层次齐备，成龙配套等特点，受到全国各级培训、鉴定和考工部门和技术工人的欢迎。

2000年以来，我国相继颁布了《中华人民共和国职业分类大典》和新的《国家职业标准》，其中对我国职业技术工人的工种、等级、职业的活动范围、工作内容、技能要求和知识水平等根据实际需要进行了重新界定，将国家职业资格分为5个等级：初级（5级）、中级（4级）、高级（3级）、技师（2级）、高级技师（1级）。为与新的《国家职业标准》配套，更好地满足当前各级职业培训和技术工人考工取证的需要，我们精心策划编写了这套“国家职业资格培训教材”。

这套教材是依据劳动和社会保障部最新颁布的《国家职业标准》编写的，为满足各级培训考工部门和广大读者的需要，这次共编写了41个职业172种教材。在职业选择上，除机电行业通用职业外，还选择了建筑、汽车、家电等其他相近行业的热门职业。每个职业按《国家职业标准》规定的工作内容和技能要求编写初级、中级、高级、技师（含高级技师）四本教材，各等级合理衔接、步步提升，为高技能人才培养搭建了科学的阶梯型培训架构。为满足实际培训的需要，对多工种共同需求的基础知识我们还分别编写了《机械制图》、《机械基础》、《电工常识》、《电工基础》、《建筑装饰识图》等近20种公共基础教材。

在编写原则上，依据《国家职业标准》又不拘泥于《国家职业标准》是我们这套教材的创新。为满足沿海制造业发达地区对技能人才细分市场的需要，我们对模具、制冷、电梯等社会需求量大又已单独培训和考核的职业，从相应的职业标准中剥离出来单独编写了针对性较强的培训教材。

为满足培训、鉴定、考工和读者自学的需要，在编写时我们考虑了教材的配套性。教材的章首有培训要点、章末配复习思考题，书末有与之配套的试题库和答案，以及便于自检自测的理论和技能模拟试卷，同时还根据需求为20多种教材配制了VCD光盘。

为扩大教材的覆盖面和体现教材的权威性，我们组织了上海、江苏、广东、广西、北京、山东、吉林、河北、四川、内蒙古等地相关行业从事技能培训和考工的200多名专家、工程技术人员、教师、技师和高级技师参加编写。

这套教材在编写过程中力求突出“新”字，做到“知识新、工艺新、技术新、设备新、标准新”，增强实用性，重在教会读者掌握必需的专业知识和技能，是企业培训部门、各级职业技能鉴定培训机构、再就业和农民工培训机构的理想教材，也可作为技工学校、职业高中、各种短训班的专业课教材。

在这套教材的调研、策划、编写过程中，曾经得到广东省职业技能鉴定中心、上海市职业技能鉴定中心、江苏省机械工业联合会、中国第一汽车集团公司以及北京、上海、广东、广西、江苏、山东、河北、内蒙古等地许多企业和技工学校的有关领导、专家、工程技术人员、教师、技师和高级技师的大力支持和帮助，在此谨向为本套教材的策划、编写和出版付出艰辛劳动的全体人员表示衷心的感谢！

教材中难免存在不足之处，诚恳希望从事职业教育的专家和广大读者不吝赐教，提出批评指正。我们真诚希望与您携手，共同打造职业培训教材的精品。

国家职业资格培训教材编审委员会

前　言

为进一步提高维修电工从业人员的基本素质和专业技能，增强各级、各类职业学校在校生的就业能力，满足本工种职业技能培训、考核、鉴定等工作的迫切需要，我们组织部分经验丰富的讲师、工程师、技师等编写了《维修电工》培训教材。

《维修电工》培训教材共分四册，即初级工、中级工、高级工、技师和高级技师。由于中华人民共和国人力资源和社会保障部重新制定了国家职业技能标准《维修电工》，故根据该标准，并以现行电器维修、电气施工及验收规范为依据，以实用、够用为宗旨，力求精炼、科学、规范地对该教材进行了修订。

本册教材由王兆晶任主编，第一章由刘传顺编写，第二章由周照君编写，第三、四章由屈安山编写，第五章由宋明学编写，第六章和试题库由王兆晶编写，第七章由阎伟编写。

编者在编写过程中参阅了大量的相关规范、规定、图册、手册、教材及技术资料等，并借用了部分图表，在此向原作者致以衷心的感谢。如有不敬之处，恳请见谅。

由于教材知识覆盖面较广，涉及的标准、规范较多，加之时间仓促、编者水平有限，书中难免存在缺点和不足，敬请各位同行、专家和广大读者批评指正，以期再版时臻于完善。

编　者

目录

第一章

电气传动与自动控制

培训学习目标　掌握直流调速系统和交流变频调速系统的调试方法；熟悉变频器的基本工作原理；掌握变频器的安装、接线及参数设定方法；熟悉变频器的应用、常见故障分析及维护方法。

第一节　电力电子器件

一、绝缘栅双极型晶体管

绝缘栅双极型晶体管（IGBT）集 MOSFET 和 GTR 的优点于一身，具有输入阻抗高、开关速度快、驱动电路简单、通态电压低、能承受高电压大电流等优点，已广泛用于变频器和其他调速电路中。IGBT 的图形符号及等效电路如图 1-1 所示。

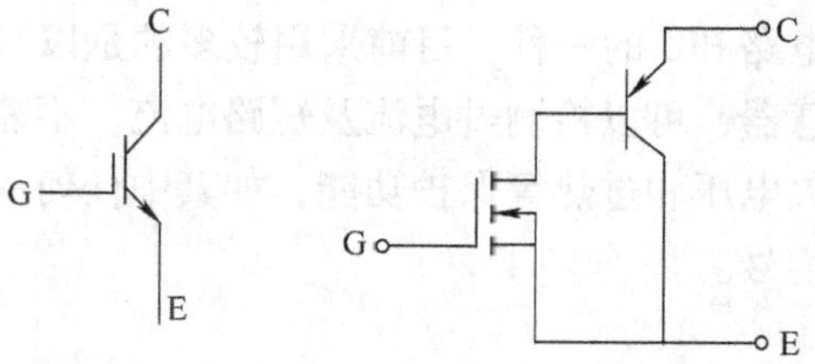

a)　　　b)

图 1-1　IGBT 的图形符号及等效电路

a）图形符号　b）等效电路

二、集成门极换流晶闸管

集成门极换流晶闸管（IGCT）是一种中压、大功率半导体开关器件。该器件将门极驱动电路与门极换流晶闸管 GCT 集成于一个整体，门极换流晶闸管 GCT 是基于 GTO 结构的电力半导体器件，不仅有 GTO 的高阻断能力和低通态压降的特点，而且有 IGBT 的开关性能，集 GTO 和 IGBT 的优点于一身，是理想的中压（用于 6kV 和 10kV 电路）、大功率（兆瓦级）

开关器件。另外，IGCT 开关过程一致性好，可以方便地实现串、并联，进一步扩大功率范围。IGCT 的图形符号和门极驱动电路如图 1-2 所示。

对于三相 IGCT 逆变器，尽管其不需要限制电压上升率的缓冲电路，但是由于 IGCT 本身不能控制电流上升率，因此，为了限制短路电流上升率，在实际电路中常常串入适当的电抗器，如图 1-3 所示。

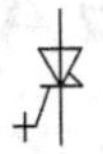

a)

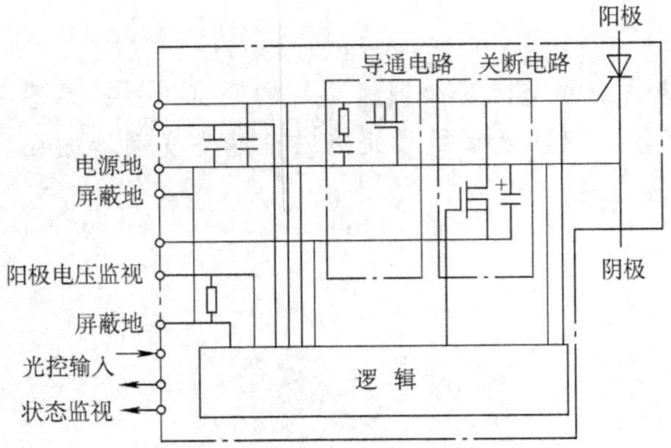

b)

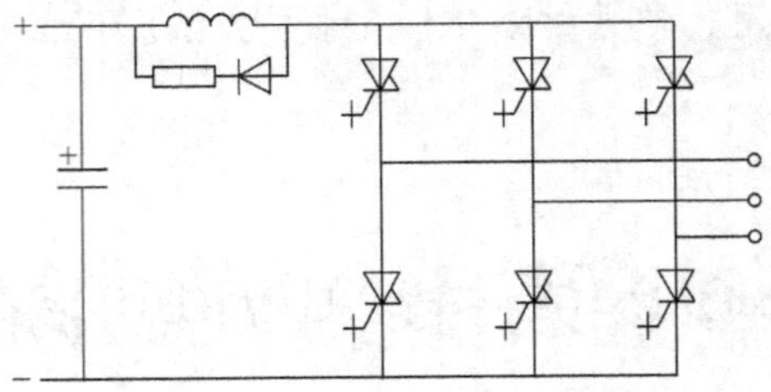

图 1-2 IGCT 的图形符号和门极驱动电路

a）图形符号 b）门极驱动电路

图 1-3 三相 IGCT 逆变器的应用

三、智能电力模块

智能电力模块（IPM）将大功率开关器件和驱动电路、保护电路、检测电路等集成在同一个模块内，是电力集成电路 PIC 的一种。目前采用较多的是以 IGBT 作为大功率开关器件。

模块内集成了电流传感器，可以检测过电流及短路电流，不需外加电流检测元件。智能模块内有过电流、短路、欠电压和过热等保护功能，如其中任何一种保护功能动作，输出为关断状态，同时输出故障信号。

IPM 具有的特点如下：

1）开关速度快，驱动电流小，控制驱动更为简单。

2）内含电流传感器，可以高效迅速地检测出过电流和短路电流，能对功率芯片给予足够的保护，故障率大大降低。

3）由于在器件内部电源电路和驱动电路配线设计上的优化，所以由浪涌电压、门极振荡、噪声引起的干扰等问题均能有效地得到控制。

4）保护功能较为丰富，如电流保护、电压保护、温度保护一应俱全，随着技术的进步，保护功能将进一步日臻完善。

智能电力模块内部的基本结构如图 1-4 所示，其中包括用于电动机制动的功率控制电路和三相逆变器各桥臂的驱动电路及各种保护电路。智能电力模块应用实例如图 1-5 所示。

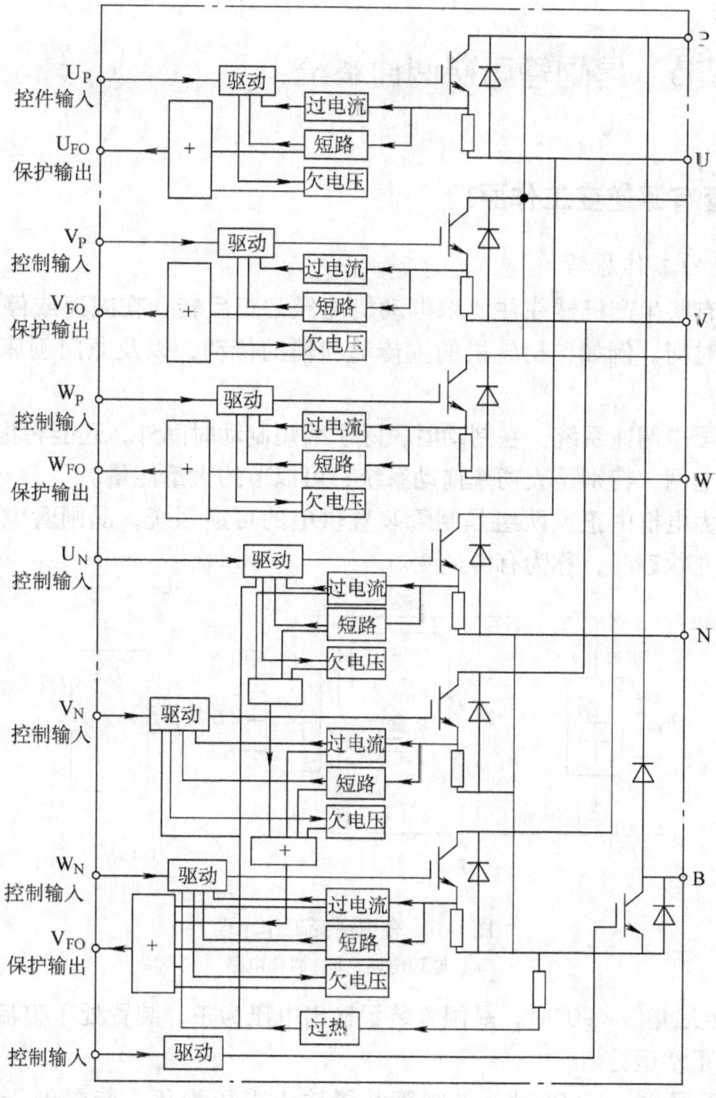

图 1-4　智能电力模块内部的基本结构

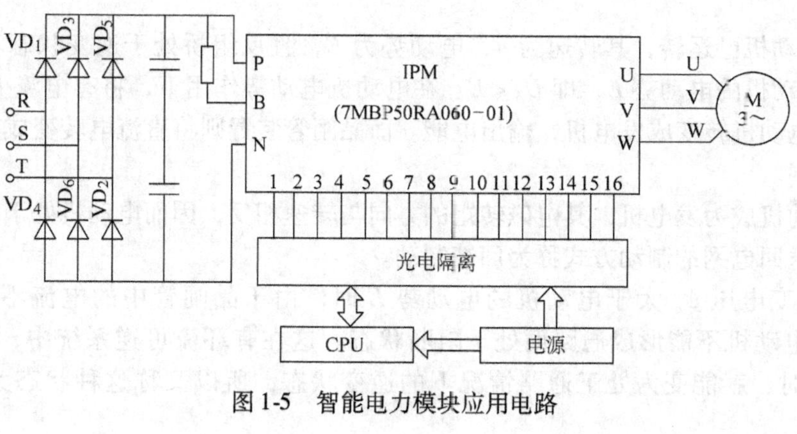

图 1-5　智能电力模块应用电路

第二节　晶闸管可逆调速系统

一、晶闸管有源逆变工作原理

1. 有源逆变的工作原理

在生产中，有些生产机械往往要求电动机能经常正反转，在减速或停车时要有制动作用，以缩短制动时间。例如，初轧机的主传动和辅助传动，以及龙门刨床、起重机、提升机、电梯等。

此外，采用可逆调速系统，在制动时，除了缩短制动时间外，还能将拖动系统的机械能转换成电能回送电网，特别是大功率拖动系统，可以节约大量能量。

图1-6所示为电枢由正反两组晶闸管装置供电的可逆系统，晶闸管电路接在交流电源上，当它处于逆变状态时，称为有源逆变。

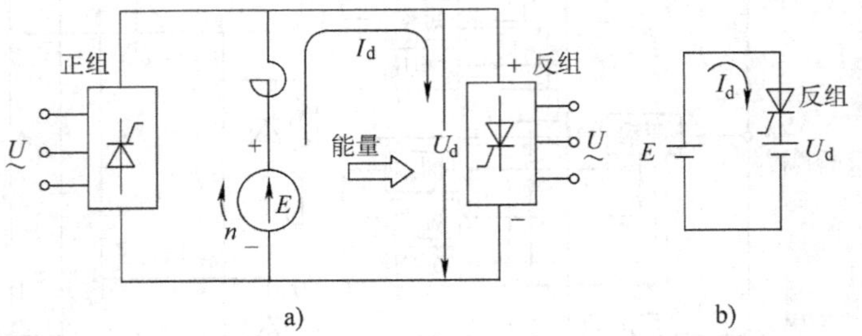

图1-6　有源逆变工作原理

a) 原理电路　b) 简化电路

1) 当触发延迟角 $\alpha<90°$ 时，晶闸管装置输出电压为正，装置处于整流状态，它向电动机供电，电动机正常运行。

2) 当触发延迟角 $\alpha>90°$ 时，晶闸管装置输出电压为负，装置处于逆变状态，但由于晶闸管是单向导电的，电流并不能反向，逆变电路与电动机不能形成通路而处于阻断状态。

3) 设电动机已运转，其转速为 n，电动势为 E，且反组桥处于逆变状态。若其输出电压 U_d 小于电动机的电动势 E，即 $U_d<E$，在电动机电动势作用下，将有电流 I_d 通过晶闸管装置。这时电动机转变成发电机，输出电能。而晶闸管装置则将直流电转变成交流电，并将电能送回电网。

由于电动机成为发电机，其电磁转矩的方向与转速相反，因而电动机处于制动状态。这种将能量反送回电网的制动方式称为回馈制动。

4) 当逆变电压 U_d 大于电动机的电动势 E 时，由于晶闸管中的电流不能反向流动，逆变电路与电动机不能形成通路而处于阻断状态。这在有环流可逆系统中，由于当 U_d 下降到小于 E 时，就能变为处于通路情况下的逆变状态，所以又称这种状态为“待逆变状态”。

2. 实现有源逆变的必需条件

要实现有源逆变，必须同时具备以下两个条件，且缺一不可。

1）直流侧必须外接与直流电流 I_d 同方向的直流电源 E，其数值要稍大于 U_d，才能提供逆变能量。

2）逆变器必须工作在逆变角 $\beta<90°$（$\alpha>90°$）的区域内，使 $U_d<0$，才能把直流功率逆变为交流功率。

对于半控桥式晶闸管整流电路或有续流二极管的电路，因为它们不可能输出负电压，也不允许在直流侧接上反极性的直流电源，故不能实现有源逆变。

二、晶闸管电动机驱动器中的环流及控制

所谓环流，就是不经过负载而只经过两组晶闸管装置的电流，也称为均衡电流。

1. 反并联电路中的环流

（1）环流　环流可分为静态环流和动态环流，如图 1-7 所示。静态环流　是指晶闸管装置在固定的触发延迟角之下稳定工作时，系统中出现的环流。

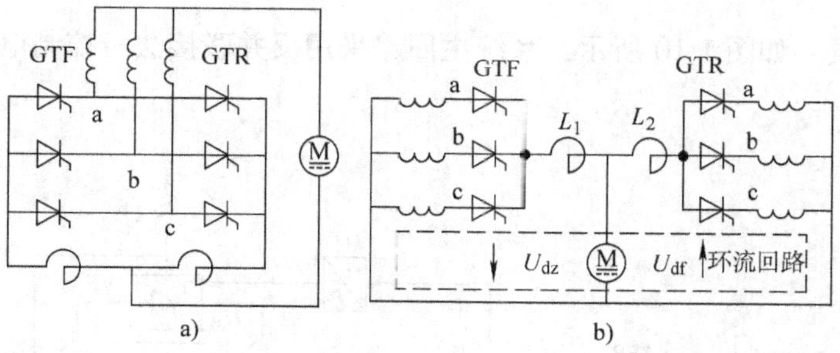

图 1-7　反并联电路中的环流

经理论分析可知，消除直流环流的办法是采用 $\alpha_z\geqslant\beta_f$，最典型的配合控制是采用 $\alpha=\beta$ 工作制。

（2）动态环流　是指当触发器的控制电压突然改变时，系统从一种状态变为另一种工作状态的过渡过程中产生的环流，如图 1-8 所示。为防止动态环流，必须限制电压的变化率。

经分析可知，消除动态环流的办法是安装均衡电抗器。由图 1-7 可以看到，为了限制动态环流而设有两个电抗器 L_1 和 L_2，当 GTF 组工作时，L_1 中通过负载电流和动态环流，铁心处于饱和状态，失去限制环流的作用，此时只能依靠无负载电流流过的 L_2 来限制环流。同理，当 GTR 组工作时，则依靠 L_1 限制环流。

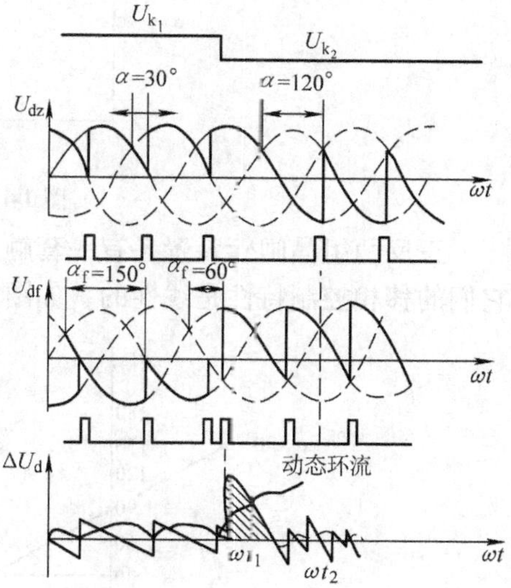

图 1-8　动态环流

在三相桥式电路中，因为有两条并联的环流回路，所以用了 4 只均衡电抗器，如图 1-9 所示。

2. 环流的二重性

一般来说，产生环流是不利的，它不做有用功而增加设备容量，而且还要增加均衡电抗器。但环流又有它有利的一面，少量的直流环流可以作为晶闸管的基本负载，也就是在电动机空载或轻载时可使晶闸管装置仍工作在电流连续区，避免了电流断续引起的非线性现象对系统静态和动态性能的影响，而且存在环流可以保证电流的无间断反向，做到两组切换时无死区，使过渡过程加快。

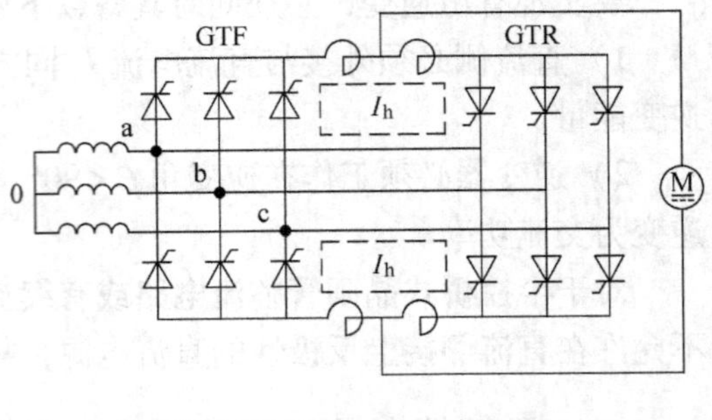

图 1-9　三相桥式电路中的环流

三、有环流可逆调速系统

1. 自然环流可逆调速系统

所谓自然环流可逆调速系统是指对环流不加自动调节，按 $\alpha=\beta$ 工作制进行工作的有环流可逆系统。

（1）系统组成　如图 1-10 所示，系统主回路采用反并联接法。控制电路是典型的转速、电流双闭环系统。

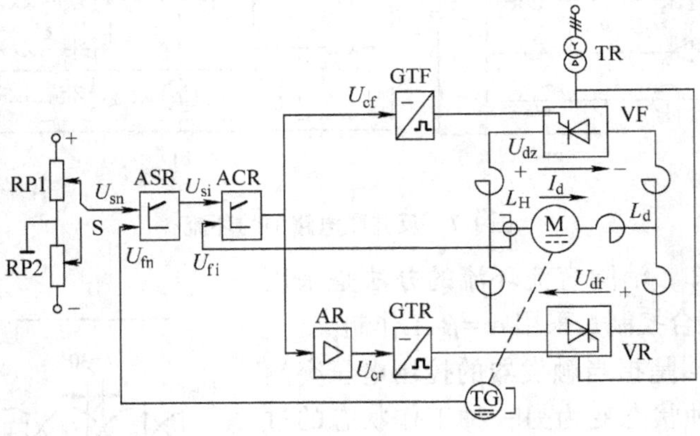

图 1-10　自然环流可逆调速系统

正反两组晶闸管装置各有一套触发器 GTF 和 GTR，若采用锯齿波同步的晶闸管触发器，它们的移相控制特性是线性的，如图 1-11 所示。

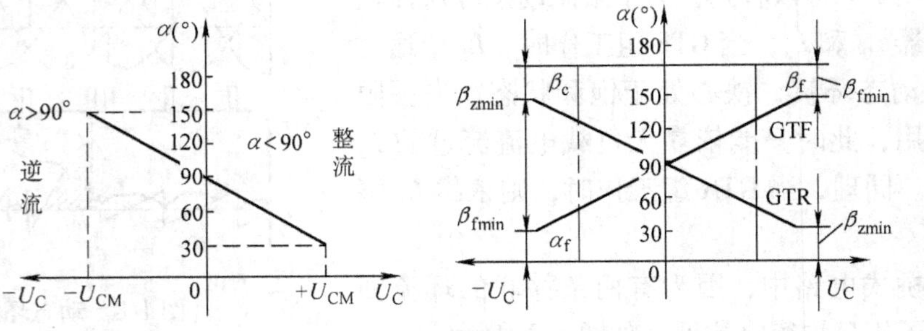

图 1-11　触发移相控制特性

当触发器控制电压 U_c 为零时，调整各触发器的初始相位角 $\alpha_0=90°$，这样每组晶闸管装置根据要求可以工作在整流状态，也可以工作在逆变状态。

（2）角度控制和电流限制　为了防止逆变颠覆，对于最小逆变角 β_{min} 必须严格控制。如果只限制 β_{min}，而对 α_{min} 不加限制，那么处于 β_{min} 的时候，系统将会发生 $\alpha<\beta$ 的情况，从而引起直流环流，这是绝不允许的，为了实施对 β_{min} 和 α_{min} 的限制可以在电流调节器 ACR 和反相器 AR 的输出端设置双向限幅装置，$\pm U_{CM}$ 限幅值可按移相控制特性选取，一般取 $\beta_{min}=30°$。

为了限制主回路正反向的最大电流，速度调节器 ASR 也应设置双向限幅装置，正反向的限幅值可以根据生产机械对正反向的加速度要求而定。

（3）系统的工作过程

1）电动机停止状态：这时给定电压 $U_{sn}=0$，速度调节器输出 U_{si}、电流调节器输出 U_{cf}、反向器输出 U_{cr} 均为0，则 $\alpha_z=\alpha_f=90°$，两组晶闸管装置的输出平均电压 $U_{dz}=U_{df}=0$，电动机停止不动，$n=0$。

2）电动机正向起动运转与大信号作用下双环系统起动过程相同。

（4）正向制动停车　这个过程在不可逆的调速器系统中是不可能产生的，但却对不同的可逆系统有着普遍的意义。制动过程分为两个阶段进行，如图 1-12 所示。

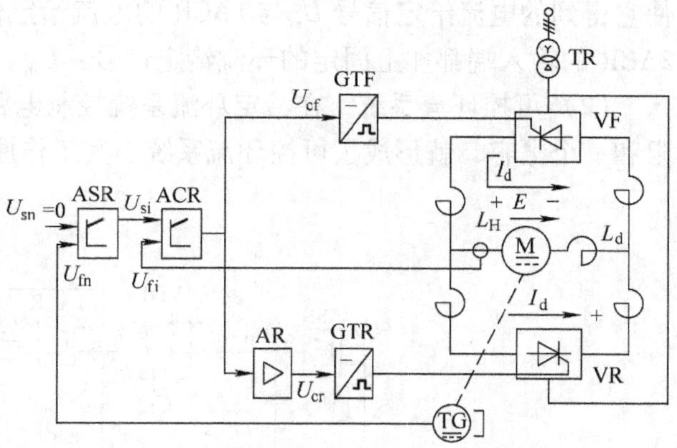

图 1-12　晶闸管可逆调速系统

1）本桥逆变阶段：主回路电流迅速下降至零，方向未变。该阶段无制动效果。

2）它桥制动阶段：电流方向变负，又分为它桥建流、逆变和减流 3 个阶段。

① 它桥建流阶段：电动机反接制动。

② 它桥逆变阶段：它桥逆变阶段是正向制动的主要阶段，电动机回馈制动。

③ 它桥减流阶段：电流由 $-I_{dm}$ 减至0。

2. *给定直流环流和可控环流的可逆调速系统*

从利用直流环流的目的出发，出现了可控环流调速系统。当系统中电流很小或为零时，可能发生电流断续现象，如果此时系统中有直流环流，那么它就使得晶闸管整流装置中的电流保持连续，对调速系统的静、动特性都是有利的，而且有直流环流可以保证电流反向时没有死区，有助于缩短过渡过程，提高切换的平滑性，电动机负载电流越小，所需要的环流越大，电动机负载电流大到一定程度后，它本身就连续了，此时的环流是多余有害的，这时希望环流能够自动消失。如果系统无论工作在什么状态，无论负载大小如何，都存在同样大小的直流环流，那么系统就叫做给定环流系统。如果空载时有给定的直流环流，随着负载的增加，直流环流逐渐较小，负载大到一定程度，直流环流消失，这种系统称为可控环流系统。

（1）给定环流系统　给定环流系统的工作原理如图 1-13 所示，其主电路常采用交叉连接的线路。

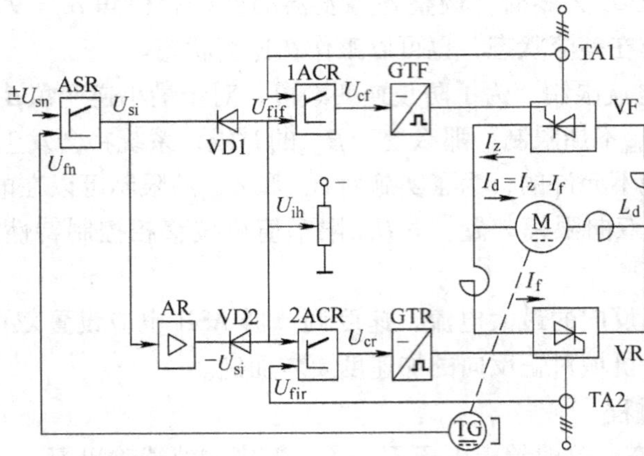

图1-13　给定环流系统的工作原理

控制电路中用两个电流调节器1ACR和2ACR分别控制正组和反组电流，用两套电流检测装置TA1和TA2分别从交流侧检测两组电流。反组电流调节器2ACR前面设置反相器，使它得到的电流给定信号U_{si}与1ACR的电流给定信号U_{si}大小相等，方向相反。在1ACR和2ACR的输入端都加上固定的环流给定信号$-U_{ih}$。二极管VD1与VD2用于选择U_{si}。

(2) 可控环流系统　在给定环流系统控制电路中的二极管VD1和VD2上各并联一个电阻和一个电容，就形成了可控环流系统。其工作原理如图1-14所示。

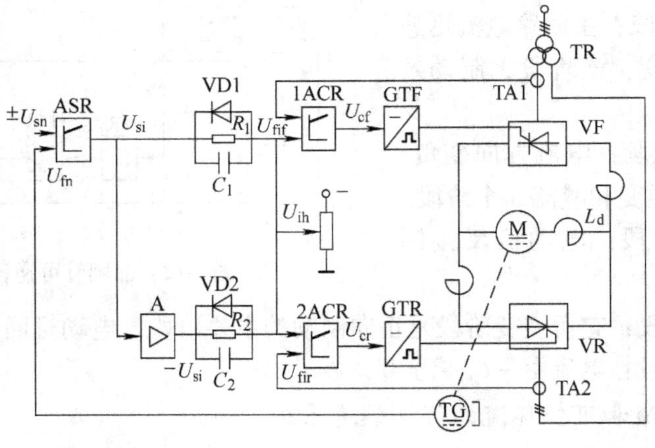

图1-14　可控环流系统的工作原理

其中，R_1的作用是随负载电流的增长，自动抵消环流给定电压。对于工作在整流状态下的一组整流装置来说，二极管导通，如果没有R_1，电流给定信号U_{si}被二极管截止，对ACR不起作用；但有了R_1后，可以通过R_1把正的电流给定信号引到ACR的输入端，对负的环流给定信号产生抵消作用，抵消的程度与电流给定信号U_{si}的大小有关。由于稳定时U_{si}和负载电流基本上成正比，当负载电流较小时，抵消一部分U_{ih}，系统中环流比以前小但还有环流，随着负载电流的增加，U_{si}抵消U_{ih}的程度增大，环流自动减弱，当负载电流增大到一定程度时，U_{si}完全抵消了U_{ih}，环流完全消失。电容C_1的作用是改善系统的动态品质。

在可控环流系统中，由于增加了 R_1 和 C_1，且它们与二极管并联在一起，此环节称为环流限制电路。有了它就可以对环流进行自动调节。由此看来，均衡电抗器并不是限制电流的唯一手段。对于可控环流系统，由于过渡过程中无死区，快速性好，所以其在各种快速可逆调速系统和随动系统中得到日益广泛应用。

四、逻辑无环流可逆调速系统

1. *逻辑无环流可逆调速系统的分类*

无环流可逆系统是指既无直流环流又无交流环流的可逆系统，它又分为两种类型：一种是借助逻辑装置实现无环流，这种系统称为逻辑无环流可逆系统；另一种利用错开触发脉冲位置的原理来实现无环流，这种系统称为错位无环流可逆系统；在无环流调节系统中，主电路都是采用反并联接线，而且取消了环流电抗器。

这里仅讨论逻辑无环流系统，它是工业上最常用的一种可逆系统。这种系统在任何时候只有一组晶闸管工作，而另一组关断。它是由逻辑装置来实现控制的，该装置对工作的一组晶闸管发出脉冲，并封锁另一组晶闸管的脉冲，从而使另一组晶闸管完全处于阻断状态，这样由于切断了环流的通路，也就不会产生环流，从而提高了系统的可靠性。图 1-15 所示为逻辑无环流可逆调速系统的工作原理。

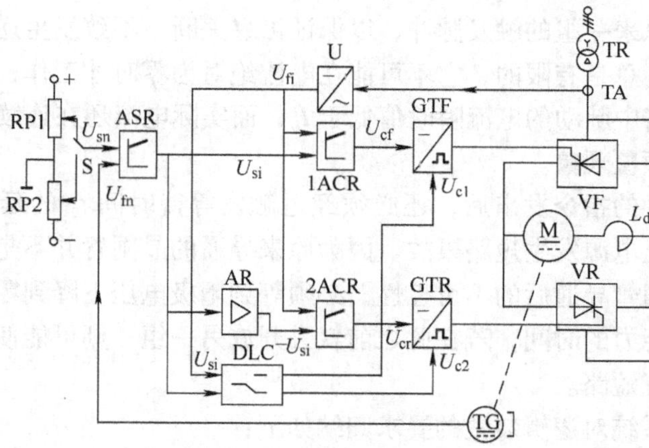

图 1-15　逻辑无环流可逆调速系统的工作原理

该系统的主电路为两组整流装置反并联接线，不设置环流电抗器。与其他可逆系统不同之处就是增设了逻辑装置。根据系统的工作情况，逻辑装置分别输出 U_{LKZ} 和 U_{LKF}，对两组整流装置发出开放或者封锁脉冲的信号。另外，DLC 还发出 U_{LBZ} 和 U_{LBF} 的信号，用作将触发延迟角推到 β_{min} 的指令，分别送到 1ACR 和 2ACR，以限制换相冲击电流。

2. *可逆系统对逻辑装置的基本要求*

逻辑装置必须能够鉴别系统的各种运行状态，并严格控制两组晶闸管触发脉冲的开放与封锁，从而正确地对两组晶闸管装置进行切换。

逻辑装置是根据什么来指挥两组晶闸管中的哪一组工作，哪一组关断以及在什么情况下两组应该相互切换呢？这就要分析系统的各种工作状态和晶闸管装置的工作状态。

每组晶闸管都有整流和逆变两种工作状态，但是无论它们处于何种工作状态，其电枢回路电流方向都是一样的。具体来说，当电动机正转和反向制动时，电枢电流的方向都是为正，这时正组晶闸管分别工作在整流与逆变状态；当电动机反转和正向制动时，电枢电流的方向为负，这时反组晶闸管工作。因此，逻辑装置首先应该根据系统对电枢也就是转矩的要求来指挥正反组晶闸管进行切换。当系统要求电动机转矩方向为正时，逻辑装置 DLC 应开放正组触发脉冲而将反组触发脉冲封锁。反之，当系统要求电动机转矩方向为负时，DLC 应开放反组触发脉冲而将正组触发脉冲封锁。由此可见，首先应该用转矩的极性鉴别信号来指挥逻辑切换。从系统工作原理图可以看出，速度调节器 ASR 的输出 U_{si} 也就是电流给定信号，它的极性正是反映了转矩的极性。由于正组工作时，U_{si} 为负，反组工作时 U_{si} 为正，所以 U_{si} 可作为逻辑装置的一个输入信号。但是转矩极性的改变只是逻辑切换的必要条件，在 U_{si} 的极性刚刚开始改变时，还不能马上实现切换，例如系统在进行制动时，U_{si} 极性已改变，可是在电枢电流过零以前，仍要保证本整流装置工作，以便实现本桥逆变。若本桥逆变时，电流尚未过零，而强行封锁处在逆变状态下的本组触发脉冲，势必会引起逆变颠覆，造成严重事故。因此，逻辑装置还需要零电流检测器，对实际电流进行检测，当测得电流过零时，送出零电流信号，只有当主回路电流为零时才允许两组切换，因此系统可以进行切换的必要和充分条件是转矩极性改变和主回路电流为零。所以把零电流检测信号作为 DLC 的另一个输入信号。

为保证系统工作的可靠性，在检测出零电流以后，必须再通过一个关断等待时间 t_1 的延时后，才允许封锁原来一组的触发脉冲，以保证可靠关断，不致发生逆变颠覆现象。因为零电流检测器的灵敏度总是有限的，它不可能在电流绝对为零时才工作，它有一个最小的动作电流 I_0，若电枢回路中脉动的电流瞬时值低于 I_0，而实际电流还在连续时，就将原组脉冲封锁，则会发生逆变颠覆现象。

封锁原组触发脉冲的指令发出后，还必须经过触发等待时间 t_2 的延时后，才可以开放另一组晶闸管，以防止电源发生短路事故。因为原来导通的晶闸管并不是在脉冲封锁的那一瞬时就关断，由于晶闸管导通后的不可控性，必须等到阳极电压下降到零时才关断，关断之后还需要有恢复阻断能力的时间，若在此之前就去开放另一组，则可能使两组晶闸管同时处于导通状态，形成环流短路。

综上所述，可逆系统对逻辑装置的要求归纳如下：

1）在任何情况下，两组晶闸管绝不能同时有触发脉冲，一组工作时，必须封锁另一组脉冲。

2）当转矩极性鉴别信号 U_{si} 改变极性时，必须等到零电流检测器发出“零电流”信号后，才允许发出逻辑切换指令，为此必须根据转矩极性和零电流检测信号进行逻辑判断。

3）发出切换指令后，经过关断等待时间的延时封锁原导通组脉冲，在经过触发等待时间后才能开放另一组。

3. 双闭环逻辑无环流可逆调速系统的控制原理

双闭环无环流可逆调速系统，如图 1-16 所示，由两组反并联的三相全控整流桥组成。

双闭环逻辑无环流可逆调速控制系统，就是对反并联两组晶闸管的触发器，在任何时刻只能让一组输出触发脉冲，而将另一组触发脉冲封锁，从而使一组晶闸管工作在整流状态，而另一组晶闸管处于阻断状态，无法形成环流。因为无环流，主电路无需设置均衡电抗器，正反两组晶闸管用一套触发器和一套电流调节器，哪一组晶闸管导通由逻辑控制装置控制电

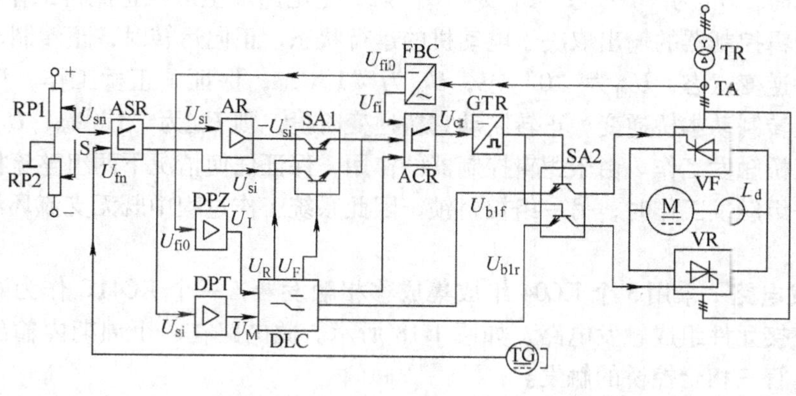

图 1-16 双闭环逻辑无环流可逆调速系统的工作原理

子开关进行转换，图中符号表示含义为：VF—正组晶闸管；VR—反组晶闸管；ASR—速度调节器；ACR—电流调节器；DLC—逻辑控制器；SA1—电子开关；SA2—触发脉冲控制电路。

双闭环逻辑无环流可逆调速电路工作原理分析如下：

（1）主电路　双闭环逻辑无环流可逆调速系统的主电路如图 1-17 所示。

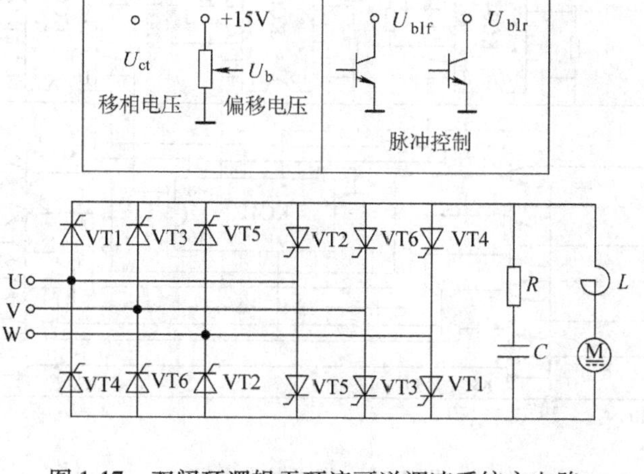

图 1-17 双闭环逻辑无环流可逆调速系统主电路

主电路采用三相全控桥式整流，正反两桥并联连接输出，为了保证电动机在低速轻载时电流连续，主电路设有平波电抗器 L。

正向起动时，给定电压 U_{sn} 为正电压，无环流逻辑控制器的输出端 U_{blf} 为“0”态，U_{blr} 为“1”态，即正桥触发器脉冲开通，反桥触发器脉冲封锁，主电路正组可控整流桥工作，电动机正向运行。

减小给定时，$U_{sn}<U_{fn}$，使 U_{si} 反向，整流装置进入本桥逆变状态，而 U_{blf}、U_{blr} 不变，当主电路电流减小并过零后，U_{blf}、U_{blr} 输出状态转换，U_{blf} 为“1”态，U_{blr} 为“0”态，即进入它桥制动状态，使电动机的速度降至设定的转速，然后再切换成正向运行状态；当 $U_{sn}=0$ 时，电动机停转。

反向运行时，U_{blf}为“1”态，U_{blr}为“0”态，主电路反组可控整流桥工作。

无环流逻辑控制器的输出取决于电动机的运行状态，正向运转时，正转制动本桥逆变及反转制动它桥逆变状态，U_{blf}为“0”态，U_{blr}为“1”态，保证了正桥工作，反桥封锁；反向运转时，反转制动本桥逆变，正转制动它桥逆变阶段，则U_{blf}为“1”态，U_{blr}为“0”态，正桥封锁；反桥触发工作。由于逻辑控制器的作用，保证任何情况下两组整流桥都不会同时触发导通，一组触发工作时，另一组被封锁，因此系统工作过程中既无支流环流也无脉冲环流。

（2）触发电路　采用3个KC04组成集成移相触发器，一个KC41C作为6相双脉冲形成器，以及外接元件组成触发电路，如图1-18所示。此电路在一个周期内输出6个双窄脉冲，用于晶闸管三相全控桥的触发。

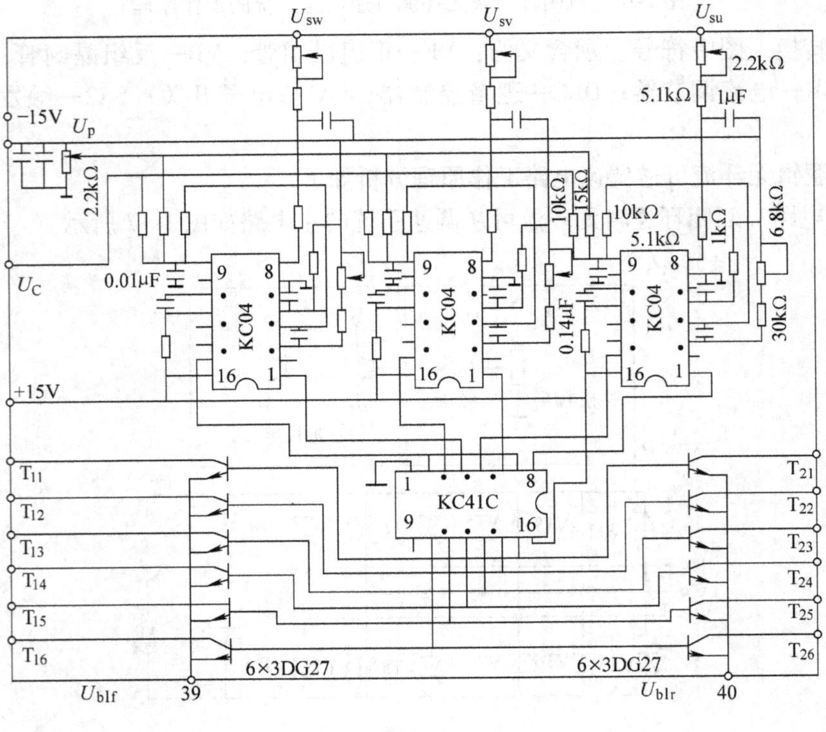

图1-18　集成触发电路

在逻辑无环流可逆调速系统中，有正、反两组触发脉冲，触发脉冲取自脉冲变压器的二次侧输出端，如图1-19所示。

其中，脉冲变压器二次侧输出端11g和11k，12g和12k，…，16g和16k接在正转组晶闸管门极上；输出端21g和21k，22g和22k，…，26g和26k接在反转组晶闸管门极上。由逻辑控制电路输出U_{blf}和U_{blr}信号，控制正反组晶闸管的触发脉冲。

（3）速度调节器　速度调节器ASR的功能是对给定和反馈两个输入量进行加法、减法、比例、积分和微分等运算，由运算放大器，输入与反馈网络及二极管限幅环节组成。其工作原理如图1-20所示。

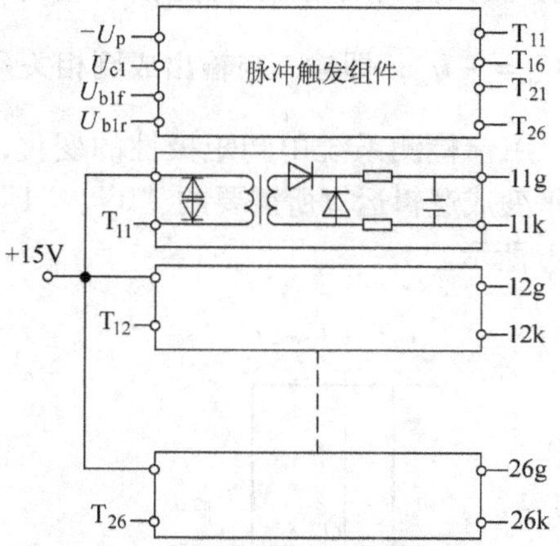

图 1-19　脉冲分配器

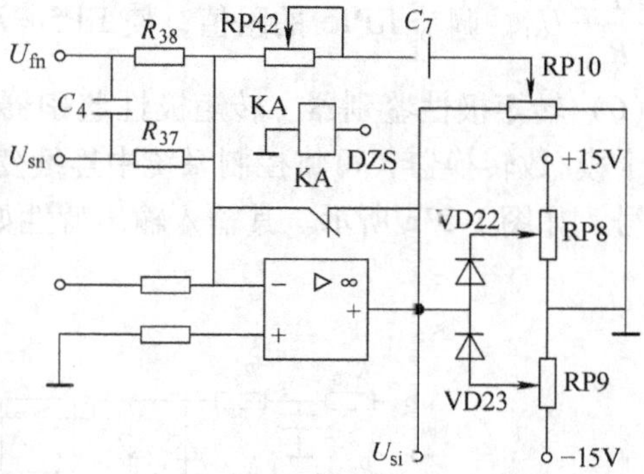

图 1-20　速度调节器的工作原理

运算放大器具有开环放大倍数大、零点漂移小、线性好、输入电流小、输出阻抗低等优点，是理想的调节器。二极管 VD22、VD23 和电位器 RP8、RP9 组成正负幅度可调的限幅电路。RP42、C_7 组成微分反馈校正网络，能抑制振荡，减小超调。C_4、R_{37}组成速度环串联校正网络。

当给定信号为 0 时，电动机转速应为 0，但由于温度等原因而引起零点漂移，造成电动机自转或失控，所以调节器设有零速封锁电路。当给定信号为 0 时，继电器 KA 不得电，常闭触点 KA 将调节器反馈网络短接而封锁；当有给定信号时，继电器 KA 得电，常闭触点 KA 断开，零速封锁解除，调节器正常工作。RP10 为放大系数调节电位器。

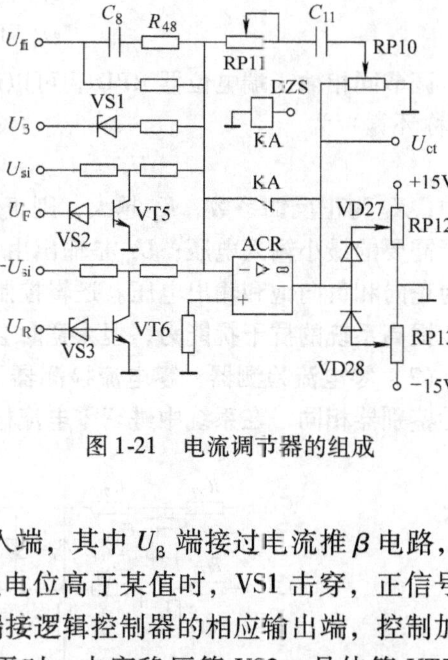

图 1-21　电流调节器的组成

（4）电流调节器　电流调节器 ACR 由以下几部分组成：运算放大器、二极管 VD27 和VD28 限幅电路、输入阻抗网络、反馈阻抗网络，如图 1-21 所示。

电流调节器和速度调节器相比，增加了 4 个输入端，其中 U_β 端接过电流推 β 电路，电路的信号来自逻辑控制器的过电流信号 U_β，当该点电位高于某值时，VS1 击穿，正信号输入，ACR 输出负电压，使触发脉冲后移。U_F、U_R 端接逻辑控制器的相应输出端，控制加到电流调节器的正转信号或反转信号，当 U_F 为高电平时，击穿稳压管 VS2，晶体管 VT5 导通，将 U_{si}信号对地短接，反转信号加到电流调节器，电动机反转。

当 U_R 为高电平时，击穿稳压管 VS3，晶体管 VT6 导通，将 $-U_{si}$信号对地短接，正转信号加到电流调节器，电动机正转。

接在运算放大器输入端前面的阻抗为输入阻抗网络，改变输入和反馈阻抗网络参数，就能得到各种运算特性。

（5）反号器　反号器（AR）由运算放大器及外围元器件组成，如图 1-22 所示。

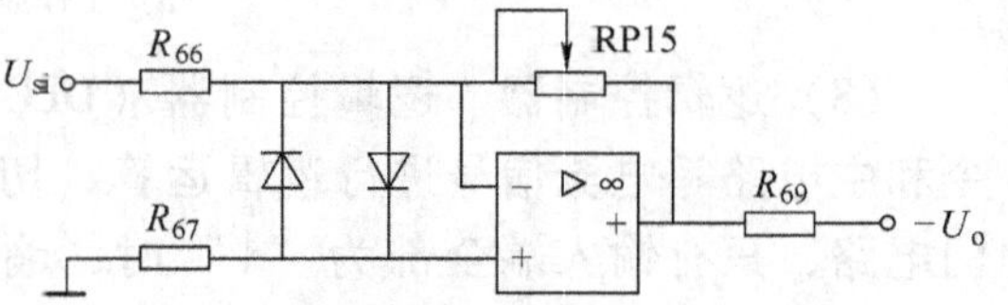

图 1-22　反号器的组成

反号器用于系统中信号的倒相。其输入信号由运算放大器的反相输入端接入，输出电压为 $-\dfrac{RP15}{R_{66}}U_{si}$，调节 RP15 的阻值，使 RP5 = R_{66}，则 $U_{si}=-U_{si}$，即输入与输出成倒相关系。

（6）转矩极性鉴别器　转矩极性鉴别器（DPT）用于检测系统中转矩极性的变化，它是一个模/数转换器，可将控制系统中连续变化的电平变成逻辑运算所需要的“0”、“1”状态信号，如图 1-23a 所示。其输入输出特性如图 1-23b 所示。

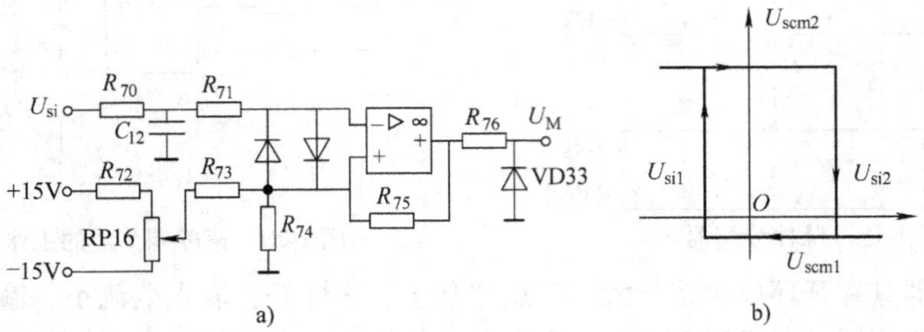

图 1-23　转矩极性鉴别器

a）工作原理　b）输入特性

调节同相输入端电位器 RP16，可以改变特性曲线相对于零点的位置，特性的回环宽度（简称环宽）为

$$U_c = U_{si2} - U_{si1} = K_1(U_{scm2} - U_{scm1})$$

式中，K_1 为正反馈系数，K_1 越大，则正反馈越强，回环宽度就越大，U_{si2}是输出由正反转到负所需要的最小输入电压；U_{si1}是输出由负反转到正所需要的最小输入电压，U_{scm2}和 U_{scm1}分别为正向和负向饱和输出电压。逻辑控制系统中的电平检测环宽一般取 0.2 ~ 0.6V，环宽大时能提高系统的抗干扰能力，但太宽时会使系统动作迟钝。

（7）零电流检测器　零电流检测器（DPZ）也是一个电平检测器，其工作原理与转矩极性鉴别器相同，在系统中进行零电流检测，其工作原理和输入特性如图 1-24 所示。

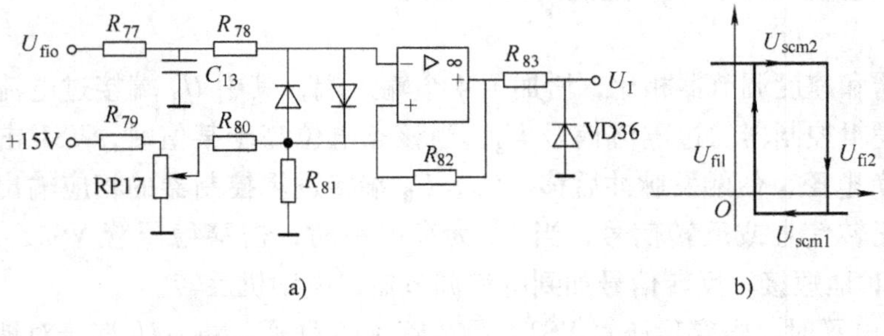

图 1-24　零电流检测器

a）工作原理　b）输入特性

（8）逻辑控制器　逻辑控制器（DLC）用于可逆无环流调速电路中，对转矩极性指令和主电路零电流信号进行逻辑运算，切换加到正组桥和反组桥的触发脉冲。对于与非门电路，只有输入端全部为“1”时，输出才为零；否则输出端为“1”，如图 1-25 所示。

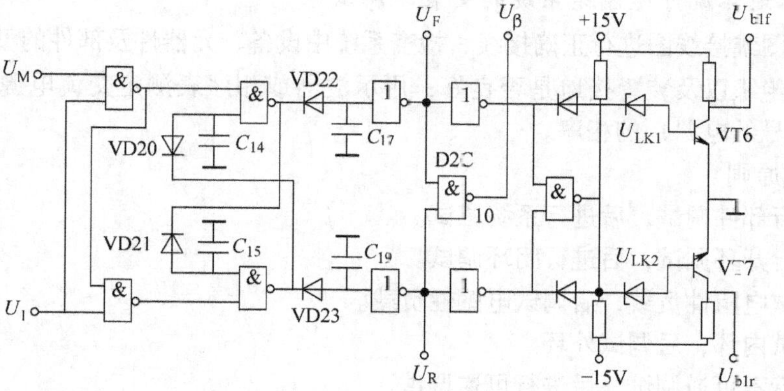

图 1-25　逻辑控制器

逻辑控制器由以下几部分组成：

1）逻辑判断电路。逻辑判断电路的任务是根据转矩极性电平检测和零电流电平检测的输出 U_M 和 U_I 状态，正确判断晶闸管的触发脉冲是否需要进行切换，即当 U_M 变换后，零电流检测器检测到主电路电流过零时，逻辑电路立即翻转，同时保证在任何时刻逻辑判断电路的输出 U_Z 和 U_F 状态必须相反。

2）延时电路。要使正、反两组装置安全可靠地进行切换，必须在逻辑判断电路发出切换指令 U_F 和 U_R 后，经关断等待时间 t_1（3ms）和触发等待时间 t_2（10ms）之后，才能执行切换指令，故设置相应的延时电路，电路中 VD20、C_{14}、VD21、C_{15} 起 t_1 的延时作用，VD22、VD23、C_{17}、C_{19}起 t_2 的延时作用。

3）逻辑保护电路。当逻辑电路发生故障时，U_F 和 U_R 的输出同时为“1”状态，逻辑控制器两个输出端 U_{blr}和 U_{blf}全为“0”状态，造成两组整流装置同时工作，引起短路事故。加入逻辑保护电路后，当 U_Z 和 U_F 同时为“1”状态时，使逻辑保护电路输出“A”点电位变为“0”，使 U_{b1r}和 U_{b1f}都为高电平，两组触发脉冲同时封锁，避免产生短路事故。

4）推 β 电路。在正、反桥切换时，D2C 的第 10 脚输出“1”状态信号，此信号送入 ACR 的输入端，作为脉冲后移推 β 命令，从而可以避免切换时电流的冲击。

5）脉冲输出控制电路。由逻辑信号 U_{LK1}或 U_{LK2}控制 VT6 和 VT7 的通或断，即控制 U_{b1r}和 U_{b1f}为高电平或低电平，从而控制触发脉冲加到正组或加到反组。

（9）电流变送器　电流变送器（FBC）与电流互感器配合，检测可控变流器交流进线电流，以获得与变流器电流成正比的直流电压信号，零电流信号和过电流逻辑信号，如图 1-26所示。

电流互感器的输出接至输入 TA1、TA2、TA3，反映电流大小的信号经三相桥式整流电路整流后加至 R_1、R_2、VD7 及 RP1 组成的各支路上，其中：

1）R_2 与 VD7 并联后再与 R_1 串联，在其中点取零电流检测信号。

2）将 RP1 可动触点输出作为电流反馈信号，反馈强度由 RP1 进行调节。

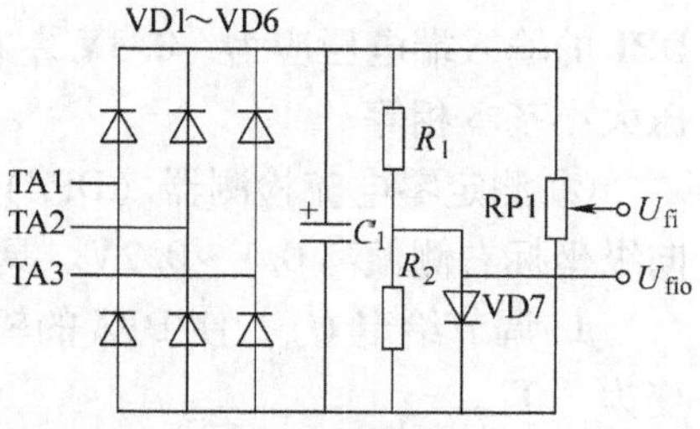

图 1-26　电流变送器的工作原理

4. 双闭环无环流可逆调速系统的安装、调试

按照原理图或接线图进行正确接线，检查系统中设备、元器件及部件的型号、规格；检查电气设备的绝缘以及装置接地是否良好；用示波器或相序表测定交流电源（系统的进线电源和同步信号的电源）的相序。

（1）调试原则

1）先进行部件调试，后进行系统调试。

2）先进行开环调试，后进行闭环调试。

3）先调试电阻性负载，后调试电感性负载。

4）先调试内环，后调试外环。

5）先进行不可逆调试，后进行可逆调试。

（2）单元部件调试

1）速度调节器（ASR）的调试。

① 调整正、负限幅值。在ASR调节器的输入端加入一定的输入电压，调整正、负限幅电位器RP8、RP9，使输出正负值等于±5V。

② 测定输入输出特性。将反馈网络中的电容短接，使ASR调节器接成P调节器，在调节器输入端逐渐加入正负电压，测出相应的输出电压，直至输出限幅值。

③ 测定PI特性。把反馈网络中的电容短接线拆掉，把ASR调节器接成PI调节器，施加给定电压，用慢扫描示波器观察输出电压的变化规律，改变调节器的放大倍数及反馈电容，观察输出电压的变化。

2）电流调节器（ACR）的调试。

① 调整输出正、负限幅值。把调节器接成PI调节器，加入一定的输入电压，调整正、负限幅电位器，使输出正负最大值大于±6V。

② 测定输入输出特性。将反馈网络中的电容短接，使ACR调节器接成P调节器，在调节器输入端逐渐加入正负电压，测出相应的输出电压，直至输出限幅值。

③ 测定PI特性。将反馈网络中的电容短接线拆掉，把ACR调节器接成PI调节器，施加给定电压，用慢扫描示波器观察输出电压的变化规律，改变调节器的放大倍数及反馈电容，观察输出电压的变化。

3）电平检测器的调试。

① 测定转矩极性鉴别器（DPT）的环宽，要求环宽为0.4～0.6V，具体方法如下：

a. 调节给定电压 U_{sn}，使DPT的输入端“U_{si}”约为0.3V；调节电位器RP16，使DPT输出端 U_M 从“1”变为“0”。

b. 调节负给定，从0V起开始调整，当DPT的输出端UM从“1”变为“0”时，检测DPT的输入端电压应为-0.3V左右，否则调整电位器RP16，使输出电平变化时，输入端电压大小基本相等。

② 测定零电流检测器（DPZ）的环宽，要求环宽也为0.4～0.6V，调节RP17，使回环向纵坐标右侧偏离0.1～0.2V。具体方法如下：

a. 调节给定 U_{sn}，使DPZ的输入端为0.7V左右，调整电位器RP17，使端输出从“1”变为“0”。

b. 减小给定，当输出端电压从“0”变为“1”时，输入端电压应在0.1～0.2V范围

内，否则应继续调整电位器 RP17。

4）反号器（AR）的调试。测定输入输出比例关系，给输入端施加 +5V 电压，调节 RP15 使输出端为 -5V。

5）逻辑控制器（DLC）的调试。把 +15V 电源与 DLC 的输入端 U_I 直接连接，U_M 和给定输出“1”直接相连，把给定电压调到最高，约为 12V。

上下拨动给定开关 S2，U_{blf}、U_{blr} 的输出应为高、低电平变化，同时用示波器观察 DLC 的 U_β 端，应有脉冲波形，用万用表测量，U_F 与 U_{blf}，U_R 与 U_{blr} 电位应相等。

把 +15V 电源与 DLC 的 U_I 连线断开，把 DLC 的 U_I 接地，此时拨动开关 S2，U_{blr}、U_{blf} 输出应无变化。

（3）系统开环调试

1）安全保护措施：

① 将系统装置中所有控制单元部件脱开，所有开关均处于断开状态，熔断器全部分离。

② 根据调试步骤，接通熔断器，逐步合上需用的开关。

2）相序及相位检查：

① 校验接入系统装置中的电源相序。

② 检查主变压器和同步变压器二次侧间的相位关系，是否符合电路要求。

③ 检查送至控制单元部件接线端的同步信号，其相位是否正确。

④ 进行控制电源测试。用万用表检查送至各处的电源电压是否正常。

3）系统开环联调：系统联调，即将主通道上的控制单元全部接入，且使 $U_{ct}=0$，主电路接负载电阻 R，接通电源后，用示波器观察 R 两端 U_d 波形。开始闭合电源时，可能出现波形很不整齐，甚至存在断相现象，如图 1-27 所示。

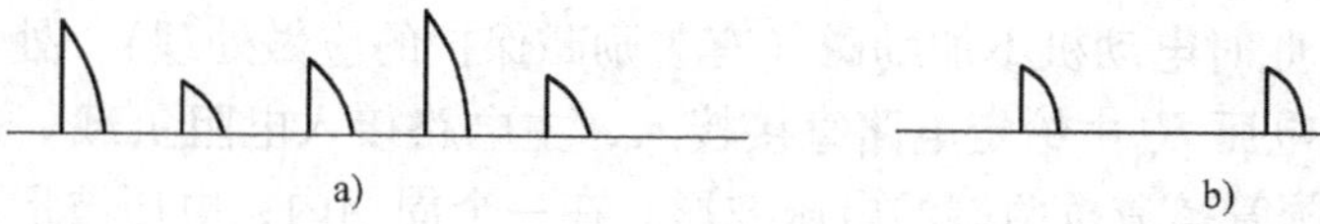

图 1-27 开环联调时不正常的 U_d 波形

a）幅值不整齐 b）断相

若相序、相位在前面已经校正好，一般只要调节触发板的相位微调（例如同步锯齿波的斜率）和偏移电压，就可以得到图 1-28 所示的正常“小毛刺”波形了。这些正常的“小毛刺”波形必须间隔均匀，幅值整齐。实际就是单组三相全控桥式电路为电阻性负载 $\alpha=120°$、$U_d=0$ 时的波形。若波形正常，则可慢慢调节 U_{ct}，使 U_d 慢慢上升。若 U_d 波形能平滑连续地跟随 U_{ct} 变化，则说明系统开环正常。

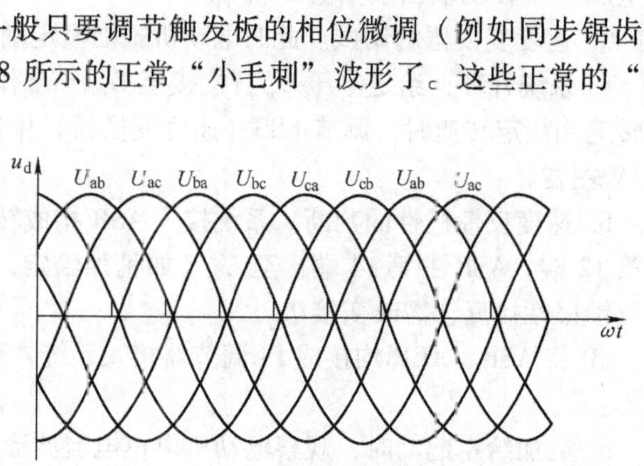

图 1-28 三相全控桥式电路电阻性负载 $\alpha=120°$时 U_d 的波形

（4）闭环调试

1）保护环节的整定。实际运行

的工业装置或实验装置，必须有相关的保护环节。如过电流保护、励磁欠电压保护、电枢过电压保护、电动机超速保护、电源断相保护、电动机零速封锁等。

因开环系统的调试大多数是在电阻性负载的情况下进行调试，且负载电流小，所以系统保护的问题还不明显，一旦接上电动机进行闭环调试，电流很大，对系统的保护问题比较明显，故在开环调试好后，应先对部分保护电路功能进行整定。

① 过电流继电器的整定。过电流继电器的作用是在过载或短路时保护电动机和变流器不受损坏。过电流继电器的动作值一般为电动机允许的工作过载值，即电流额定值的1.5～2.0倍。

② 欠励磁继电器的整定。直流电动机在电枢已供有电压的情况下，一旦失去励磁，就会使电动机超速而造成损坏。所以一般的直流调速系统都设有欠励磁保护。对于不采用弱磁调速的系统，欠励磁继电器的动作值一般整定在额定励磁电流的80%～85%时动作。弱磁调速系统，则整定在$0.9I_{fmin}$（I_{fmin}为对应于最高工作转速时的励磁电流）时动作。

③ 过电压继电器的整定。对于额定电压高于400V的直流电动机，调速系统以及采用弱磁调速的系统，通常都装有过电压保护继电器，其动作值一般整定为额定电压的110%～115%。

④ 超速继电器的整定。在中、大功率电动机轴上一般都装有离心开关作为超速保护。超速保护一般整定在最高工作转速1.1倍时动作，也可以通过测速发电机发出超速信号来整定。

⑤ 电源断相和电源电压监视。在变流器处于逆变状态时，由于交流电源断相、电压过低或瞬时断电，都会造成逆变失败而形成短路，烧毁快速熔断器或晶闸管。当发生上述异常现象时，通过故障综合单元电路，发出报警信号和主电路断开信号。在整定这种保护时，要注意防止由于变流器换相重叠角，引起电压瞬时降低而产生误动作。

2）无环流不可逆调试。双闭环不可逆调速系统由电流调节器和转速调节器综合调节，其中U_{blf}接地，U_{blr}悬空。

① 电流环的调试。此时电动机不加励磁（有欠励磁保护的应做处理），处于堵转状态。

a. 系统开环，控制电压U_{ct}由给定电路直接接入，主电路接入电阻负载。逐渐增加给定电压，用示波器观察晶闸管整流桥两端的电压波形。在一个周期内，电压波形应有6个对称波头平滑变化。

b. 增加给定电压，调节电流反馈电位器RP1，使反馈电压接近速度调节器的输出限幅值电压（ASR的输出限幅值±5V）。

② 速度变换器的调试。此时电动机施加额定励磁。

a. 系统开环，给定电压U_{sn}直接接至U_{ct}，U_{sn}作为输入给定，逐渐增加给定值，当电动机转速到额定转速时，调节FBS（速度变换器）中速度反馈电位器RP6，使速度反馈电压为+5V左右。

b. 速度反馈极性的判断。系统接入ASR构成转速单闭环系统，即给定电压U_{sn}接至ASR的第12端，ASR的第14端接至U_{ct}。如稍加给定，电动机的转速即达最高且不可控，则速度反馈极性接反，需改变接法。

③ 将ASR、ACR均接成PI调节器接入系统，形成双闭环不可逆系统，观察系统的动态波形：

a. 突加给定起动时，观察电动机电枢电流波形和转速波形。

b. 突加额定负载时，观察电动机电枢电流波形和转速波形。

c. 突降负载时，观察电动机电枢电流波形和转速波形。

3）无环流可逆调试。未加主电源之前，观察触发脉冲是否正常。对于可逆系统，正组和反组均需独立进行开环调试，然后再分别进行闭环调试，即将反馈单元依次接入，最后才能进行可逆系统的调试。

① 用示波器观察触发脉冲，正常情况下应为间隔均匀、幅度相等的双脉冲。

② 检查脉冲相序是否正确，如不正确，则调整输入电源相序。

③ 将 U_{blr} 接地，观察反桥晶闸管的触发脉冲。

④ 用万用表检查 U_{blf}、U_{blr} 的电压，应为一个高电平，一个低电平，不能同时为低电平。

⑤ 对电平检测器的输出有下列要求：

转矩极性鉴别器 DPT：电动机正转，输出 U_{M} 为“1”态；电动机反转，输出 U_{M} 为“0”态。

零电流检测器 DPZ：主电路电流接近零，输出 U_{I} 为“1”态；主电路有电流，输出 U_{I} 为“0”态。

⑥ 用双踪慢扫描示波器观察给定值阶跃变化（正向起动→正向停车→反向切换到正向→正向切换到反向→反向停车）时的动态波形。

⑦ 观察电动机稳定运行于额定转速、U_{sn} 不变、突加或突减负载时的动态波形。

⑧ 改变 ASR、ACR 的参数，观察动态波形的变化。

第三节　变频调速系统

一、通用变频器的工作原理

1. 交流异步电动机变频调速原理

交流异步电动机的转速公式为

$$n = (1 - s)\frac{60f}{p}$$

式中　f——定子绕组的供电频率（Hz）；

p——磁极对数；

s——转差率；

n——电动机转速。

由公式可知，只要平滑地调节异步电动机的供电频率 f，就可以平滑地调节异步电动机的转速。

2. 变频调速系统的控制方式

异步电动机定子绕组每相感应电动势 E 的有效值为

$$E_1 = 4.44k_{\mathrm{r1}} f_1 N_1 \Phi_{\mathrm{m}}$$

式中　E_1——气隙磁通在每相定子绕组中感应电动势的有效值（V）；

f_1——定子频率（Hz）；

N_1——每相定子绕组串联匝数；

k_{r1}——与绕组有关的结构常数；

Φ_m——每极气隙磁通量（Wb）。

由上式可知，如果每相定子绕组电动势的有效值 E_1 不变，改变定子频率时会出现下面两种情况：

1）如果 f_1 大于电动机的额定频率 f_{1N}，气隙磁通 Φ_m 就会小于额定气隙磁通 Φ_{MN}，结果是电动机的铁心没有得到充分利用，是一种浪费。

2）如果 f_1 小于电动机的额定频率 f_{1N}，气隙磁通 Φ_M 就会大于额定气隙磁通 Φ_{MN}，结果是电动机的铁心产生过饱和，从而导致过大的励磁电流，使电动机功率因数和效率下降，严重时会因绕组过热烧坏电动机。

因此，要实现变频调速，在不损坏电动机的情况下，充分利用电动机铁心，应保持每极气隙磁通 Φ_m 不变。

（1）基频以下调速　由 $E_1=4.44k_{r1}f_1N_1\Phi_m$ 可知，要保持 Φ_m 不变，当频率 f_1 从额定值 f_{1N} 向下调时，必须降低 E_1，使 $E_1/f_1=$ 常数，即电动势与频率之比为恒定值。绕组中的感应电动势不容易直接控制，当电动势的值较高时，可以认为 $U_1\approx E_1$，即 $U_1/f_1=$ 常数，这就是恒压频比控制方式。

基频以下调速时的机械特性曲线如图1-29所示。如果电动机在不同转速下都具有额定电流，则电动机都能在温度升高允许的条件下长期运行，这时转矩基本上随磁通变化，由于在基频以下调速时磁通恒定，所以转矩也恒定。根据电机拖动原理，在基频以下调速属于“恒转矩调速”。

（2）基频以上调速　在基频以上调速时，频率可以从 f_{1N} 向上增加，但电压 U_1 不能超过额定电压 U_{1N}，最大为 $U_1=U_{1N}$，由 $E_1=4.44k_{r1}f_1N_1\Phi_m$ 可知，这将使磁通随频率的升高而降低，相当于直流电动机弱磁升速的情况。在基频以上调速时，由于电压 $U_1=U_{1N}$ 不变，当频率升高时，同步转速随之升高，气隙磁动势减弱，最大转矩减小，输出功率基本不变，所以，基频以上变频调速属于“弱磁恒功率”调速。此时的机械特性曲线如图1-30所示。

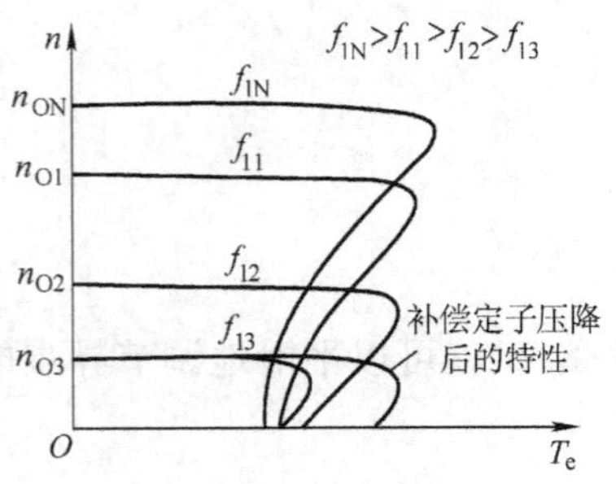

图1-29　基频以下调速时的机械特性

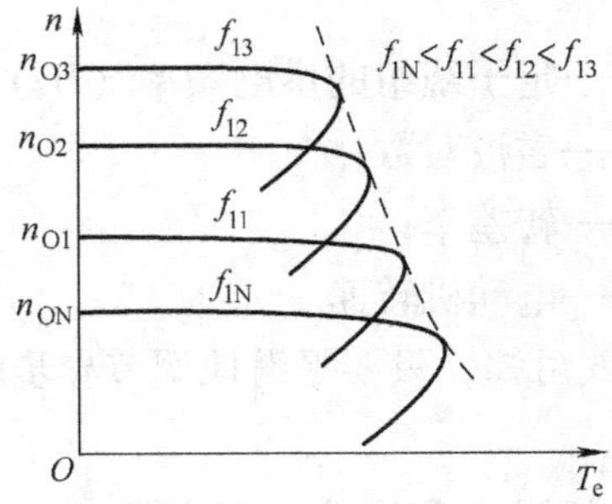

图1-30　基频以上调速时的机械特性

通过分析可以得出如下结论：当 $f_1\leqslant f_{1N}$ 时，变频装置必须在改变输出频率的同时改变输出电压的幅值，才能满足对异步电动机变频调速的基本要求。

这样的装置通称变压变频（VVVF）装置，这是通用变频器工作的最基本原理。

3. 脉冲宽度调制（PWM）技术

通常情况下，希望通用变频器输出的波形是标准的正弦波，但现在的技术还不能制造大功率、输出波形为标准正弦波的可变压变频逆变器。目前容易实现的方法是：使逆变器输出端得到一系列幅值相等而宽度不等的方波脉冲，用这些脉冲来代替正弦波或所需要的波形，即可改变逆变电路输出电压的大小，如图 1-31 所示。

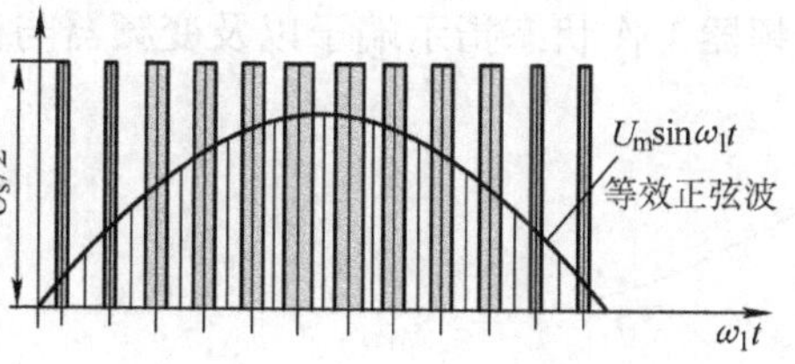

a)

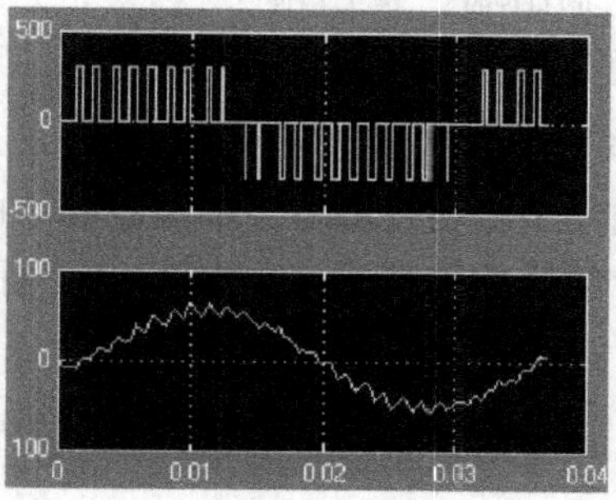

b）

图 1-31 脉冲宽度调制（PWM）波形

a）等效波形 b）仿真波形

脉冲宽度调制（PWM）技术是变频技术的核心技术之一，也是目前应用较多的一种技术。逆变器输入幅度恒定不变的直流电压，通过调节逆变器的脉冲宽度和输出交流电的频率，实现调压调频，供给负载。

二、通用变频器的基本结构

1. 通用变频器的外形结构

变频器是把电压、频率固定的交流电变成电压、频率可调的交流电的变换器，变频器的基本结构如图 1-32 所示。

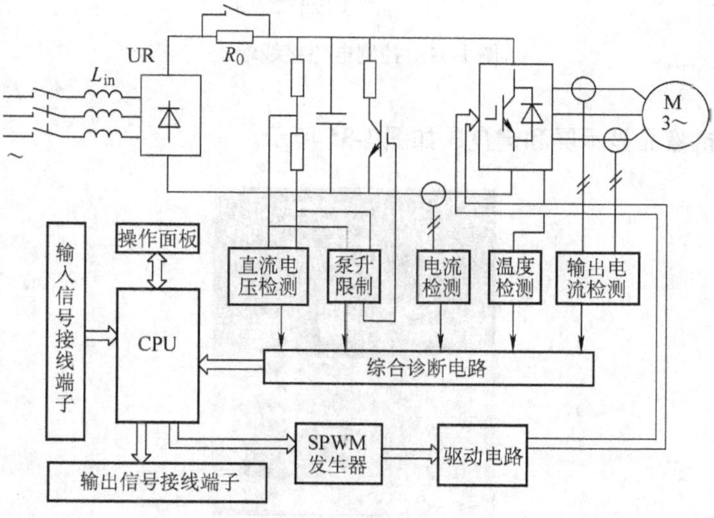

图 1-32 变频器的基本结构

2. 主电路接线端

主电路接线端如图1-33所示，包括输入端和输出端两部分。

(1) 输入端　工频电网的输入端R、S、T，有的标志为L1、L2、L3。

(2) 输出端　输出端U、V、W，即变频器用于连接电动机的端点。

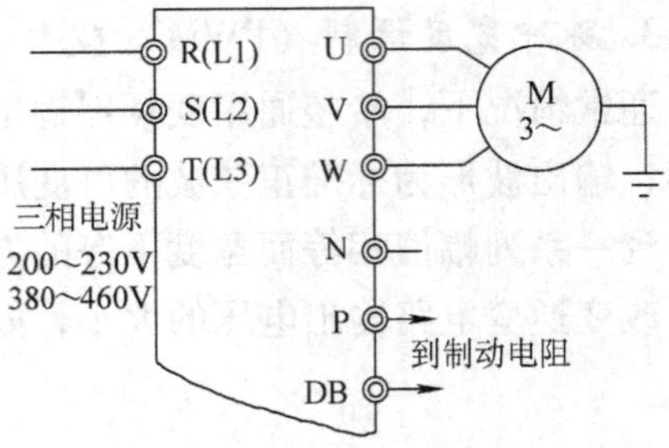

图1-33　主电路接线端

3. 控制端子

控制端子包括外部信号控制变频器的端子、变频器工作状态指示端子以及变频器与微机或其他变频器的通信接口，如图1-34所示。

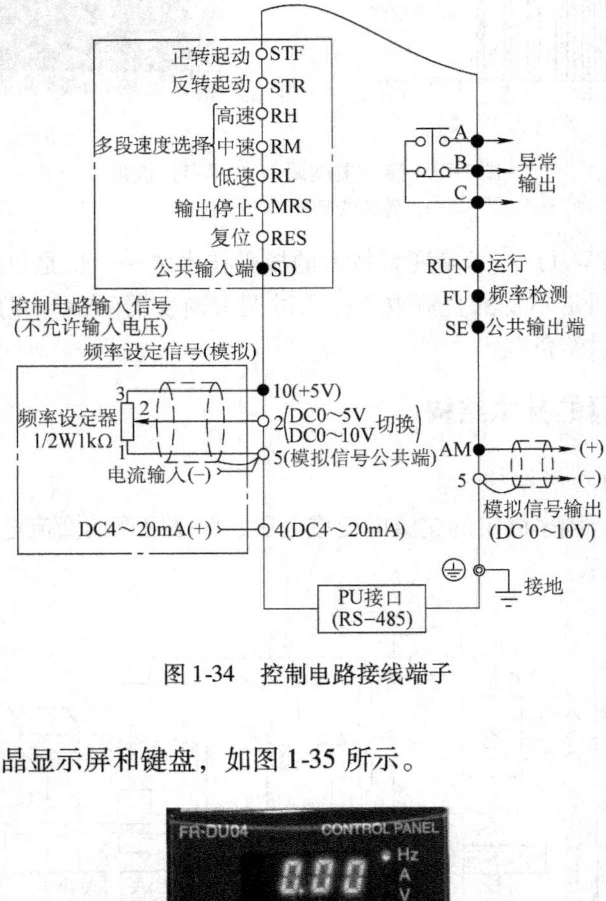

图1-34　控制电路接线端子

4. 操作面板

操作面板包括液晶显示屏和键盘，如图1-35所示。

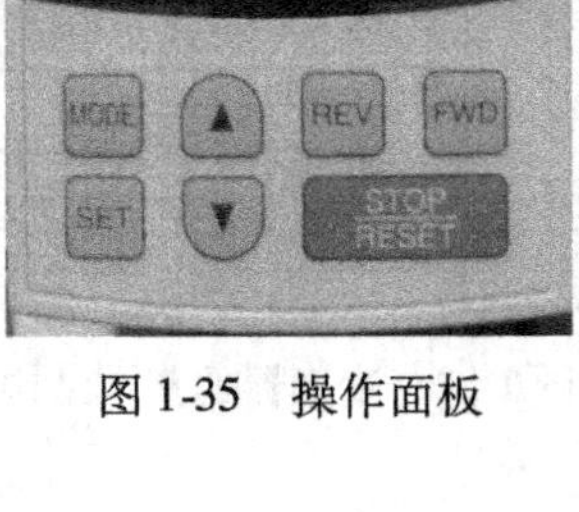

图1-35　操作面板

三、变频器的类别

1. 按照变换环节分类

（1）交—交变频器　交—交变频器把频率固定的交流电直接变换成频率连续可调的交流电。其主要优点是没有中间环节，变频效率高，但其连续可调的频率范围窄，一般为额定频率的1/2以下，主要用于容量大、低速的场合。

（2）交—直—交变频器　交—直—交变频器先把频率固定的交流电变成直流电，再把直流电逆变成频率可调的三相交流电。在此类装置中，若用不可控整流器，则输入功率因数不变；若用PWM逆变器，则输出谐波减小。PWM逆变器需要全控式电力电子器件，其输出谐波减小的程度取决于PWM的开关频率，而开关频率则受器件开关时间的限制。开关频率在20kHz以上时，输出波形已经非常接近正弦波，因而又称之为正弦脉宽调制（SPWM）逆变器。

2. 按照滤波方式分类

（1）电压源型变频器　在交—直—交变频器装置中，当中间直流环节采用大电容滤波时，直流电压波形比较平直，输出交流电压是矩形波或阶梯波，这类变频装置称为电压源型变频器，如图1-36a所示。由于滤波电容上的电压不能发生突变，所以电压源型变频器的电压控制响应慢，适用于作为多台电动机同步运行时的供电电源但不要求快速加减速的场合。因为其中间直流环节有大电容钳制电压，使之不能迅速反向，而电流也不能反向，所以在原装置上无法实现回馈制动。

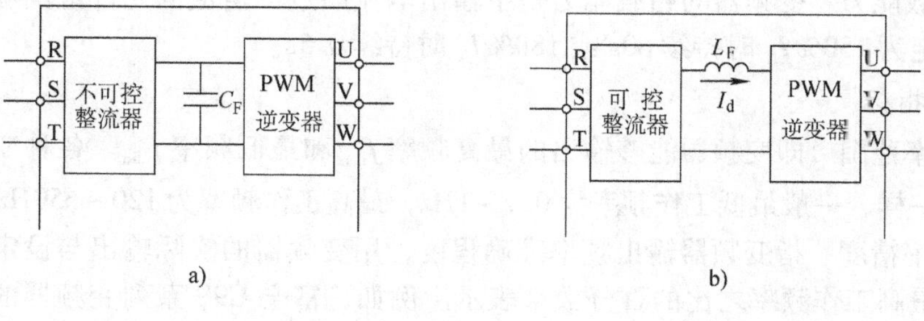

图1-36　电压源型和电流源型交—直—交变频器
a）电压源型　b）电流源型

（2）电流源型变频器　当交—直—交变压变频装置中的中间直流环节采用大电感滤波时，输出交流电流是矩形或阶梯波，这类变频装置叫电流源型变频器，如图1-36b所示。由于滤波电感上的电流不能发生突变，所以电流源型变频器对负载变化的反应迟缓，不适用于多电动机传动，适用于一台变频器给一台电动机供电的单电动机传动，但可以满足快速起动、制动和可逆运行的要求。如果把不可控整流器改成可控整流器，电流源型变压变频调速系统容易实现回馈制动。

电压源型和电流源型变频器性能比较见表1-1。

表 1-1　电压源型和电流源型变频器性能比较

比较项目	电压源型变频器	电流源型变频器
整流电路	不可控整流桥	可控整流桥
直流滤波环节	大电容	大电感
应用范围	适用于不要求快速加减速的多台电动机同步运行或单电动机运行的场合	适用要求具有快速起动、制动和可逆运行的单电动机场合

四、变频器的额定值和频率指标

1. 输入侧的额定值

输入侧的额定值主要是电压和相数。小容量的变频器输入指标有以下几种：

1）380V/50Hz，三相，用于国内设备。

2）220V/50Hz 或 60Hz，三相，主要用于进口设备。

3）200～230V/50Hz，单相，主要用于家用电器。

2. 输出侧的额定值

（1）输出电压 U_N　由于变频器在变频的同时也要变压，所以输出电压的额定值是指输出电压中的最大值。

（2）输出电流 I_N　I_N 是指允许长时间输出的最大电流。

（3）输出容量 S_N（kVA）　S_N 与 U_N 和 I_N 的关系为 $S_N=\sqrt{3}U_NI_N$。

（4）配用电动机功率 P_N（kW）　变频器规定的配用电动机功率，适用于长期连续负载运行。

（5）超载能力　变频器的超载能力是指输出电流超过额定值的允许范围和时间。大多数变频器规定为 150%I_N 时持续 60s 或 180%I_N 时持续 0.5s。

3. 频率指标

（1）频率范围　即变频器能够输出的最高频率 f_{max} 和最低频率 f_{min}。各种变频器规定的频率范围不一样，一般最低工作频率为 0.1～1Hz，最高工作频率为 120～650Hz。

（2）频率精度　指变频器输出频率准确程度，用变频器的实际输出与设定频率之间的最大误差与最高工作频率之比的百分数来表示。例如，富士 G9S 系列变频器的频率精度为 ±0.01，是指在-10～+15℃环境下数字设定所能达到的最高频率精度。

（3）频率分辨率　指输出频率的最小改变量，即每相邻两挡频率之间的最小差值。一般分模拟设定分辨率和数字设定分辨率。

五、变频器的主电路

主电路由整流电路、中间直流电路和逆变器三部分组成。电压源型交—直—交变频器主电路的基本结构如图 1-37 所示。

1. 交—直部分

（1）整流电路　整流电路由 VD1～VD6 组成三相不可控整流桥，将电源的三相交流电全波整流成直流电。整流电路因变频器输出功率大小不同而不同。小功率变频器的输入电源多用单相 220V，整流电路为单相全波整流电桥；大功率变频器一般用三相 380V 电源，整流电

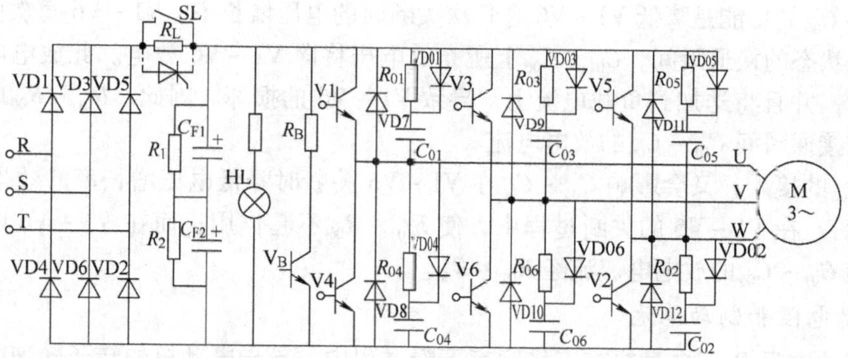

图 1-37 电压源型交—直—交变频器主电路的基本结构

路为三相桥式全波整流电路。设电源的线电压为 U_L，那么三相全波整流后平均直流电压 U_D 的大小为 $1.35U_L$。三相电源为 380V 时，整流后的平均直流电压是 513V。

（2）滤波电容 C_F　整流电路输出的整流电压是脉动的直流电压，必须加以滤波。滤波电容 C_F 的作用是：除了滤除整流后的电压波纹外，还在整流电路与逆变器之间起去耦作用，以消除相互干扰，这就给为感性负载的电动机提供必要的无功功率；同时还可以起到储能作用，所以又叫储能电容。

（3）限流电阻 R_L 与开关 SL　由于储能电容的电容量较大，加之在接入电源时电容器两端的电压为零，所以当变频器接通电源瞬间，滤波电容 C_F 的充电电流很大。过大的冲击电流能使三相整流桥损坏。为了保护整流桥，在变频器刚接通电源的一段时间里，电路串入限流电阻 R_L，可以限制电容的充电电流。当滤波电容 C_F 充到一定程度时，令 SL 接通，将 R_L 短接。在有些变频器里 SL 用晶闸管代替，如图 1-37 中虚线所示。

（4）电源指示 HL　HL 除了指示电源是否接通以外，还有一个功能，即变频器切断电源后，显示滤波电容 C_F 上的电荷是否已经释放完毕。

2. 直—交部分

（1）逆变管 V1 ~ V6　V1 ~ V6 组成逆变桥，把 VD1 ~ VD6 整流后的直流电“逆变”成频率、幅值都可调的交流电。这是变频器实现变频的执行环节，是变频器的核心部分。常用的逆变管有绝缘栅双极晶体管（IGBT）、大功率晶体管（GTR）、可关断（GTO）晶闸管、功率场效应晶体管（MOSFET）、集成门极换流晶闸管（IGCT）等。

（2）续流二极管 VD7 ~ VD12　续流二极管 VD7 ~ VD12 的主要功能如下：

1）电动机的绕组是感性的，其电流具有无功分量。续流二极管 VD7 ~ VD12 为无功分量返回直流电源提供“通道”。

2）当频率下降、电动机处于再生制动状态时，再生电流将通过续流二极管 VD7 ~ VD12 返回直流电源。

3）V1 ~ V6 进行逆变的基本工作过程为：同一桥臂的两个逆变管处于不停的交替导通和截止的状态。在交替导通和截止的换相过程中，需要续流二极管 VD7 ~ VD12 提供通道。

（3）缓冲电路　不同型号的变频器，其缓冲电路的结构也不尽相同。图 1-37 是比较典型的一种。其功能如下：

逆变管 V1 ~ V6 每次由导通状态切换成截止状态的关断瞬间，集电极和发射极间的电压 U_{CE} 由近似为 0V 迅速上升至直流电压值 U_D。这种过高的电压增长率将导致逆变管的损坏。

因此，$C_{01} \sim C_{06}$的功能是降低 V1 ~ V6 在每次关断时的电压增长率。V1 ~ V6 每次由截止状态切换成导通状态的接通瞬间，$C_{01} \sim C_{06}$上所充的电压将向 V1 ~ V6 放电。此放电电流的初始值是很大的，并且将迭加到负载电流上，导致 V1 ~ V6 的损坏。因此，$R_{01} \sim R_{06}$的功能是限制逆变管在接通瞬间 $C_{01} \sim C_{06}$的放电电流。

$R_{01} \sim R_{06}$的接入，又会影响 $C_{01} \sim C_{06}$在 V1 ~ V6 关断时降低电压增长率的效果。VD01 ~ VD06 接入后，在 V1 ~ V6 的关断过程中，使 $R_{01} \sim R_{06}$不起作用；而在 V1 ~ V6 的接通过程中，又迫使 $C_{01} \sim C_{06}$的放电电流流经 $R_{01} \sim R_{06}$。

3. 制动电阻和制动单元

（1）制动电阻 R_B　电动机在工作频率下降过程中，异步电动机的转子转速将超过此时的同步转速处于再生制动状态，拖动系统的动能要反馈到直流电路中，使直流电压 U_D 不断上升，电压太高，对变频器的元器件造成危害。因此，必须将再生到直流电路的能量消耗掉，使 U_D 保持在允许范围内。制动电阻 R_B 就是用来消耗这部分能量的。

（2）制动单元 V_B　制动单元 V_B 由大功率晶体管 GTR 及驱动电路构成。其功能是控制流经 R_B 的放电电流 I_B。

六、通用变频器的控制电路原理

1. U/f 控制通用变频器

（1）普通型U/f控制通用变频器

1）主要特点：

优点包括：转速开环控制、无速度传感器、控制电路简单、使用通用标准异步电动机、通用性强、性价比高。

缺点如下：

① 不能准确地调整电动机转矩补偿和适应转矩的变化。普通型U/f控制通用变频器为了适应不同型号的电动机和不同的生产机械，一般采用两种方法实现转矩提升功能：一种方法是在存储器中存入多种U/f函数曲线图形，由用户根据需要选择；利用选定U/f曲线模式的方法，很难恰当地调整电动机的转矩；同时，由于负载冲击或起动过快，有时会引起过电流而跳闸。另一种方法是根据定子电流的大小自动补偿定子电压。由于定子电流不完全与转子电流成正比，所以这种根据定子电流调节变频器电压的方法，并不能真实地反映负载转矩。因此，定子电压也不能根据负载转矩的改变而恰当地改变电磁转矩。由于定子电阻压降随负载大小发生变化，当负载较重时可能补偿不足；而负载较轻时又可能产生过补偿，使磁路处于过饱和状态。

注意：以上两种情况都可能引起变频器过电流跳闸。

② 无法准确地控制电动机的实际转速。由于普通型U/f控制通用变频器是转速开环控制，由异步电动机的机械特性曲线可知，设定值为定子频率是理想空载转速，而电动机的实际转速由转差率决定，所以U/f控制方式存在的稳态误差不能控制，所以无法准确地控制电动机的实际转速。

③ 转速极低时，由于转矩不足而无法克服较大的静摩擦力。

2）接线原理：SANKEN SVF 系列变频器是一种典型的U/f控制通用变频器，它的控制电路与外围电路的接线如图 1-38 所示。

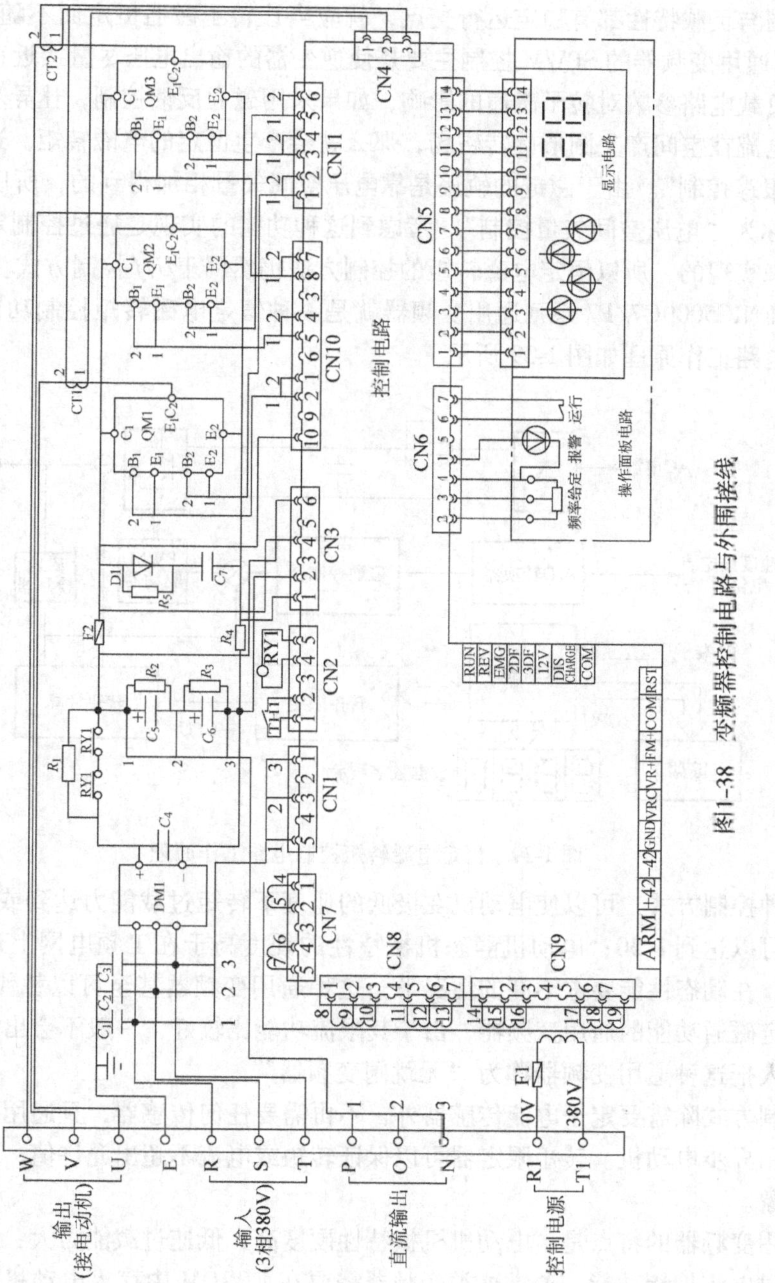

图1-38 变频器控制电路与外围接线

(2) 具有恒定磁通功能的U/f控制通用变频器　通用变频器驱动不同类型的异步电动机时，根据电动机的特性对压频比的值进行恰当的调整是十分困难的。一旦出现电压不足，电动机的特性与负载特性就会没有稳定运行交点，可能出现过载或跳闸。要想使电动机特性在最大转矩范围与负载特性都有稳定运行交点，就应当让转子磁通恒定而不随负载发生变化。普通U/f控制通用变频器的 SPWM 控制主要是使逆变器的输出电压尽量接近正弦波，在控制上没有考虑负载电路参数对转子磁通的影响，如果采用磁通反馈控制，让异步电动机所输入的三相正弦电流在空间产生圆形旋转磁场，那么就会产生恒定的电磁转矩。这种控制方法就称为“磁链跟踪控制”。由于磁链的轨迹是靠电压空间矢量相加得到的，所以有人把“磁链跟踪控制”称为“电压空间矢量控制”。考虑到这种功能的实现是通过控制定子电压和频率之间的关系来实现的，所以恒定电磁转矩的控制方法仍然属于U/f控制方式。

富士 FRENIC5000G7/P7 系列通用变频器就是一种恒定电磁转矩控制功能的U/f控制方式。其控制电路工作原理如图 1-39 所示。

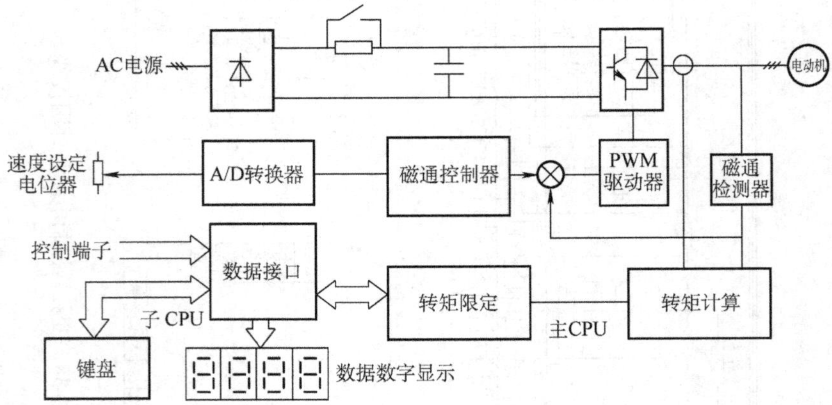

图 1-39　恒定电磁转矩控制电路工作原理

采用这种控制方式，可以使电动机在极低的速度下转矩过载能力达到或超过 150%；频率设定范围可以达到 1:30；电动机静态机械特性的硬度高于在工频电网上运行的自然机械特性的硬度。在动态性能要求不高的情况下，这种通用变频器甚至可以替代某些闭环控制。这种具有恒定磁通功能的通用变频器，由于其限流功能比较好，一般不会出现过电流跳闸现象，因此有人把这种通用变频器称为“无跳闸变频器”。

这种控制方式除需要定子电流传感器外，不再需要任何传感器，且通用性较强，适于各种型号的通用异步电动机。转矩限定器可以保证转矩或电流不超出允许值，从而避免变频器出现跳闸现象。

这种通用变频器的特点是：电动机机械特性硬度高；低速过载能力大；可实现挖土机特性，即具有过电流抑制功能。通常这类变频器需要在 EPROM 中存入电动机的参数，以便根据电动机的功率和极数去选择这些参数。

当生产工艺提出具有较高的静态、动态性能指标要求时，可以采用转速闭环控制构成转差频率控制系统，来满足许多工业应用中的要求。但是，当生产工艺提出更高的静态、动态性能指标要求时，转差频率控制系统还是不如转速、电流双闭环直流调速系统。为了解决这个问题，需要采用矢量控制的通用变频器。

2. 矢量控制通用变频器

矢量控制方法的出现，使异步电动机变频调速后的机械特性及动态性能达到了足以和直流电动机调压时的调速性能相媲美的程度，从而使异步电动机变频调速在电动机的调速领域里处于优势地位。

矢量控制系统的基本思想是：交流异步电动机的转子能够旋转的原因是交流电动机的定子能够产生旋转磁动势；而旋转磁动势是交流电动机三相对称静止绕组 A、B、C，通过三相平衡的正弦电流所产生的。但是，旋转磁动势并不一定非要三相平衡，在空间位置上互相“垂直”；在时间上互差120°电角度的两相绕组通以平衡的电流，也能产生旋转磁动势。

直流电动机转子能够产生旋转，是因为定子与转子之间磁场相互作用的结果。由于直流电动机的电刷位置固定不变，尽管电枢绕组在旋转，但电枢绕组所产生的磁场与定子所产生的磁场在空间位置上永远互相“垂直”。如果以直流电动机转子为参考点，那么定子所产生的磁场就是旋转磁动势。

由此可见，以产生同样的旋转磁动势为准则，三相交流绕组与两相直流绕组可以彼此等效。设等效两相交流电流绕组分别为 α 和 β，直流励磁绕组和电枢绕组分别为 M 和 T。它们之间的关系如图 1-40 所示。

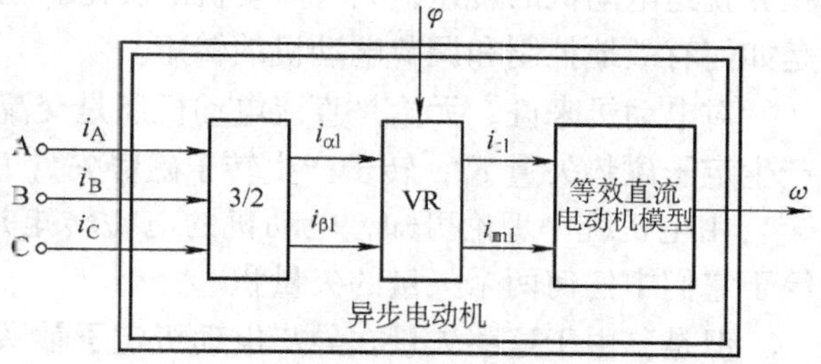

图 1-40　异步电动机的坐标变换

从整体上看，输入为 A、B、C 三相电压，输出为转速 ω 的一台异步电动机。从内部看，经过 3/2 变换和 VR 同步旋转变换，变成一台由 i_{m1} 和 i_{t1} 输入、ω 输出的直流电动机。其中 φ 是等效两相交流电流与直流电动机磁通轴的瞬时夹角。

既然异步电动机经过坐标变换可以等效成直流电动机，那么，模仿直流电动机的控制方法，求得直流电动机的控制量，经过相应的坐标反变换，就可以控制异步电动机。由于进行坐标变换的是电流（代表磁动势）的空间矢量，所以通过坐标变换实现的控制系统就称为矢量变换控制系统（Transvector Control System），或称矢量控制系统，所设想的结构如图 1-41 所示。

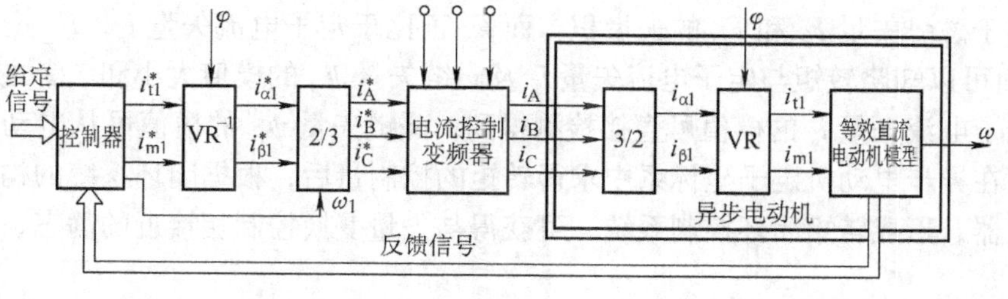

图 1-41　矢量控制系统的结构

图中给定和反馈信号经过类似于直流调速系统所用的控制器，产生励磁电流的给定信号 i_{m1}^* 和电枢电流的给定信号 i_{t1}^*，经过反旋转变换 VR^{-1} 得到 $i_{\alpha1}^*$ 和 $i_{\beta1}^*$，在经过 2/3 变换得到 i_A^*、

i_B^* 和 i_C^*。把这三个电流控制信号和由控制器直接得到的频率控制信号 ω_1 加到带电流控制器的变频器上，就可以输出异步电动机调速所需的三相变频电流，实现了用模仿直流电动机的控制方法去控制异步电动机，使异步电动机达到了直流电动机的控制效果。

一般的矢量控制系统均需速度传感器，速度传感器是整个传动系统中最不可靠的环节，安装操作也比较麻烦。许多新系列的变频器设置了"无速度反馈矢量控制"功能。对于一些在动态性能方面无严格要求的场合，速度反馈可以不用。

3. 直接转矩控制

直接转矩控制是继矢量控制变频调速技术之后的一种新型的交流变频调速技术。它是利用空间电压矢量 PWM（SVPWM）通过磁链、转矩的直接控制、确定逆变器的开关状态来实现的。

（1）直接转矩控制的基本思想　按照生产工艺要求，电动机的转速是控制和调节的最终目的。转速是通过转矩来控制的，电动机转速的变化与电动机的转矩有直接关系，转矩的积分就是电动机的转速，只有电动机的转矩影响其转速，可见控制和调节电动机转速的关键是如何有效地控制和调节电动机的转矩。

对电动机来说，无论是直流电动机还是交流电动机，都由定子和转子两部分组成。定子产生定子磁势矢量 F_s，转子产生转子磁势矢量 F_r，二者合成为磁势矢量 F_Σ，产生磁链矢量 ψ_m。由电机统一理论可知，电动机的电磁转矩是由这些磁势矢量的相互作用而产生的，即等于它们中任何两个矢量的矢量积。

但是，由于这些矢量在异步电动机定子轴系统中的各个分量都是交流量，故难于进行计算和控制。

在矢量变换控制系统中是借助于矢量旋转坐标变换（定子静止坐标系→空间旋转坐标系）把交流量转化为直流控制量，然后再经过相反矢量旋转坐标变换（空间旋转坐标系→定子静止坐标系）把直流控制量变为定子轴系统中可实现的交流控制量。显然，虽然矢量变换控制系统可以获得高性能的调速特性，但是往复的矢量旋转坐标变换及其他变换大大增加了计算工作量和系统的复杂性，而且由于异步电动机矢量变换控制系统是采用转子磁场定向方式，设定的磁场定向轴易受电动机参数变化的影响，因此异步电动机矢量变换控制系统的鲁棒性较差，当采取参数自适应控制方式时，又进一步增加了系统的复杂性和计算工作量。

1）转矩控制。直接转矩控制系统不需要往复的矢量旋转坐标变换，直接在定子坐标系上用交流量计算转矩的控制量。

转矩等于磁势矢量 F_s 和 F_Σ 的矢量积，而 F_s 正比于定子电流矢量 i_s，F_Σ 正比于磁链矢量 ψ_m，因而可以知晓转矩与定子电流矢量 i_s 及磁链矢量 ψ_m 的模值大小和二者之间的夹角有关，并且定子电流矢量 i_s 的模值可直接检测得到，磁链矢量 ψ_m 的模值可从电动机的磁链模型中获得。在异步电动机定子坐标系中求得转矩的控制量后，根据闭环系统的构成原则，设置转矩调节器，形成转矩闭环控制系统，可获得与矢量变换控制相接近的静态、动态调速性能指标。

2）磁链控制。磁链大小与电动机的运行性能有密切关系，与电动机的电压、电流、效率、温升、转速、功率因数有关，所以从电动机合理运行角度出发，希望电动机在运行中保持磁链幅值恒定不变，这就需要对磁链进行必要的控制。同控制转矩一样，设置磁链调节器构成磁链闭环控制系统，控制磁链幅值为恒定。

目前控制磁链有两种方案：一种是让磁链矢量基本上沿圆形轨迹运动；另一种是让磁链矢量基本上沿六边形轨迹运动。

直接转矩控制系统的结构如图 1-42 所示。

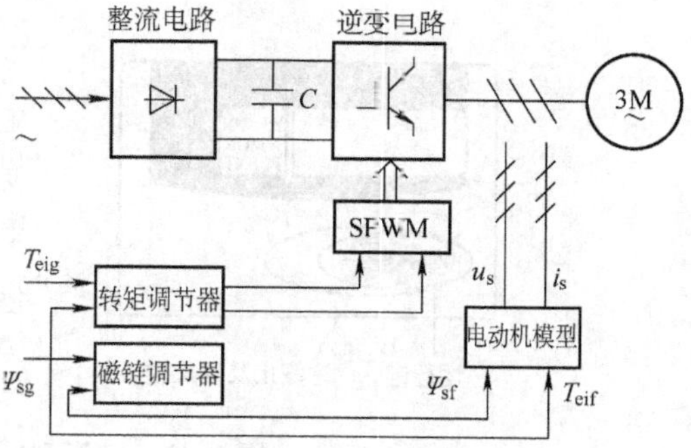

图 1-42 直接转矩控制系统的结构

（2）直接转矩控制的主要特点

1）直接转矩控制技术是直接在定子坐标系下分析交流电动机的数学模型、控制电动机的磁链和转矩。它不需要模仿直流电动机的控制，也不需要为解耦而简化交流电动机的数学模型，省掉了矢量旋转变换等复杂的变换与计算。因此，它需要的信号处理工作特别简单。

2）直接转矩控制磁场定向所用的是定子磁链，只要知道定子电阻就可以把它观测出来。而矢量控制磁场定向所用的是转子磁链，观测转子磁链需要知道电动机转子电阻和电感。因此直接转矩控制大大减少了矢量控制技术中控制性能易受参数变化影响的问题。

3）直接转矩控制采用空间矢量的概念来分析三相交流电动机的数学模型和控制其各物理量，使问题变得特别简单明了。

4）直接转矩控制强调的是转矩的直接控制与效果。它包含有两层意思：

① 直接控制转矩。把转矩直接作为被控制量，直接控制转矩。因此它并不需要极力获得理想的正弦波波形，也不用专门强调磁链的圆形轨迹。相反，从控制转矩的角度出发，它强调的是转矩直接控制效果，因而它采用离散的电压状态和六边形磁链的轨迹或近似圆形磁链轨迹的概念。

② 对转矩的直接控制。直接转矩控制技术对转矩实行直接控制。其控制方式是，通过转矩两点式调节器把转矩检测值与转矩给定值进行比较，把转矩波动限制在一定的容差范围内，且容差的大小由频率调节器来控制。因此，它的控制效果不取决于电动机的数学模型是否能够简化，而是取决于转矩的实际状况。它的控制既直接又简化。

对转矩的这种直接控制方式也称为“直接自控制”。这种“直接自控制”的思想不仅用于转矩控制，也用于磁链量的控制和磁链的自控制。

直接转矩控制技术，采用空间矢量的分析方法，直接在定子坐标系下计算与控制交流电动机的转矩，采用定子磁场定向，借助于离散的两点式调节产生 PWM 信号，直接对逆变器的开关状态进行最佳控制，以获得转矩的高动态性能。这种控制思想新颖，控制结构简单，控制手段直接，信号处理的物理概念明确。该控制系统的转矩响应迅速，限制在一拍以内，且无超调，是一种具有高静态、动态性能的交流调速方法。

七、变频器参数的设定和功能选择

1. 变频器运行频率的设定方法

（1）给定频率设定方法

1）面板给定。利用操作面板上的数字增加键（∧或△）和数字减小键（∨或▽）进行频率的数字量给定或调整。图 1-43 所示为三菱 FR—E500 系列变频器的操作面板。

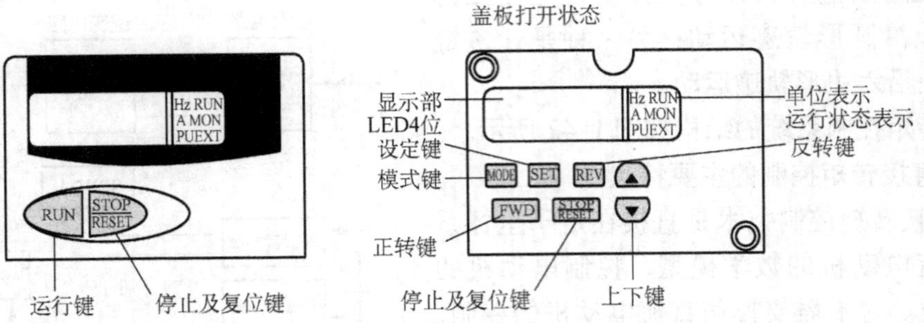

图1-43　三菱FR—E500系列变频器的操作面板

2）预置给定。通过程序预置的方法预置给定频率。起动时，按运行键（RUN或FWD或REV键），变频器即自动升速到预置的给定频率为止。

3）外接给定。从控制接线端上引入外部的模拟信号，如电压、电流信号，进行频率给定。这种方法常用于远程控制。

4）通信给定。从变频器的通信接口端上引入外部的通信信号，进行频率给定。这种方法常用于微机控制或远程控制。

（2）变频器的外接给定配置　所有变频器都提供了外接给定的控制信号输入端。外接给定控制信号分为数字给定和模拟给定两大类，模拟给定又分为电压控制和电流控制两种。

1）外接电压给定信号。外接给定电压信号又有两种给定方式：直接输入电压信号，通常用于计算机、PLC、PID调节器或其他控制装置；利用变频器内部提供的给定信号控制电压，由外部电位器取出电压给定信号，送入变频器的相应端子，如图1-44所示。

2）外接电流给定信号。当外接给定信号为电流时，将外接信号线接到外接电流给定信号端，如图1-44所示。一般用于远程控制或PID调节器输出控制变频器，变频器对外接电流给定信号的取值范围一般为4～20mA。

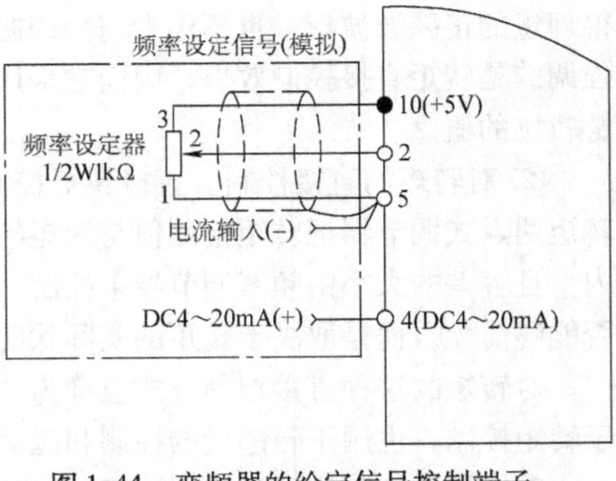

图1-44　变频器的给定信号控制端子

3）辅助给定信号。有的变频器在给定信号的输入端，配置有辅助给定信号的输入端，辅助给定信号与主给定信号叠加。在变频器网络控制中常用辅助给定信号作为终端变频器的给定修正。

2. 变频器运行频率范围的设定

（1）基本频率和最高频率

1）基本频率：电动机的额定频率称为变频器的基本频率。

2）最高频率：当频率给定信号为最大值时，变频器的给定频率称为最高频率。

（2）上限频率和下限频率　上限频率和下限频率是调速控制系统所要求变频器的工作范围，其大小应根据实际工作情况而定。上限频率和下限频率与最高输出频率、偏置频率和起动频率间的关系如图 1-45 所示。

（3）回避频率　任何机械都有一个固有的谐振频率，它取决于机械的基本结构。在对机械进行无级调速过程中，机械的实际振荡频率在不断地发生变化，当机械振荡频率与其固有频率相同时，机械将发生谐振，可能导致机械损坏。

消除机械谐振的途径有：改变机械的固有频率；避开导致振荡的速度。

在变频调速系统中，预置回避频率即可回避可能引起的振荡转速。通过设置回避频率区域，可以消除机械谐振。回避区的下限频率 f_L 是指在频率上升过程中开始进入回避区的频率；回避区的上限频率 f_H 是指在频率上升过程中退出回避区的频率，如图1-46所示。

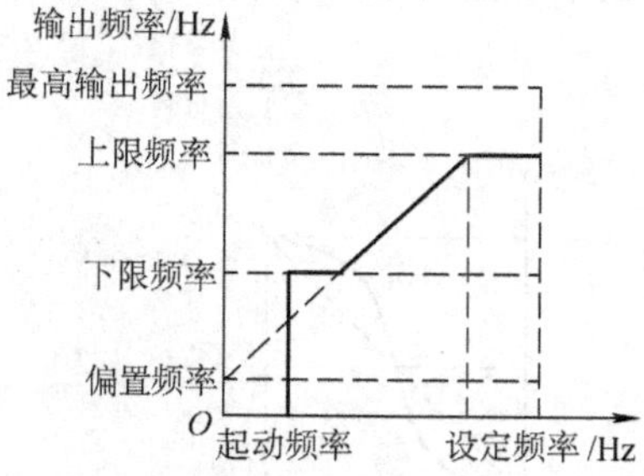

图 1-45　各频率间的关系

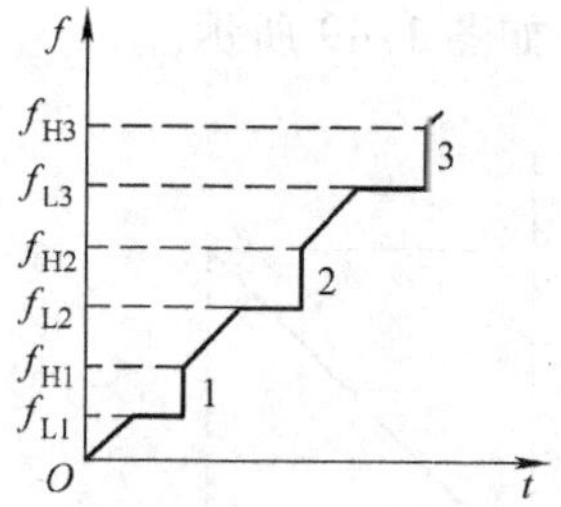

图 1-46　回避区的频率

（4）载波频率设定　当变频器运行时，如果电动机有噪声或对同一控制柜内的其他控制设备产生干扰，可以在一定范围内调整载波频率，降低噪声或干扰，但该参数一般按照出厂设定。

（5）瞬停再起动　这种功能允许变频器起动一个正在旋转的电动机。一般情况下，变频器从 0 Hz 开始运行电动机，然后当电动机正在自转或被负载带动时，将回到给定值之前进行制动，这将导致过电流。通过采用瞬停再起动功能，变频器“诊断”电动机的速度，并且运转电动机，从这个速度一直到达给定速度值。

3. 变频器的起动

（1）变频器的起动

1）起动频率。对于静摩擦系数较大的负载，起动时需要较大的起动力矩，可根据需要预置起动频率，使电动机在该频率下直接起动，如图 1-47 所示。

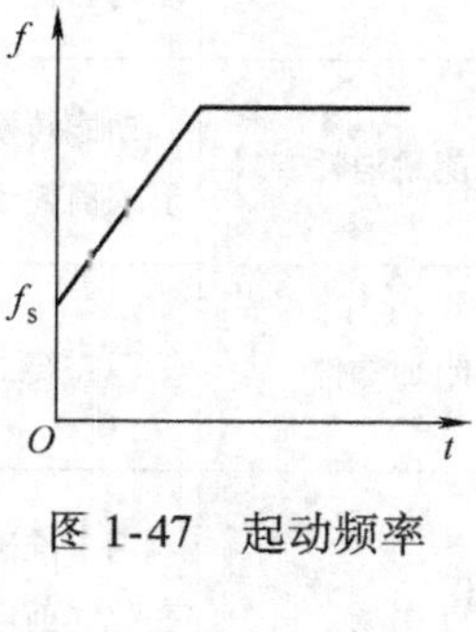

图 1-47　起动频率

2）起动前直流制动。变频调速系统总是从最低频率开始起动的，如果在开始起动时，电动机已有一定的转速，可能引起过电流或过电压。起动前的直流制动功能可以保证电动机在完全停转的状态下开始起动。

（2）变频器升降速

1）升速时间。在机械工作过程中，升速过程是过渡过程，这段时间内通常不能进行生产活动，从工作效率出发，升速时间越短越好，但时间过短，频率上升过快，容易出现过电流。另外，对于电梯、带式输送机、纺织类机械的起动过程要求较长，预置升速时间应根据实际情况而定。

2）降速时间。电动机在降速过程中有时会处于再生制动状态，将电能反馈到直流电路，产生泵升电压，使直流电压升高。如降速时间太短，频率下降过快，直流电压可能超过上限值。所以预置降速时间时，应在直流电压不超过允许范围的前提下，尽量减小降速时间。

3）升降速方式。

① 线性方式。频率与时间呈线性关系，如图1-48所示。大多数负载预置为线性方式。

② S形方式。对于带式输送机、纺织机一类负载，如果加速度过大，会使被输送的物体产生倾倒或棉纱被拉断。因此，在起动的初始阶段加速过程比较缓慢，中间为线性加速，加速度不变，加速快结束时加速度又逐渐下降为0。在整个加速过程中，速度与时间的关系呈“S”形，如图1-49所示。

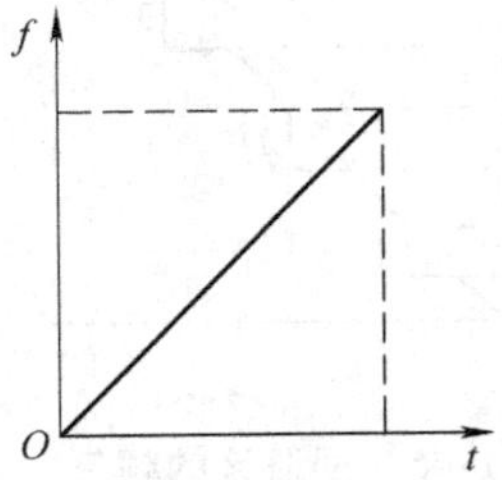

图1-48　线性升速方式

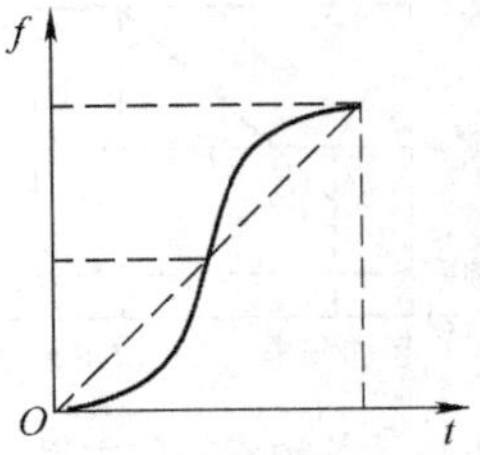

图1-49　S形升速方式

4. 变频器的制动

通用变频器常用的电气制动方法有三种：直流制动、制动单元和制动电阻制动、整流回馈制动。这三种制动方式各有特点，使用条件和场合也不相同，见表1-2。

表1-2　通用变频器三种常用制动方法的比较

制动方式	直流制动	制动单元和制动电阻制动	整流回馈制动
使用限制条件	不能用于电动机频繁起动、制动的场合	不能用于中、大功率频繁起动、制动的场合	不能用于稳压质量不高的电网；电网的短路功率不足时不能用
能量消耗方式	动能转换成电能，以热损耗的形式消耗于电动机的转子回路中	动能转换成电能，以热损耗的形式消耗于制动电阻上	动能转换成电能，回馈给电网
附加选件	不需要	是否需要附件由功率大小而定	需要
使用场合	用于准确停车控制；用于制止在起动前电动机由外因引起的不规则自由旋转	用于小功率频繁起动、制动的控制系统；用于动态指标要求较高的控制系统	用于大、中型控制系统的制动；用于回馈能量较多的控制方式

（1）直流制动　直流制动是指当变频器的输出频率为零，异步电动机的定子不再有旋转磁场时，变频器向异步电动机的定子绕组中通入直流电流，异步电动机便处于能耗制动状态，转动的转子切割静止磁场而产生制动力矩，使电动机迅速停止。此种方法是动能转换成

电能，以热损耗的形式消耗于电动机的转子回路中，如果持续时间过长会使电动机发热，所以不适于经常制动的场合。这种变频器输出直流的制动方式，一般称“DC”制动，如图1-50所示。

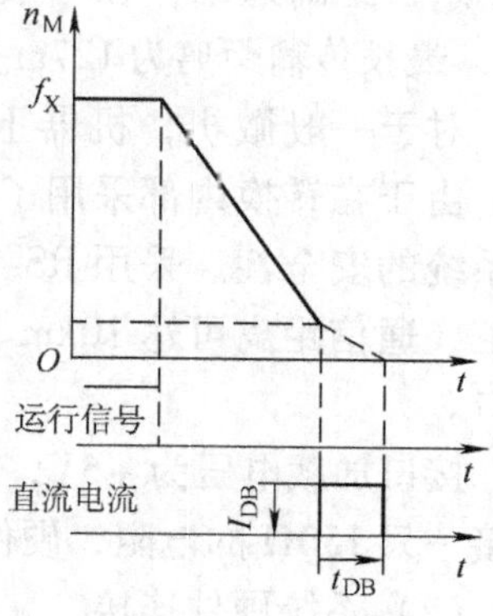

图1-50 设定直流制动的要求

（2）制动单元和制动电阻制动 在需要进行频繁的制动或高转矩制动时，如果制动单元内部电阻的制动功率不够大，需要外接制动电阻和制动单元，各种变频器的使用说明书上都提供了适用于本变频器的制动电阻的规格和型号，其外接方法如图1-51所示。

（3）整流回馈制动 当给定频率下降时，如果电动机的同步转速低于转子的转速，这时电动机处于再生制动状态。如果此时变频器有回馈制动单元，就可以将电动机再生的电能反馈到电网中，使整个调速系统处于回馈制动状态。其工作原理如图1-52所示。

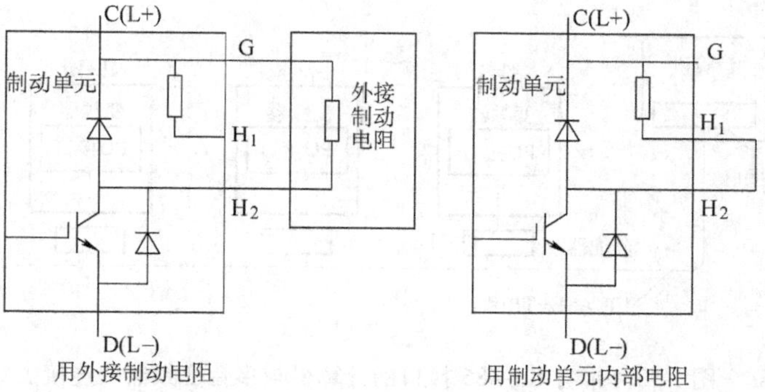

图1-51 制动电阻和制动单元的外接方法

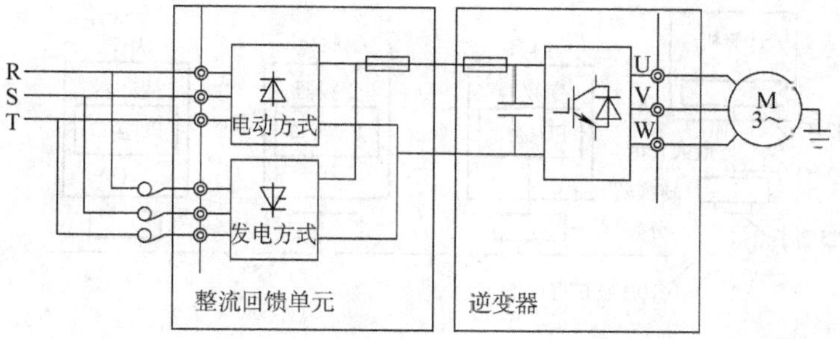

图1-52 整流回馈制动的工作原理

5. 微机设置变频器的参数和功能

用微机控制变频器网络时，可以利用微机与网络上任一变频器之间的通信实现远距离控制，也可对各处电动机的运行情况进行监测、显示、储存和打印。

（1）接口与标准转换 要实现变频器网络的计算机控制，首先要有完善的微机监控系统，实现微机与变频器之间的串行通信。

串行通信口进行数据通信是采用RS-232口进行的，即RS-232-C标准。这种通信标准不能用来长距离通信，在一般的传输速率下，采用通信电缆，若保持传送码元畸变不超过4%，最长传输距离为127m。如果在串口上使用光耦合器，可以使通信距离达几百米。

对于一般微机，机器上只配有RS-232-C接口，因此应配置RS-232-C/RS-485转换器。由于在转换内部采用了光电隔离技术，使计算机的各个串口之间进行隔离，因而提高了系统的安全性。采用RS-485接口后，一台计算机可控制31台变频器，通信技术为半双工，通信距离可达10km以上。RS-232-C/RS-485转换器接于计算机的“COM1”通信端口。

接口加载电压为+5V，电流不低于0.15A。在数据信号线RS-485P和RS-485N之间必须接一只150Ω的电阻，硬件连接线应采用双绞线或屏蔽双绞线。

（2）系统硬件连接

1）RS-485通信：用通信电缆把变频器的PU接口、计算机、分配器等连接起来，即可进行通信操作。通信电缆的连接方法如下：

① 带有RS-485接口的计算机与多台变频器的连接如图1-53所示。

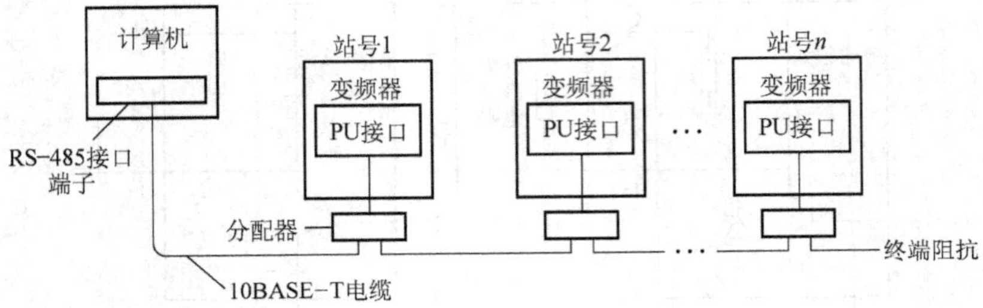

图1-53　带有RS-485接口的计算机与多台变频器的连接

② 带有RS-232接口的计算机与多台变频器的连接如图1-54所示。

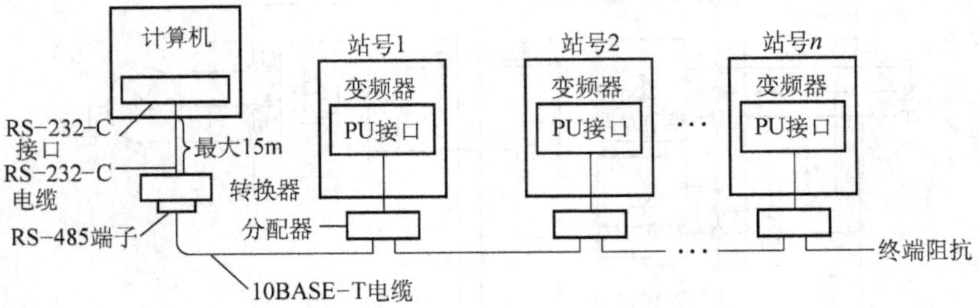

图1-54　带有RS-232接口的计算机与多台变频器的连接

2）端子接线方法：

① 带有RS-485接口的计算机与单台变频器的接线如图1-55所示。

② 带有RS-485接口的计算机与多台变频器的接线如图1-56所示。

注意：计算机端子号因机型不同而不同，接线时应按照计算机使用说明书连接。由于传送速度、传送距离等原因，有可能受到反射的影响，造成通信障碍，需要时应安装终端阻抗。用PU接口时，由于不能安装终端阻抗，应使用分配器。终端阻抗要安装在离计算机最

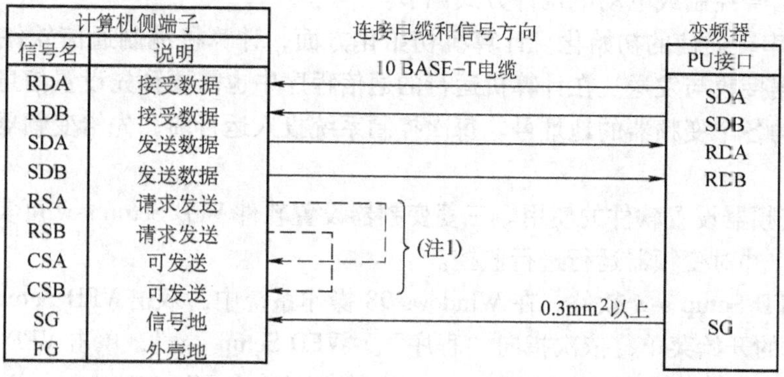

图 1-55 带有 RS-485 接口的计算机与单台变频器的接线

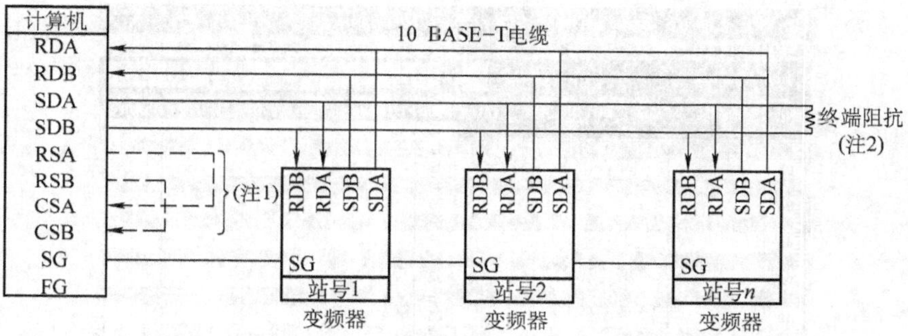

图 1-56 带有 RS-485 接口的计算机与多台变频器的接线

远的变频器上（终端阻抗器：100Ω）。

（3）软件的初始化与操作界面

1）通信的初始化。

① 变频器串行通信的初始化。在使用串行口通信前，计算机和变频器在硬件和软件上都要进行初始化，包括波特率的设置和相关控制字的设置，以及从站地址和一些通信参数的设置等。在本系统中，采用三菱变频器与计算机相连，根据其投入的基本操作规程，应先设置其参数 Pr. 160 =0，使所有参数都可以读取和设置，然后对其他参数进行初始化。

变频器与计算机进行通信，通信规格必须在变频器的初始化中设定，如果没有进行初始化设定或有一个错误的设定，数据将不能进行传输。每次参数设定后需要复位变频器。根据通信原理，先设置各变频器的从站地址。其参数 Pr. 117 将设置每一台变频器的地址。

通信的各台变频器之间必须以相同的波特率进行通信。变频器采用设置参数 Pr. 118 实现设置 RS-485 串行口的波特率，其值与波特率对应的关系为 48、96、192（分别对应 4800、9600、19200 波特）。

要实现变频器网络的计算机控制，还应设置变频器为通过串行口遥控方式。将参数 Pr. 59 的值设定为 1 或 2，即遥控方式。与此相对应的是，变频器的给定类别必须设定为数字式，这样可由计算机传输数字化指令来调整变频器的频率，从而调整运行速度，而不是通过模拟量输入信号控制或电动电位计方式调节。

② 计算机串行通信的初始化。计算机初始化方面，计算机编制通信软件可以利用串行通信口进行数据接收与发送。在计算机运行的通信程序中也需要预先设置信息传输波特率和与计算机通信的各个变频器的地址号。每次控制系统投入运行前，先给变频器上电，然后打开计算机。

2）三菱变频器设置软件的使用。三菱变频器设置软件 VFD Setup s-w 可实时或离线设置变频器的参数，并对变频器运行进行监控。

① 启动 VFD Setup s-w 软件。在 Windows 98 操作系统中，双击 VFD Setup s-w 图标或单击 Windows 98 的开始菜单，依次指向"程序"、"VFD Setup s-w"，单击 VFD Setup s-w 进入设置窗口界面，如图 1-57 所示。VFD Setup s-w 软件菜单由 File、Settings、Parameter、Monitor、Diagnosis、Test Running、Window、Help 八组菜单命令组成。

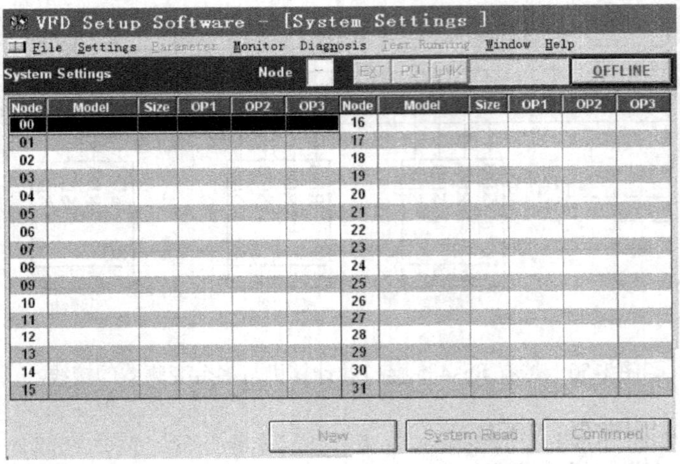

图 1-57　设置窗口

② 设置变频器的型号和容量。首先进入系统设置界面，由于本软件连接的变频器的数量最多为 32 台，故系统设置界面显示从 00 到 31 号变频器的状态条，如图 1-57 所示。双击任一状态条，可显示变频器的设置界面，可以设置任意一站变频器的型号、容量和选择功能。在设置过程中，要注意使用软件设置的变频器型号与容量一定要和对应站号的变频器型号 Model 和容量 Size 一致，如图 1-58 所示，单击 OK 键，便完成变频器的型号和容量设置。

③ 通信设置。单击进入 Settings 菜单，单击 Communication Setting，进入通信设置界面，设置计算机的通信端口、通信速率、通信校验时间、等待时间等参数，设置的通信参数要和变频器中设置参数一致，如图 1-59 所示。

④ 变频器参数的设置。单击进入 Parameter 菜单，可以对已连接到计算机的变频器参数进行设置。变频器参数设置界面有四种：All list format（完全参数设置界面）、"Function list format"（功能归类设置界面）、"Individual list format"（个人设定界面）、"Basic settings"（基本设置界面）。图 1-60 所示为完全参数设置界面。依次是参数序号、参数功能、设定范围、出厂参数，点击参数号对应的 Updated Val 输入新数据，完成参数设置。

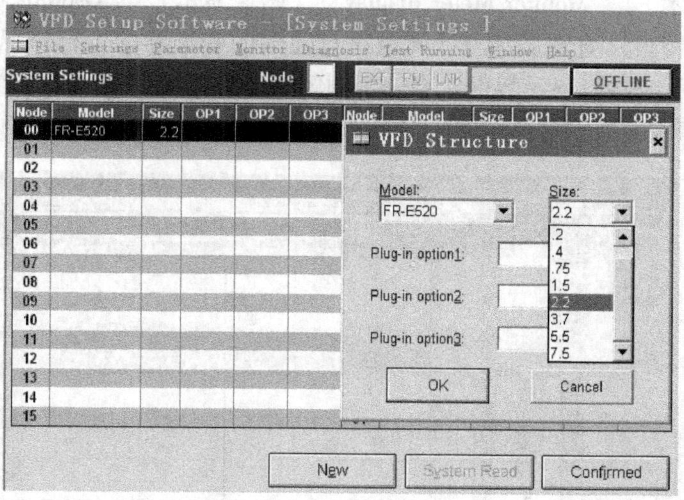

图 1-58　变频器的型号和容量设置

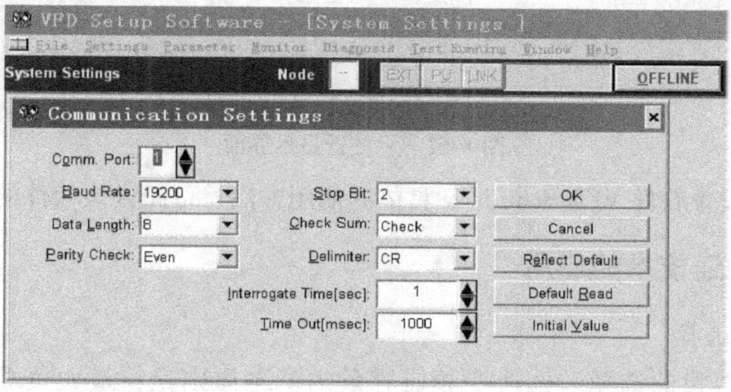

图 1-59　通信设置

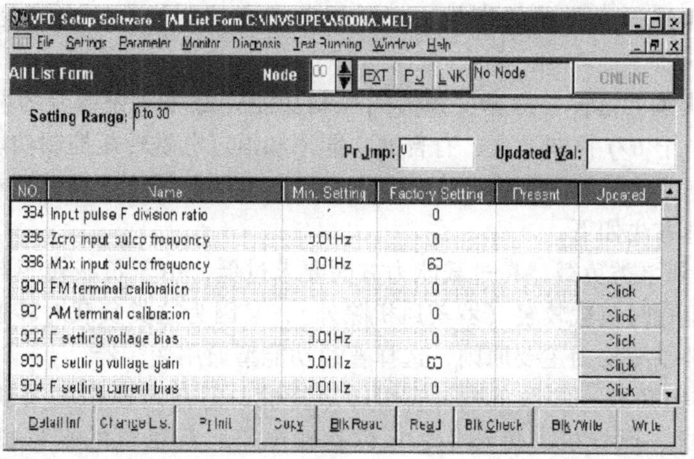

图 1-60　完全参数设置界面

⑤ 变频器运行的显示。单击进入“monitor”（显示）菜单，可以以下四种形式：“Data

display”（数据显示）、“Monitor Meter display”（图像显示）、“Oscilloscopes”（示波器）、“Alarm history”（警报）直观显示与计算机进行通信的变频器的运行情况。图1-61所示为“Oscilloscopes”（示波器）显示界面。在一个图解格式可以实时显示四或少于四个波形，显示变频器的输入和输出状态。

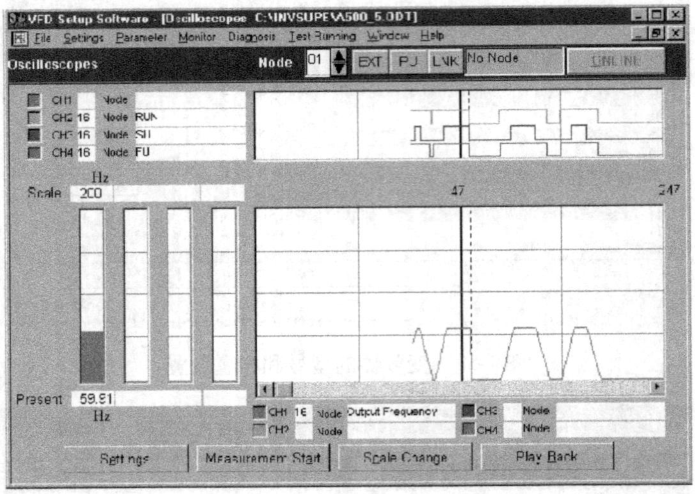

图1-61　示波器显示界面

三菱变频器设置软件VFD Setup s-w具体的使用方法，可阅读该软件的帮助文件。

八、变频调速技术的应用

1. 变频器的选择

（1）变频器容量的选择　选择变频器容量的基本原则是：最大负载电流不能超过变频器的额定电流。一般情况下，按照变频器使用说明书所规定的配用电动机功率进行选择，但是当电动机不是4极时（通用变频器一般是以4极电动机模型设计的），就不能仅以电动机的功率来选择变频器的容量，还需要考虑变频器的额定电流是否大于电动机的额定电流。

（2）变频器类型的选择　根据变频器的控制功能将通用变频器分为两大类，而每一类都有两种类型。对于U/f控制方式，有普通功能型和恒定电磁转矩控制功能型；对于矢量控制方式，又有带速度传感器和不带速度传感器之分。变频器类型选择的基本原则是根据负载的要求选择。选择方法如下：

1）对于风机和泵类负载，在过载能力方面要求过低，由于负载转矩与速度的平方成正比，所以在低速运行时负载较轻（罗茨风机除外），又因为这类负载对转速精度没有什么要求，故选型时通常以廉价为主要原则，选择普通功能型通用变频器。

2）对于恒转矩负载，多数负载具有恒转矩特性，但在转速精度及动态性能方面要求不高，例如挤压机、搅拌机、传动带、厂内运输电车、起重机的平移机构、提升机构和提升机等。选型时可选U/f控制方式的变频器，但是最好采用具有恒转矩控制功能的变频器，如果用变频器实现恒转矩调速，必须加大电动机的功率和变频器的容量，以提高低速转矩。

3）被控对象具有一定的动态、静态指标要求时，这类负载一般要求低速时有较硬的机械特性，才能满足生产工艺对控制系统的动态、静态指标要求，如果系统采用开环控制，可选用具有无速度反馈矢量控制功能的变频器。

4）可控对象具有较高的动态、静态指标要求时，对于调速精度和动态性能指标都有较高要求，以及要求高精度同步运行的场合，可采用带速度反馈的矢量控制方式的变频器。如果控制系统采用闭环控制，可选用能够四象限运行、U/f 控制方式、具有恒转矩功能型变频器。

2. 变频器在起升机构的应用

（1）电动机的工作状态

1）起升机构的的组成如图 1-62 所示。

2）起升机构的转矩分析。在起升机构中，主要有三种转矩：电动机的转矩 T_M、重力转矩 T_G 和摩擦转矩 T_0。

① 电动机的转矩 T_M。即由电动机产生的转矩，是主动转矩，其方向可正可负。

② 重力转矩 T_G。由重物及吊钩等作用于卷筒的转矩，其大小等于重物及吊钩等的重力 G 与卷筒半径 r 的乘积，即 $T_G = Gr$，其方向永远向下。

③ 摩擦转矩 T_0。由于减速机构的传动比入较大，最大可达 50，因此，减速机构的摩擦转矩（包括其他损失转矩）不可小视。摩擦转矩的特点是，其方向永远与运动方向相反。

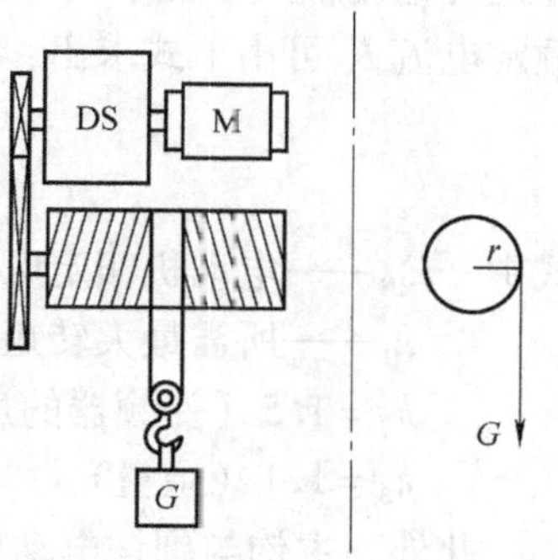

图 1-62　起升机构的组成

（2）起升机构对拖动系统的要求　起升机构的主要部件是吊钩，容量较大的桥式起重机通常配有主钩和副钩，这里以主钩为例说明其对拖动系统的要求。

1）速度调节范围：通常情况下，调速比 $a_n = 3$，调速范围较宽者可以达到 10 以上。空钩或轻载时，速度应快一些，重载时则较慢。

2）上升时的预备级速度：吊钩从“床面”（地面或某一放置物体的平面）上升时，必须首先消除传动间隙，从而将钢丝绳拉紧。在原拖动系统中，其第一挡速度称为预备级，预备级的速度不宜过大，以免机械冲击过强。

3）重力势能的处理：吊钩重载下降时，电动机处于再生制动状态，对于再生的电能，必须能够妥善处理。

4）制动方法：起升机构中，由于重物具有重力，如没有专门的制动装置，重物是难以长时间在空中悬停的。为此，电动机轴上必须加装机械制动装置，常用的有电磁铁制动器和液压电磁制动器等。多数制动装置都采用断电制动方式，即线圈断电时制动器依靠弹簧的力量将轴抱住，线圈通电时松开，避免电路出故障或突然断电时制动失效。

5）溜钩问题的解决：在重物开始升降或悬停时，要求制动器和电动机的动作必须紧密配合，由于制动器从抱紧到松开，以及从松开到抱紧的动作过程需要时间（约 0.6s），而电动机转矩的产生与消失，是在通电或断电瞬间就有的。因此，两者在动作配合上极易出现问题。如电动机已经断电，而制动器尚未抱紧，则重物必将下滑，从而出现溜钩现象。溜钩现象不但降低了重物在空中定位的准确性，而且还会产生严重的安全问题。

(3) 起升机构的变频调速改造

1) 电动机的选择:

① 若原电动机已经年久失修，需要更换，则最好选用变频专用电动机。

② 若原电动机是较新的笼型转子异步电动机，则可以直接配用变频器。

③ 若原电动机是较新的绕线转子异步电动机，则应将转子绕组短接，并把电刷抬起，如图1-63所示。

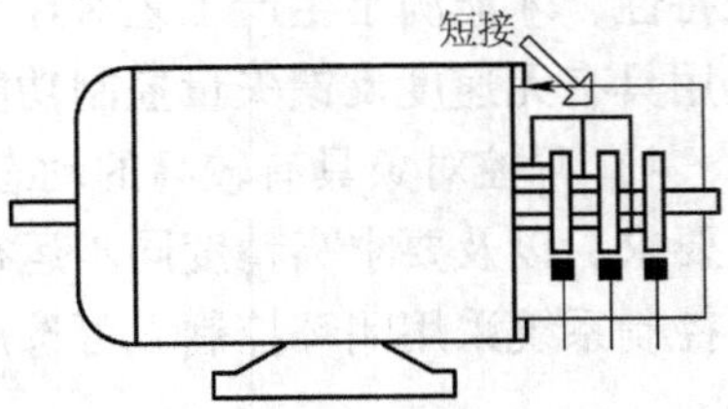

图1-63 绕线转子短接

2) 变频器容量的选择：在起重机械中，因为上升、降速时电流较大，应求出对应于最大起动转矩和升、降速转矩的电动机电流。通常变频器的额定电流 I_N 可由下式求出:

$$I_N > I_{MN}\frac{k_1k_3}{k_2}$$

式中 I_{MN}——电动机额定电流(A);

k_1——所需最大转矩与电动机额定转矩之比;

$k_2=1.5$(变频器的过载能力);

$k_3=1.1$(余量)。

此外，主钩与副钩电动机必须分别配用变频器，不能共用。

3) 制动电阻的选择:

① 位能的最大释放功率等于起重机构在装载最大重荷的情况下以最高速度下降时电动机的功率，实际上就是电动机的额定功率。

② 耗能电阻的容量。电动机在再生制动状态下发出的电能全部消耗在耗能电阻上，因此，耗能电阻的容量 P_{RB} 应与电动机的功率 P_{MN} 相等，即

$$P_{RB}=P_{MN}$$

a. 电阻值的计算。由于耗能电阻 R_B 接在直流回路(电压为 U_D)中，故电阻 R_B 的计算方法为

$$R_B\leqslant\frac{U_D^2}{P_{MN}}$$

b. 制动单元的计算。制动单元的允许电流 I_{VB} 可按工作电流的两倍考虑，即

$$I_{VB}\geqslant\frac{2U_D}{R_B}$$

4) 电能的反馈。近年来，不少变频器生产厂家都推出了把直流电路中过高的泵升电压反馈给电源的新产品或新附件，其基本方式有以下两种。

① 电源反馈器件的接法如图1-64所示，接线端P和N分别是直流母线的“+”极和“-”极。当直流电压超过极限值时，电源反馈器件将把直流电逆变成三相交流电反馈回电源去。这样，就把直流母线上过多的再生电能又送回给电源。

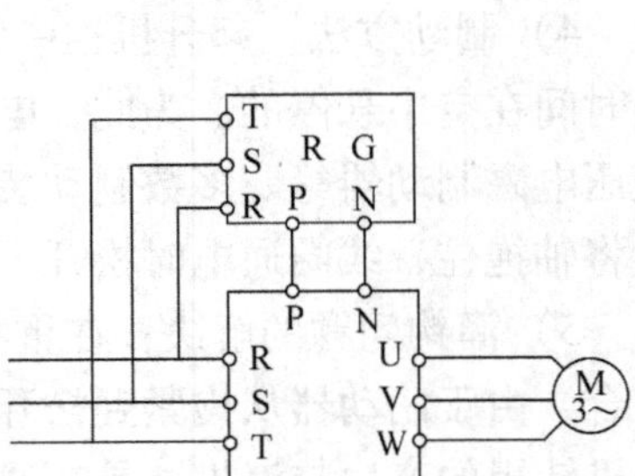

图1-64 电源反馈器件的接法

② 具有电源反馈功能的变频器。其“整流”部分的电路如图 1-65 所示，图中，VD1～VD6 是三相桥式整流用的二极管，与普通的变频器相同；VT1～VT6 是三相逆变管，用于将过高的直流电压逆变成三相交流电源。这种方式不但进一步节约了电能，并且还具有抑制谐波电流的功能。

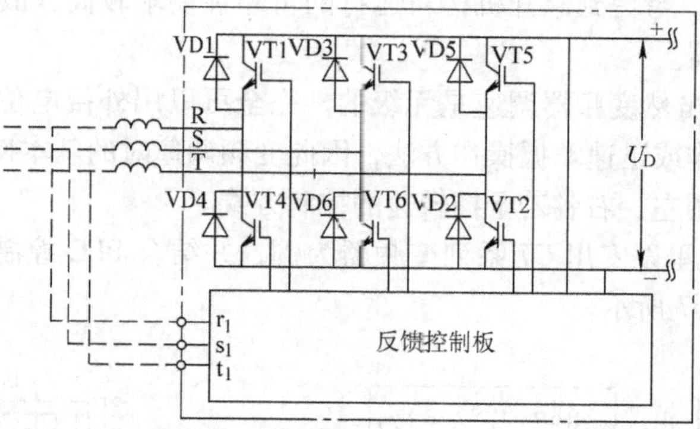

图 1-65　具有电源反馈功能的变频器

5）公用直流母线。在起重机械中，由于变频器的数量较多，可以采用公用直流母线方式，即所有变频器的整流部分是公用的，如图 1-66 所示。由于各台变频器不可能同时处于再生制动状态，因此，可能互相补偿。公用直流母线方式与电源反馈相结合，结构简捷，并可使起重机械各台变频器的电压稳定，不受电源电压波动的影响。

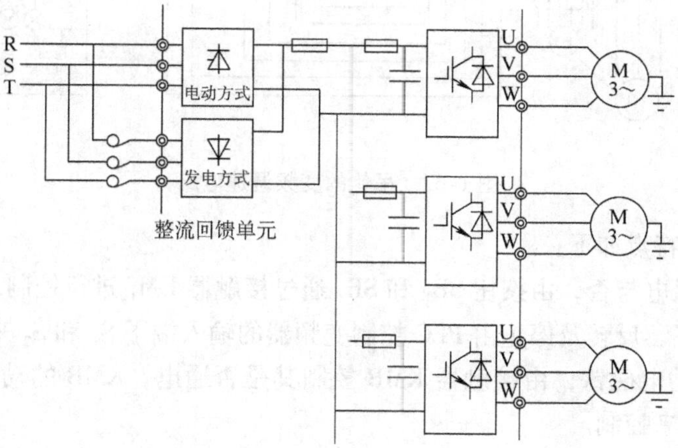

图 1-66　公用直流母线

（4）变频调速方案

1）控制要点：

① 控制模式。一般情况下，为了保证在低速时能有足够大的转矩，最好采用带有速度反馈的矢量控制方式，但近年来，无反馈矢量控制的技术已经有了很大提高，在定位要求不高的场合，也可以采用。

② 起动方式。为了满足吊钩从“床面”上升时，需先消除传动间隙，即应将钢丝绳拉紧，可采用 S 形起动方式。

③ 制动方法。采用再生制动、直流制动和电磁机械制动相结合的方法。

④ 点动制动。点动制动是用来调整被吊物体空间位置的，应能单独控制。点动频率不宜过高。

2）调速方案：

① 变频器的选型。考虑到起升机构对运行的可靠性要求较高，故选用具有带速度反馈矢量控制功能的变频器。

② 机构的调整。虽然变频器调速是无级的，完全可以用外接电位器来进行调速，但为了操作人员习惯性操作或迅速掌握操作方法，因此变频调速时的基本操作方法和原拖动系统的操作方法相同，采用左、右各若干挡转速的控制方式。

3）控制电路：这里以安川 G7 系列变频器为例，并结合 PLC 控制，讲述吊钩的变频调速控制电路，如图 1-67 所示。

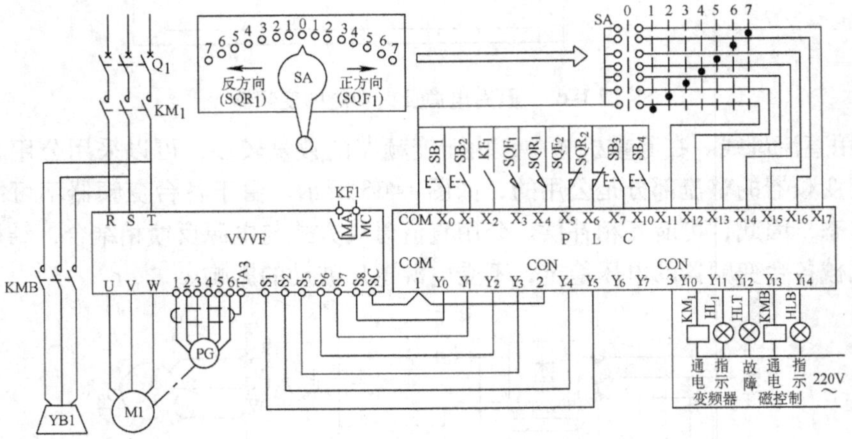

图 1-67　吊钩的变频调速电路

该控制电路的特点如下：

① 变频器的通电与否，由按钮 SB_1 和 SB_2 通过接触器 KM_1 进行控制。

② 电动机的正、反转及停止由 PLC 控制变频器的输入端子 S_1 和 S_2 来实现。

③ YB1 是制动电磁铁，由接触器 KMB 控制其是否通电，KMB 的动作则根据在起升或停止过程中的需要来控制。

④ SA 是操作手柄，正、反两个方向各有 7 个挡位。正转时接近开关 SQF_1 动作，反转时接近开关 SQR_1 动作。

⑤ SQF_2 是吊钩上升时的限位开关。开关 SB_3 和 SB_4 是正、反两个方向的点动按钮。

⑥ PG 是速度反馈用的旋转编码器，这是有反馈矢量控制所必需的。

九、变频器的安装与调试

1. 变频器的安装环境

为了确保变频器安全、可靠地运行，变频器的安装环境应满足如下要求：

（1）环境温度　环境温度是影响变频器寿命及可靠性的重要因素，一般要求为 -10 ~

+40℃。若散热条件良好（如除去外壳），则上限温度可提高到50℃。如果变频器长期不用，存放温度最好为-10~+30℃。如果无法满足这些要求，应安装空调器。

（2）环境湿度　相对湿度不应超过90%（无结露现象）。对于新建厂房和在阴雨季节，每次开机前，应检查变频器是否有结露现象，以免变频器出现短路故障。

（3）安装场所　最好在海拔1000m以下使用。若海拔超过1000m，则变频器的散热能力下降，其最大输出电流和电压都要降低使用，降低的百分率与变频器的具体型号有关。

在室内使用时，安装位置应无直射阳光、无腐蚀气体及易燃气体且尘埃少。潮湿、腐蚀性气体及尘埃是造成变频器内部电子器件生锈、接触不良、绝缘性能降低的重要因素。对于有导电尘埃的场所（如碳纤维生产厂），要采用封闭式结构。对有可能产生腐蚀性气体的场所，应对控制板进行防腐处理。

（4）安装空间　变频器在运行中会发热。为了确保风道畅通，对于非水冷却的变频器，安装空间如图1-68所示。

如果需要在临近并排安装两台或多台变频器，建议按图1-69a所示方法，留有足够距离。如果竖排安装，其间隔至少为50cm。两个变频器之间加隔板以增加上部变频器的散热效果，如图1-69b所示。

如果需要柜外冷却，安装位置如图1-69c所示。变频器在控制柜内请勿上下颠倒或平放安装，变频器在室内的空间位置，应便于变频器的定期维护。

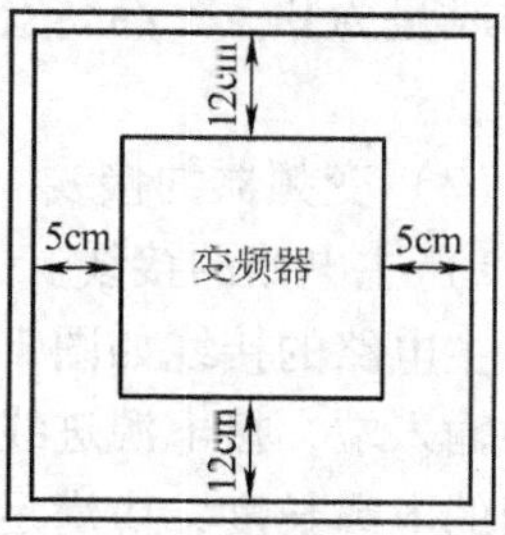

图1-68　变频器的安装空间

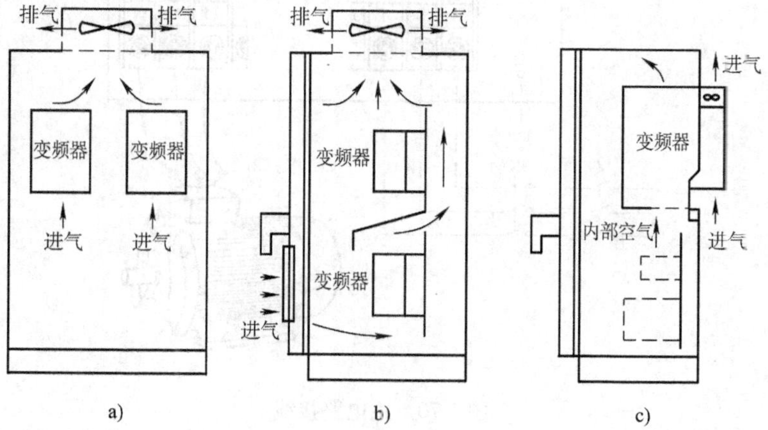

图1-69　变频器在电气柜中的安装方法

a）并排安装　b）竖排安装　c）柜外冷却

（5）其他条件　如果变频器长期不用，变频器内的电解电容会发生劣化现象，当实际运行时会出现由于电解电容的耐压降低和漏电增加引发故障。因此最好每隔半年通电一次，通电时间保持30~60min，使电解电容自我恢复，以改善劣化特性。在振动场所应用变频器时，应采用防振措施，并进行定期的检查、维护和加固工作。

2. 变频器的安装

(1) 变频器的发热与散热　变频器散热很重要。温度过高对任何设备都有破坏作用，但就大多数设备而言，其破坏作用通常是比较缓慢的，受破坏时的温度是很不准确的，而唯独在SPWM逆变电路中，温度一旦超过某一数值，会立即导致逆变管的损坏，并且温度限值往往十分准确。

1) 变频器的发热。和任何其他设备一样，发热总是由内部的损耗功率产生的。变频器各部分损耗的比例为：逆变电路约占50%；整流和直流部分约占40%；控制电路及保护电路占5%～15%。粗略地说，每1kV·A的变频器容量，其损耗的功率为40～50W。

2) 变频器的散热。为了阻止变频器内部温度升高，变频器必须把产生的热量充分散发出去。通常采取的方法是通过冷却风扇把热量带走。大体上说，每带走1kW热量所需要的风量为$0.1m^3/s$。安装变频器时，首先要考虑的是如何保证散热的途径畅通，不易被堵塞。

(2) 变频器的接线

1) 主电路的接线。

主电路的接线如图1-70所示。图中Q是断路器，KM是接触器触头。R、S、T是变频器的输入端，接电源进线。U、V、W是变频器的输出端，与电动机相接。变频器与电动机之间的电缆长度，应满足变频器使用说明书的规定要求。

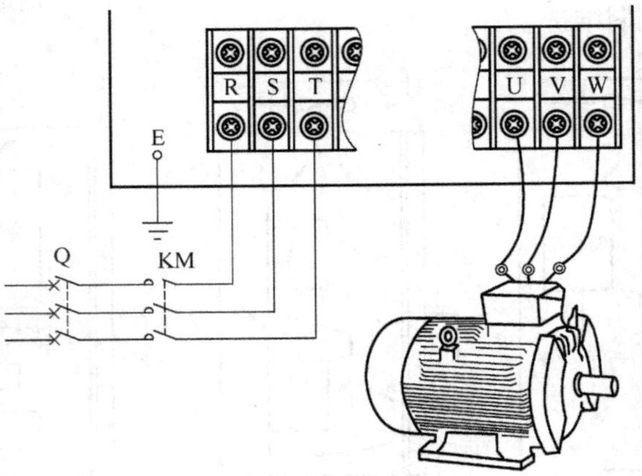

图1-70　主电路接线

注意：不能用接触器KM的触头来控制变频器的运行和停止，应使用控制面板上的操作键或接线端子上的控制信号；变频器的输出端不能接电力电容器或浪涌电容器；电动机的旋转方向和生产工艺要求不一致时，最好用调整变频器输出相序的方法，不要调换控制端子FWD或REV的控制信号。

另外，变频器的输入端和输出端是绝对不允许接错的。如果将输入电源接到了U、V、W端，则不管哪个逆变管导通，都将引起两相间的短路而将逆变管迅速烧坏，如图1-71所示。

2）控制电路的接线。

① 模拟量控制线：主要包括输入侧的给定信号线和反馈信号线、输出侧频率信号线和电流信号线。模拟量信号的抗干扰能力较低，因此必须使用屏蔽线。屏蔽层靠近变频器的一端应接控制电路的公共端（COM），而不要接到变频器的地端（E）或大地，如图1-72所示。

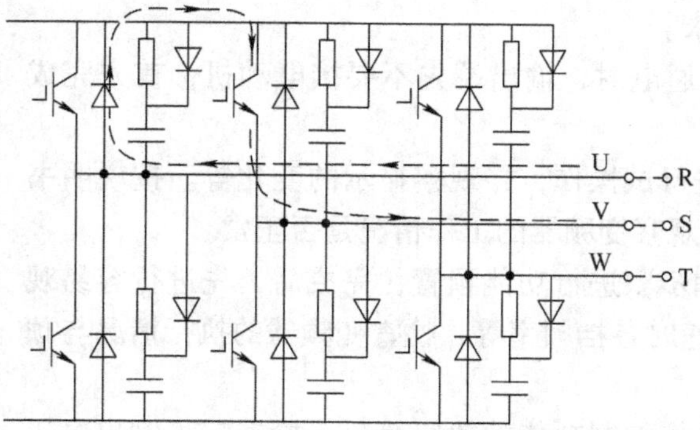

图1-71 电源接错时的后果

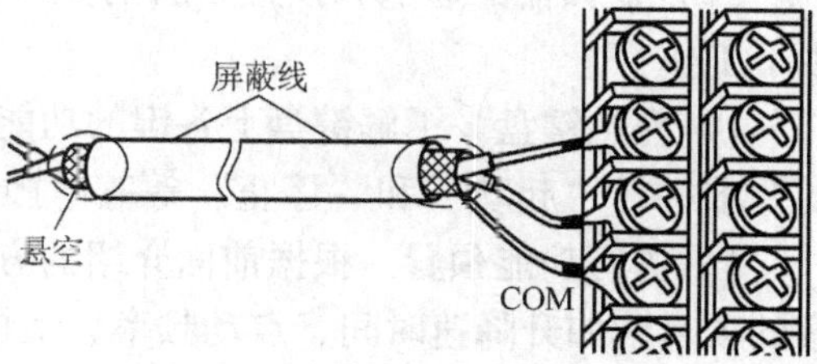

图1-72 屏蔽线的接线方法

注意：屏蔽层的另一端应该悬空。布线时还应该遵守变频器使用说明书的规定。

② 开关量控制线：如起动、点动、多挡转速控制等控制线，都是开关量控制线。

一般来说，模拟量控制线的接线原则也都适用于开关量控制线。但开关量信号的抗干扰能力较强，故在距离不是很远时，可以不使用屏蔽线，但是同一信号的两根线必须相互绞在一起。如果操作台离变频器较远，应该先将控制信号转变成能远距离传送的信号，再将传输的信号转变成变频器所要求的信号。

③ 变频器的接地：所有变频器都专门有一个接地端子“E”，应将此端子与大地相接。当变频器和其他设备，或有多台变频器一起接地时，每台设备必须分别与地线相接，如图1-73a所示。不允许将一台设备的接地端和另一台相接后再接地，如图1-73b所示。

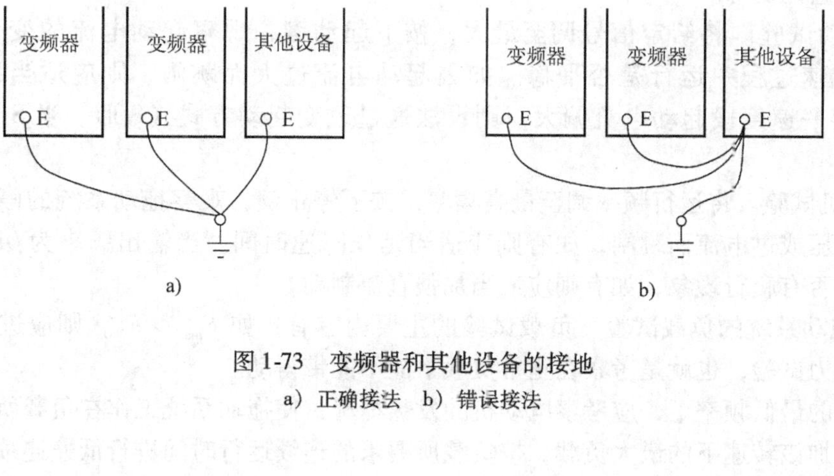

图1-73 变频器和其他设备的接地

a）正确接法 b）错误接法

3. 变频器的调试

变频器调速系统的调试应遵循“先空载、后轻载、再重载”的一般规律。

(1) 通电前的检查

1) 外观、构造检查。检查变频器的型号、安装环境有无问题，装置有无脱落或损坏，电缆线径是否合适，电气连接有无松动，接地是否可靠。

2) 电源电压、绝缘电阻的检查。检查主电路电源电压和变频调速系统要求的电压值是否一致，检查主电路的绝缘电阻值是否达到要求。

(2) 变频器的通电和预置　新的变频器在通电时，输出端先不要接电动机，首先完成以下工作：

1) 熟悉键盘。了解键盘上各键的功能，进行试操作，并观察显示的变化等。按说明书的要求进行“起动”和“停止”等基本操作，观察变频器的工作情况是否正常。

2) 进行功能预置。根据前面介绍的方法和步骤进行功能预置，完成后，先进行容易观察的项目，如升降速时间、点动频率、多挡变速时各挡频率等，检查变频器的执行情况与预置的内容是否相符。

3) 将外部输入控制线接好，逐项检查各外接控制功能的执行情况。检查三相输出电压是否平衡。

(3) 电动机的空载试验　变频器的输出端接上电动机，但电动机尽可能与负载脱开，进行通电试验。其目的是观察变频器接上电动机后的工作情况，顺便校准电动机的旋转方向。实验步骤如下：

1) 将频率设置为0位，合上电源，微微提升工作频率，观察电动机的起转情况及旋转方向是否正确。如方向相反，则予以纠正。

2) 将频率上升到额定频率，让电动机运行一段时间。如一切正常，再选若干个常用的工作频率，也使电动机运行一段时间。

3) 将给定频率信号突降至0（或按停止按钮），观察电动机的制动情况。

(4) 拖动系统的起动和停机　将电动机的输出轴与机械装置连接起来，进行下述试验。

1) 起转试验。使工作频率从0Hz开始微微增加，观察拖动系统能否起转，在多大频率下起转。如起转比较困难，应设法增加起动转矩。具体方法有：加大起动频率、加大 U/f 比值、采用矢量控制等。

2) 起动试验。将给定信号调至最大，按下起动键，观察起动电流的变化及整个拖动系统在加速过程中运行是否平稳。如因起动电流过大而跳闸，则应适当延长升速时间。如在某一速度段起动电流偏大，则设法通过改变起动方式（S形、半S形等）来解决。

3) 停机试验。将运行频率调至最高频率，按下停止键，观察拖动系统的停机过程是否出现因过电压或过电流而跳闸，如有则应适当延长降速时间。当输出频率为0Hz时，观察拖动系统是否有爬行现象，如有则应适当加强直流制动。

(5) 拖动系统的负载试验　负载试验的主要内容有：如 $F_{max} > F_N$，则应进行最高频率时的带载能力试验，也就是考察在正常负载下能不能带得动。

在负载的最低频率下，应考察电动机的发热情况，使拖动系统工作在负载所要求的最低转速下，施加该转速下的最大负载，按负载所要求的连续运行时间进行低速连续运行，观察电动机的发热情况。

过载试验，按负载可能出现的过载情况及持续时间进行试验，观察负载能否连续工作。当电动机在工频以上运行时，不能超过电动机允许的最高频率范围。

十、变频器的维护

1. 变频器的检查

变频器具有很高的可靠性，但如果使用、维护不当，就可能发生故障或运行状况不佳，缩短设备的使用寿命。

（1）变频器检查注意事项　操作者必须熟悉变频器的基本原理、功能特点、技术指标等，具有操作变频器运行的经验；维护前必须切断电源，主电路电容器彻底放电后再进行作业；仪器、仪表应符合要求，使用方法要正确。

（2）日常检查项目　检查变频器在运行中是否有异常现象；安装地点的环境是否异常；冷却系统是否正常；变频器、电动机、变压器、电抗器是否过热、变色或有异味；电动机是否有异常振动、异常声音；主电路电压和控制电路电压是否正常；滤波电容器是否漏液或变形；各种显示是否正常。

（3）定期检查的主要项目及维护方法　一般的定期检查应一年进行一次，绝缘电阻的检查可以三年进行一次。定期检查的重点是变频器运行时无法检查的部位，重点检查冷却系统，即冷却风机和散热器，冷却风机主要是轴承磨损，散热器要定期清洁；电解电容器受周围温度及使用条件的影响，容量变小或老化；接触器触头有无磨损或接线松动；充电电阻是否过热；接线端子有无松动及控制电源是否正常。

（4）零部件的更换　变频器由多种部件组成，某些部件经长期使用后性能降低、劣化，这是故障发生的主要原因。

1）冷却风扇：变频器主电路中的半导体器件靠冷却风扇强制散热，以保证其工作在允许的温度范围内。冷却风扇的寿命受限于轴承，为10～35kh。当变频器连续工作时，需要2～3年更换一次风扇或轴承。

2）滤波电容器：对于直流回路中使用的大容量的电解电容器，由于脉动电流等因素的影响，其性能劣化受周围温度及使用条件的影响很大。一般情况下，其使用周期约为5年。

3）继电器和接触器：经过长久使用会发生接触不良现象，需根据其寿命进行更换。

4）熔断器：额定电流大于负载电流，正常使用条件下寿命约为10年，可按此时间更换。

2. 通用变频器故障诊断方法

通用变频器本身具有比较完善的自诊断、保护和报警功能，当变频系统出现故障时，变频器大都能自动停车保护，并显示故障信息。检修时可根据这些信息查找变频器说明书和相关资料的故障说明，分析故障范围，找出故障点并进行维修。变频器常见故障现象和故障原因见表1-3。

表1-3　变频器常见故障现象和故障原因

故障现象		故障原因
过电流跳闸	起动时过电流跳闸	(1) 负载侧短路 (2) 工作机械卡住 (3) 逆变管损坏 (4) 电动机的起动转矩过小，拖动系统转不起来
	运行过程中过电流跳闸	(1) 升速时间设定太短 (2) 降速时间设定太短 (3) 转矩补偿设定较大，引起低频时空载电流过大 (4) 电子热继电器整定不当，动作电流太小，引起误动作
过电压跳闸		(1) 电源电压过高 (2) 降速时间设定太短 (3) 降速过程中，再生制动的放电单元工作不正常
欠电压跳闸		(1) 电源电压过低 (2) 电源断相 (3) 整流桥故障
散热片过热		(1) 冷却风扇故障 (2) 周围环境温度过高 (3) 过滤网堵塞
制动电阻过热		(1) 频繁起动、停止，造成制动时间太长 (2) 制动电阻功率太小，没有使用附加制动电阻或制动单元
电动机不转		(1) 功能预置不当 (2) 使用外接给定方式时，无“起动”信号 (3) 电动机的起动转矩不足 (4) 变频器发生电路故障

十一、西门子变频器频率设定的应用实例

这里以西门子公司生产的MICROMASTER420系列变频器为例进行说明，其外形和控制面板如图1-74所示。电动机参数和控制系统要求见表1-4。

a)　　　　b)

图1-74　MICROMASTER420变频器的外形和控制面板

表 1-4　电动机参数和控制系统要求

项目名称	参数与要求功能	项目名称	参数与要求功能
电动机额定频率	50Hz	电动机起动、制动时间	不小于 15s
电动机额定转速	1495r/min	电动机所带负载为化纤设备	电动机平滑加速
电动机额定电流	5.2A	升、降速调整	由操作面板控制
电动机额定电压	3AC380V	正转点动频率（右转）	5Hz，用操作面板控制
电动机额定功率	2.2kW	反转点动频率（左转）	10Hz，用操作面板控制
电动机能正向、反向、停止运行	用操作面板控制	电动机最高运行频率	50Hz
变频器输出频率监视	由操作面板显示	电动机最低运行频率	20Hz

1）为满足控制系统要求，确定或修改变频器相应的功能码，其他功能码保持出厂设定不变，修改结果见表 1-5。

表 1-5　变频器根据控制系统要求确定或修改的功能码

功能码	功能	范围［出厂设定］	修改结果	修改说明
P001	显示选择	0 ~ 6［0］	［0］	控制系统要求监视输出频率
P002	频率上升时间/s	0 ~ 650.0［10.0］	［15］	满足系统要求条件下，越小越好
P003	频率下降时间/s	0 ~ 650.0［10.0］	［15］	满足系统要求条件下，越小越好
P004	平滑区域时间/s	0 ~ 40.0［0.0］	［5］	预置数值，需要现场调试
P006	频率给定类型选择	0 ~ 2［0］	［0］	控制系统要求升、降速，由操作面板控制
P007	允许/封闭前面板上按键	0 ~ 1［1］	［1］	控制系统要求正向运行、反向运行、停止、点动，用操作面板控制
P012	最小电动机频率/Hz	0 ~ 650.00［0.00］	［20］	控制系统要求
P013	最大电动机频率/Hz	0 ~ 650.00［50.00］	［50］	控制系统要求
P031	右转点动频率/Hz	0 ~ 650.00［5.00］	［5］	控制系统要求
P032	左转点动频率/Hz	0 ~ 650.00［5.00］	［10］	控制系统要求
P081	电动机额定频率/Hz	0 ~ 650.00［50.00］	［50］	电动机固有参数
P082	电动机额定转速/(r/min)	0 ~ 9999［☆☆☆］	［1495］	电动机固有参数
P083	电动机额定电流/A	0.1 ~ 99.9［☆☆☆］	5.2	电动机固有参数
P084	电动机额定电压/V	0 ~ 1000［☆☆☆］	380	电动机固有参数
P085	电动机额定功率/kW	0 ~ 50.0［☆☆☆］	2.20	电动机固有参数

2）各种变频器都为用户提供了可按一定范围内任意设定升速时间的功能。所规定的设定范围各不相同，最短的为 0 ~ 120s，最长的可为 0 ~ 6000s。各种变频器对升速时间的定义一般分为两种：其一，从 0Hz 上升至基本频率所需要的时间；其二，从 0Hz 上升至最高频率所需要的时间。MICROMASTER 系列变频器就属于后者。

从减小电动机起动电流的角度来说，升速时间应设定得长一些，但升速过程属于过渡过程，并非工作所需，因此对于频繁起动、制动的设备，升速时间过长会影响工作效率。所以，设定升速时间的基本原则是：在电动机的起动电流不超过允许值的前提下，尽可能地缩短升速时间。

在一般调试时，可先把升速时间设定得长一些，在满足生产工艺要求的条件下，观察起动电流的大小，如果起动电流不大，再逐渐减小升速时间。

使用具有最佳升速功能的变频器时，应注意最佳升速功能的定义：一般是指变频器在升速电流不超过允许值的情况下以最短的时间上升到给定频率，但不一定能满足用户的其他要求，如电梯上升的舒适感要求。

3）MICROMASTER 系列变频器提供了线性和“S”形两种升速方式。在没有特殊考虑的情况下，大都选用线性方式。对于带式输送机、纺织机一类的负载，若加速度变化过大，会使棉纱被拉断或使被输送的物体产生倾倒。因此，在起动的初始阶段加速过程比较缓慢；中间为线性加速，加速度不变；加速过程快结束时加速度又逐渐下降为0。在整个加速过程中，速度与时间的关系呈“S”形，其特性如图1-75所示。

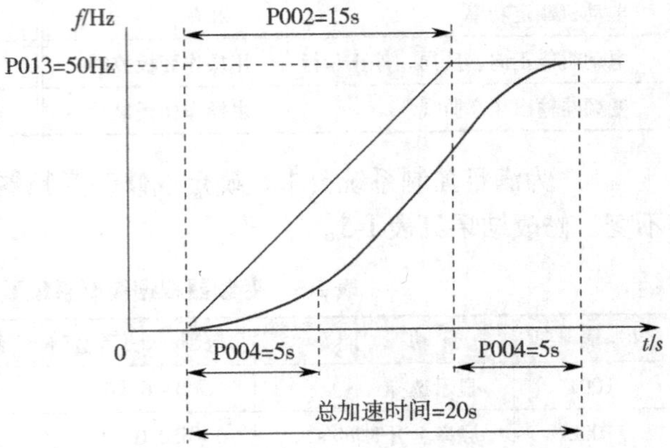

图1-75　加速方式

用户可以在一定范围（如0～40s）内，任意设定“S”形时间的大小，注意总的加速时间等于P002的设定时间与P004的设定时间之和。

4）在调试过程中，经常需要“点动”，以便观察各部位的运转倾向是否满足生产工艺要求。一般通用变频器会给出“点动频率”、“点动方向”、“点动加减速”的功能，让用户任意选择。

5）MICROMASTER 系列变频器参数的设定过程见表1-6。

表1-6　MICROMASTER 系列变频器参数的设定过程

序号	显示	操　作	序号	显示	操　作
1	050. 0	变频器上电后，显示最后一次断电时存储在变频器内部存储器内的设定频率。按编程键“P”将会出现下面的显示内容	5	0002	按编程键“P”，存储该数据，显示内容见下
2	P000	按上升键“∧”，直至出现下面的显示内容为止	6	P009	按下降键“∨”，将“P009”改为“P001”，然后按编程键“P”将会出现出厂设定数据或上次修改的数据，显示内容见下
3	P009	按编程键“P”将会出现出厂设定数据或上次修改的数据，显示内容见下	7	0005（0000）	按下降键“∨”，将“0005”改为“0000”，然后按编程键“P”，存储该数据，显示内容见下
4	0000	按上升键“∧”，将“0000”改为“0002”或“0003”，显示内容见下	8	P001	按上升键“∧”，将“P001”改为“P002”，然后按编程键“P”，进入该功能码，显示内容见下

（续）

序号	显示	操　作	序号	显示	操　作
9	0100	按上升键“∧”，将“0100”改为“0150”，然后按编程键“P”，存储该数据，显示内容见下	22	P012	按上升键“∧”，将“P012”改为“P013”，然后按编程键“P”，进入该功能码，显示内容见下
10	P002	按上升键“∧”，将“P002”改为“P003”，然后按编程键“P”，进入该功能码，显示内容见下	23	0500	与预设值相同不修改，按编程键“P”，存储该数据，显示内容见下
11	0100	按上升键“∧”，将“0100”改为“0150”，然后按编程键“P”，存储该数据，显示内容见下	24	P013	按上升键“∧”，将“P013”改为“P031”，然后按编程键“P”，进入该功能码，显示内容见下
12	P003	按上升键“∧”，将“P003”改为“P004”，然后按编程键“P”，进入该功能码，显示内容见下	25	0500	与预设值相同不修改，按编程键“P”，存储该数据，显示内容见下
13	0000	按上升键“∧”，将“0000”改为“0050”，然后按编程键“P”，存储该数据，显示内容见下	26	P031	按上升键“∧”，将“P031”改为“P032”，然后按编程键“P”，进入该功能码，显示内容见下
14	P004	按上升键“∧”，将“P004”改为“P005”，然后按编程键“P”，进入该功能码，显示内容见下	27	0500	按上升键“∧”，将“0500”改为“1000”，然后按编程键“P”，存储该数据，显示内容见下
15	0000	按上升键“∧”，将“0000”改为“0500”，然后按编程键“P”，存储该数据，显示内容见下	28	P032	按上升键“∧”，将“P032”改为“P081”，然后按编程键“P”，进入该功能码，显示内容见下
16	P005	按上升键“∧”，将“P005”改为“P006”，然后按编程键“P”，进入该功能码，显示内容见下	29	0000	按上升键“∧”，将“0000”改为“0500”，然后按编程键“P”，存储该数据，显示内容见下
17	0000	与预设值相同不修改，按编程键“P”，存储该数据，显示内容见下	30	P081	按上升键“∧”，将“P081”改为“P082”，然后按编程键“P”，进入该功能码，显示内容见下
18	P006	按上升键“∧”，将“P006”改为“P007”，然后按编程键“P”，进入该功能码，显示内容见下	31	0000	按上升键“∧”，将“0000”改为“1495”，然后按编程键“P”，存储该数据，显示内容见下
19	0001	与预设值相同不修改，按编程键“P”，存储该数据，显示内容见下	32	P082	按上升键“∧”，将“P082”改为“P083”，然后按编程键“P”，进入该功能码，显示内容见下
20	P007	按上升键“∧”，将“P007”改为“P012”，然后按编程键“P”，进入该功能码，显示内容见下	33	0000	按上升键“∧”，将“0000”改为“0052”，然后按编程键“P”，存储该数据，显示内容见下
21	0000	按上升键“∧”，将“0000”改为“0200”，然后按编程键“P”，存储该数据，显示内容见下	34	P083	按上升键“∧”，将“P083”改为“P084”，然后按编程键“P”，进入该功能码，显示内容见下

(续)

序号	显示	操　　作	序号	显示	操　　作
35	0000	按上升键"∧"，将"0000"改为"0380"，然后按编程键"P"，存储该数据，显示内容见下	38	P085	按键"∧"或"∨"，将"P085"改为"P000"，然后按编程键"P"，进入该功能码，显示内容见下
36	P084	按上升键"∧"，将"P084"改为"P085"，然后按编程键"P"，进入该功能码，显示内容见下	39	0000	
37	0000	按上升键"∧"，将"0000"改为"0022"，然后按编程键"P"，存储该数据，显示内容见下			

第四节　常用传感器

一、自整角机

1. 自整角机的分类

自整角机的结构与微型绕线转子异步电动机相似，在隐极式定子铁心上嵌有星形联结的三相绕组，各绕组的轴线在空间互差120°。转子为凸极或隐极式，嵌有三相绕组，通过集电环、电刷接通外电路。

自整角机可分为三相交流电源供电的功率自整角机、单相电源供电的力矩式和控制式自整角机三类。

2. 自整角机的使用方法

图1-76所示为力矩式自整角发送机—接收机的工作原理，左边为发送机BST，右边为接收机BSR，Z_1Z_2 是转子绕组，D_1、D_2、D_3 是定子绕组。当 Z_1Z_2 接上交流电源后即产生脉动磁场，此时，定子绕组产生的感应电电势为

$$\begin{cases} E_{31} = E_m\sin\theta \\ E_{23} = E_m\sin(\theta + 120°) \\ E_{12} = E_m\sin(\theta - 120°) \end{cases}$$

式中　E_{31}、E_{23}、E_{12}——对应 D_3D_1、D_2D_3、D_1D_2 端的线间感应电动势；

E_m——线间最大感应电动势；

θ——转子偏离基准电气零位的角度。

同理，当接收机的 Z_1Z_2 接通电源后，定子绕组也将按同样规律感应电动势。若发送机和接收机的 E_m 相等，但 θ_1 和 θ_2 不等，即产生失调角 $\theta=\theta_1-\theta_2$，此时，两定子的对应线间电动势不相等，因而两定子绕组间便有电流流过，此电流与两转子绕组所建立的磁场相互作用，产生整步转矩。整步转矩力图使 θ 趋于零，由于发送机的转轴与主令轴相接，故整步转矩只能使接收机的转子跟随发送机的转子转动，且转角一致，此时，两定子绕组的对应电动

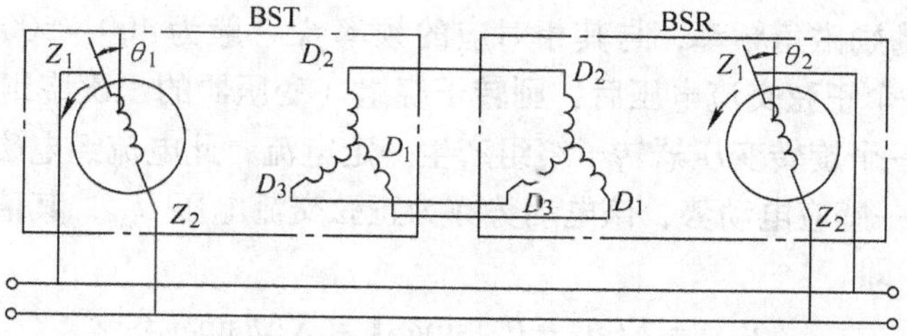

图 1-76　力矩式自整角发送机—接收机的工作原理

势相等，电流为零，整步转矩为零，系统进入新的协调位置。

二、旋转变压器

旋转变压器是一种特殊的旋转电机，它有定子和转子两部分，转子与执行电机的轴相联，定子和转子各有两套在空间上完全正交的绕组，如图 1-77 所示。

1. 旋转变压器的特点及分类

旋转变压器实质上是可随意改变一次绕组和二次绕组耦合程度的变压器。二次绕组（即转子绕组）利用集电环和电刷与外电路连接，当一次绕组励磁后，二次绕组的输出电压与转子转角成正弦、余弦、线性或其他函数关系。它可用于计算机中坐标变换和三角函数运算，以及在随动控制系统中作角度数据传送和移相器使用。

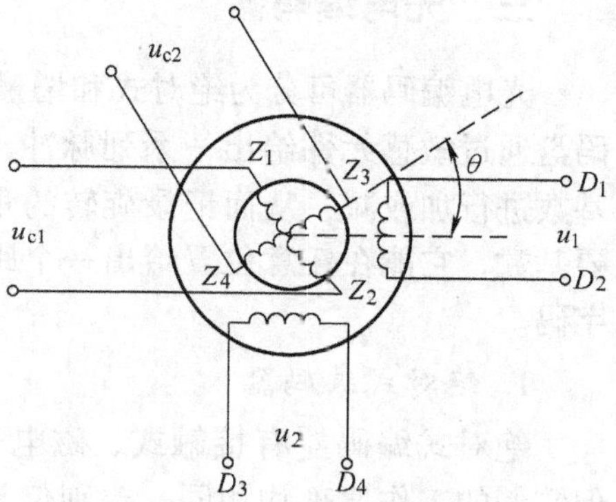

图 1-77　旋转变压器的工作原理

旋转变压器可分为正余弦旋转变压器、线性旋转变压器和比例式旋转变压器。

2. 旋转变压器用作相位差检测

旋转变压器用作相位差检测时，可采用如图 1-78 所示电路。

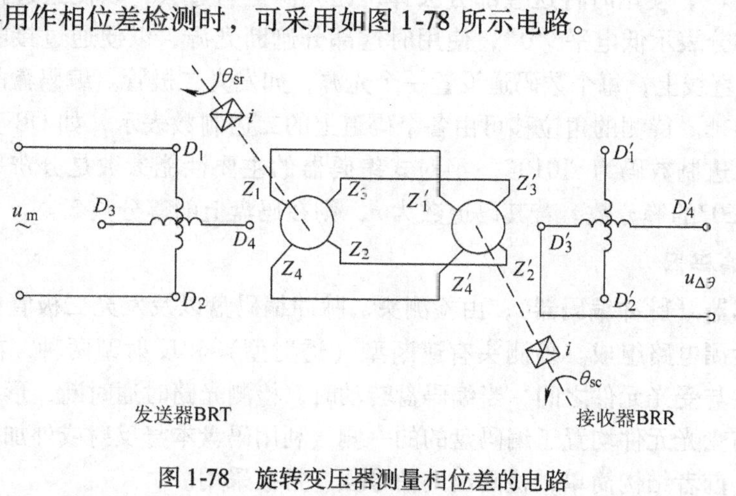

图 1-78　旋转变压器测量相位差的电路

图中左边的旋转变压器作为发送器 BRT，右边的另一个旋转变压器作为接收器 BRR。

两个旋转变压器的绕组彼此交叉相联。发送器的一个定子绕组加上一励磁交流电压 $u_m = K\sin\omega_0 t$。式中 ω_0 为励磁角频率，与其相对应的频率 f_0 一般为400~500Hz。当发送器的定子绕组 D_1D_2 接上一个正弦交流电压后，则转子绕组（变压器的二次绕组）中产生感应电动势，此电动势使另一个旋转变压器转子绕组产生一定电流，此电流经电磁感应在接收器定子绕组 $D'_3D'_4$ 中产生一感应电动势，该电动势亦为正弦交流电压 $U_{\Delta\theta}$，其值与两个旋转变压器的角差 $\Delta\theta$ 成正比，即

$$u_{\Delta\theta} = K(\theta_r - \theta_c)\sin\omega_0 t = K\Delta\theta\sin\omega_0 t$$

3. 正余弦旋转变压器

它们是应用最广泛的旋转变压器，其定子和转子之间的互感系数是按转子偏转角 θ 的正弦和余弦规律变化，一个信号与转子角度的正弦成比例变化，另一个信号与转子角度的余弦成比例变化。

三、光电编码器

光电编码器可分为绝对式和增量式（脉动式）两种。前者需要一个计数系统，旋转的码盘通过敏感元件给出一系列脉冲，在计数器中对某个基数进行加或减，从而记录旋转的角位移量。后者不需要基数，它能在任意位置给出一个跟位置相对的固定数字码。

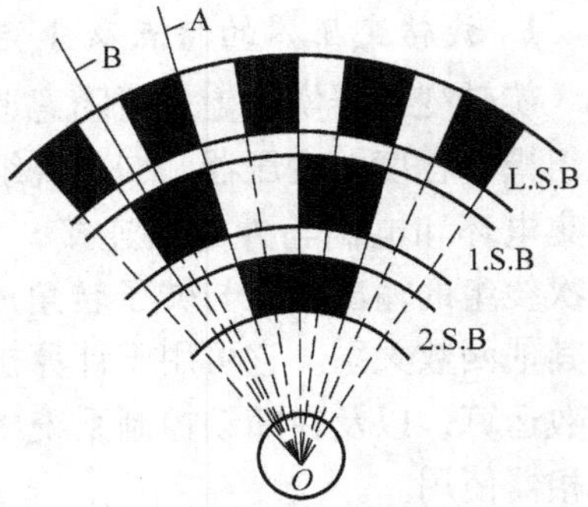

图1-79 绝对式编码器的工作原理

1. 绝对式编码器

绝对式编码器有接触式、磁电式和光电式等类型，但它们的工作原理均相同，差别仅是敏感元件。现在应用较多的是光电式编码器，其工作原理如图1-79所示。

其中“L. S. B”表示低数码道，“1. S. B”表示“1”数码道，“2. S. B”表示“2”数码道……其中，黑色部分表示高电平“1”，使用时将这些部分去掉，让光源透射过去，以便通过接收元件转换为电脉冲；白色部分表示低电平“0”，使用时这部分遮断光源，以便通过接收元件转换为低电脉冲。在AO直线上，每个数码道设置一个光源，如发光二极管。编码盘的转轴O可直接利用待测物的转轴。待测的角位移可由各个码道上的二进制数表示，如OB直线上的3个数码道所代表的二进制数码为“010”。绝对式编码器的主要性能参数是分辨率，即可检测的最小角度值或360°的等分数。若其码道数为n，则在码盘上的等分数 2^n。

2. 增量式编码器

增量式编码器（脉冲编码器），由检测头、脉冲编码盘以及发光二极管的驱动电路和光敏晶体管的电检测电路组成。检测头有遮断型（透射型）和反射型两种，前者将脉冲编码盘置于发光元件与受光元件之间，当编码盘转动时，检测光路时通时断，形成光电脉冲；后者将发光元件与受光元件均置于编码盘的的一侧，利用码盘本身反射或外加反射板反射，检测出光电脉冲。前者结构简单，检测出的信号强，常被采用。

脉冲码盘安装在编码器的转轴上，并置于发光元件和受光元件之间。当转轴旋转时，受光元件检测出刻有齿槽的编码盘的角位移，可得到两组相位差90°的脉冲信号，经放大整形

后，脉冲编码器输出两路方波信号。利用这两路方波信号可辨向，实现可逆计数；亦可通过外接倍频，从而得到二倍或四倍信号。

四、感应同步器

感应同步器是一种精密位移检测敏感元件，可以用作各种机床的位移检测装置。目前，感应同步器已被广泛地被用作反馈敏感部件和位移检测装置。

1. 特点及分类

采用感应同步器可以提高工件的加工精度，减少测量时间，并可进行直接数字显示。它是一种位移—数字转换装置，应用计算机参与系统控制时，不需要再增加模/数转换器，它的输出经整形和光电隔离后，直接送入计算机的外部数据输入口。感应同步器是一种电磁元件，按结构可分为直线式、旋转式（圆盘式）两种。所谓直线式感应同步器相当于一个展开式的旋转变压器。感应同步器的工作原理和旋转变压器相似。

（1）直线式感应同步器　直线式感应同步器由定尺和滑尺组成，相当于圆盘式感应同步器的转子和定子，如图 1-80 所示。

（2）圆盘式感应同步器　圆盘式感应同步器如图 1-81 所示。

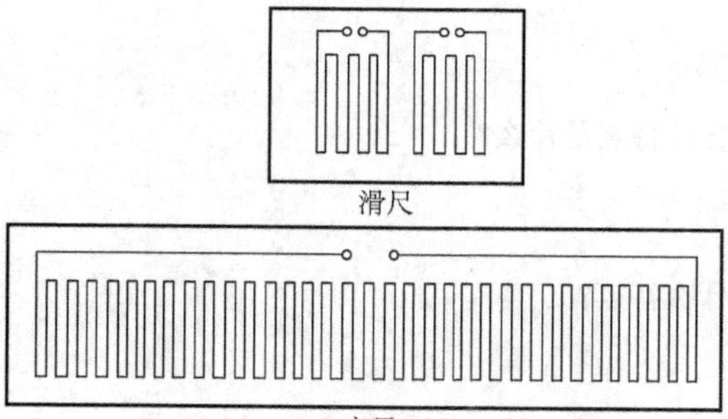

图 1-80　直线式感应同步器

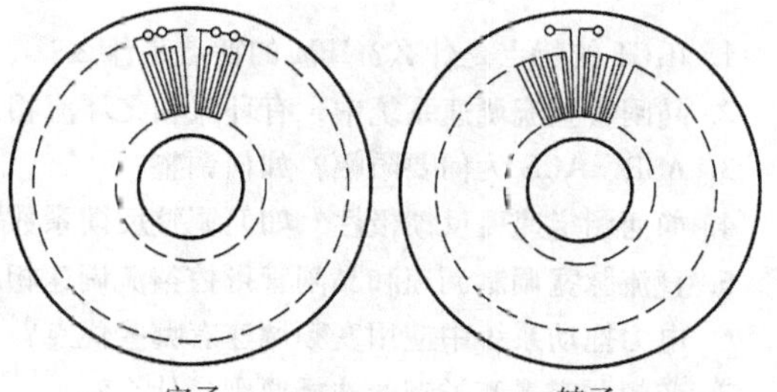

图 1-81　圆盘式感应同步器

定子、转子均是用约 10mm 厚钢板制成环状的基板，基板上有绝缘层，其上印制有绕组，转子绕组串联连接，每一根导体相当于一个极，相邻两导体间的距离为一个极距。定子绕组分成若干组，相邻两组相差半个极距分别成为正弦和余弦绕组，所有正弦和余弦绕组各自串联连接，其工作原理与多极旋转变压器相同。圆盘式感应同步器可做成很多极对，故精度比较高。其中，720 极的圆盘式感应同步器的精度可达 ±（1″~2″）。

2. 感应同步器的几种用法

（1）采用感应同步器作鉴幅型位移变换元件　采用感应同步器作为位移变换元件的鉴幅型闭环检测系统，其结构框图如图 1-82 所示。

该系统的工作原理是：当位移 x 输入时，感应同步器的定尺和滑尺作相对运动，定尺绕组感应出电压的即为误差信号，此误差信号经前置放大器适当放大后，再送至误差放大器进一步放大，被放大的误差信号进入鉴幅器，当此信号电压超过鉴幅器某一电平时“门”就打开，便有计数脉冲通过，这时，计数脉冲送到显示计数器和转换计数器。显示计数器的计数脉冲再送到数码显示器，显示出位移 x 的数值。

（2）采用感应同步器进行鉴相型位移检测　在相位工作状态下的感应同步器，它的两

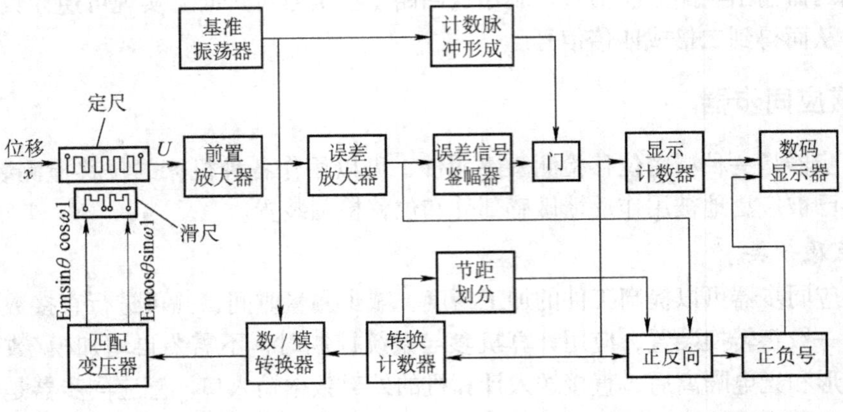

图 1-82 鉴幅型感应同步器闭环位移检测系统的结构框图

个励磁绕组供电电压的频率和幅值均相同，当相位差90°时，感应同步器定尺绕组上的感应电动势随着定尺和滑尺的相对位移而周期性的变化，这便是相位工作状态。

复习思考题

1. IGCT的特点是什么？IPM的特点是什么？
2. 晶闸管直流调速系统中，有环流和无环流相比各自的特点是什么？
3. ASR、ACR为何要限幅？如何调整？
4. 如何测定速度反馈极性？如何调整反馈系数？
5. 直流脉宽调制调速和晶闸管可控整流调速相比有什么特点？
6. 电力拖动系统中应用变频调速有哪些优点？
7. 变频器容量和类型的选择原则是什么？
8. 变频调速系统中，采用公用直流母线与电源反馈相结合的供电方式有什么特点？
9. 用变频器改造或设计一个设备电气控制系统。
10. 如何处理变频器的发热问题？

第二章

可编程序控制器应用

培训学习目标 掌握西门子可编程序控制器的硬件结构、系统配置以及指令系统；能够用可编程序控制器编程语言进行电气控制系统工作过程的程序编写与系统调试；掌握可编程序控制器控制系统故障维修技术。

第一节 西门子可编程序控制器概述

S7—200 系列 PLC 是德国西门子公司生产的一种超小型 PLC，超小型是指其功能具有大、中型 PLC 的水平，而价格却和小型 PLC 的价格一样，因此，它一经推出，即受到广泛的关注。特别是 S7—200 CPU22X 系列 PLC，由于它具有多种功能模块和人机界面可供选择，使得利用 PLC 来完成控制系统的设计更加简单，系统的集成也非常方便，几乎可以完成任何功能的控制任务。

西门子 S7 系列可编程序控制器分为 S7—400、S7—300、S7—200 三个系列，分别为 S7 系列的大、中、小型可编程序控制系统。S7 系列 PLC 的编程均使用 STEP7 编程语言。

S7—200 系列 PLC 的强大功能使其无论单机运行，或连成网络都能实现复杂的控制功能。S7—200 系列 PLC 在集散自动化系统中也可以充分发挥其强大功能。

S7—300 系列 PLC 是针对低性能要求设计的模块化中小型 PLC 系统，能满足中等性能要求的应用，各种单独的模块之间可进行广泛组合构成不同要求的系统。与 S7—200 系列 PLC 相比较，S7—300 系列 PLC 采用模块化结构，具备高速（0.6～0.1μs）的指令运算速度；用浮点数运算比较有效地实现了更为复杂的算术运算；一个带标准用户接口的软件工具方便用户给所有模块进行参数赋值；方便的人机界面服务已经集成在 S7—300 操作系统内，人机对话的编程要求大大减少；抗干扰能力强，具有很高的工业环境适应性；具有高电磁兼容性和强抗振动、冲击性；模块化，无排风扇结构，易于实现分布；易于用户掌握等特点。

S7—400 系列 PLC 是用于中、高档性能范围的可编程序控制器。采用模块化无风扇的设计，可靠耐用，同时可以选用多种级别（功能逐步升级）的 CPU，并配有多种通用功能的模板，这使用户能根据需要组合成不同的专用系统，使用户能够构成最佳的解决方案，满足自动化的任务要求。同 S7—300 系列 PLC 的主要区别是规模和性能上更强大，起动类型有冷起动（CRST）和热起动（WRST），还有一个外部的电池电源接口，当在线更换电池时可以向RAM提供后备电源。S7—400系列PLC分为标准型和容错型（可配置成故障安全型）两种。

本节以S7—200系列PLC为例，叙述小型PLC的系统构成、I/O扩展、寻址方式、内部软元件等PLC应用的基础知识。

一、S7—200系列PLC的系统构成及性能指标

S7—200系列是西门子公司生产的一种小型PLC，可以单机运行，也可以输入/输出扩展，还可以连接功能扩展模块。它结构小巧、可靠性高、运行速度快，继承和发挥了其在大、中型PLC领域的技术优势，有极丰富的指令集，具有强大的多种集成功能和实时特性，配有功能丰富的扩展模块，性能价格比非常高。

S7—200系列可编程序控制器有CPU21X系列和CPU22X系列，其中CPU22X系列可编程序控制器提供了4种不同的基本型号，常见的有CPU221、CPU222、CPU224和CPU226。小型PLC中，CPU221价格低廉能满足多种集成功能的需要。CPU222是S7—200家族中低成本的单元，通过可连接的扩展模块即可处理模拟量。CPU224具有更多的输入/输出点及更大容量的存储器。CPU 226和CPU226XM是功能最强的单元，可完全满足一些中小型复杂控制系统的要求。4种型号的PLC具有下列特点：

（1）集成24V电源　可直接连接到传感器和变送器执行器，CPU221和CPU222具有180mA输出。CPU224的输出为280mA，CPU226、CPU226XM输出的400mA可用作负载电源。

（2）高速脉冲输出　具有2路高速脉冲输出端，输出脉冲频率可达20kHz，用于控制步进电动机或伺服电动机，实现定位任务。

（3）通信口　CPU221、CPU222和CPU224具有一个RS-485通信口。CPU 226、CPU 226XM具有两个RS-485通信口。支持PPI、MPI通信协议，有自由口通信能力。

（4）模拟电位器　CPU221/222有一个模拟电位器，CPU224/226/226XM有两个模拟电位器。模拟电位器用来改变特殊寄存器（SMB28、SMB29）中的数值，以改变程序运行时的参数，如定时器、计数器的预置值，以及过程量的控制参数。

（5）速度响应　中断输入允许以极快的速度对过程信号的上升沿作出响应。

（6）EEPROM存储器模块（选件）　可作为修改与复制程序的快速工具，无需编程器即可进行辅助软件的归档工作。

（7）电池模块　用户数据（如标志位状态、数据块、定时器、计数器）可通过内部的超级电容存储大约5天。选用电池模块能延长存储时间到200天（10年寿命）。电池模块插在存储器模块的卡槽中。

（8）不同的设备类型　CPU221～CPU226各有两种类型的CPU，具有不同的电源电压和控制电压。

（9）数字量输入/输出点　CPU221具有6个输入点和4个输出点；CPU222具有8个输入点和6个输出点；CPU224具有14个输入点和10个输出点；CPU226/226XM具有24个输入点和16个输出点，见表2-1。CPU22X主机的输入点为24V直流双向光耦合输入电路，输出有继电器和直流（MOS型）两种类型。

表 2-1 S7—200 系列 PLC 的基本配置

型号 输入点/ 输出点	CPU221 6/4	CPU222 8/6	CPU224 14/10	CPU226（XM） 24/16
输入点 地址	I0.0、I0.1、I0.2、I0.3、I0.4、I0.5	I0.0、I0.1、I0.2、I0.3、I0.4、I0.5、I0.6、I0.7	I0.0、I0.1、I0.2、I0.3、I0.4、I0.5、I0.6、I0.7 I1.0、I1.1、I1.2、I1.3、I1.4、I1.5	I0.0、I0.1、I0.2、I0.3、I0.4、I0.5、I0.6、I0.7 I1.0、I1.1、I1.2、I1.3、I1.4、I1.5、I1.6、I1.7 I2.0、I2.1、I2.2、I2.3、I2.4、I2.5、I2.6、I2.7
输出点 地址	Q0.0、Q0.1、Q0.2、Q0.3	Q0.0、Q0.1、Q0.2、Q0.3、Q0.4、Q0.5	Q0.0、Q0.1、Q0.2、Q0.3、Q0.4、Q0.5、Q0.6、Q0.7 Q1.0、Q1.1	Q0.0、Q0.1、Q0.2、Q0.3、Q0.4、Q0.5、Q0.6、Q0.7 Q1.0、Q1.1、Q1.2、Q1.3、Q1.4、Q1.5、Q1.6、Q1.7

（10）高速计数器 CPU221/222 有 4 个 30kHz 高速计数器，CPU224/226/226XM 有 6 个 30kHz 的高速计数器，用于捕捉比 CPU 扫描频率更快的脉冲信号。

1. S7—200 系列 PLC 的外形结构及性能指标

S7—200 系列 PLC 由主机（基本单元）、I/O 扩展单元、功能单元（模块）和外部设备（文本/图形显示器、编程器）等组成。现以 CPU224 型 PLC 为例，对其进行简要介绍。

CPU224 型 PLC 主机包括工作方式开关、模拟电位器、I/O 扩展接口、工作状态指示和用户程序存储卡、I/O 接线端子排及发光指示等，其外形结构如图 2-1 所示。主机箱体外部的 RS-485 通信接口用以连接编程器、文本/图形显示器、PLC 网络等外部设备。

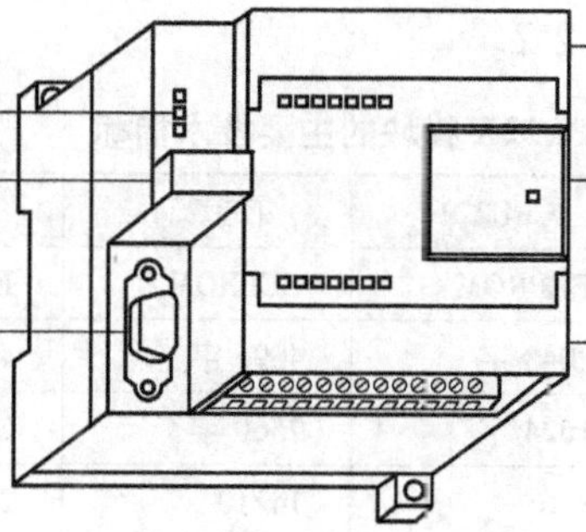

图 2-1 S7—200 主机的外形结构

CPU 224 外部电路接线如图 2-2 所示。输入电路采用了双向光耦合器，DC 24V 极性可任意选择，系统设置 1M 为输入端子（I0.0～I0.7）的公共端，2M 为（I1.0～I1.5）输入端子的公共端。Q0.0～Q0.4 共用 1M 和 1L 公共端，Q0.5～Q1.1 共用 2M 和 2L 公共端，在公共端上需要用户连接适当的电源，为 PLC 的负载服务。CPU224 的输出电路有晶体管输出电路和继电器输出两种可供用户选用。在晶体管输出电路（型号为 6ES7 214-1AD21-0XB0）中，PLC 由 24V 直流电源供电，负载采用了 MOSFET 功率驱动器件，所以只能用直流为负载供电。输出端将数字量输出分为两组，每组有一个公共端，共有 1L、2L 两个公共端，可

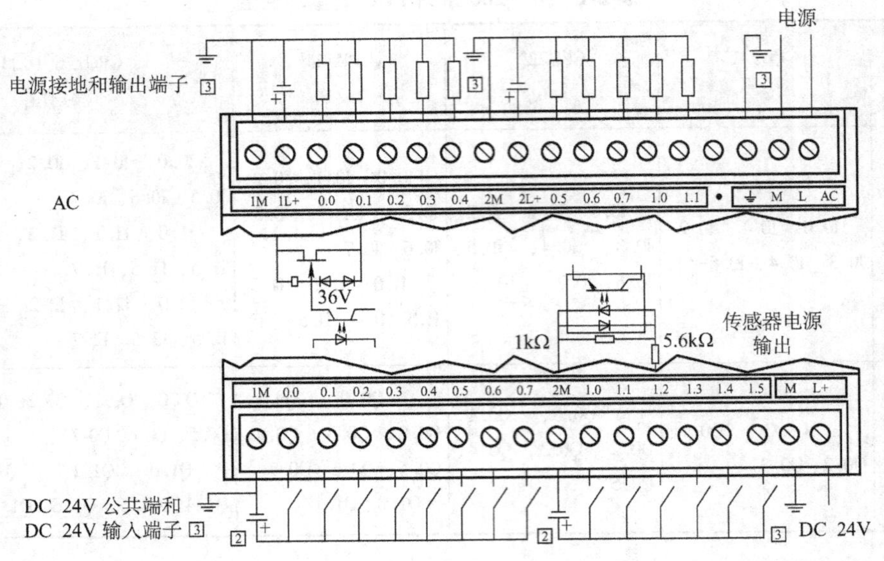

图 2-2　CPU224 外部电路接线

注：元件参数可以变更；接地可选。

接入不同电压等级的负载电源。在继电器输出电路（型号为 6ES7 212-1BB21-0XB0）中，PLC 由 220V 交流电源供电，负载采用了继电器驱动，所以既可以选用直流为负载供电，也可以采用交流为负载供电。CPU224 另有 24V、280mA 电源供 PLC 输入点使用。

CPU224 型 PLC 有 6 个高速计数脉冲输入端（I0.0～I0.5），最快的响应速度为 30kHz 用于捕捉比 CPU 扫描周期更快的脉冲信号。有 2 个高速脉冲输出端（Q0.0，Q0.1），输出频率可达 20kHz，用于 PTO（高速脉冲束）和 PWM（宽度可变脉冲输出）高速脉冲输出。

CPU22X 模块的主要技术指标见表 2-2。

表 2-2　CPU22X 模块的主要技术指标

型　号	CPU221	CPU222	CPU224	CPU226	CPU226MX
用户数据存储器类型	EEPROM	EEPROM	EEPROM	EEPROM	EEPROM
程序空间（永久保存）	2048 字	2048 字	4096 字	4096 字	8192 字
用户数据存储器	1024 字	1024 字	2560 字	2560 字	5120 字
主机 I/O 点数	6/4	8/6	14/10	24/16	24/16
可扩展模块	无	2	7	7	7
24V 传感器电源最大电流/电流限制/mA	180/600	180/600	280/600	400/约 1500	400/约 1500
最大模拟量输入/输出	无	16/16	28/7 或 14	32/32	32/32
240V AC 电源 CPU 输入电流/最大负载电流/mA	25/180	25/180	35/220	40/160	40/160
24V DC 电源 CPU 输入电流/最大负载/mA	70/600	70/600	120/900	150/1050	150/1050

（续）

型　号	CPU221	CPU222	CPU224	CPU226	CPU226MX
为扩展模块提供的 DC 5V 电源的输出电流/mA	—	最大 340	最大 660	最大 1000	最大 1000
内置高速计数器	4（30kHz）	4（30kHz）	6（30kHz）	6（30kHz）	6（30kHz）
高速脉冲输出	2（20kHz）	2（20kHz）	2（20kHz）	2（20kHz）	2（20kHz）
模拟量调节电位器/个	1	1	2	2	2
实时时钟	有（时钟卡）	有（时钟卡）	有（内置）	有（内置）	有（内置）
RS-485 通信口	1	1	1	1	1
各组输入点数	4，2	4，4	8，6	13，11	13，11
各组输出点数	4(DC 电源) 1,3(AC 电源)	6(DC 电源) 3,3(AC 电源)	5,5(DC 电源) 4,3,3(AC 电源)	8,8(DC 电源) 4,5,7(AC 电源)	8,8(DC 电源) 4,5,7(AC 电源)

2. PLC 的 CPU 工作方式

CPU 前面板上用 3 个发光二极管显示当前的工作方式，其中绿色指示灯 RUN 表示运行状态，CPU 在 RUN 工作方式下，PLC 按照自己的工作方式运行用户程序。红色指示灯 STOP 表示停止状态，CPU 在停止工作方式时，不执行程序，此时可以通过编程装置向 PLC 装载程序或进行系统设置。在程序编辑、上下载等处理过程中，必须把 CPU 置于 STOP 方式。在标有 SF 指示灯亮时表示系统故障，PLC 停止工作。

通常改变工作方式的方法有以下几种：

（1）用工作方式开关改变工作方式　工作方式开关有 3 个挡位：STOP、TERM（暂态）、RUN。方式开关切换到 STOP 位置，可以停止程序的执行。方式开关切换到 RUN 位置，可以起动程序的执行。方式开关切换到 TERM 或 RUN 位置，允许 STEP7-Micro/WIN32 软件设置 CPU 工作状态。若工作方式开关设为 STOP 或 TERM，电源上电时，CPU 自动进入 STOP 工作状态；若设置为 RUN 时，电源上电时，CPU 自动进入 RUN 工作状态。

（2）用编程软件改变工作方式　方式开关切换到 TERM 位置，可以使用 STEP 7-Micro/WIN32 编程软件设置工作方式。

（3）在程序中用指令改变工作方式　在程序中插入一个 STOP 指令，CPU 可由 RUN 方式进入 STOP 工作方式。

3. S7—200 系列 PLC 的扩展配置

S7—200 系列 PLC 的扩展配置是由基本单元和扩展模块组成的。扩展单元没有 CPU，作为基本单元输入/输出点数的扩充，只能与基本单元连接使用，不能单独使用。其扩展单元包括数字量扩展模块、模拟量扩展模块、热电偶和热电阻扩展模块、PROFIBUS-DP 通信模块。扩展模块的数量受到两个条件的约束：一个是基本单元能带扩展模块的数量；另一个是基本单元的电源承受扩展模块消耗 DC 5V 总线电流的能力。S7—200 扩展模块的连接方式如图 2-3 所示。

例如：由 CPU224 组成的扩展配置可以由 CPU224 基本单元和最多 7 个扩展模块组成，

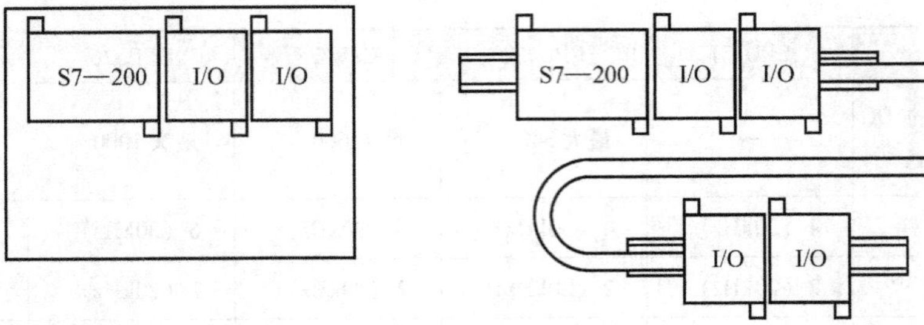

图 2-3 S7—200 扩展模块的连接方式

CPU224 可以向扩展模块提供的 DC 5V 电流为 660mA。若扩展模块为 4 个 16DI/16DO 继电器输出 EM223 模块和 2 个 8DI 的 EM221 模块组成。由于 EM223 继电器输出模块耗 DC5V 总线电流为 150mA，EM221 模块耗 DC 5V 总线电流为 30mA，总消耗电流为 660mA（4×150mA+2×30mA=660mA），该数值正好等于 CPU224 可以提供 DC 5V 的电流，所以这种配置还是可行的，输入/输出地址见表 2-3。

表 2-3 CPU224 组成的扩展配置

CPU224	EM223	EM223	EM223	EM223	EM221	EM221
I0.0 Q0.0	I2.0 Q2.0	I4.0 Q4.0	I6.0 Q6.0	I8.0 Q8.0	I10.0	I11.0
I0.1 Q0.1	I2.1 Q2.1	I4.1 Q4.1	I6.1 Q6.1	I8.1 Q8.1	I10.1	I11.1
I0.2 Q0.2	I2.2 Q2.2	I4.2 Q4.2	I6.2 Q6.2	I8.2 Q8.2	I10.2	I11.2
I0.3 Q0.3	I2.3 Q2.3	I4.3 Q4.3	I6.3 Q6.3	I8.3 Q8.3	I10.3	I11.3
I0.4 Q0.4	I2.4 Q2.4	I4.4 Q4.4	I6.4 Q6.4	I8.4 Q8.4	I10.4	I11.4
I0.5 Q0.5	I2.5 Q2.5	I4.5 Q4.5	I6.5 Q6.5	I8.5 Q8.5	I10.5	I11.5
I0.6 Q0.6	I2.6 Q2.6	I4.6 Q4.6	I6.6 Q6.6	I8.6 Q8.6	I10.6	I11.6
I0.7 Q0.7	I2.7 Q2.7	I4.7 Q4.7	I6.7 Q6.7	I8.7 Q8.7	I10.7	I11.7
I1.0 Q1.0	I3.0 Q3.0	I5.0 Q5.0	I7.0 Q7.0	I9.0 Q9.0		
I1.1 Q1.1	I3.1 Q3.1	I5.1 Q5.1	I7.1 Q7.1	I9.1 Q9.1		
I1.2	I3.2 Q3.2	I5.2 Q5.2	I7.2 Q7.2	I9.2 Q9.2		
I1.3	I3.3 Q3.3	I5.3 Q5.3	I7.3 Q7.3	I9.3 Q9.3		
I1.4	I3.4 Q3.4	I5.4 Q5.4	I7.4 Q7.4	I9.4 Q9.4		
I1.5	I3.5 Q3.5	I5.5 Q5.5	I7.5 Q7.5	I9.5 Q9.5		
	I3.6 Q3.6	I5.6 Q5.6	I7.6 Q7.6	I9.6 Q9.6		
	I3.7 Q3.7	I5.7 Q5.7	I7.7 Q7.7	I9.7 Q9.7		

二、PLC 内部可编程元件

1. 编址方式

PLC 的编址就是对 PLC 内部的元件进行编码，以便程序执行时可以唯一地识别每个元件。PLC 内部在数据存储区为每一种元件分配一个存储区域，并用字母作为区域标志符，同时表示元件的类型。例如：数字量输入映像寄存器（区域标志符为 DI），数字量输出映像寄存器（区域标志符为 DQ），模拟量输入映像寄存器（区域标志符为 AI），模拟量输出映像寄存器（区域标志符为 AQ）。除了输入输出外，PLC 还有其他元件，V 表示变量存储器；M

表示内部标志位存储器；SM表示特殊标志位存储器；L表示局部存储器；T表示定时器；C表示计数器；HC表示高速计数器；S表示顺序控制存储器；AC表示累加器。掌握各元件的功能和使用方法是编程的基础。下面将介绍元件的编址方式。

存储器的单位可以是位（bit）、字节（Byte）、字（Word）、双字（Double Word），那么编址方式也可以分为位、字节、字、双字编址。

（1）位编址　位编址的指定方式为：（区域标志符）字节号．位号（见表2-4）。

表2-4　位编址

I	0	.	0
区域标志符（输出Q、输入I）	字节地址	字节号和位号的分隔点	字节中位的编号（0~7）

（2）字节编址　字节编址的指定方式为：（区域标志符）B（字节号），例如：IB0表示由I0.0~I0.7这8位组成的字节。

（3）字编址　字编址的指定方式为：（区域标志符）W（起始字节号），且最高有效字节为起始字节。例如：VW0表示由VB0和VB1这2B组成的字。

（4）双字编址　双字编址的指定方式为：（区域标志符）D（起始字节号），且最高有效字节为起始字节。例如：VD0表示由VB0到VB3这4B组成的双字。

2. 元件功能及地址分配

（1）输入映像寄存器（输入继电器I）　输入继电器是PLC用来接收用户设备输入信号的接口。PLC中的“继电器”与继电器控制系统中的继电器有本质的差别，是“软继电器”，它实质是存储单元。每一个“输入继电器”线圈都与相应的PLC输入端相连（如“输入继电器”I0.0的线圈与PLC的输入端子0.0相连），当外部开关信号闭合，则“输入继电器的线圈”得电，在程序中其常开触点闭合，常闭触点断开。由于存储单元可以无限次地读取，所以有无数对常开、常闭触点供编程时使用。编程时应注意的是，“输入继电器”的线圈只能有外部信号来驱动，不能在程序内部用指令来驱动，因此，在用户编制的梯形图中只应出现“输入继电器”的触点，而不应出现“输入继电器”的线圈。

S7—200输入映像寄存器区域有IB0~IB15共16B的存储单元。系统对输入映像寄存器是以字节（8位）为单位进行地址分配的。输入映像寄存器可以按位进行操作，每一位对应一个数字量的输入点。如CPU224的基本单元输入为14点，需占用2×8位=16位，即占用IB0和IB1两个字节。而I1.6、I1.7因没有实际输入而未使用，用户程序中不可使用。但如果整个字节未使用如IB3~IB15，则可作为内部标志位（M）使用。

输入继电器可采用位、字节、字或双字来存取。输入继电器位存取的地址编号范围为I0.0~I15.7，共有128点。

（2）输出映像寄存器（输出继电器Q）　“输出继电器”是用来将输出信号传送到负载的接口，每一个“输出继电器”线圈都与相应的PLC输出相连，并有无数对常开和常闭触点供编程时使用。除此之外，还有一对常开触点与相应PLC输出端相连（如输出继电器Q0.0有一对常开触点与PLC输出端子0.0相连）用于驱动负载。输出继电器线圈的通断状态只能在程序内部用指令驱动。

S7—200 输出映像寄存器区域有 QB0 ~ QB15 共 16B 的存储单元。系统对输出映像寄存器也是以字节（8 位）为单位进行地址分配的。输出映像寄存器可以按位进行操作，每一位对应一个数字量的输出点。如 CPU224 的基本单元输出为 10 点，需占用 2 × 8 位 = 16 位，即占用 QB0 和 QB1 两个字节。但未使用的位和字节均可在用户程序中作为内部标志位使用。

输出继电器也采用位、字节、字或双字来存取。输出继电器位存取的地址编号范围为 Q0.0 ~ Q15.7。

以上介绍的两种软继电器都是和用户有联系的，因而它们是 PLC 与外部联系的窗口。下面所介绍的则是与外部设备没有联系的内部软继电器。它们既不能用来接收用户信号，也不能用来驱动外部负载，只能用于编制程序，即线圈和触点都只能出现在梯形图中。

（3）变量存储器（V）　变量存储器主要用于存储变量，可以存放数据运算的中间运算结果或设置参数。在进行数据处理时，变量存储器会被经常使用。变量存储器可以是位寻址，也可按字节、字、双字为单位寻址，其位存取的编号范围根据 CPU 的型号有所不同，CPU221/222 为 V0.0 ~ V2047.7 共 2KB 存储容量，CPU224/226 为 V0.0 ~ V5119.7 共 5KB 存储容量。

（4）内部标志位存储器（中间继电器 M）　它是用来保存控制继电器中间操作状态的，其作用相当于继电器控制中的中间继电器，内部标志位存储器在 PLC 中没有输入/输出端与之相对应，其线圈的通断状态只能在程序内部用指令驱动，其触点不能直接驱动外部负载，只能在程序内部驱动输出继电器的线圈，再用输出继电器的触点去驱动外部负载。

内部标志位存储器可采用位、字节、字或双字来存取。内部标志位存储器位存取的地址编号范围为 M0.0 ~ M31.7 共 32B。

（5）特殊标志位存储器（SM）　PLC 中还有若干特殊标志位存储器，可以提供大量的状态和控制功能，用来在 CPU 和用户程序之间交换信息，特殊标志位存储器能以位、字节、字或双字来存取，CPU224 的 SM 的位地址编号范围为 SM0.0 ~ SM179.7 共 180B。其中 SM0.0 ~ SM29.7 的 30B 为只读型区域。

常用的特殊存储器的用途如下：

SM0.0：运行监视。SM0.0 始终为“1”状态。当 PLC 运行时可以利用其触点驱动输出继电器，在外部显示程序是否处于运行状态。

SM0.1：初始化脉冲。每当 PLC 的程序开始运行时，SM0.1 线圈接通一个扫描周期，因此 SM0.1 的触点常用于调用初使化程序等。

SM0.3：开机进入 RUN 时，接通一个扫描周期，可用在启动操作之前，给设备提前预热。

SM0.4、SM0.5：占空比为 50% 的时钟脉冲。当 PLC 处于运行状态时，SM0.4 产生周期为 1min 的时钟脉冲，SM0.5 产生周期为 1s 的时钟脉冲。若将时钟脉冲信号送入计数器作为计数信号，可起到定时器的作用。

SM0.6：扫描时钟，一个扫描周期闭合，另一个为 OFF，循环交替。

SM0.7：工作方式开关位置指示，开关放置在 RUN 位置时为 1。

SM1.0：零标志位，运算结果等于 0 时，该位置 1。

SM1.1：溢出标志位，结果溢出或非法值时，该位置 1。

SM1.2：负数标志位，运算结果为负数时，该位置1。

SM1.3：被0除标志位。

其他特殊存储器的用途可查阅相关手册。

（6）局部变量存储器（L） 它是用来存放局部变量的，其和变量存储器（V）十分相似，主要区别在于全局变量是全局有效，即同一个变量可以被任何程序（主程序、子程序和中断程序）访问。而局部变量只是局部有效，即变量只和特定的程序相关联。

S7—200有64B的局部变量存储器，其中60B可以作为暂时存储器，或给子程序传递参数；后4B作为系统的保留字节。PLC在运行时，根据需要动态地分配局部变量存储器，在执行主程序时，64B的局部变量存储器分配给主程序，当调用子程序或出现中断时，局部变量存储器分配给子程序或中断程序。

局部存储器可以按位、字节、字、双字直接寻址，其位存取的地址编号范围为L0.0～L63.7。

注意：局部变量存储器还可以作为地址指针。

（7）定时器（T） PLC所提供的定时器相当于继电器控制系统中的时间继电器。每个定时器可提供无数对常开和常闭触点供编程使用。其设定时间由程序设置。

每个定时器有一个16位的当前值寄存器，用于存储定时器累计的时基增量值（1～32767），还有一个状态位用于表示定时器的状态。若当前值寄存器累计的时基增量值大于等于设定值时，定时器的状态位被置“1”，该定时器的常开触点闭合。

定时器的定时精度分别为1ms、10ms和100ms共3种，CPU222、CPU224及CPU226的定时器地址编号范围为T0～T225，它们的分辨率、定时范围并不相同，用户应根据所用CPU型号及时基，正确选用定时器的编号。

（8）计数器（C） 计数器用于累计输入端接收到的由断开到接通的脉冲个数。计数器可提供无数对常开和常闭触点供编程时使用，其设定值由程序赋予。

计数器的结构与定时器基本相同，每个计数器有一个16位的当前值寄存器（用于存储计数器累计的脉冲数），另有一个状态位表示计数器的状态，若当前值寄存器累计的脉冲数大于等于设定值时，计数器的状态位被置“1”，该计数器的常开触点闭合。计数器的地址编号范围为C0～C255。

（9）高速计数器（HC） 一般计数器的计数频率受扫描周期的限制，不能太高。而高速计数器可用来累计比CPU的扫描速度更快的事件。高速计数器的当前值是一个双字长（32位）的整数，且为只读值。

高速计数器的地址编号范围根据CPU的型号有所不同，CPU221/222各有4个高速计数器，CPU224/226各有6个高速计数器，编号为HC0～HC5。

（10）累加器（AC） 累加器是用来暂存数据的寄存器，它可以用来存放运算数据、中间数据和结果。CPU提供了4个32位的累加器，其地址编号为AC0～AC3。累加器的可用长度为32位，可采用字节、字、双字的存取方式，按字节、字只能存取累加器的低8位或低16位，双字可以存取累加器全部的32位。

（11）顺序控制继电器（S）（状态元件） 顺序控制继电器是使用步进顺序控制指令编程时的重要状态元件，通常与步进指令一起使用以实现顺序功能流程图的编程。

顺序控制继电器的地址编号范围为S0.0～S31.7。

（12）模拟量输入/输出映像寄存器（AI/AQ） S7—200的模拟量输入电路是将外部输入的模拟量信号转换成1个字长的数字量存入模拟量输入映像寄存器区域，区域标志符为AI。

模拟量输出电路是将模拟量输出映像寄存器区域的1个字长（16位）数值转换为模拟电流或电压输出，区域标志符为AQ。

在PLC内的数字量字长为16位，即两个字节，故其地址均以偶数表示，如AIW0、AIW2…AQW0、AQW2…

对模拟量输入/输出是以2个字（W）为单位分配地址，每路模拟量输入/输出占用1个字（2B）。如有3路模拟量输入，需分配4个字（AIW0、AIW2、AIW4、AIW6），其中没有被使用的字AIW6，不可被占用或分配给后续模块。如果有1路模拟量输出，需分配2个字（AQW0、AQW2），其中没有被使用的字AQW2，不可被占用或分配给后续模块。

模拟量输入/输出的地址编号范围根据CPU型号的不同有所不同，CPU222为AIW0 ~ AIW30/AQW0 ~ AQW30；CPU224/226为AIW0 ~ AIW62/AQW0 ~ AQW62。

三、西门子S7—200可编程序控制器指令系统

1. 可编程序控制器程序设计语言

在可编程序控制器中有多种程序设计语言，它们是梯形图、语句表、顺序功能流程图、功能块图等。

梯形图和语句表是基本程序设计语言，它通常由一系列指令组成，用这些指令可以完成大多数简单的控制功能，例如，代替继电器、计数器、计时器完成顺序控制和逻辑控制等，通过扩展或增强指令集，它们也能执行其他的基本操作。

供S7—200系列PLC使用的STEP7-Micro/Win32编程软件支持SIMATIC和IEC1131-3两种基本类型的指令集，SIMATIC是PLC专用的指令集，执行速度快，可使用梯形图、语句表、功能块图编程语言。IEC1131-3是可编程序控制器编程语言标准，IEC1131-3指令集中指令较少，只能使用梯形图和功能块图两种编程语言。SIMATIC指令集的某些指令不是IEC1131-3中的标准指令。SIMATIC指令和IEC1131-3中的标准指令系统并不兼容。这里将重点介绍SIMATIC指令。

（1）梯形图（Ladder Diagram）程序设计语言 梯形图程序设计语言（LAD）是最常用的一种程序设计语言。它来源于继电器逻辑控制系统的描述。在工业过程控制领域，电气技术人员对继电器逻辑控制技术较为熟悉，因此，由这种逻辑控制技术发展而来的梯形图倍受欢迎，并得到了广泛的应用。梯形图与继电器控制原理图相对应，具有直观性和对应性。与原有继电器逻辑控制技术的不同点是，梯形图中的能流不是实际意义的电流，内部的继电器也不是实际存在的继电器，因此，应用时，需要与原有继电器逻辑控制技术的有关概念区别对待。

LAD图形指令有3个基本形式：

1）触点。触点符号代表输入条件如外部开关、按钮及内部条件等。CPU运行扫描到触点符号时，到触点位地址指定的存储器的位置进行访问（即CPU对存储器的读操作）。该位数据（状态）为1时，表示“能流”能通过。计算机读操作的次数不受限制，用户程序中，

常开和常闭触点可以使用无数次。梯形图触点表示方法如图2-4所示。

2）线圈。线圈表示输出结果，通过输出接口电路来控制外部的指示灯、接触器等及内部的输出条件等。线圈左侧触点组成的逻辑运算结果为1时，“能流”可以达到线圈，使线圈得电动作，CPU将线圈位地址指定的存储器的位置1，逻辑运算结果为0，线圈不通电，存储器的位置0。即线圈代表CPU对存储器的写操作。PLC采用循环扫描的工作方式，所以在用户程序中，每个线圈只能使用一次。梯形图线圈表示方法如图2-5所示。

3）指令盒。指令盒代表一些较复杂的功能，如定时器、计数器或数学运算指令等。当“能流”通过指令盒时，执行指令盒所代表的功能。梯形图指令盒表示方法如图2-6所示。

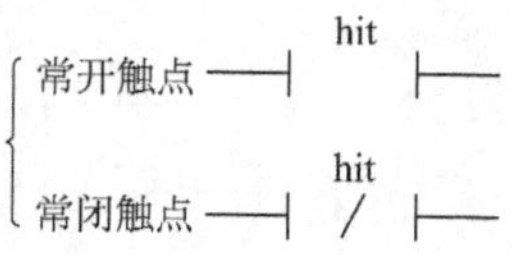

图2-4 梯形图触点表示方法

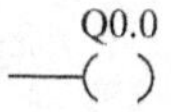

图2-5 梯形图线圈表示方法

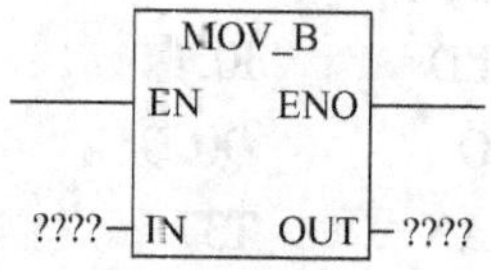

图2-6 梯形图指令盒表示方法

它的许多图形符号与继电器控制系统电路图有对应关系。其编程思想也与继电器控制系统梯形图基本一致，只是PLC在编程中使用的继电器、定时器、计数器等，其功能都是由软件实现的。图2-7是典型的梯形图示意，左右两垂直的线称作母线（右母线可省略）。在左右两母线之间，元件相关符号及触点在水平方向上相串联，或相并联，以表达它们之间的“与”及“或”的关系。图中主要的符号是触点及线圈，它们都属于PLC的一定的储存单元，也就是前面提到的“软元件”。

PLC梯形图的一个关键概念是“能流”（Power Flow），这是一种假想的“能量流”。如图2-7所示，把左边的母线假设为电源“相线”，而把右边的母线（省略）假想为电源“零线”。如果有“能流”从左至右流向线圈，则线圈被激励。如果没有“能流”，则线圈未被激励。“能流”可以通过被激励（ON）的常开触点和未被激励（OFF）的常闭触点自左向右流，也可以通过并联触点中的一个触点流向右边。“能流”在任何时候都不会通过触点自右向左流。例如：当图2-7中I0.2触点接通后，线圈Q0.1才能被接通（被激励）。

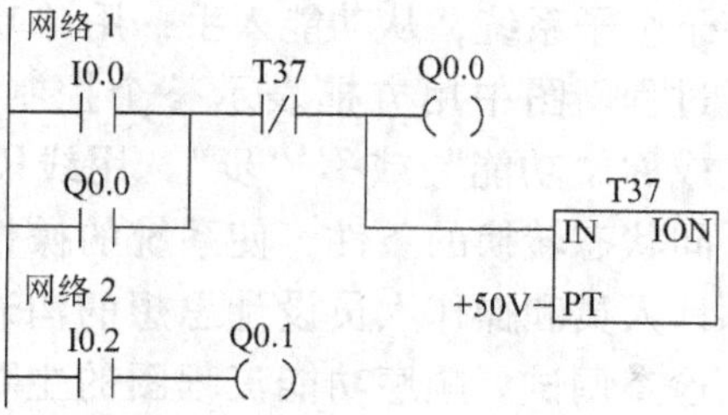

图2-7 梯形图

要强调指出的是，引入“能流”的概念仅仅是用于告诉读者如何来理解梯形图各输出点的动作，实际上并不存在这种“能流”。

梯形图按照逻辑关系可分成网络段，而分段只是为了阅读和调试方便。

（2）语句表（Statement List）程序设计语言　语句表程序设计语言（STL）也称为指令表编程，类似于计算机中的助记符语言，是用布尔助记符来描述程序的一种程序设计语言。它是可编程序控制器最基础的编程语言。语句表程序设计语言与计算机中的汇编语言非常相似，采用布尔助记符来表示操作功能。所谓指令表编程，是用一系列的指令表达程序的控制要求。一条典型指令往往由两部分组成：一是由几个容易记忆的字符来代表可编程序控制器的某种操作功能，称为助记符；另一部分为操作数，称为操作数的地址。指令还和梯形图有一定的对应关系。不同厂家PLC的指令不尽相同，本书将在后续内容中介绍S7—200系列PLC的梯形图及指令。

语句表程序设计语言具有以下特点：

1）采用助记符来表示操作功能，具有容易记忆，便于掌握的特点。

2）在编程器的键盘上采用助记符表示，具有便于操作的特点，可在无计算机的场合进行编程设计。

3）用编程软件可以将语句表与梯形图相互转换。

例如，图2-7中的梯形图转换为语句表如下：

网络1

```
LD      I0.0
O       Q0.0
AN      T37
=       Q0.0
TON     T37, +50
```

网络2

```
LD      I0.2
=       Q0.1
```

（3）顺序功能流程图（Sequential Function Chart）程序设计语言　顺序功能流程图程序设计语言（SFC）是近年来发展起来的一种较新程序设计方法。目前国际电工协会（IEC）也在实施并发展这种新的编程标准。采用顺序功能流程图的描述，控制系统被分为若干个子系统，从功能入手，用“功能图”表达一个顺序控制过程。图中用方框表示整个控制过程中的一个个“状态”，或称“功能”或称“步”，用线段表示方框间的关系及方框间状态转换的条件，使系统的操作具有明确的含义，便于设计人员和操作人员设计思想的沟通，便于程序的分工设计和检查调试。顺序功能流程图的主要元素是步、转移、转移条件和动作。图2-8所示为状态流程图的典型例子。方框中的数字代表顺序步，每一步对应一个任务，每个顺序步的步进条件以及每个顺序执行的功能可以写在方框右边。

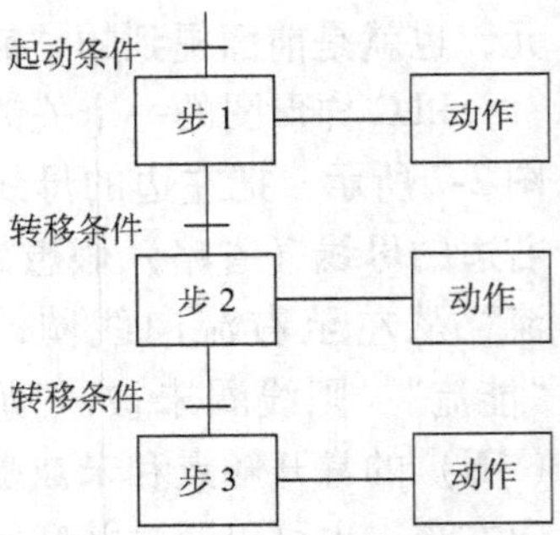

图2-8　顺序功能流程图

顺序功能流程图程序设计的特点是：

① 以功能为主线，条理清楚，便于对程序操作的理解和沟通。

② 对大型的程序，可分工设计，采用较为灵活的程序结构，可节省程序设计时间和调试时间。

③ 常用于系统的规模较大、程序关系较复杂的场合。

④ 只有在活动步的命令和操作被执行后，才对活动步后的转换进行扫描，因此，整个程序的扫描时间要大大缩短。

SFC 作为一种步进顺控语言，为顺序控制类程序的编制提供了很大的方便。用这种语言可以对一个控制过程进行分解，用多个相对独立的程序段代替一个较长的梯形图程序，还能使用户看到在某个给定时间中机器处于什么状态。

（4）功能块图（Function Block Diagram）程序设计语言　功能块图程序设计语言（FBD）是采用逻辑门电路的编程语言，有数字电路基础的人很容易掌握。和梯形图相比，功能块图没有母线、触点及线圈，只有表示指令功能的方框，方框间用线段表示方框间的联系，整个图形则用来表示一定的控制功能。功能块图指令由输入、输出段及逻辑关系函数组成。用 STEP7-Micro/Win32 编程软件将图 2-7 所示的梯形图转换为 FBD 程序，如图 2-9 所示。方框的左侧为逻辑运算的输入变量，右侧为输出变量，输入、输出端的小圆圈表示“非”运算，信号自左向右流动。

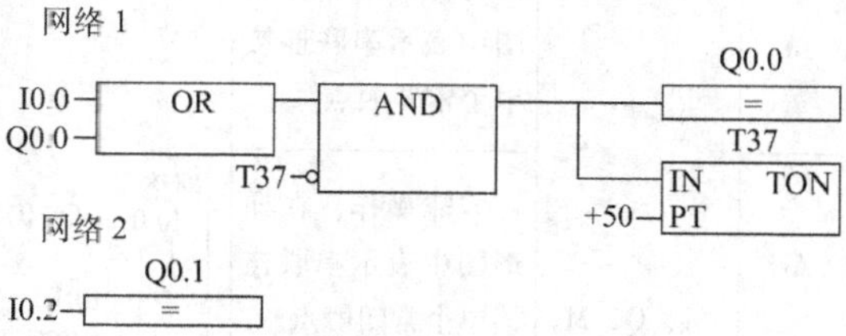

图 2-9　功能块图

2. 基本位逻辑指令

位操作指令是 PLC 常用的基本指令，梯形图指令有触点和线圈两大类，触点又分为常开触点和常闭触点两种形式；语句表指令有与、或以及输出等逻辑关系，位操作指令能够实现基本的位逻辑运算和控制。

（1）逻辑取（装载）及线圈驱动指令（见表 2-5）。

表 2-5　逻辑取（装载）及线圈驱动指令

指令	操作数	指令功能	梯形图	指令表	使用说明
LD	I、Q、M、SM、T、C、V、S	常开触点逻辑运算的开始。对应梯形图则为在左侧母线或线路分支点处初始装载一个常开触点	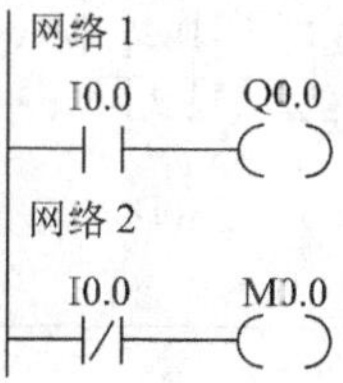	网络 1 LD　I0.0 =　Q0.0 网络 2 LDN　I0.0 =　M0.0	LD、LDN 指令用于与输入公共母线（输入母线）相联的触点，也可与 OLD、ALD 指令配合使用于分支回路的开始 “=”可以并联使用任意次，但不能串联。输出端不带负载时，控制线圈应尽量使用 M 或其他，而不用 Q
LDN		常闭触点逻辑运算的开始（即对操作数的状态取反），对应梯形图则为在左侧母线或线路分支点处初始装载一个常闭触点			
=	Q、M、SM、T、C、V、S	输出指令，对应梯形图则为线圈驱动。对同一元件只能使用一次			

注：1. 触点代表 CPU 对存储器的读操作，常开触点和存储器的位状态一致，常闭触点和存储器的位状态相反。用户程序中同一触点可使用无数次。例如：存储器 I0.0 的状态为 1，则对应的常开触点 I0.0 接通，表示能流可以通过；而对应的常闭触点 I0.0 断开，表示能流不能通过。存储器 I0.0 的状态为 0，则对应的常开触点 I0.0 断开，表示能流不能通过；而对应的常闭触点 I0.0 接通，表示能流可以通过。

2. 线圈代表 CPU 对存储器的写操作，若线圈左侧的逻辑运算结果为“1”，表示能流能够达到线圈，CPU 将该线圈所对应的存储器的位置位为“1”，若线圈左侧的逻辑运算结果为“0”，表示能流不能够达到线圈，CPU 将该线圈所对应的存储器的位写入“0”用户程序中，同一线圈只能使用一次。

(2) 触点串并联指令（见表2-6）

表2-6　触点串并联指令

指令	操作数	指令功能	梯形图	指令表	使用说明
A	I、Q、M、SM、T、C、V、S	与操作，在梯形图中表示串联连接单个常开触点	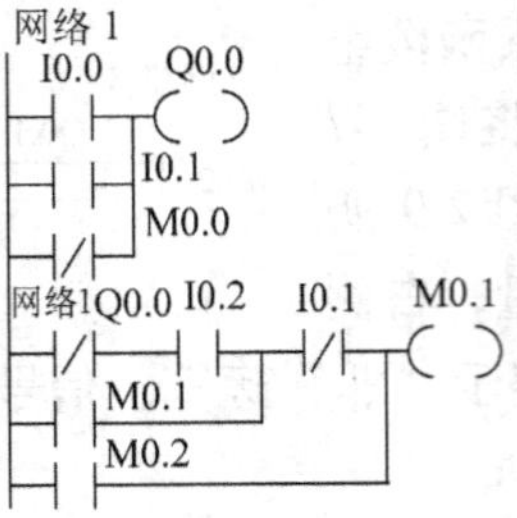	网络1 LD　I0.0 O　I0.1 ON　M0.0 =　Q0.0 网络2 LDN　Q0.0 A　I0.2 O　M0.1 AN　I0.3 O　M0.2 =　M0.1	A、AN是单个触点串联连接指令，可连续使用。若要串联多个触点组合回路时，必须使用ALD指令。若按正确次序编程（即输入：左重右轻、上重下轻；输出：上轻下重），可以反复使用=指令 O/ON指令可作为并联一个触点指令，紧接在LD/LDN指令之后使用，即对其前面的LD/LDN指令所规定的触点并联一个触点，可以连续使用。若要并联连接两个以上触点的串联回路时，必须采用OLD指令
AN		与非操作，在梯形图中表示串联连接单个常闭触点			
O		或操作，在梯形图中表示并联连接一个常开触点			
ON		或非操作，在梯形图中表示并联连接一个常闭触点			

(3) 电路块的串并联指令（见表2-7）

表2-7　电路块的串并联指令

指令	操作数	指令功能	梯形图	指令表	使用说明
ALD	无	块“与”操作，用于串联连接多个并联电路组成的电路块	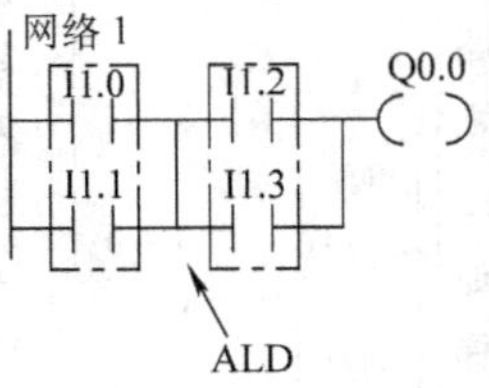	LD　I1.0 O　I1.1 LD　I1.2 O　I1.3 ALD =　Q0.0	可以顺次使用ALD指令串联多个并联电路块，支路数量没有限制
OLD	无	块“或”操作，用于并联连接多个串联电路组成的电路块	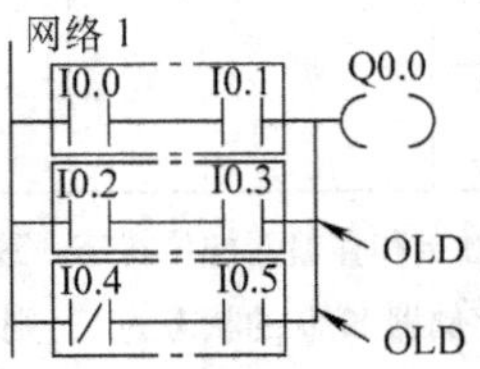	LD　I0.0 A　I0.1 LD　I0.2 A　I0.3 OLD LDN　I0.4 A　I0.5 OLD =　Q0.0	可以顺次使用OLD指令并联多个串联电路块，支路数量没有限制

(4) 逻辑堆栈指令　S7—200系列采用模拟栈的结构，用于保存逻辑运算结果及断点的

地址，称为逻辑堆栈。S7—200 系列 PLC 中有一个 9 层的堆栈。在此讨论断点保护功能的堆栈操作。堆栈操作指令用于处理电路的分支点。在编制控制程序时，经常遇到多个分支电路同时受一个或一组触点控制的情况，若采用前述指令不容易编写程序，用堆栈操作指令则可方便的将梯形图转换为语句表，见表 2-8。

表 2-8 逻辑堆栈指令

指令	操作数	指令功能	梯形图	指令表	使用说明
LPS	无	入栈指令把栈顶值复制后压入堆栈，栈中原来数据依次下移一层，栈底值压出丢失	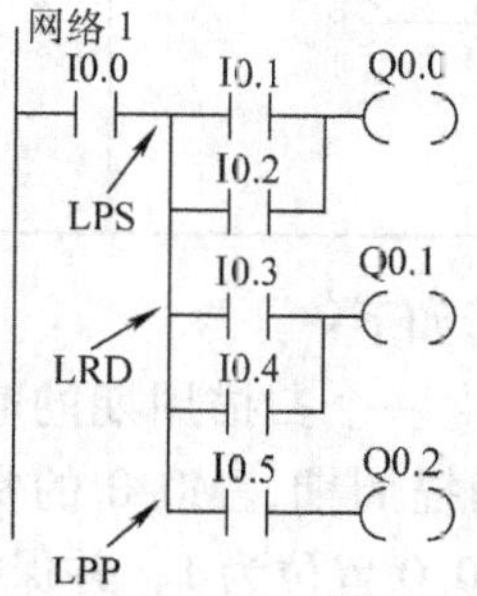	LD I0.0 LPS LD I0.1 O I0.2 ALD = Q0.0 LRD LD I0.3 O I0.4 ALD = Q0.1 LPP A I0.5 = Q0.2	为保证程序地址指针不发生错误，入栈指令 LPS 和出栈指令 LPP 必须成对使用，最后一次读栈操作应使用出栈指令 LPP 逻辑堆栈指令可以嵌套使用，最多为 9 层
LRD	无	读栈指令把逻辑堆栈第二层的值复制到栈顶，2～9层数据不变，堆栈没有压入和弹出。但原栈顶的值丢失			
LPP	无	出栈指令把堆栈弹出一级，原第二级的值变为新的栈顶值，原栈顶数据从栈内丢失			

（5）置位/复位指令（见表 2-9）

表 2-9 置位/复位指令

指令	操作数	指令功能	梯形图	指令表	使用说明
S	N：VB，IB，QB，MB，SMB，SB，LB，AC，常量，＊VD，＊AC，＊LD 取值范围：0～255 数据类型：字节 S-bit：I，Q，M，SM，T，C，V，S，L 数据类型：布尔	置位指令使能输入有效后从起始位 S-bit 开始的 N 个位置“1”并保持	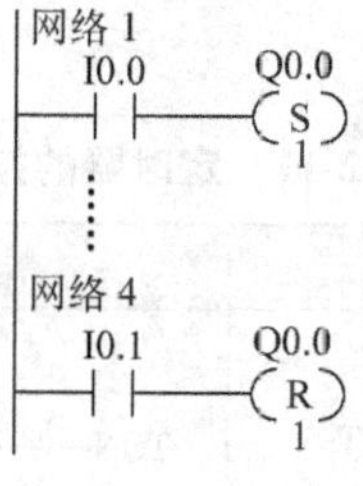	网络 1 LD I0.0 S Q0.0，1 网络 4 LD I0.1 R Q0.0，1	对同一元件（同一寄存器的位）可以多次使用S/R 指令（与“=”指令不同） 由于是扫描工作方式，当置位、复位指令同时有效时，写在后面的指令具有优先权 置位复位指令通常成对使用，也可以单独使用或与指令盒配合使用
R		复位指令使能输入有效后从起始位 S-bit 开始的 N 个位清“0”并保持			

（6）脉冲生成指令（见表 2-10）

表 2-10　脉冲生成指令

<table>
<tr><th>指令</th><th>操作数</th><th>指令功能</th><th>梯形图</th><th colspan="2">指令表</th><th>使用说明</th></tr>
<tr><td>EU</td><td>无</td><td>在 EU 指令前的逻辑运算结果有一个上升沿时（由 OFF→ON）产生一个宽度为一个扫描周期的脉冲，驱动后面的输出线圈</td><td rowspan="2">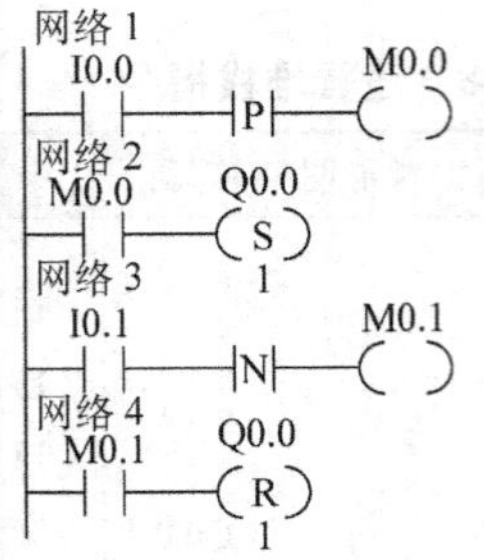
</td><td rowspan="2">网络 1
LD　I0.0
EU
=　M0.0
网络 2
LD　M0.0
S　Q0.0，1</td><td rowspan="2">网络 3
LD　I0.1
ED
=　M0.1
网络 4
LD　M0.1
R　Q0.0，1</td><td rowspan="2">EU、ED 指令只在输入信号变化时有效，其输出信号的脉冲宽度为一个机器扫描周期
对开机时就为接通状态的输入条件，EU 指令不执行</td></tr>
<tr><td>ED</td><td>无</td><td>在 ED 指令前有一个下降沿时产生一个宽度为一个扫描周期的脉冲，驱动其后线圈</td></tr>
</table>

表 2-10 所示程序及运行结果分析如下：

I0.0 的上升沿经触点（EU）产生一个扫描周期的时钟脉冲，驱动输出线圈 M0.0 导通一个扫描周期，M0.0 的常开触点闭合一个扫描周期，使输出线圈 Q0.0 置位为 1，并保持。

I0.1 的下降沿经触点（ED）产生一个扫描周期的时钟脉冲，驱动输出线圈 M0.1 导通一个扫描周期，M0.1 的常开触点闭合一个扫描周期，使输出线圈 Q0.0 复位为 0，并保持。EU/ED 指令时序分析如图 2-10 所示。

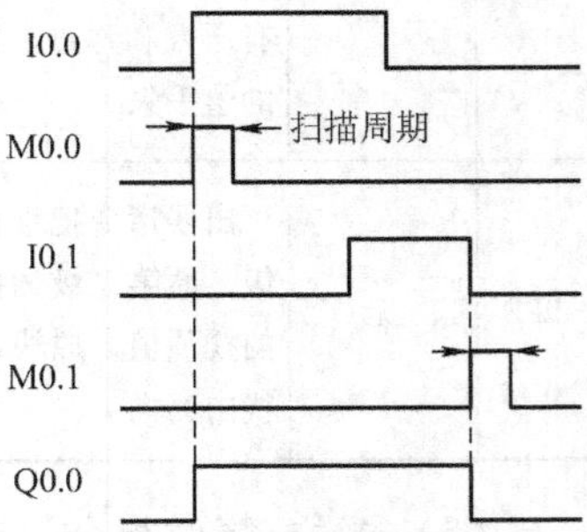

图 2-10　EU/ED 指令时序分析

3. 定时器指令

S7—200 系列 PLC 的定时器是对内部时钟累计时间增量计时的。每个定时器均有一个 16 位的当前值寄存器用以存放当前值（16 位符号整数）；一个 16 位的预置值寄存器用以存放时间的设定值；还有一个状态位，反映该触点的状态。

（1）定时器工作方式　S7—200 系列 PLC 定时器按工作方式分为三大类定时器。其指令格式见表 2-11。

表 2-11　定时器的指令格式

<table>
<tr><th>LAD</th><th>STL</th><th>说　明</th></tr>
<tr><td>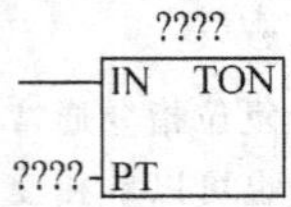
</td><td>TON T××，PT</td><td rowspan="3">TON——通电延时定时器
TONR——记忆型通电延时定时器
TOF——断电延时型定时器
IN 是使能输入端，指令盒上方输入定时器的编号（T××），范围为 T0～T255
PT 是预置值输入端，最大预置值为 32767；PT 的数据类型：INT；PT 操作数有：IW，QW，MW，SMW，T，C，VW，SW，AC，常数</td></tr>
<tr><td>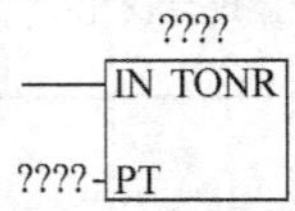
</td><td>TONR T××，PT</td></tr>
<tr><td>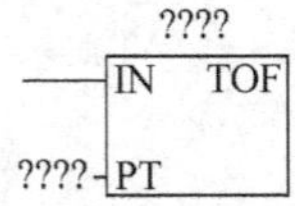
</td><td>TOF T××，PT</td></tr>
</table>

（2）定时器时基 按时基脉冲分，有1ms、10ms、100ms三种定时器。不同的时基标准，定时精度、定时范围和刷新方式也不同。

1）定时器的定时精度和定时范围：定时器使能输入有效后，当前值PT对PLC内部的时基脉冲增1计数，当计数值大于或等于定时器的预置值后，状态位置1。其中，最小计时单位为时基脉冲的宽度，又是定时精度；从定时器输入有效到状态位输出有效，经过的时间为定时时间，即：定时时间=预置值×时基。当前值寄存器为16bit，最大计数值为32767，由此可推算不同分辨率的定时器的设定时间范围。CPU 22X系列PLC的256个定时器分属TON（TOF）和TONR工作方式，以及3种时基标准，见表2-12。可见时基越大，定时时间越长，但精度越差。

表2-12 定时器的类型

工作方式	时基/ms	最大定时范围/s	定时器号
TONR	1	32.767	T0，T64
	10	327.67	T1～T4，T65～T68
	100	3276.7	T5～T31，T69～T95
TON/TOF	1	32.767	T32，T96
	10	327.67	T33～T36，T97～T100
	100	3276.7	T37～T63，T101～T255

2）定时器的刷新方式：1ms定时器每隔1ms刷新一次与扫描周期和程序处理无关即采用中断刷新方式。因此当扫描周期较长时，在一个周期内可能被多次刷新，其当前值在一个扫描周期内不一定保持一致。

10ms定时器则由系统在每个扫描周期开始自动刷新。由于每个扫描周期内只刷新一次，故而每次程序处理期间，其当前值为常数。

100ms定时器则在该定时器指令执行时刷新。下一条执行的指令，即可使用刷新后的结果，非常符合正常的思路，使用方便可靠。但应当注意的是，如果该定时器的指令不是每个周期都执行，定时器就不能及时刷新，可能导致出错。

（3）定时器指令工作原理 下面从原理应用等方面分别叙述通电延时型、有记忆的通电延时型、断电延时型三种定时器的使用方法。

1）通电延时型定时器（TON）指令工作原理：如图2-11所示，当I0.0接通（即使能端（IN）输入有效）时，驱动T37开始计时，当前值从0开始递增，计时到设定值PT时，T37状态位置1，其常开触点T37接通，驱动Q0.0输出，其后当前值仍增加，但不影响状态位。当前值的最大值为32767。当I0.0分断时，使能端无效，T37复位，当前值清0，状态位也清0，即回到原始状态。若I0.0接通时间未到设定值就断开，则T37立即复位，Q0.0不会有输出。

2）有记忆的通电延时型定时器（TONR）指令工作原理：当使能端（IN）输入有效（接通）时，定时器开始计时，当前值递增，当前值大于或等于预置值（PT）时，输出状态位置1。当使能端输入无效（断开）时，当前值保持（记忆），使能端（IN）再次接通有效

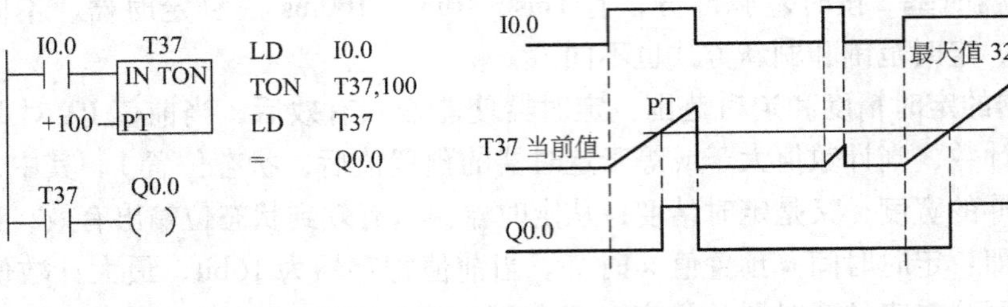

图 2-11　通电延时型定时器的工作原理

时，在原记忆值的基础上递增计时。

注意：这种有记忆的通电延时型定时器采用线圈复位指令 R 进行复位操作，当复位线圈有效时，定时器当前位清零，输出状态位置 0。

如图 2-12 所示，当输入 IN 为 1 时，定时器 T3 开始计时；当 IN 为 0 时，其当前值保持并不复位；下次 IN 再为 1 时，T3 当前值从原保持值开始增加，将当前值与设定值 PT 比较，当前值大于等于设定值时，T3 状态位置 1，驱动 Q0. 0 有输出，以后即使 IN 再为 0，也不会使 T3 复位，要使 T3 复位，必须使用复位指令。

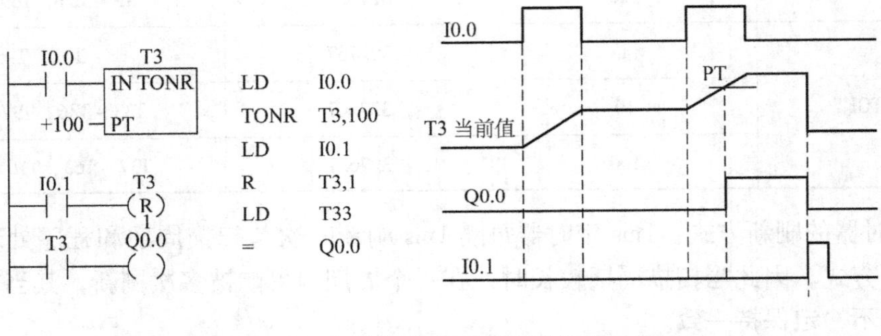

图 2-12　有记忆的通电延时型定时器的工作原理

3）断电延时型定时器（TOF）指令工作原理：断电延时型定时器用来在输入断开，且延时一段时间后，才断开输出。当使能端（IN）输入有效时，定时器输出状态位立即置 1，当前值复位为 0。当使能端（IN）断开时，定时器开始计时，当前值从 0 开始递增，当前值达到预置值时，定时器状态位复位为 0，并停止计时，当前值保持。

如果输入断开的时间小于预定时间，定时器仍保持接通。IN 再次接通时，定时器当前值仍设为 0。断电延时定时器的应用程序及时序分析如图 2-13 所示。

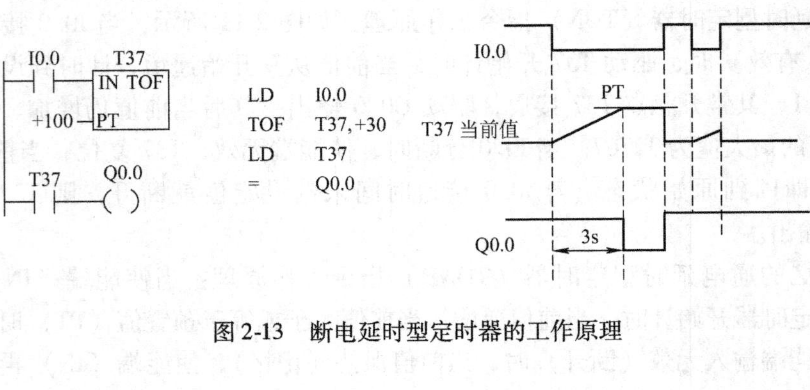

图 2-13　断电延时型定时器的工作原理

4. 计数器指令

计数器利用输入脉冲上升沿累计脉冲个数。其结构主要由一个 16 位的预置值寄存器、一个 16 位的当前值寄存器和一个状态位组成。当前值寄存器用以累计脉冲个数，计数器当前值大于或等于预置值时，状态位置 1。

S7—200 系列 PLC 有三类计数器：加计数器 CTU、加/减计数器 CTUD、减计数 CTD。

（1）计数器指令格式（见表 2-13）

表 2-13 计数器的指令格式

<table>
<tr><th>梯 形 图</th><th>指 令 表</th><th>说 明</th></tr>
<tr><td>CTU Cxxx，PV</td><td>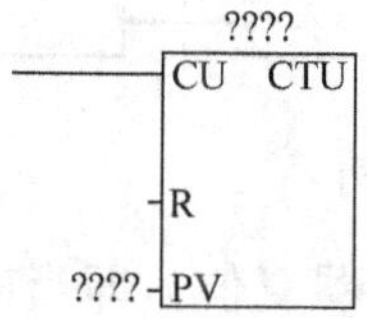
</td><td rowspan="3">（1）梯形图指令符号中，CU 为加计数脉冲输入端；CD 为减计数脉冲输入端；R 为加计数复位端；LD 为减计数复位端；PV 为预置值
（2）Cxxx 为计数器的编号，范围为：C0 ~ C255
（3）PV 预置值最大范围：32767；PV 的数据类型：INT；PV 操作数为：VW，T，C，IW，QW，MW，SMW，AC，AIW，K
（4）CTU/CTUD/CD 指令使用要点：STL 形式中 CU，CD，R，LD 的顺序不能错；CU，CD，R，LD 信号可为复杂逻辑关系</td></tr>
<tr><td>CTD Cxxx，PV</td><td>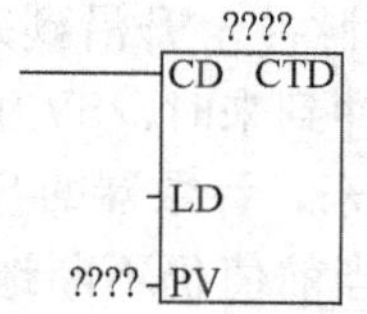
</td></tr>
<tr><td>CTUD Cxxx，PV</td><td>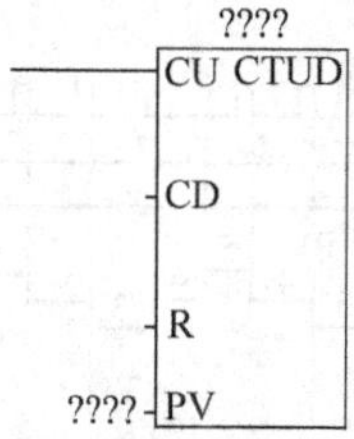
</td></tr>
</table>

（2）计数器工作原理

1）加计数器（CTU）指令 当 R = 0 时，计数脉冲有效；CU 端有一个输入脉冲上升沿到来，计数器的 SV = SV + 1。当计数器当前值大于或等于设定值（PV）时，该计数器的状态位 Cn 置 1，即其常开触点闭合。计数器仍计数，但不影响计数器的状态位，直至计数达到最大值（32767）。当 R = 1 时，计数器复位，即当前值清零 SV = 0，状态位 Cn 也清零。加计数器的计数范围是：0 ~ 32767。加计数器指令应用示例如图 2-14 所示。

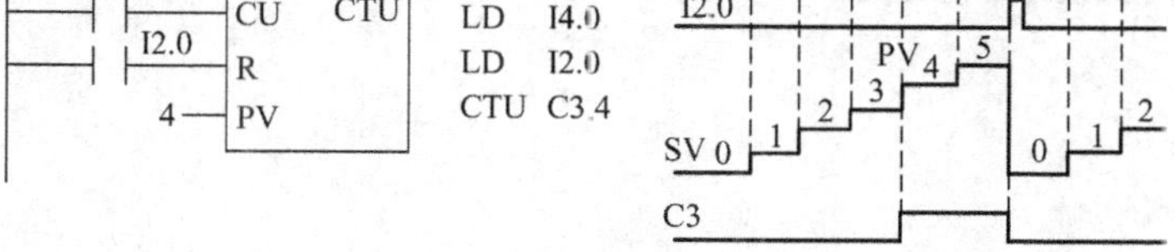

图 2-14 加计数器指令应用示例

2）减计数器（CTD）指令　当 LD = 1 时，计数器的设定值 PV 被装入计数器的当前值寄存器，此时 SV = PV，计数器状态位 Cn 复位（置 0）。当 LD = 0 时，即计数脉冲有效时，计数器开始计数。CD 端有一个输入脉冲上升沿到来，计数器的当前值从设定值开始递减计数 SV = SV - 1。当当前值 SV = 0 时，计数器的状态位 Cn 置位（置 1），并停止计数。减计数器指令应用示例如图 2-15 所示。

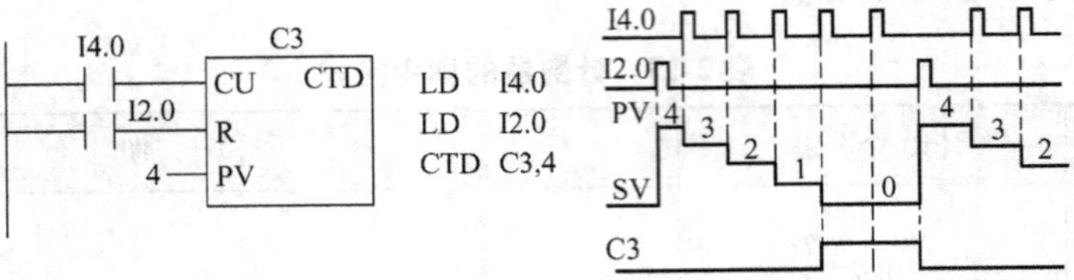

图 2-15　减计数器应用示例

3）加/减计数器（CTUD）指令　当 R = 1 时，计数器复位，即当前值清零 SV = 0，Cn 状态为 0。

当 R = 0 时，计数器开始计数：当 CU 端有一个输入脉冲上升沿到来，计数器的当前值 SV = SV + 1。当 SV≥PV 时，Cn 状态置 1，CU 端再有脉冲到来时，SV 继续累加，直到 SV = 32767 时，停止计数。当 CD 端有一个输入脉冲上升沿到来，计数器的 SV = SV - 1。当 SV < PV 时，Cn 状态为 0，CD 端再有脉冲到来时，计数器的当前值仍不断地递减。加/减计数器指令应用示例如图 2-16 所示。

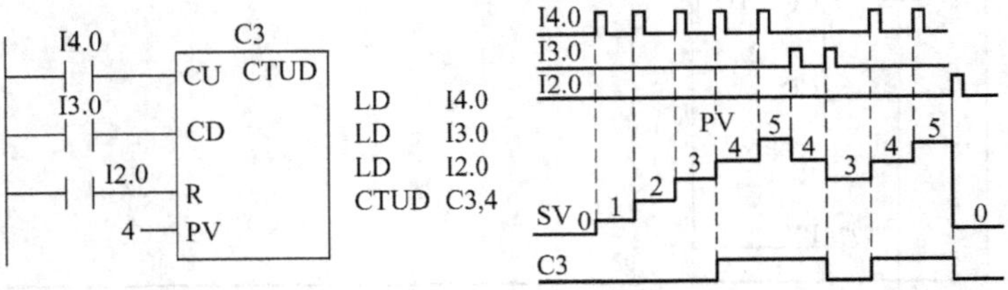

图 2-16　加/减计数器指令应用示例

5. 比较指令

比较指令是将两个操作数按指定的条件进行比较，操作数可以是整数，也可以是实数。在梯形图中用带参数和运算符的触点表示比较指令，比较条件成立时，触点就闭合，否则断开。比较触点可以装入，也可以串、并联。比较指令为上、下限控制提供了极大的方便。

（1）指令格式及说明（见表 2-14）

表 2-14 比较指令格式及说明

梯形图	指令表	说明
IN1 ==B IN2	LDB = IN1，IN2	（1）IN1 为比较数 1、IN2 为比较数 2，其中操作数的类型包括：I，Q，M，SM，V，S，L，AC，VD，LD，常数 （2）比较条件：等于 ==、大于 >、小于 <、不等 < >、大于等于 > =、小于等于 < = （3）B（Byte）：字节比较（无符号整数）；I（INT）/ W（Word）：整数比较（有符号整数）。注意：LAD 中用“I”，STL 中用“W”。DW（Double Word）：双字的比较（有符号整数）。R（Real）：实数的比较（有符号的双字浮点数，仅限于 PU214 以上）
IN1 ==I IN2	LDW = IN1，IN2	
IN1 ==D IN2	LDD = IN1，IN2	
IN1 ==R IN2	LDR = IN1，IN2	

（2）指令应用举例（见表 2-15）

表 2-15 比较指令应用举例

梯形图	指令表	说明
VB0 ==B VB1 VB2 >B 200 Q0.0	LDB = VB0，VB1 OB > VB2，200 = Q0.0	字节比较：当 VB0 = VB1 或 VB2 >200 时，Q0.0 = 1
VW0 <=I VW2 VW4 >I 2002 Q0.0	LDW < = VW0，VW2 OW > VW4，2002 = Q0.0	整数比较：当 VW0 < = VW2 或 VW4 >2002 时，Q0.0 = 1
VD0 <=D VD4 VD8 >D 2002 Q0.0	LDD < = VD0，VD4 OD > VD8，2002 = Q0.0	双整数比较：当 VD0 < = VD4 或 VD8 >2002 时，Q0.0 = 1
VD0 <=R VD4 VD8 >R 200.3 Q0.0	LDR < = VD0，VD4 OR > VD8，200.3 = Q0.0	实数比较：当 VD0 < = VD4 或 VD8 >200.3 时，Q0.0 = 1

6. 数据传送指令

（1）字节、字、双字、实数单个数据传送指令 数据传送指令 MOV，用来传送单个的字节、字、双字、实数。指令格式及功能见表 2-16。

表2-16 单个数据传送指令MOV指令格式

梯形图	指令表	操作数	说明
MOV_B EN ENO ????-IN OUT-????	MOVB IN，OUT	IN：VB，IB，QB，MB，SB，SMB，LB，AC，常量 OUT：VB，IB，QB，MB，SB，SMB，LB，AC	（1）使能输入有效时，即EN=1时，将一个输入IN的字节、字/整数、双字/双整数或实数送到OUT指定的存储器输出 （2）在传送过程中不改变数据的大小。传送后，输入存储器IN中的内容不变 （3）使ENO = 0即使能输出断开的错误条件是：SM4.3（运行时间），0006（间接寻址错误）
MOV_W EN ENO ????-IN OUT-????	MOVW IN，OUT	IN：VW，IW，QW，MW，SW，SMW，LW，T，C，AIW，常量，AC OUT：VW，T，C，IW，QW，SW，MW，SMW，LW，AC，AQW	
MOV_DW EN ENO ????-IN OUT-????	MOVD IN，OUT	IN：VD，ID，QD，MD，SD，SMD，LD，HC，AC，常量 OUT：VD，ID，QD，MD，SD，SMD，LD，AC	
MOV_R EN ENO ????-IN OUT-????	MOVR IN，OUT	IN：VD，ID，QD，MD，SD，SMD，LD，AC，常量 OUT：VD，ID，QD，MD，SD，SMD，LD，AC	

（2）字节、字、双字、实数数据块传送指令　数据块传送指令将从输入地址IN开始的N个数据传送到输出地址OUT开始的N个单元中，N的范围为1~255，N的数据类型为：字节。指令格式及功能见表2-17。

表2-17 数据块传送指令的指令格式及功能

梯形图	指令表	操作数		说明
BLKMOV_B EN ENO ????-IN OUT-???? ????-N	BMB IN，OUT	IN：VB，IB，QB，MB，SB，SMB，LB。 OUT：VB，IB，QB，MB，SB，SMB，LB。 数据类型：字节	N：VB，IB，QB，MB，SB，SMB，LB，AC，常量； 数据类型：字节； 数据范围：1~255	（1）使能输入有效时，即EN=1时，把从输入IN开始的N个字节（字、双字）传送到以输出OUT开始的N个字节（字、双字）中 （2）使ENO = 0的错误条件：0006（间接寻址错误）0091（操作数超出范围）
BLKMOV_W EN ENO ????-IN OUT-???? ????-N	BMW IN，OUT	IN：VW，IW，QW，MW，SW，SMW，LW，T，C，AIW OUT：VW，IW，QW，MW，SW，SMW，LW，T，C，AQW 数据类型：字		
BLKMOV_D EN ENO ????-IN OUT-???? ????-N	BMD IN，OUT	IN/ OUT：VD，ID，QD，MD，SD，SMD，LD 数据类型：双字		

7. 移位指令

移位指令分为左、右移位和循环左、右移位及寄存器移位指令三大类。前两类移位指令按移位数据的长度又分字节型、字型、双字型3种。

（1）左、右移位指令　左、右移位数据存储单元与SM1.1（溢出）端相连，移出位被放到特殊标志存储器SM1.1位。移位数据存储单元的另一端补0。左、右移位指令格式见表2-18。

表2-18　左、右移位指令格式

梯形图	指令表	操作数		说明
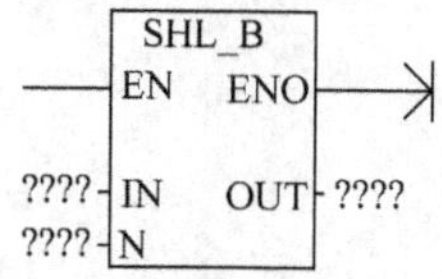	SLB OUT，N	IN：VB，IB，QB，MB，SB，SMB，LB，AC，常量 OUT：VB，IB，QB，MB，SB，SMB，LB，AC 数据类型：字节	N：VB，IB，QB，MB，SB，SMB，LB，AC，常量 数据类型：字节 数据范围：N≤数据类型（B、W、D）对应的位数	①左移位指令（SHL）：使能输入有效时，将输入IN的无符号数字节、字或双字中的各位向左移N位后（右端补0），将结果输出到OUT所指定的存诸单元中，如果移位次数大于0，最后一次移出位保存在“溢出”存储器SM1.1位。如果移位结果为0，零标志位SM1.0置1 ②右移位指令（SHR）：使能输入有效时，将输入IN的无符号数字节、字或双字中的各位向右移N位后，将结果输出到OUT所指定的存储单元中，移出位补0，最后一移出位保存在SM1.1。如果移位结果为0，则零标志位SM1.0置1 ③使ENO=0的错误条件：0006（间接寻址错误），SM4.3（运行时间）
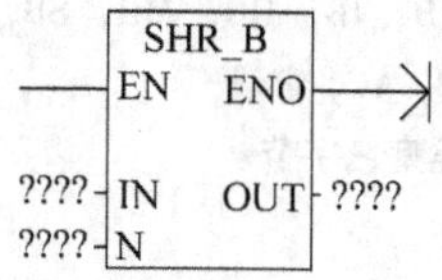	SRB OUT，N			
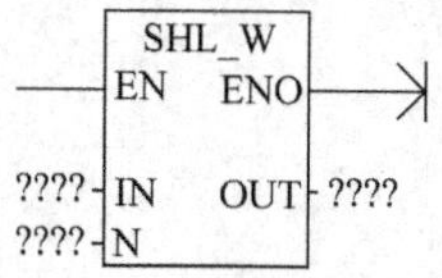	SLW OUT，N	IN：VW，IW，QW，MW，SW，SMW，LW，T，C，AIW，AC，常量 OUT：VW，IW，QW，MW，SW，SMW，LW，T，C，AC 数据类型：字		
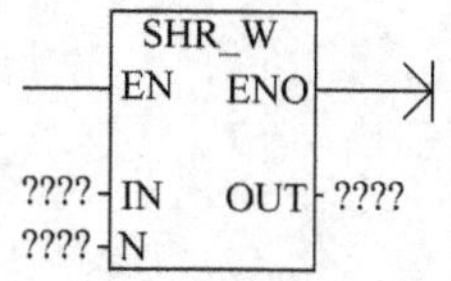	SRW OUT，N			
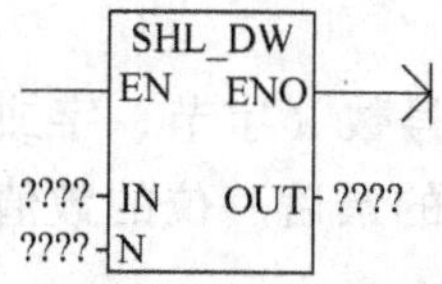	SLD OUT，N	IN：VD，ID，QD，MD，SD，SMD，LD，AC，HC，常量 OUT：VD，ID，QD，MD，SD，SMD，LD，AC 数据类型：双字		
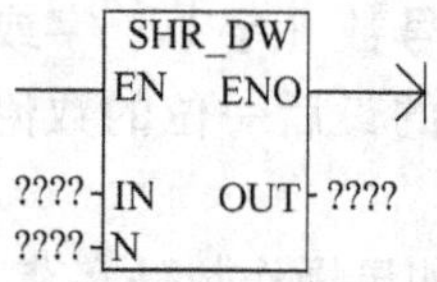	SRD OUT，N			

注：在STL指令中，若IN和OUT指定的存储器不同，则必须首先使用数据传送指令MOV将IN中的数据送入OUT所指定的存储单元。例如：

```
MOVB IN，OUT
SLB OUT，N
```

（2）循环左、右移位指令　循环左右移位指令将移位数据存储单元的首尾相连，同时又与溢出标志存储器SM1.1连接，SM1.1用来存放被移出的位。循环左、右移位指令格式见表2-19。

表2-19　循环左、右移位指令格式

梯形图	指令表	操作数	
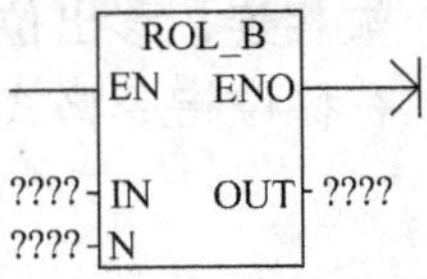	RLB OUT，N	IN：VB，IB，QB，MB，SB，SMB，LB，AC，常量 OUT：VB，IB，QB，MB，SB，SMB，LB，AC 数据类型：字节	N：VB，IB，QB，MB，SB，SMB，LB，AC，常量 数据类型：字节
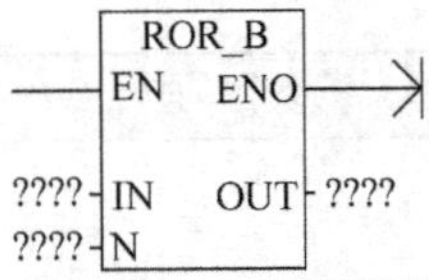	RRB OUT，N		
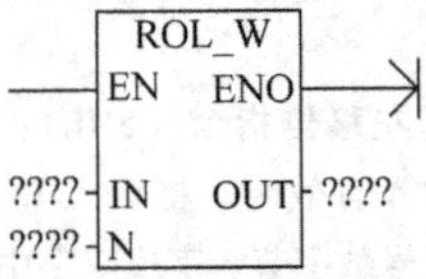	RLW OUT，N	IN：VW，IW，QW，MW，SW，SMW，LW，T，C，AIW，AC，常量 OUT：VW，IW，QW，MW，SW，SMW，LW，T，C，AC 数据类型：字	
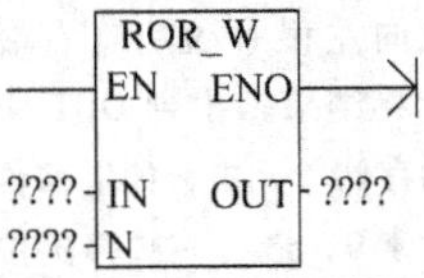	RRW OUT，N		
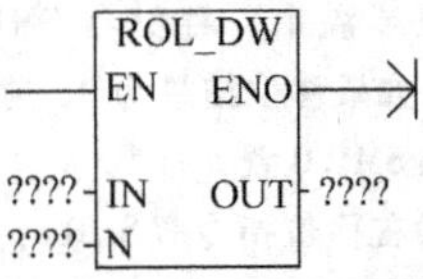	RLD OUT，N	IN：VD，ID，QD，MD，SD，SMD，LD，AC，HC，常量 OUT：VD，ID，QD，MD，SD，SMD，LD，AC 数据类型：双字	
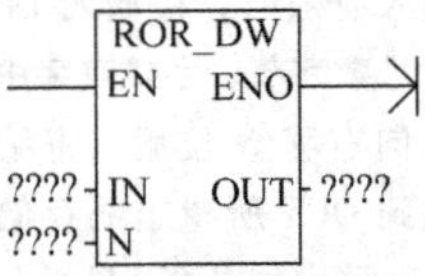	RRD OUT，N		

循环左、右移位指令的功能说明如下：

① 对于循环左移位指令（ROL），使能输入有效时，将IN输入无符号数（字节、字或双字）循环左移N位后，将结果输出到OUT所指定的存储单元中，移出的最后一位的数值送溢出标志位SM1.1。当需要移位的数值是零时，零标志位SM1.0为1。

② 对于循环右移位指令（ROR），使能输入有效时，将IN输入无符号数（字节、字或双字）循环右移N位后，将结果输出到OUT所指定的存储单元中，移出的最后一位的数值送溢出标志位SM1.1。当需要移位的数值是零时，零标志位SM1.0为1。

③ 移位次数N≥数据类型（B、W、D）时移位位数的处理方法是：如果操作数是字节，当移位次数N≥8时，则在执行循环移位前，先对N进行模8操作（N除以8后取余数），其结果0~7为实际移动位数。

如果操作数是字，当移位次数N≥16时，则在执行循环移位前，先对N进行模16操作（N除以16后取余数），其结果0~15为实际移动位数。

如果操作数是双字，当移位次数N≥32时，则在执行循环移位前，先对N进行模32操作（N除以32后取余数），其结果0~31为实际移动位数。

④ 使 ENO=0 的错误条件是：0006（间接寻址错误），SM4.3（运行时间）。

⑤ 在 STL 指令中，若 IN 和 OUT 指定的存储器不同，则必须首先使用数据传送指令 MOV 将 IN 中的数据送入 OUT 所指定的存储单元。

(3) 移位寄存器指令 移位寄存器指令是可以指定移位寄存器的长度和移位方向的移位指令。其指令格式如图 2-17 所示。

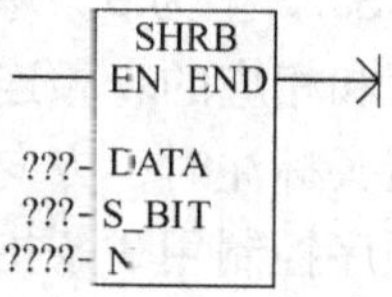

图 2-17 移位寄存器指令格式

移位寄存器指令的功能说明如下：

① 移位寄存器指令 SHRB 将 DATA 数值移入移位寄存器。梯形图中，EN 为使能输入端，连接移位脉冲信号，每次使能有效时，整个移位寄存器移动 1 位。DATA 为数据输入端，连接移入移位寄存器的二进制数值，执行指令时将该位的值移入寄存器。S _ BIT 用于指定移位寄存器的最低位。N 用于指定移位寄存器的长度和移位方向，移位寄存器的最大长度为 64 位，N 为正值时表示左移位，输入数据（DATA）移入移位寄存器的最低位（S _ BIT），并移出移位寄存器的最高位，移出的数据被放置在溢出内存位（SM1.1）中。N 为负值时表示右移位，输入数据移入移位寄存器的最高位中，并移出最低位（S _ BIT），移出的数据被放置在溢出内存位（SM1.1）中。

② DATA 和 S-BIT 的操作数为 I，Q，M，SM，T，C，V，S，L 。数据类型为：BOOL 变量。N 的操作数为 VB，IB，QB，MB，SB，SMB，LB，AC，常量。数据类型为：字节。

③ 使 ENO=0 的错误条件：0006（间接地址）、0091（操作数超出范围）、0092（计数区错误）。

④ 移位指令影响特殊内部标志位：SM1.1（为移出的位值设置溢出位）。

8. *步进顺序控制指令*

在运用 PLC 进行顺序控制中常采用顺序控制指令，这是一种由功能图设计梯形图的步进型指令。首先用程序流程图来描述程序的设计思想，然后再用指令编写出符合程序设计思想的程序。使用功能流程图可以描述程序的顺序执行、循环、条件分支，以及程序的合并等功能流程概念。顺序控制指令可以将程序功能流程图转换成梯形图程序，功能流程图是设计梯形图程序的基础。

功能流程图是按照顺序控制的思想，根据工艺过程和输出量的状态变化，将一个工作周期划分为若干顺序相连的步，在任何一步内，各输出量 ON/OFF 状态不变，但是相邻两步输出量的状态是不同的。所以，可以将程序的执行分成各个程序步，通常用顺序控制继电器的位 S0.0 ~ S31.7 代表程序的状态步。使系统由当前步进入下一步的信号称为转换条件，又称步进条件。转换条件可以是外部的输入信号，如按钮、指令开关、限位开关的接通/断开等；也可以是程序运行中产生的信号，如定时器、计数器的常开触点的接通等；转换条件还可能是若干个信号的逻辑运算的组合。一个三步循环步进的功能流程图如图 2-18 所示，功能流程图中的每个方框代表一个状态步，图中 1、2、3 分别代表程序 3 步状态。与控制过程初始状态相对应的步称为初始步，用双线框表示。可以分别用 S0.0、S0.1、S0.2 表示上述的三

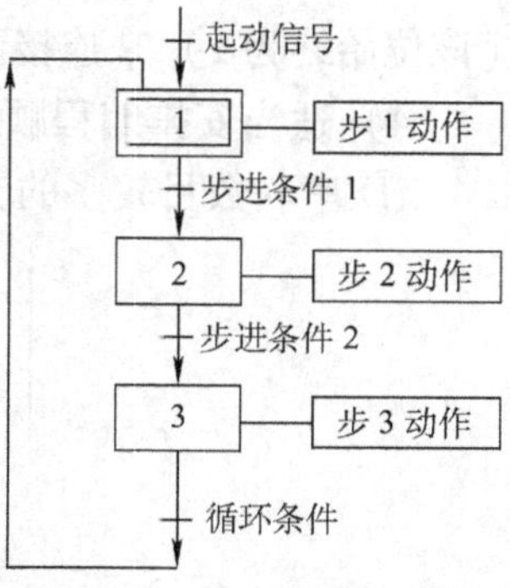

图 2-18 功能流程图

个状态步，程序执行到某步时，该步状态位置 1，其余为 0。如执行第一步时，S0. 0 = 1，而 S0. 1、S0. 2 全为 0。每步所驱动的负载称为步动作，用方框中的文字或符号表示，并用线将该方框和相应的步相连。状态步之间用有向连线连接，表示状态步转移的方向，有向连线上没有箭头标注时，方向为自上而下，自左而右。有向连线上的短线表示状态步的转换条件。

顺序控制用 3 条指令描述程序的顺序控制步进状态，指令格式见表 2-20。

表 2-20　顺序控制指令格式

梯 形 图	指 令 表	说　明
??.? SCR	LSCR n	步开始指令，为步开始的标志，该步的状态元件的位置 1 时，执行该步程序
??.? -(SCRT)	SCRT n	步转移指令，使能有效时，关断本步，进入下一步。该指令由转换条件的接点起动，n 为下一步的顺序控制状态元件
-(SCRE)	SCRE	步结束指令，为步结束的标志

在使用顺序控制指令时应注意以下几点：

1）步进控制指令 SCR 只对状态元件 S 有效。为了保证程序的可靠运行，驱动状态元件 S 的信号应采用短脉冲。

2）当输出需要保持时，可使用 S/R 指令。

3）不能把同一编号的状态元件用在不同的程序中，例如，如果在主程序中使用 S0. 1，则不能在子程序中再使用。

4）在 SCR 段中不能使用 JMP 和 LBL 指令。即不允许跳入或跳出 SCR 段，也不允许在 SCR 段内跳转。可以使用跳转和标号指令在 SCR 段周围跳转。

5）不能在 SCR 段中使用 FOR、NEXT 和 END 指令。

四、编程注意事项及编程技巧

（1）梯形图语言中的语法规定

1）程序应按自上而下、从左至右的顺序编写。

2）同一操作数的输出线圈在一个程序中不能使用两次，不同操作数的输出线圈可以并行输出。

3）线圈不能直接与左母线相连。如果需要，可以通过特殊内部标志位存储器 SM0. 0（该位始终为 1）来连接。

4）适当安排编程顺序，以减少程序的步数。

① 串联数目较多的支路应尽量放在上部，如图 2-19 所示。

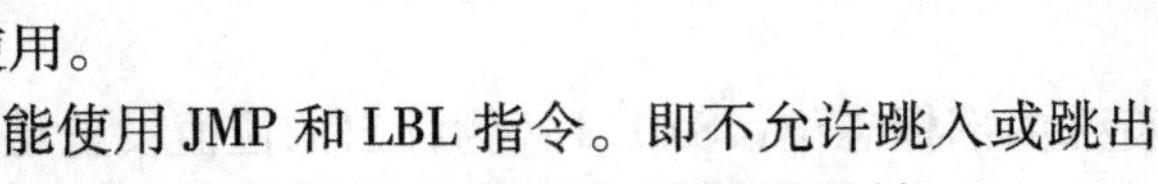

图 2-19　串联数目较多的支路应放在上面

a）安排不当　b）安排正确

② 并联数目较多的部分应靠近左母线，如图 2-20 所示。

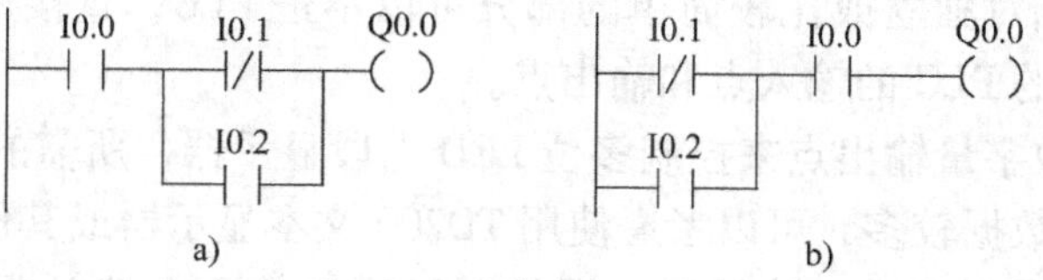

图 2-20 并联数目较多的部分应靠近左母线

a）安排不当 b）安排正确

③ 触点不能放在线圈的左边。

④ 对于复杂的电路，若用 ALD、OLD 等指令难以编程时，可重复使用一些触点画出其等效电路，然后再进行编程，如图 2-21 所示。

（2）设置中间单元 在梯形图中，若多个线圈都受某一触点串并联电路的控制，为了简化电路，在梯形图中可设置该电路控制的存储器的位，如图 2-22 所示，这类似于继电器控制系统中的中间继电器。

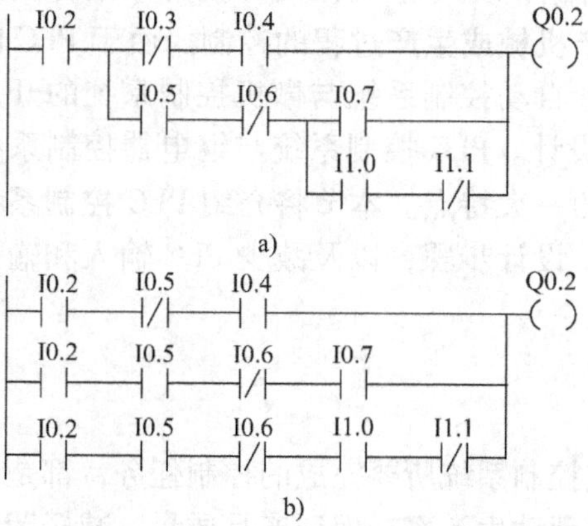

图 2-21 复杂电路编程技巧

a）复杂电路 b）等效电路

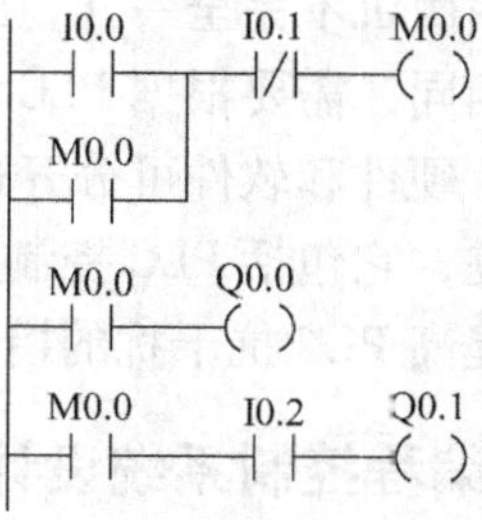

图 2-22 设置中间单元

（3）可编程序控制器中输入和输出信号的数量 由于可编程序控制器的价格与 I/O 点数有关，因此减少 I/O 点数是降低硬件费用的主要措施。减少 PLC 输出点数的方法有以下几种情况：

1）如果几个输入器件触点的串并联电路总是作为一个整体出现，那么可以将它们作为可编程序控制器的一个输入信号，只占可编程序控制器的一个输入点。

2）在 PLC 的输出功率允许的条件下，通断状态完全相同的多个负载并联后，可以共用一个输出点，通过外部的或 PLC 控制的转换开关的切换，一个输出点可以控制两个或多个不同时工作的负载。与外部元件的触点配合，可以用一个输出点控制两个或多个不同要求的负载。用一个输出点控制指示灯常亮或闪烁，可以显示两种不同的信息。

3）在需要用指示灯显示 PLC 驱动的负载（如接触器线圈）状态时，可以将指示灯与负载并联，并联时指示灯与负载的额定电压应相同，总电流不应超过允许值。可选用电流小、工作可靠的 LED（发光二极管）指示灯。可以用接触器的辅助触点来实现 PLC 外部的硬件联锁。

4）系统中某些相对独立或比较简单的部分可以不进 PLC，直接用继电器电路来控制，这样也就减少了所需的 PLC 的输入点和输出点。

5）如果直接用数字量输出点来控制多位 LED 七段显示器，所需的输出点是很多的。如果需要显示和输入的数据较多，可以考虑使用 TD200 文本显示器或其他操作面板。

（4）外部联锁电路的设立　为了防止因控制正反转的两个接触器同时动作而造成三相电源短路，应在 PLC 外部设置硬件联锁电路。

（5）外部负载的额定电压　PLC 的继电器输出模块和双向晶闸管输出模块一般只能驱动额定电压为 AC 220V 的负载，交流接触器的线圈应选用 220V 的。

第二节　可编程控制系统设计的基本原则和步骤

PLC 在工业控制各领域已得到广泛的应用，由于应用场合的多样性，以 PLC 为主控制器的控制系统越来越多。在熟悉 PLC 的基本工作原理和指令系统之后，就可以结合实际工作需要进行 PLC 控制系统的应用设计，实现对生产机械或生产过程的控制。由于 PLC 的工作方式和通用微机不完全一样，因此，用 PLC 设计自动控制系统与微机控制系统的开发过程也不完全相同，需要根据 PLC 的特点进行系统设计。PLC 控制系统与继电器控制系统也有本质区别，硬件和软件可分开进行设计是 PLC 的一大特点。本节将介绍 PLC 控制系统设计方面的问题，它包括 PLC 控制系统的设计原则、设计步骤，以及减少 PLC 输入和输出点数的方法和提高 PLC 抗干扰的措施等。

一、可编程控制系统设计的基本原则

对于工业电气控制系统的设计，任何一个电气控制系统所要完成的控制任务，都是为最大限度地满足被控对象提出的各项性能指标、提高劳动生产率、保证产品质量、减轻劳动强度和危害程度、提升自动化水平。同时，还要求系统运行稳定、安全可靠、经济适用、操作简单、维护方便。因此，在设计 PLC 控制系统时，应遵循的基本原则如下：

（1）最大限度地满足被控对象提出的控制要求　为明确控制任务和控制系统应有的功能，设计人员在设计前，就应深入现场进行调查研究，搜集资料，与控制对象相关的人员密切配合，共同拟定电气控制方案，以便协同解决在设计过程中出现的各种问题。

（2）确保控制系统的安全可靠　电气控制的可靠性就是生命线，不能安全可靠工作的电气控制系统，是不可能长期投入生产运行的。尤其是在以提高产品数量和质量、保证生产安全为目标的应用场合，必须将可靠性放在首位，并具有足够长的使用寿命。

（3）力求控制系统结构简单，维护方便　在能够满足控制要求和保证可靠工作的前提下，应力求控制系统结构简单。只有结构简单的控制系统才具有经济性、实用性的特点，才能做到使用和维护方便，达到好用的目的。

（4）留有适当的余量　考虑到生产规模的不断扩大，生产工艺的进一步改进，控制任务的增加需要，在选择 PLC 的容量（包括存储器的容量、机架插槽数、I/O 点的数量等）时，应留有适当的余量。

（5）软件设计科学合理 主要是指编写程序，要求程序结构清楚，可读性强，程序简短，占用内存少，扫描周期短。

二、可编程控制系统设计的步骤

与继电器控制系统设计不同，可编程控制系统设计时软件设计和硬件设计可同时进行，如图 2-23 所示。

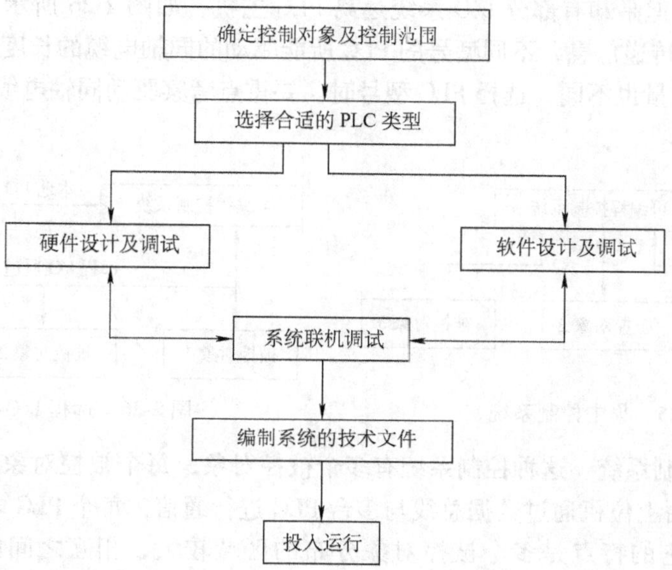

图 2-23 可编程序控制器控制系统设计流程

1. 确定控制对象及控制范围

工业控制系统往往是一个综合的控制系统，其中包括机械和电气等多方面的内容。因此，在进行系统设计之前，设计人员首先应该对被控对象进行深入的调查，详细地分析被控对象、控制过程、工艺流程及设备性能，以确定系统所要完成的任务。然后拟定出设计任务书，明确各项设计要求、约束条件、功能指标及控制方式，并画出控制流程图或功能流程图。其中，设计任务书是整个系统设计的依据。

2. 可编程序控制器的选择

（1）PLC 控制类型的确定 根据控制对象的要求，确定 PLC 控制类型。以 PLC 为主控制器的控制系统有 4 种控制类型。

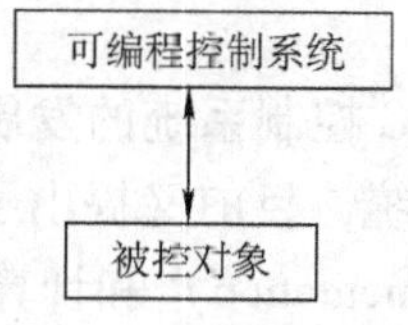

图 2-24 典型的单机控制系统

1）单机控制系统：就是用 1 台 PLC 控制 1 台设备或 1 条简易生产线，如图 2-24 所示。这种控制系统构成简单，所需要的 I/O 点数较少，存储容量较小，可任意选择 PLC 的型号。注意：无论目前是否有通信联网要求，都应当选择有通信功能的 PLC，以适应将来系统功能扩充的需要。

2）集中控制系统：就是由 1 台 PLC 控制多台设备或数条简易生产线，如图 2-25 所示，每个被控对象与 PLC 的指定 I/O 相连接。这种控制系统的特点是多个被控的位置比较接近，且相互之间的动作有一定的联系。由于多个被控对象通过同1台PLC控制，因此各个被控对象之间的数据、状态的变化不需要另设专门的通信线路。它的最大缺点是，如果某个被控对象的控制程序需要改变或PLC出现故障时，整个系统都要停止工作。因此，对于大型的集中控制系统可以采用冗余系统来克服这个缺点，此时要求PLC的I/O点数和储存器容量有较大的余量。

3）远程I/O控制系统：这种控制系统是集中控制系统的特殊情况，也是由1台PLC控制多个被控对象，但是却有部分I/O系统远离PLC主机，如图2-26所示。PLC主机与远程I/O通过同轴电缆传递信息，不同型号的PLC所能驱动的同轴电缆的长度不同，所能驱动的远程I/O通道的数量也不同，选择PLC型号时，要重点考察驱动同轴电缆的长度和远程I/O通道的数量。

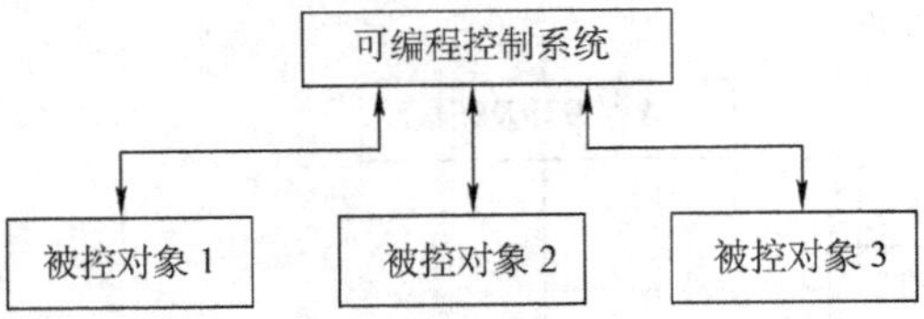

图2-25　集中控制系统

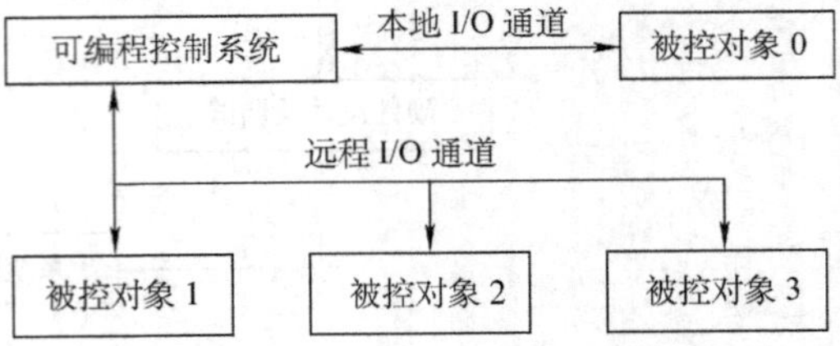

图2-26　远程I/O控制系统

4）分布式控制系统：这种控制系统有多个被控对象，每个被控对象由1台具有通信功能的PLC控制，由上位机通过数据总线与多台PLC进行通信，每个PLC之间也有数据交换，如图2-27所示。它的特点是多个被控对象分布的区域较大，相互之间的距离较远，每台PLC可以通过数据总线与上位机通信，也可以通过通信线与其他PLC交换信息。它的最大优点是某个被控对象或PLC出现故障时，不会影响其他的PLC正常运行。

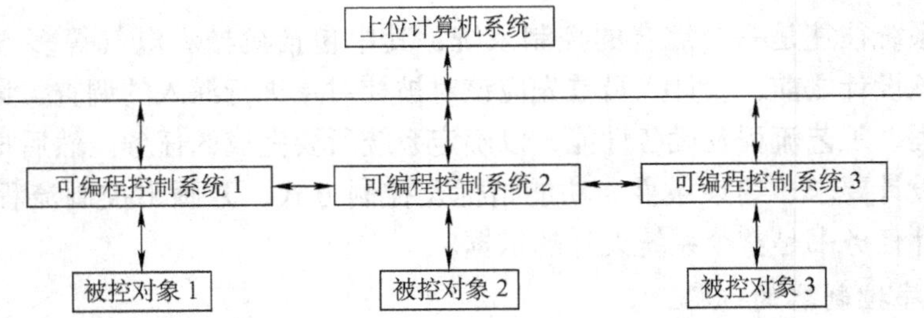

图2-27　分布式控制系统

PLC控制系统的发展是非常快的，从简单的单机控制系统，到集中控制系统，到分布式控制系统，目前又提出了PLC的EIC综合化控制系统，即将电器控制（Electric）、仪表控制（Instrumentation）和计算机（Computer）控制集成一体，形成先进的EIC控制系统。基于这种控制思想，在进行PLC控制系统设计时，要考虑到如何同这种先进模式相适应，并有利于系统功能的进一步扩展。

（2）可编程序控制器机型的选择　目前，国内外PLC生产厂家生产的PLC品种已达数百个，其性能各有特点，价格也不尽相同。要选择最适宜的PLC机型，应考虑以下因素。

1）PLC功能的选择。CPU的能力是PLC最重要的性能指标，在选择机型时，首先要考虑如何配置 CPU，主要从处理器的个数及位数、存储器的容量及可扩展性以及编程元件的能力等方面考虑。还要注意特殊功能模块的使用，提高 PLC 的控制能力，如输入/输出扩展模块、模拟量的输入/输出模块、高速计数模块、通信模块和人机界面模块等。

2）输入/输出点数的确定。PLC 控制系统输入/输出点数的多少，是 PLC 系统设计时必须确定的。由于各 PLC 生产厂家在产品手册上给出的最大 I/O 点数所表示的确切含义有一些差异，有的表示输入/输出的点数之和，有的则分别表示最大输入点数和最大输出点数。因此，要根据实际控制系统所需要的 I/O 点数，在充分考虑余量的基础上配置输入/输出点。根据控制要求，将各输入设备和被控设备详细列表，准确地统计出被控设备对I/O点数的需求量，然后在实际统计的 I/O 点数基础上加 15% ~20% 的备用量，以便今后调整和扩充。在确定好 I/O 点数后，还要注意它们的性质、类型和参数。例如是开关量还是模拟量、是交流还是直流以及电压等级等，同时还要注意输出端的负载特点，依此选择和配置相应的机型和模块。分配 PLC 的输入/输出点后，编写输入/输出分配表或画出输入/输出端子接线图。

3）指令系统的考虑。PLC 的种类很多，因此其指令系统也是不完全相同的。因此，可根据实际应用场合对指令系统提出的要求选择 PLC。PLC 的控制功能是通过执行指令来实现的，指令的数量越多，PLC 的功能就越强。另外，应用软件的程序结构以及 PLC 生产厂家为方便用户利用通过计算机（IBM-PC 及其兼容机）编程及模拟调试而开发的专用软件的能力也是应该考虑的问题。

4）内存的估算。用户程序所需的内存容量主要与系统的 I/O 点数、控制要求、程序结构长短等因素有关。一般估算方法是：存储容量 = 开关量输入点数 ×10 + 开关量输出点数 × 8 + 模拟通道数 ×100 + 定时器/计数器数量 ×2 + 通信接口个数 ×300 + 备用量。

5）响应速度的考虑。对于以数字量为主的 PLC 控制系统，PLC 的响应速度都可以满足要求，不必过多考虑。而对于含有模拟量的 PLC 控制系统，特别是含有较多闭环控制的系统，必须考虑 PLC 的响应速度。

另外，还要考虑工程投资及性能价格比，备品配件的统一性，以及相关的技术培训、设计指导、系统维修等技术支持。

3. PLC 的硬件设计及模拟调试

PLC 硬件设计包括：PLC 及外围线路的设计、电气线路的设计和抗干扰措施的设计等。

选定 PLC 的机型和分配 I/O 点后，硬件设计的主要内容就是电气控制系统原理图的设计、电气控制元器件的选择和控制柜的设计。电气控制系统原理图包括主电路和控制电路。其中控制电路包括 PLC 的 I/O 接线和自动、手动部分的详细连接等。元器件的选择主要是根据控制要求选择按钮、开关、传感器、保护电器、接触器、指示灯、电磁阀等。

通过对用户输入/输出设备的分析、分类和整理，进行相应的 I/O 地址分配，在 I/O 设备表中，应包含 I/O 地址、设备代号、设备名称及控制功能，尽量将相同类型的信号、相同电压等级的信号地址安排在一起，以便于施工和布线，并依此绘制出 I/O 接线图。对于控制规模比较大的系统，为便于软件设计，可根据工艺流程将所需要的定时器、计数器及内部辅助继电器、变量寄存器也进行相应的地址分配。

硬件部分的模拟调试主要是针对控制柜或操作台的接线情况。可在操作台的接线端子上模拟 PLC 外部的开关量输入信号，或操作按钮的指令开关，观察对应 PLC 输入点的状态。用编程软件将输出点强制 ON/OFF，观察对应的控制柜内 PLC 负载（指示灯、接触器等）

的动作是否正常，或对应接线端子上输出信号的状态变化是否正确。

4. PLC的软件设计及模拟调试

控制系统的软件设计就是用梯形图编写控制程序，用户程序的设计是PLC应用中最关键的问题。对于控制规模比较大的系统，可根据工艺流程将整个流程分解为若干步，确定每步的转换条件，配合分支、循环、跳转及某些特殊功能，以便很容易地转换为梯形图设计。对于传统的继电器控制电路的改造，可根据原系统的控制电路，将某些电路按照梯形图的编程规则进行改造后，直接转换为梯形图。软件设计可以与现场施工同步进行，以缩短设计同期。

在掌握PLC的指令以及操作方法的同时，还要掌握正确的程序设计方法，才能有效地利用PLC，使它在工业控制中发挥巨大作用。PLC程序设计常用的方法主要有经验设计法、继电器控制电路转换为梯形图法、逻辑设计法、顺序控制设计法等。

（1）经验设计法　这种方法沿用了继电器控制电路来设计梯形图。它是在基本控制单元和典型控制环节基础上，根据被控对象对控制系统的具体要求，进行选择组合，并经过多次反复调试和修改梯形图，有时还需要增加一些辅助触点和中间编程环节，才能达到所需的控制要求。这种方法没有规律可遵循，设计所需时间和设计质量与设计者的经验有很大的关系，所以称为经验设计法。经验设计法适用于较简单的梯形图设计。应用经验设计法时必须熟记一些典型的控制电路，如起—保—停电路、脉冲发生电路等。经验设计法的步骤如下：

1）在准确了解控制要求后，合理地为控制系统中的事件分配输入、输出口。选择必要的软元件，如定时器、计数器、辅助继电器等。

2）对于一些控制要求较简单的输出，可直接写出它们的工作条件，以起—保—停电路模式完成相关的梯形图支路。工作条件稍复杂的可借助辅助继电器。对于控制较复杂的系统，应正确分析控制要求，并确定组成控制要求的关键点。在以逻辑为主的控制中（如抢答器）关键点为影响控制状态的点。在以时序为主的控制中（如交通灯）关键点为控制状态转化的时间。

3）将关键点用梯形图表达出来。关键点总是要用软元件来代表的，在安排软元件时需考虑并安排好。绘制关键点的梯形图时，可使用常见的基本环节，如定时器计时环节、振荡环节、分频环节等。在完成关键点梯形图的基础上，针对系统最终的输出进行梯形图的绘制。使用关键点综合出最终输出的控制要求。

4）审查以上草绘图样，在此基础上补充遗漏的功能，更正错误，进行最后的完善。依靠经验直接设计控制系统，有时需要多次反复的调整和修改梯形图，最后才能达到一个较为满意的结果。因此，这种方法具有很大的随意性，最终结果也不唯一 。由于过多依赖经验设计，因此要求设计者具有丰富的经验，要能熟悉掌握控制系统的大量实例和典型环节。

（2）继电器控制电路转换为梯形图法　继电器控制系统经过长期的使用，已有一套能完成系统要求的控制功能并经过验证的控制电路，而PLC控制梯形图和继电器控制电路很相似，因此可以直接将经过验证的继电器控制电路转换成梯形图。主要步骤如下：

1）熟悉现有的继电器控制电路。

2）对照PLCI/O端子接线图，将继电器控制电路上的被控器件（如接触器线圈、指示灯、电磁阀等）换成接线图上对应的输出点的编号，将电路上的输入装置（如传感器、按钮、行程开关等）触点都换成对应的输入点的编号。

3）将继电器控制电路中的中间继电器、定时器，用 PLC 的辅助继电器、定时器来代替。

4）画出全部梯形图，并予以简化和修改。

这种方法对简单的控制系统是可行的，比较方便，但较复杂的控制电路，就不适用了。

（3）逻辑设计法　逻辑设计法是从控制系统中各种物理量的逻辑关系出发的一种设计方法。它以布尔代数为理论基础，根据生产过程中各工步之间各检测元件（如行程开关、传感器等）状态的变化，列出检测元件的状态表，确定所需的中间记忆元件，再列出各执行元件的工序表，然后写出检测元件、中间记忆元件和执行元件的逻辑表达式，并转换成梯形图。这种方法既有严密可循的规律性和可行的设计步骤，又有简便、直观和十分规范的特点。该方法在单一条件控制系统中，非常好用，相当于组合逻辑电路，但在和时间有关的控制系统中，就很复杂。主要设计步骤如下：

1）通过结合控制要求进行具体分析，绘制控制系统循环图和检测元件分布图，取得电气执行元件功能表。

2）绘制控制系统状态转换表，通常它由输出信号状态表、输入信号状态表、状态转换主令表和中间记忆状态表四部分组成。根据状态转换表，进行控制系统的逻辑设计，包括写出中间记忆元件的逻辑表达式和执行元件的表达式。

3）将逻辑函数转化为梯形图或语句表形式。由于语句表的结构和形式与逻辑函数非常相似，很容易直接由逻辑函数转化。而梯形图可以通过语句表过渡一下，或直接由逻辑函数转化。

4）程序的完善和补充。主要包括手动工作方式的设计、手动与自动工作方式的选择、自动工作循环、保护措施等。

（4）顺序控制设计法　根据功能流程图，以步为核心，从起始步开始一步一步地设计下去，直至完成。此法的关键是画出功能流程图。状态流程图又叫功能表图、状态转移图或状态图。它是完整地描述控制系统的控制过程、功能和状态的一种图形，是分析和设计电气控制系统顺序控制程序的一种重要工具。首先将被控制对象的工作过程按输出状态的变化分为若干步，并指出工步之间的转换条件和每个工步的控制对象。这种工艺流程图集中了工作的全部信息。在进行程序设计时，可以用中间继电器 M 来记忆工步，一步一步地顺序进行，也可以用顺序控制指令来实现。状态流程图是一种通用的技术语言，可以为不同专业的工程技术人员进行技术交流服务。

软件设计好后一般先进行模拟调试。模拟调试可以通过仿真软件来代替 PLC 硬件在计算机上调试程序。如果有 PLC 硬件，可以用小开关和按钮模拟 PLC 的实际输入信号（如起动、停止信号）或反馈信号（如限位开关的接通或断开），再通过输出模块上各输出位对应的指示灯，观察输出信号是否满足设计的要求。需要模拟量信号 I/O 时，可用电位器和万用表配合进行。在编程软件中可以用状态图或状态图表监视程序的运行或强制某些编程元件。

在模拟调试过程中，应充分考虑各种可能出现的情况。对各种不同的工作方式以及运行条件都应逐一试验，不能遗漏，发现问题及时修改，对于指令较多的程序，需采用设置断点的方法加快程序故障的查找，直到在各种情况下，控制系统完全符合系统控制要求。

5. 联机调试

完成软硬件设计后，将 PLC 安装到控制现场或将调试好的程序传送到现场使用的 PLC 存储器中，连接好 PLC 与输入信号以及驱动负载的接线。待确认连接无误后，就可进行现场调试。调试时主电路一定要断电，先对控制电路进行联机调试。通过现场联机调试，还会发现新的问题或对某些控制功能的改进，应及时解决调试时发现的软件和硬件方面的问题，直到满足工艺流程和系统控制要求。

6. 编制系统的技术文件

根据调试的最终结果，整理出完整的技术文件，如电气接线图、状态流程图、带注释的梯形图以及必要的文字说明等，随系统一起交付使用。在说明书中通常对程序的控制要求、程序的结构、流程图等给以必要的说明，并且给出程序的安装操作使用步骤等。

三、提高 PLC 控制系统可靠性的措施

PLC 是专门为工业环境设计的控制装置，一般不需要采取什么特殊措施，就可以直接在工业环境使用。但是如果环境过于恶劣，电磁干扰特别强烈，或安装使用不当，都不能保证系统的正常安全运行。干扰可能使 PLC 接收到错误的信号，造成误动作，或使 PLC 内部的数据丢失，严重时甚至会使系统失控。在系统设计时，应采取相应的可靠性措施，以消除或减少干扰的影响，保证系统正常运行。

1. PLC 的安装

（1）安装方式　S7—200 的安装方法有两种：底板安装和 DIN 导轨安装。底板安装是利用 PLC 机体外壳四个角上的安装孔，用螺钉将其固定在底板上。DIN 导轨安装是利用模块上的 DIN 夹子，把模块固定在一个标准的 DIN 导轨上。导轨安装既可以水平安装，也可以垂直安装。图 2-28 所示为标准 DIN 导轨的外形尺寸。

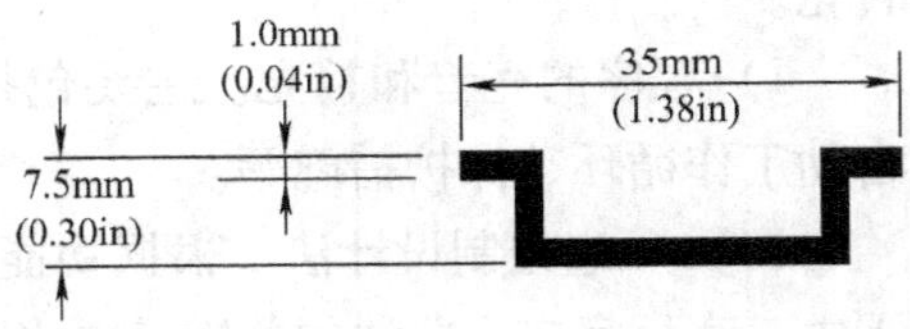

图 2-28　标准 DIN 导轨的外形尺寸

（2）安装环境　PLC 适用于工业现场，为了保证其工作的可靠性，延长 PLC 的使用寿命，安装时要注意周围环境是否满足下列几个条件：

1）环境温度。PLC 要求环境温度在 0～55℃。安装时不能把发热量大的元件放在 PLC 下面，PLC 四周通风散热的空间应足够大，开关柜上、下部应有通风的百叶窗。

2）环境湿度。为了保证 PLC 的绝缘性能，空气的相对湿度一般应小于 85%（无凝露）。

3）振动。应使 PLC 远离强烈的振动源。可以用减振橡胶来减轻柜内和柜外产生的振动。

4）空气。如果空气中有较浓的粉尘、腐蚀性气体和盐雾，在温度允许时可以将 PLC 封闭，或者将 PLC 安装在密闭性较好的控制室内，并安装空气交换装置。

（3）注意事项　除了环境因素，安装时还应注意：PLC 所有单元都应在断电时安装、拆卸；切勿将导线头、金属屑等杂物落入机体内；模块周围应留出一定的空间，以便于机体周围的通风和散热。为了防止高电子噪声对模块的干扰，应尽可能将S7—200模块与产生高

频电子噪声的设备（如变频器）分隔开。

2. PLC 的配线

PLC 的配线主要包括电源接线、接地、I/O 接线及对扩展单元的接线等。

（1）电源接线与接地　PLC 的工作电源有 120/230V 单相交流电源和 24V 直流电源。系统的大多数干扰往往是通过电源进入 PLC 内部的，在干扰强或可靠性要求高的场合，动力部分、控制部分、PLC 自身电源及 I/O 回路的电源应分开配线，用带屏蔽层的隔离变压器给 PLC 供电。隔离变压器的一次侧最好接 380V，这样可以避免接地电流的干扰。输入用的外接直流电源最好采用稳压电源，因为整流滤波电源有较大的波动，容易引起误动作。

1）120/230V 交流电源接线如图 2-29 所示。用一个单极开关 a 将电源与 CPU 所有的输入电路和输出（负载）电路隔开。用一台过电流保护设备 b 保护 CPU 的电源输出点和输入点，也可以为每个输出点加上熔丝。当使用 Micro PLC DC 24V 传感器电源 c 时可以取消输入点的外部过电流保护，因为该传感器电源具有短路保护功能。将 S7—200 的所有地线端子同最近接地点 d 相连接以提高抗干扰能力。所有的接地端子都使用 14 AWG 或 1.5mm^2 的电线连接到独立接地点上。本机单元的直流传感器电源可用来为本机单元的直流输入 e、扩展模块 f 以及输出扩展模块 g 供电。传感器电源具有短路保护功能。安装时如果把传感器的供电 M 端子接到地上还可以起到抑制噪声的作用。

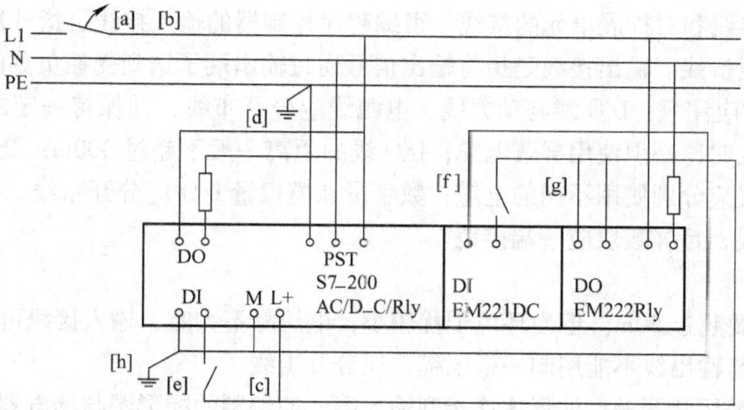

图 2-29　120/230V 交流电源接线

2）24V 直流电源接线如图 2-30 所示。用一个单极开关 a 将电源同 CPU 所有的输入电路和输出（负载）电路隔开。用过电流保护设备 b、c、d 来保护 CPU 电源输出点和输入点。或在每个输出点加上熔丝进行过电流保护。当使用 Micro DC 24V 传感器电源时不用输入点的外部过电流保护，因为传感器电源内部具有限流功能。用外部电容 e 来保证在负载突变时得到一个稳定的直流电压。在应用中把所有的 DC 电源接地或浮地 f（即把全机浮空，整个系统与大地间的绝缘电阻不能小于 50MΩ）可以抑制噪声，在未接地 DC 电源的公共端与保护线 PE 之间串联电阻与电容的并联回路 g，电阻提供了静电释放通路，电容提供高频噪声通路。常取 $R=1\text{M}\Omega$，$C=4700\text{pF}$。将 S7—200 所有的接地端子同最近接地点 h 相连接，采用一点接地，以提高抗干扰能力。24V 直流电源回路与设备之间，以及 120/230V 交流电源与危险环境之间，必须进行电气隔离。

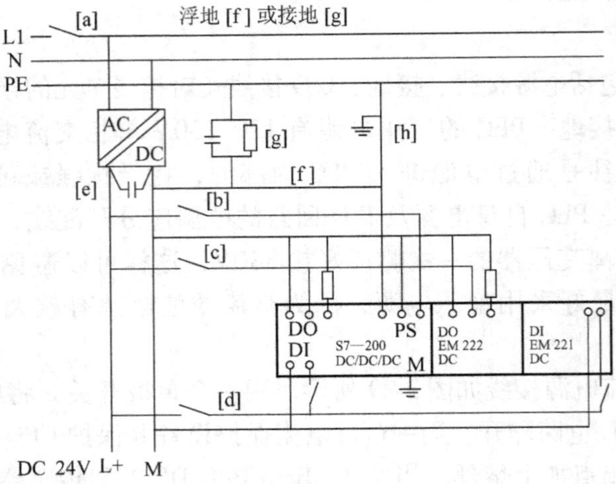

图 2-30　24V 直流电源接线

良好的接地是抑制噪声干扰和减小电压冲击、保证 PLC 可靠工作的重要条件。PLC 系统接地的基本原则是单点接地，一般用独自的接地装置单独接地，接地线应尽量短，一般不超过 20m，接地线的截面积应大于 $2mm^2$，接地电阻应小于 100Ω，且接地点应尽可能靠近 PLC 。

（2）I/O 接线和对扩展单元的接线　可编程序控制器的输入接线是指外部开关设备 PLC 的输入端口的连接线。输出接线是指将输出信号通过输出端子送到受控负载的外部接线。

I/O 接线时应注意：I/O 线与动力线、电源线应分开布线，并保持一定的距离，如需在一个线槽中布线时，必须使用屏蔽电缆；I/O 线的距离一般不超过 300m；交流线与直流线，输入线与输出线应分别使用不同的电缆；数字量和模拟量 I/O 应分开布线，传送模拟量 I/O 线应使用屏蔽线，且屏蔽层应一端接地。

1）输入接线：

① 一般不要超过 30m。但当环境干扰较小，电压降不大时，输入接线可适当长些。

② 输入线与输出线不能用同一根电缆，应分开走线。

③ 尽可能采用常开触点的形式连接到输入端，使编制的梯形图与继电器原理图一致。

2）输出接线：

① 输出接线分为独立输出和公共输出两种。在不同组中可采用不同类型和电压等级的输出电压。但在同一组中的输出只能用同一类型、同一电压等级的电源。

② 由于 PLC 的输出元件被封装在印制电路板上，并且连接至端子板，如将连接输出元件的负载短路，将烧毁印制电路板，因此应用熔丝保护输出元件。

③ 采用继电器输出时，所承受的电感性负载的大小，会影响到继电器的工作寿命，因此使用继电器输出时，选择继电器工作寿命要长。

④ PLC 的输出负载可能产生干扰，因此要采取措施加以控制，如直流输出的续流二极管保护，交流输出的阻容吸收电路，晶体管及双向晶闸管输出的旁路电阻保护。

PLC 的基本单元与各扩展单元的连接比较简单，接线时，先断开电源，将扁平电缆的一端插入对应的插口即可。PLC 的基本单元与各扩展单元之间电缆传送的信号小，频率高，易受干扰。因此不能与其他连线敷设在同一线槽内。

3. 外部安全电路

为确保整个系统能在安全状态下可靠工作，避免由于外部电源发生故障、PLC 出现异常、误操作以及误输出造成的重大经济损失和人身伤亡，PLC 外部应安装必要的保护电路。

(1) 急停及保护电路　对于能使用户造成伤害的危险负载除了在控制程序中加以考虑外，还应设计外部紧急停车电路，使 PLC 发生故障时，能将引起伤害的负载电源可靠切断。正反向运转等可逆操作的控制系统，要设置外部电路互锁；往复运行及升降移动的控制系统，要设置外部限位保护电路等。

(2) 可编程序控制器具有很完善的自诊断功能　如出现故障，借助自诊断程序可以方便地找到出现故障的部件，更换后就可以恢复正常工作。故障处理的方法可参看 S7—200 系统手册的故障处理指南。实践证明，外部设备的故障率远高于 PLC，而这些设备出现故障时，PLC 不会自动停机，可使故障范围扩大。当可编程序控制器 CPU 出现故障时就不能控制输出，因此对于能使用户造成伤害的危险负载，为确保设备在安全状态下运行，需设计外部电路加以防护。

(3) 电源过负荷的防护　如果 PLC 电源发生故障，中断时间少于 1 0ms，PLC 工作不受影响；若电源中断时间超过 1 0ms，或电源下降超过允许值，则 PLC 停止工作，所有的输出点均同时断开。当电源恢复时，如 RUN 输入接通，则操作自动进行。因此，对于一些容易发生过负荷的输入设备应设置必要的限流保护电路。

(4) 重大故障的报警和防护　对于易发生重大事故的场所，为确保控制系统在重大事故发生时能够可靠地报警及防护，应将与重大故障有联系的信号通过外电路输出，以使控制系统在安全状况下运行。

4. PLC 的维护与检修

虽然 PLC 的故障率很低，由 PLC 构成的控制系统可以长期稳定和可靠的工作，但是对它进行维护和检查是必不可少的。一般每半年应对 PLC 系统进行一次检查。检修内容包括：

(1) 供电电源　查看 PLC 的供电电压是否在标准范围内。交流电源工作电压的范围为 85～264V，直流电源电压应为 24V。

(2) 环境条件　查看控制柜内的温度是否在 0～55℃范围内，相对湿度在 35%～85% 范围内，以及无粉尘、金属屑等积尘。

(3) 安装条件　连接电缆的连接器是否完全插入旋紧，螺钉是否松动，各单元是否可靠固定、有无松动。

(4) I/O 端电压　输入/输出电压均应在工作要求的电压范围内。

5. 冗余系统与热备用系统

在要求控制系统具有极高可靠性的系统中，如化学、石油、造纸、冶金、核电站等工业部门中的某些系统，仅靠提高控制系统硬件的可靠性是远远不够的。如果控制系统出现故障，由此引起的停产或设备的损坏将造成极大的经济损失。某些复杂的大型生产系统，如汽车装配生产线，只要系统中一个地方出现问题，就会造成整个系统停产，损失可能高达每分钟数万元。使用冗余系统或热备用系统能够有效地解决上述问题。

(1) 冗余控制系统　在冗余控制系统中，整个 PLC 控制系统（或系统中最重要的部分，如 CPU 模块）由两套完全相同的系统组成。是否使用备用的 I/O 系统取决于系统对可靠性的要求。两块 CPU 模块使用相同的用户程序并行工作，其中一块是主 CPU，另一块是备用 CPU，后者的输出是被禁止的。当主 CPU 失效时，立即投入备用 CPU，这一切换过程是由冗余处理单元 RPU 控制的，如图 2-31 所示。I/O 系统的切换也是由 RPU 完成的。在系统正常运行时，由主 CPU 控制系统的工作，备用 CPU 的 I/O 映像表和寄存器通过 RPU 被主 CPU 同步刷新，接收到来自主 CPU 的故障信息后，RPU 在 13 个扫描周期内将控制功能切换到备用 CPU。

（2）热备用系统　热备用系统没有冗余处理单元 RPU。两台 CPU 用通信接口连接在一起，如图 2-32 所示。当系统出现故障时，由主 CPU 通知备用 CPU，这一切换过程一般不是太快。

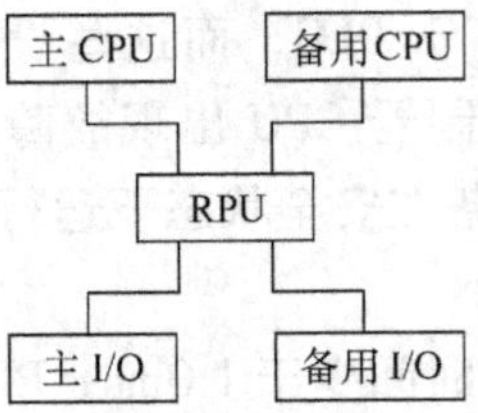

图 2-31　冗余控制系统

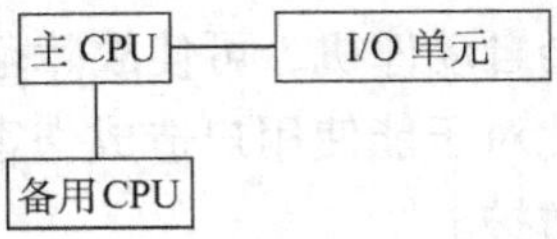

图 2-32　热备用系统

第三节　可编程序控制器应用技能训练实例

训练 1　PLC 在三相交流异步电动机控制中的应用

1. 目的要求

1）应用 PLC 技术实现对三相异步电动机的正反转、停止、Y—△减压起动控制。

2）熟悉基本位逻辑指令、定时器的使用，训练经验编程的思想和方法。

3）掌握设计 PLC 外部电路，应具有防止相间短路和过载保护环节。掌握 PLC 控制中互锁的实现及采取的措施。

4）输入、编辑、编译、下载、调试用户程序，运行用户程序，观察程序运行结果。

2. 训练设备

1）计算机 1 台。

2）实验装置（含 S7—200 24 点 CPU）1 台。

3）电动机实验模板 1 块。

4）连接导线若干。

3. 训练内容

（1）三相异步电动机的正反停控制

1）三相异步电动机的正反停继电器控制原理如图 2-33 所示。该图为按钮和电气双重互锁的正反停电路。

2）PLC 控制的输入/输出配置，见表 2-21。

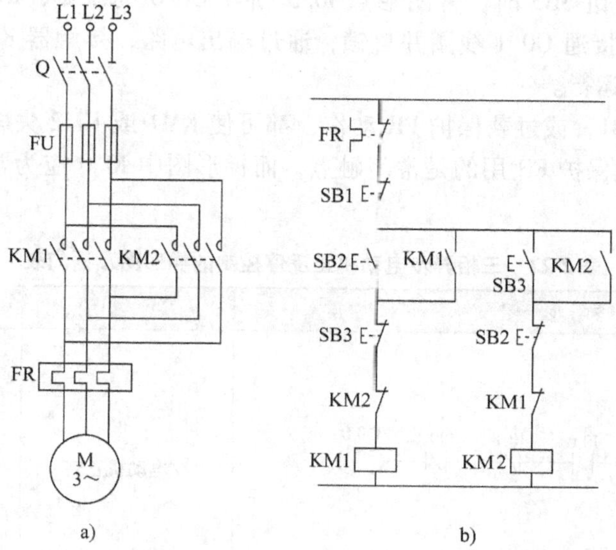

图 2-33 三相异步电动机正反停继电器控制原理

a）主电路 b）控制电路

表 2-21 输入/输出配置

输入		输出	
过载保护	I0.0	电动机正转	Q0.1
停止按钮	I0.1	电动机反转	Q0.0
正转按钮	I0.2		
反转按钮	I0.3		

PLC 控制的外部接线如图 2-34 所示。

注意：电动机在进行正反转切换时，为了防止因主电路电流过大或接触器质量不好，造成某一接触器的主触点被断电时产生的电弧熔焊而被黏结，其线圈断电后主触点仍然是接通的，这时，如果另一接触器线圈通电，仍将造成三相电源短路事故。为了防止这种情况的出现，应在可编程序控制器的外部设置由 KM1 和 KM2 的常闭触点组成的硬件互锁电路，如图 2-34 所示，假设 KM1 的主触点被电弧熔焊，这时其辅助常闭触点处于断开状态，因此 KM2 线圈不可能得电。

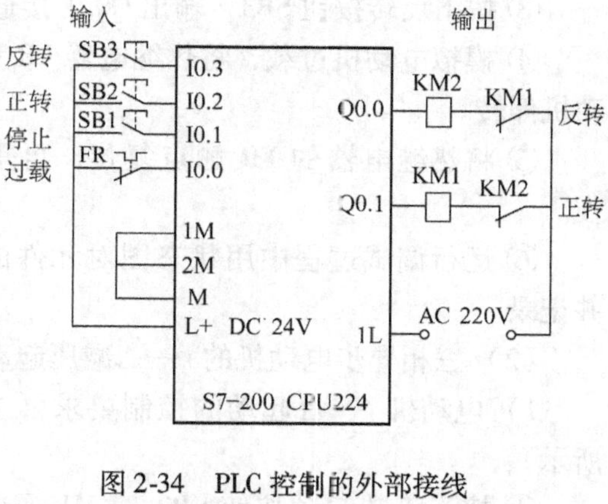

图 2-34 PLC 控制的外部接线

3）进行程序设计。采用 PLC 控制的梯形图及语句表见表 2-22。梯形图中利用 PLC 输入映像寄存器的 I0.2 和 I0.3 的常闭触点，实现互锁，以防止正反转换接时的相间短路。

按下正向起动按钮 SB2 时，常开触点 I0.2 闭合，驱动线圈 Q0.0 并自锁，通过输出电路，接触器 KM1 得电吸合，电动机正向起动并稳定运行。

按下反转起动按钮 SB3 时，常闭触点 I0.3 断开 Q0.0 的线圈，KM1 失电释放，同时 I0.3 的常开触点闭合接通 Q0.1 线圈并自锁，通过输出电路，接触器 KM2 得电吸合，电动机反向起动，并稳定运行。

按下停止按钮 SB1，或过载保护 FR 动作，都可使 KM1 或 KM2 失电释放，电动机停止运行。图 2-34 中过载保护 FR 用的是常闭触点，而梯形图中 I0.0 应为常开触点，这一点在编程时应注意。

表 2-22　三相异步电动机正反停控制的梯形图及语句表

梯　形　图	说　明	语　句　表
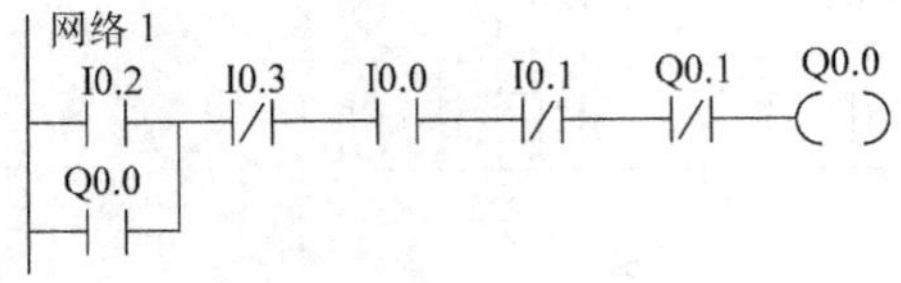	//电动机正转	LD　I0.2 O　Q0.0 AN　I0.3 A　I0.0 AN　I0.1 AN　Q0.1 =　Q0.0
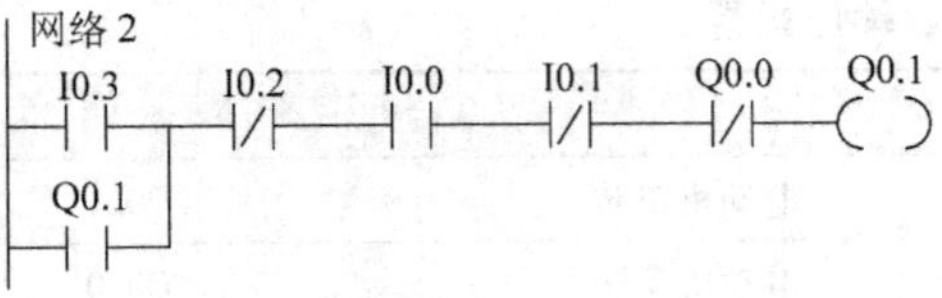	//电动机反转	LD　I0.3 O　Q0.1 AN　I0.2 A　I0.0 AN　I0.1 AN　Q0.0 =　Q0.1

4）运行并调试程序。

① 按下正转按钮 SB2，输出 Q0.0 接通，电动机正转。

② 按下停止按钮 SB1，输出 Q0.0 断开，电动机停转。

③ 按下反转按钮 SB3，输出 Q0.1 接通，电动机反转。

④ 模拟电动机过载，将热继电器 FR 的触点断开，电动机停转。

⑤ 将热继电器的 FR 触点复位，再重复正反停的操作。

⑥ 运行调试过程中用状态图对元件的动作进行监控并记录。

（2）三相异步电动机的Y—△减压起动

1）电动机Y—△起动的控制要求（主电路如图 2-35 所示）：

① 按下正转起动按钮 SB2，KM1 通电自锁，电动机正向起动，KM4 闭合，Y起动，经过定时器 3s，KM4 断开，KM3 闭合△运行，完成正向Y—△起动。

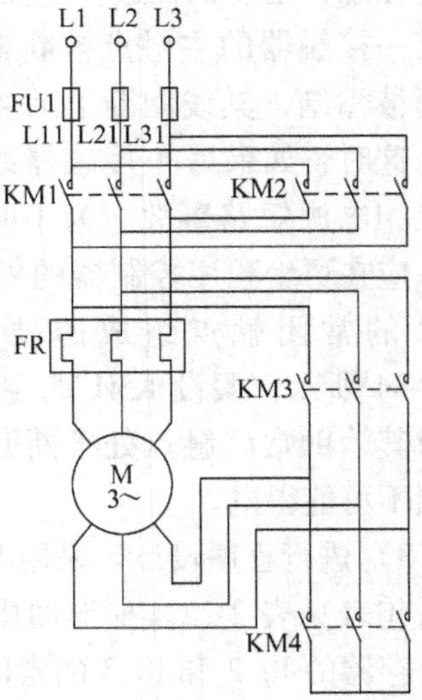

图 2-35　电动机Y—△起动主电路

② 按下停止按钮 SB1，KM1 和 KM3 断开，电动机停止正转。

③ 按下反转按钮 SB3，KM2 通电自锁，电动机反向起动，KM4 闭合，Y起动，经过定时器 3s 后，KM4 断开，KM3 闭合△运行，完成反向Y—△起动。

④ 按下停止按钮 SB1，KM2 和 KM3 断开，电动机停止反转。

2）PLC 控制的输入/输出配置，见表 2-23。

表 2-23　输入/输出配置

输　　入		输　　出	
停止按钮	I0.0	电动机正转 KM1	Q0.0
正转按钮	I0.1	电动机反转 KM2	Q0.1
反转按钮	I0.2	△联结运行 KM3	Q0.2
		Y联结起动 KM4	Q0.3

PLC 控制的外部接线如图 2-36 所示。

注意：电动机在正反转和Y—△切换时，为了防止三相电源短路事故的出现，应在可编程序控制器的外部设置由 KM1、KM2 和 KM3、KM4 的常闭触点组成的硬件互锁电路，如图 2-36 所示。

3）进行程序设计。三相异步电动机Y—△减压起动梯形图及语句表见表 2-24。表中利用 Q0.0 和 Q0.1 的常闭触点，实现互锁，以防止正反转换接时的相间短路。Y起动到△运行，经过定时器 T37 实现转换，Q0.2 和 Q0.3 实现互锁。

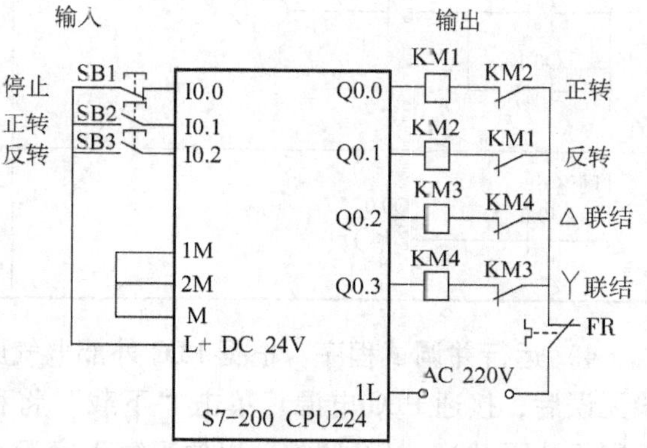

图 2-36　PLC 控制的外部接线

表 2-24　三相异步电动机的Y—△减压起动梯形图及语句表

梯 形 图	说　明	语 句 表
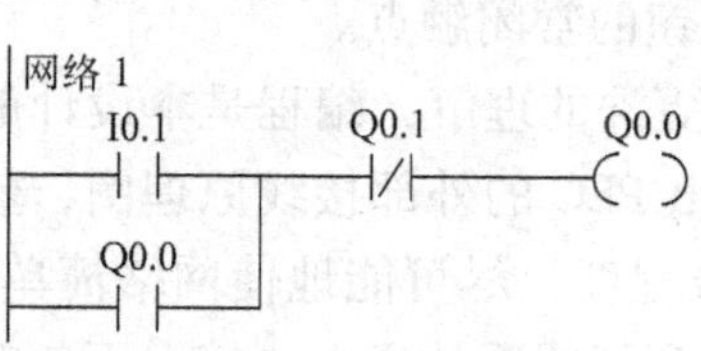	//正转控制	网络 1 LD　I0.1 O　Q0.0 AN　Q0.1 =　Q0.0
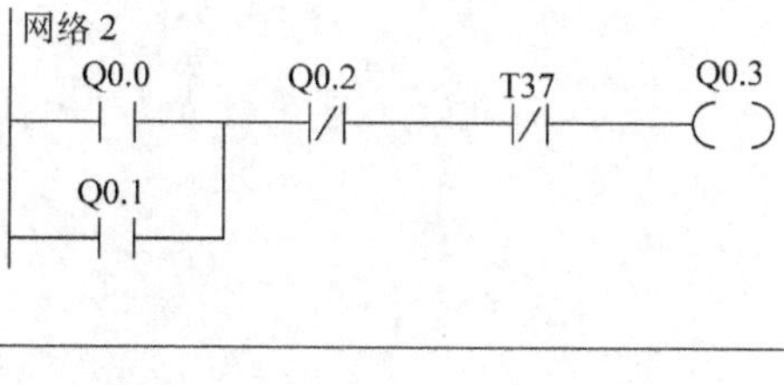	//Y接控制，时间由定时器 T37 控制	网络 2 LD　Q0.0 O　Q0.1 AN　Q0.2 AN　T37 =　Q0.3

（续）

梯 形 图	说 明	语 句 表
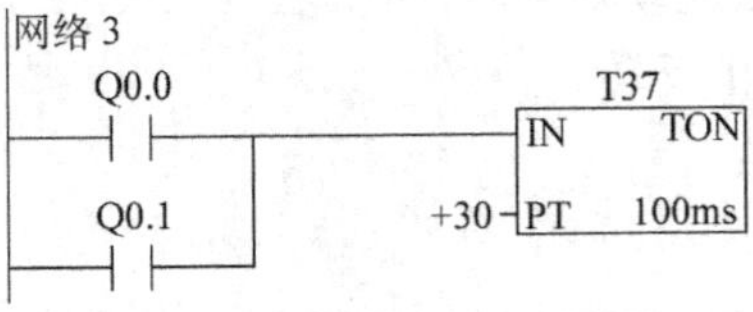	//定时器 T37 定时时间为 3s	网络 3 LD Q0.0 O Q0.1 TON T37，+30
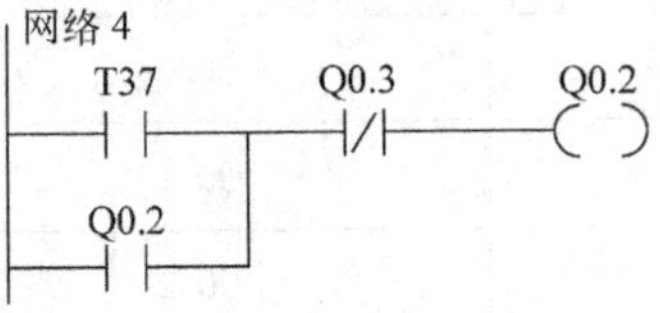	//△联结控制，由 T37 起动，串联正反转起动按钮 I0.1 和 I0.2 起互锁作用	网络 4 LD T37 O Q0.2 AN Q0.3 = Q0.2
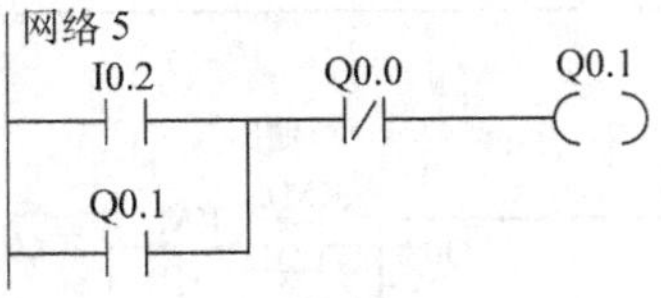	//反转控制	网络 5 LD I0.2 O Q0.1 AN Q0.0 = Q0.1
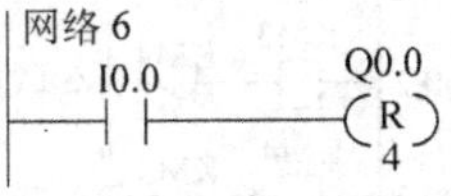	//停止，由复位指令完成，按下 I0.0 后复位 Q0.0、Q0.1、Q0.2、Q0.3	网络 6 LD I0.0 R Q0.0，4

4）运行并调试程序。根据 PLC 外部电气原理图，将 PLC 与实验电路板正确接线，经检验无误后，接通 PLC 电源，单击“下载”将程序下载到 PLC（程序要确保编译后无错误，否则无法下载），打开监控，以便观察程序运行过程中各触点的断合情况，方便检查错误。将 PLC 置于运行模式，运行程序。在本设计过程中，由于先前没有考虑电动机 M 直接由正向运行转入反向运行（不用停车按钮），程序当中没有接入按钮的互锁触点。如果要使它直接由正向转为反向运行，则必须在正转接触器线圈的支路上串联一个反向起动按钮的常闭触点，在反转接触器线圈的支路上串联一个正向起动按钮的常闭触点，在△联结运行接触器的支路上串联一个正向起动按钮的常闭触点和一个反向起动按钮的常闭触点。

通过本设计，对用 PLC 控制电动机Y—△起动电路有了更深的理解，编程是本设计的重要环节。首先要分配好各个元件在 PLC 的 I/O 分配，再画出 PLC 的外部接线原理图，然后根据 I/O 分配写好程序，在程序过程中，要注意网络的复杂程度，尽可能地使网络简单化，同时还要注意线圈的断电控制，往往在编写程序时，只考虑到了线圈的通电自锁，而忽略了线圈的断电，从而导致了 PLC 无法正常工作，所以在编写程序时要特别注意。另外，互锁也是在编写程序时要注意的问题。

训练 2　PLC 在自动洗衣机控制中的应用

1. 实训目的

1）应用 PLC 技术实现对自动洗衣机的控制。

2）熟悉定时器、计数器的使用。

3）训练流程图编程的思路和方法。

2. 训练设备

1）计算机1台。

2）实验装置（含S7—200 24点CPU）1台。

3）全自动洗衣机实验模板1块。

4）连接导线若干。

3. 训练内容

波轮式全自动洗衣机的进水和排水分别是通过水位开关与进排水电磁阀配合控制，从而实现自动控制的。进水时，控制系统使进水电磁阀打开，将水注入外桶；排水时，使排水电磁阀打开，将水由外桶排到机外。波轮式全自动洗衣机的洗衣桶（外桶）和甩干桶（内桶）是沿同一轴心安装的。外桶固定，作为盛水用，内桶可以旋转，作为脱水（甩干）用。内桶的四周有许多小孔，使洗涤和脱水用同一台电动机拖动，通过电磁离合器来控制，将动力传送给洗涤波轮或甩干桶（内桶）。电磁离合器失电，电动机带动洗涤波轮实现正反转，进行洗涤；电磁离合器得电，电动机带动内桶单向高速旋转，进行甩干（此时波轮不转）。水位高低分别由高低水位开关进行检测，起动按钮用来起动洗衣机工作。

（1）全自动洗衣机控制要求

1）按下起动按扭，开始进水直到高水位，然后关水。

2）开始洗涤，正转洗涤30s，暂停5s后反转洗涤30s，暂停5s后正转洗涤。

3）正反转循环30次，总共660s后，洗涤结束。

4）开始排水，当水位下降到低水位时，进行脱水（同时排水），脱水时间为20s。

5）开始清洗，重复洗涤过程，清洗两遍。

6）清洗完成，报警10s并自动停机。

（2）I/O分配及外部接线　PLC控制的输入/输出配置，见表2-25。

表2-25　输入/输出配置

输入		输出	
起动按钮	I0.0	电动机正转KM1	Q0.0
停止按钮	I0.1	电动机反转KM2	Q0.1
高水位	I0.2	进水电磁阀YV1	Q0.2
低水位	I0.3	排水电磁阀YV2	Q0.3
		电磁离合器	Q0.4
		报警蜂鸣器	Q0.5

PLC控制的外部接线如图2-37所示。

（3）程序设计　在进行程序设计之前，首先要根据全自动洗衣机的控制要求，画出控制流程图，如图2-38所示。

根据控制流程图所示的控制过程，设计出梯形图及程序语句表，见表2-26。在设计中，增设了一个内部继电器M0.0作为程序总控制。

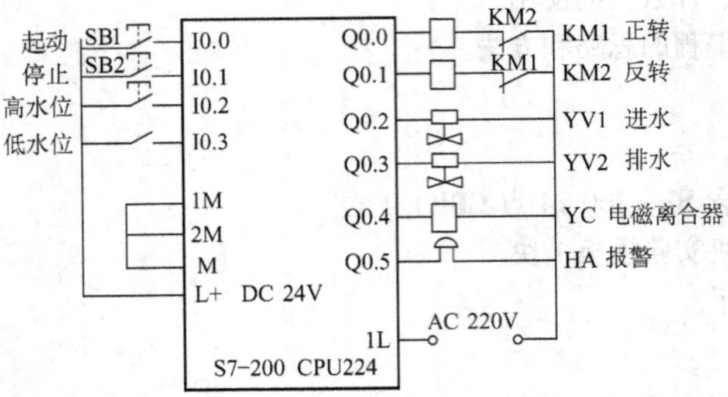

图 2-37 PLC 控制的外部接线

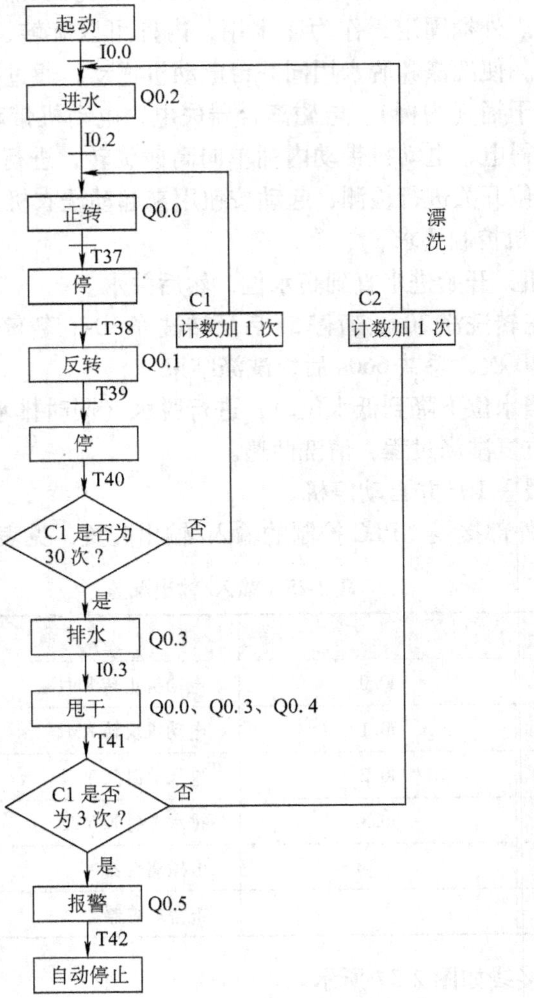

图 2-38 全自动洗衣机控制流程图

表 2-26 全自动洗衣机控制梯形图及程序语句表

梯 形 图	说 明	语 句 表
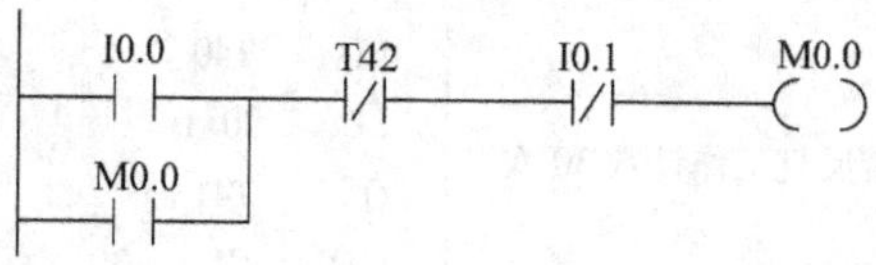	//M0.0 起程序总控制作用	LD I0.0 O M0.0 AN T42 AN I0.1 = M0.0
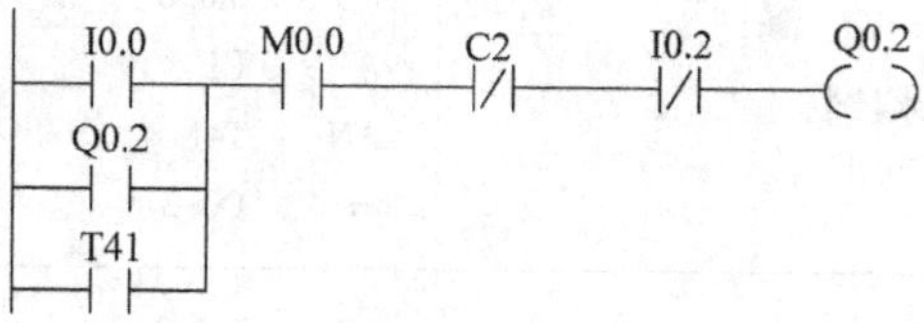	//进水控制程序	LD I0.0 O Q0.2 O T41 A M0.0 AN C2 AN I0.2 = Q0.2
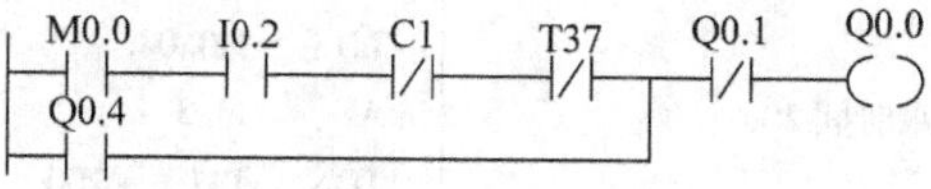	//电动机正转控制，Q0.4 是脱水甩干时工作	LD M0.0 A I0.2 AN C1 AN T37 O Q0.4 AN Q0.1 = Q0.0
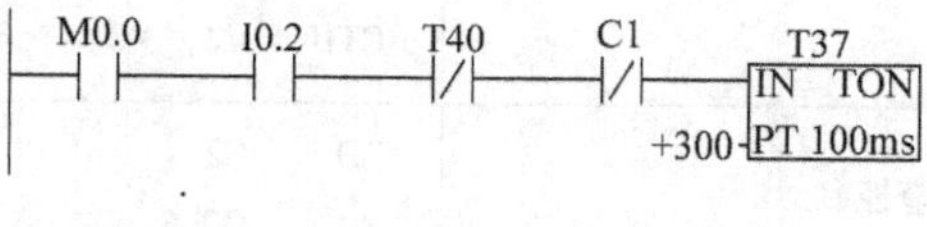	//正转工作定时 30s	LD M0.0 A I0.2 AN T40 AN C1 TON T37，+300
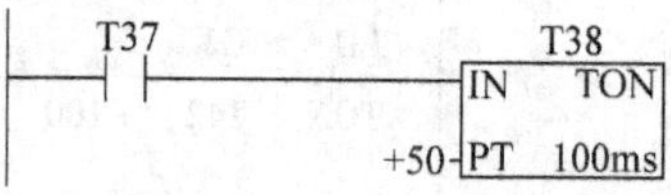	//正转停 5s	LD T37 TON T38，+50
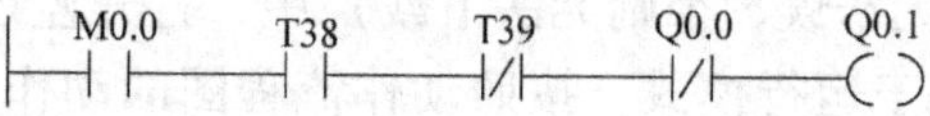	//电动机反转工作控制	LD M0.0 A T38 AN T39 AN Q0.0 = Q0.1
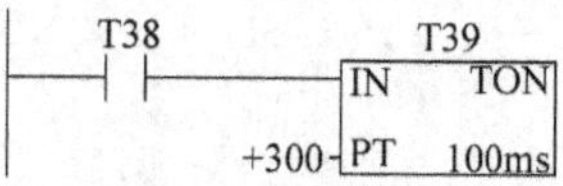	//反转定时 30s	LD T38 TON T39，+300
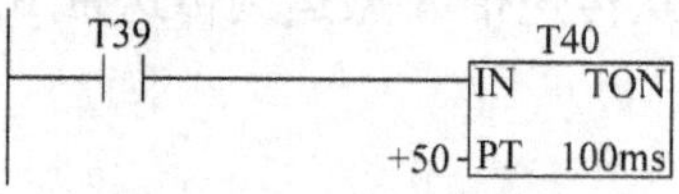	//反转停 5s	LD T39 TON T40，+50

(续)

梯 形 图	说 明	语 句 表
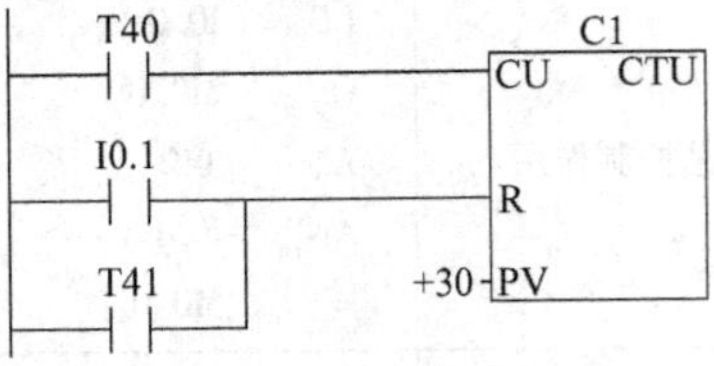	//正反转反复工作计数 30 次	LD T40 LD I0. 1 O T41 CTU C1, +30
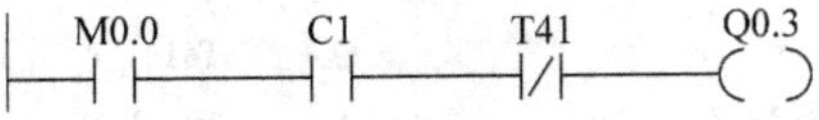	//排水控制	LD M0. 0 A C1 AN T41 = Q0. 3
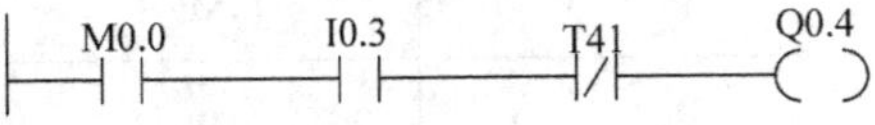	//脱水离合器控制	LD M0. 0 A I0. 3 AN T41 = Q0. 4
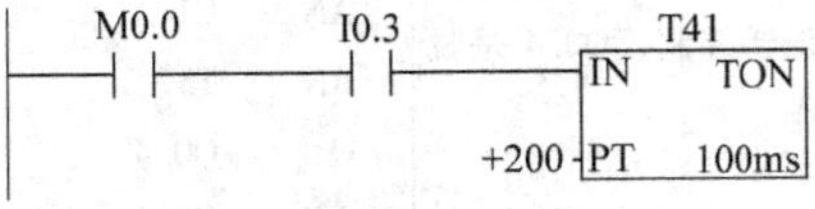	//脱水时间 20s	LD M0. 0 A I0. 3 TON T41, +200
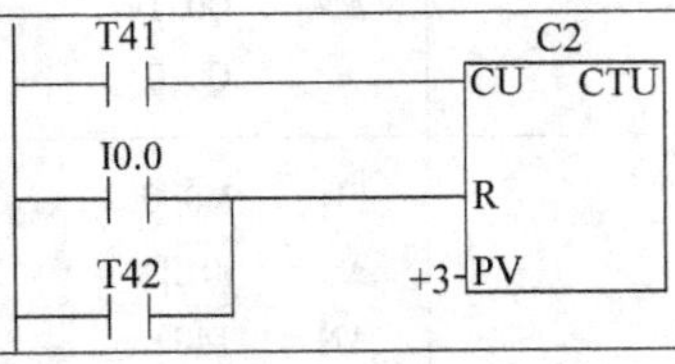	//清洗控制计数	LD T41 LD I0. 0 O T42 CTU C2, +3
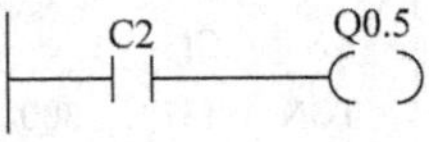	//报警控制	LD C2 = Q0. 5
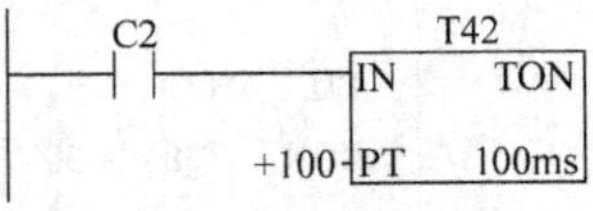	//报警时间 10s	LD C2 TON T42, +100

(4) 运行并调试程序　根据 PLC 外部接线图正确接线，经检验无误后，接通 PLC 电源，将洗衣机控制程序下载到 PLC（程序要确保编译后无错误，否则无法下载）中，打开监控，观察程序运行过程中各触点的断合情况。将 PLC 置于运行模式，按照动作流程图的动作过程运行程序。通过本设计，可以加深对应用动作流程图进行程序编制方法及思路的理解。

● 训练 3　PLC 在机械手控制中的应用

1. 目的要求

1）应用 PLC 技术实现对机械手的控制，其任务是将工件从传送带 A 搬运到传送带 B。

2）熟悉流程图编程的思想和方法。

3）应用移位指令设计顺控程序。

2. 训练设备

1）计算机 1 台。

2）实验装置（含 S7—200 24 点 CPU）1 台。

3）机械手实验模板 1 块。

4）连接导线若干。

3. 训练内容

机械手的动作示意图如图 2-39 所示，它是一个能够产生水平/垂直位移的机械设备，用来将工件由左工作台搬运到右工作台。

机械手的全部动作由气缸驱动，而气缸又由相应的电磁阀控制。其中，上升/下降和左转/右转分别由双线圈两位电磁阀控制。例如：当下降电磁阀通电时，机械手下降；当下降电磁阀断电时，机械手下降停止。只有当上升电磁阀通电时，机械手才上升；当上升电磁阀断电时，机械手上升停止。同样，左转/右转分别由左转电磁阀和右转电磁阀控制。机械手的放松/夹紧由一个单线圈两位电磁阀（称为夹紧电磁阀）来控制气缸的运动。当该线圈通电时，机械手夹紧；当该线圈断电时，机械手放松。

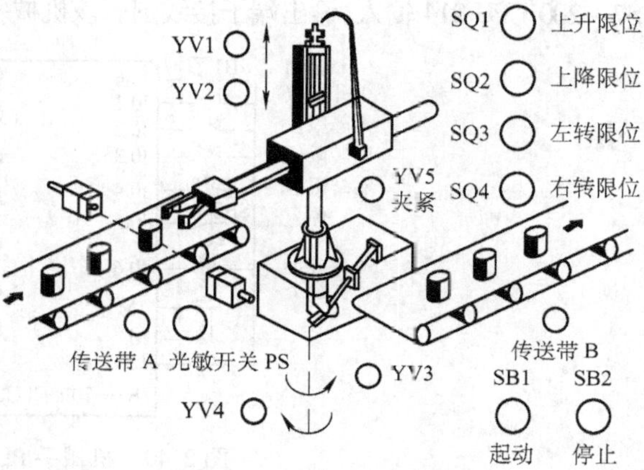

图 2-39　传送工件的机械手的工作示意图

（1）机械手的控制要求　从原点开始，按下起动按钮后，传送带 A 开始运行，直到光电开关 PS 检测到物体才停止，同时下降电磁阀通电，机械手下降。下降到位后，触碰到下限位开关，下降电磁阀断电，下降停止；同时接通夹紧电磁阀，机械手夹紧物体。夹紧后 2s，上升电磁阀通电，机械手上升，而机械手保持夹紧状态。上升到顶时，触碰到上限位开关，上升电磁阀断电，上升停止；同时接通左转电磁阀，机械手左转。左转到位时，碰到左限位开关，左转电磁阀断电，左转停止。下降电磁阀通电，机械手下降。下降到底时，碰到下限位开关，下降电磁阀断电，下降停止；同时夹紧电磁阀断电，机械手放松。放松 2s 后，上升电磁阀通电，机械手上升。上升到位时，碰到上限位开关，上升电磁阀断电，上升停止；传送带 B 开始运行，同时机械手右转，右转到位，传送带 B 停止。此时传送带 A 运行直到光电开关 PS 再次检测到物体……

同时，还要求只有当机械手处于上限位时才能进行左右转动，因此在左右转动时用上限位条件作为联锁保护。由于上下运动、左右转动采用双线圈两位电磁阀控制，两个线圈不能同时通电，因此在上下、左右运动的电路中必须设置互锁环节。

为了确保机械手动作准确，机械手上安装了限位开关 SQ1～SQ4，分别对机械手进行下降、上升、左转、右转等动作的限位，并给出动作到位信号。光电开关 PS 负责检测传送带 A 上的工件是否到位，到位后机械手开始动作。

（2）I/O 分配及外部接线　PLC 控制的输入/输出配置，见表 2-27。

表 2-27　输入/输出配置

输　入		输　出	
起动按钮	I0. 0	上升 YV1	Q0. 1
停止按钮	I0. 5	下降 YV2	Q0. 2
上升限位 SQ1	I0. 1	左转 YV3	Q0. 3
下降限位 SQ2	I0. 2	右转 YV4	Q0. 4
左转限位 SQ3	I0. 3	夹紧 YV5	Q0. 5
右转限位 SQ4	I0. 4	传送带 A	Q0. 6
光电开关 PS	I0. 6	传送带 B	Q0. 7

机械手控制系统所采用的 PLC 是德国西门子公司生产的 S7—200 CPU214。图 2-40 所示为 S7—200 CPU 214 输入/输出端子接线图。该机械手控制系统共使用了 7 个输入量，7 个输出量。

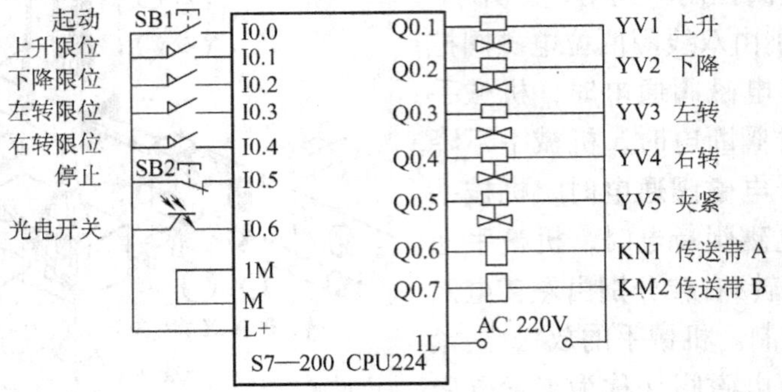

图 2-40　机械手 PLC 控制的外部接线

（3）控制程序设计　根据控制要求先设计出功能流程图，如图 2-41 所示。

流程图是一个按顺序动作的步进控制系统，本例中采用了移位寄存器编程方法。用移位寄存器 M10. 1 ~ 1M11. 2 位代表流程图的各步，两步之间的转换条件满足时，进入下一步。移位寄存器的数据输入端 DATA（M10. 0）由 M10. 1 ~ M11. 1 各位的常闭触点、上升限位的标志位 M1. 1、右转限位的标志位 M1. 4 及传送带 A 检测到工件的标志位 M1. 6 串联组成，即当机械手处于原位，各工步未起动时，若光电开关 PS 检测到工件，则 M10. 0 置 1，并作为输入的数据，同时也作为第一个移位脉冲信号。以后的移位脉冲信号由代表步位状态中间继电器的常开触点和代表处于该步位的转换条件触点串联支路依次并联组成。在 M10. 0 线圈回路中，串联 M10. 1 ~ M11. 1 各位的常闭触点，是为了防止机械手在还没有回到原位的运行过程中移位寄存器的数据输入端再次置 1，因为移位寄存器中的“1”信号在 M10. 1 ~ M11. 1 之间依

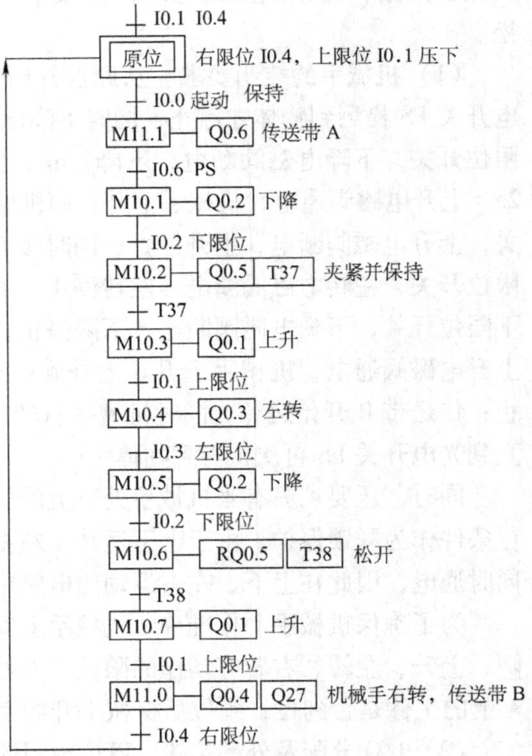

图 2-41　机械手功能流程图

次移动时，各步状态位对应的常闭触点总有一个处于断开状态。当“1”信号移到 M11.2 时，机械手回到原位，此时移位寄存器的数据输入端重新置 1，若起动电路保持接通（M0.0 = 1），机械手将重复工作。当按下停止按钮时，使移位寄存器复位，机械手立即停止工作。

根据功能流程图再设计出梯形图程序及语句表，见表 2-28。

表 2-28 机械手梯形图程序语句表

梯 形 图	说 明	语 句 表
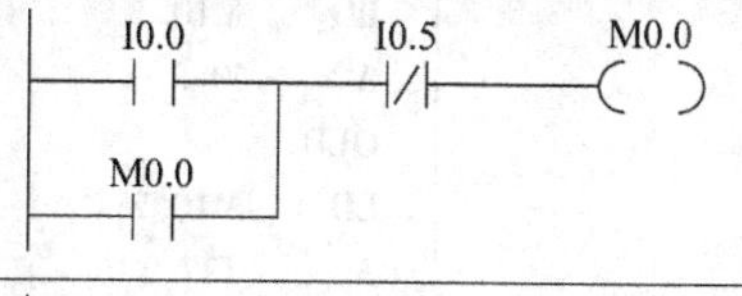	//M0.0 为起动回路	LD I0.0 O M0.0 AN I0.5 = M0.0
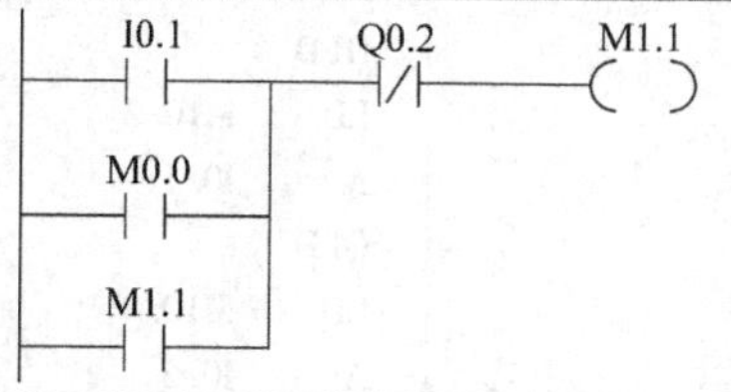	//M1.1 为上升限位标志位	LD I0.1 O M0.0 O M1.1 AN Q0.2 = M1.1
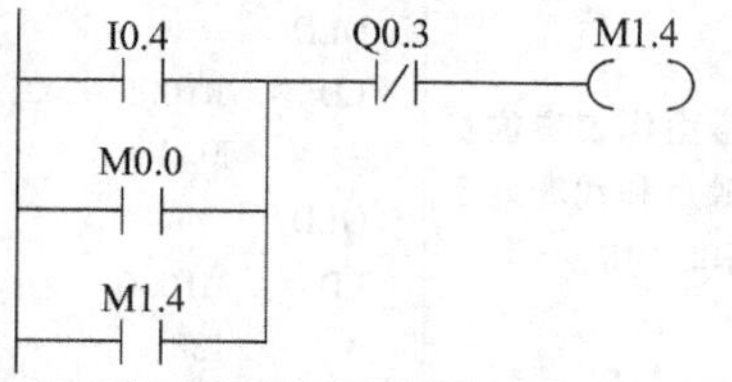	//M1.4 为右限位标志位	LD I0.4 O M0.0 O M1.4 AN Q0.3 = M1.4
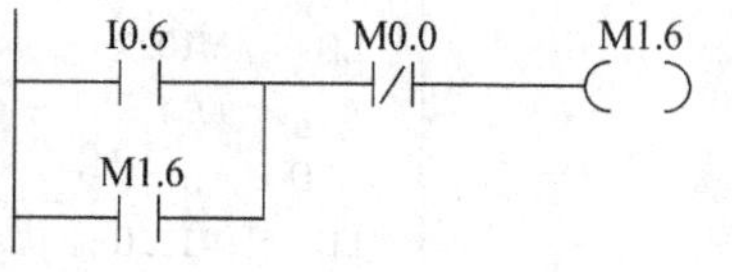	//M1.6 为传送带检测到工件标志位	LD I0.6 O M1.6 A M0.0 = M1.6
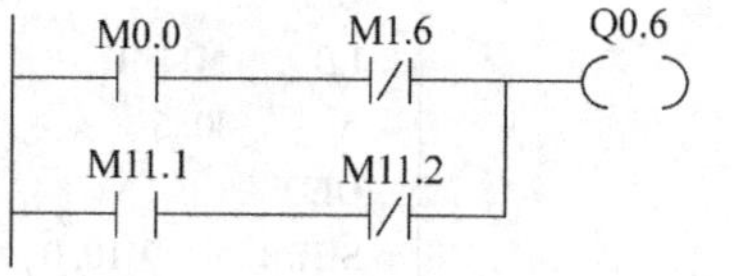	//传送带 A，起动后传送带 A 运行，直到检测到工件或机械手到原位时停止	LD M0.0 AN M1.6 LD M11.1 AN M11.2 OLD = Q0.6
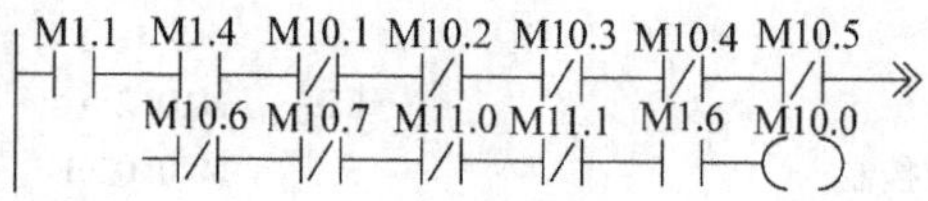	//移位寄存器数据输入端 DATA 控制，由 M10.1 ~ M11.1 各位的常闭触点、上升限位标志位 M1.1、右限位标志位 M1.4、传送带检测到工件标志位 M1.6 串联组成，既当机械手处于原位，各工步未起动时，光电开关检测到工件，M10.0 置 1，作为输入数据同时也作为第一个输入脉冲信号	LD M1.1 A M1.4 AN M10.1 AN M10.2 AN M10.3 AN M10.4 AN M10.5 AN M10.6 AN M10.7 AN M11.0 AN M11.1 A M1.6 = M10.0

(续)

梯形图	说明	语句表
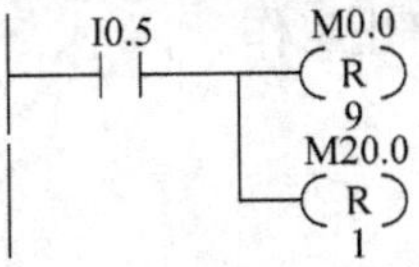	//停止，按下停止按钮移位寄存器复位，机械手松开	LD I0.5 R M0.0，9 R M20.0，1
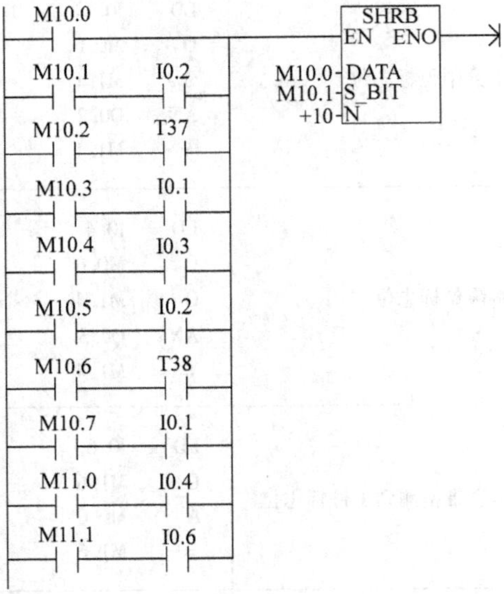	//移位，移位脉冲信号由代表步位状态的中间继电器的常开触点和代表处于该步位的转换条件触点串联构成	LD M10.0 LD M10.1 A I0.2 OLD LD M10.2 A T37 OLD LD M10.3 A I0.1 OLD LD M10.4 A I0.3 OLD LD M10.5 A I0.2 OLD LD M10.6 A T38 OLD LD M10.7 A I0.1 OLD LD M11.0 A I0.4 OLD LD M11.1 A I0.6 OLD SHRB M10.0，M10.1，+10
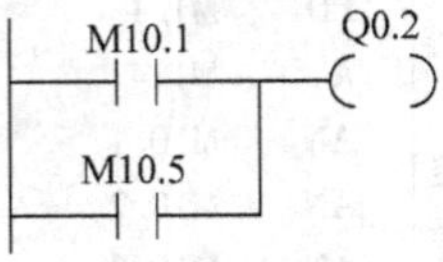	//下降控制	LD M10.1 O M10.5 = Q0.2
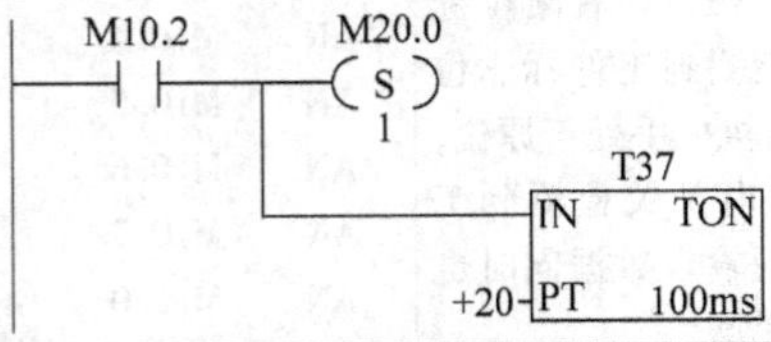	//夹紧置位控制	LD M10.2 S M20.0，1 TON T37，+20
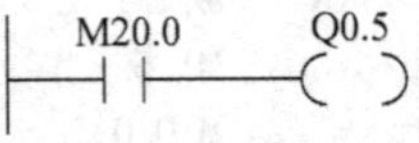	//夹紧输出控制	LD M20.0 = Q0.5

（续）

梯 形 图	说 明	语 句 表
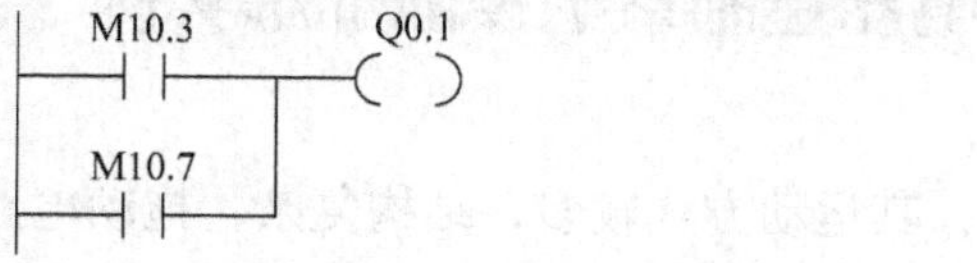	//上升控制	LD　M10.3 O　M10.7 =　Q0.1
	//左转控制	LD　M10.4 =　Q0.3
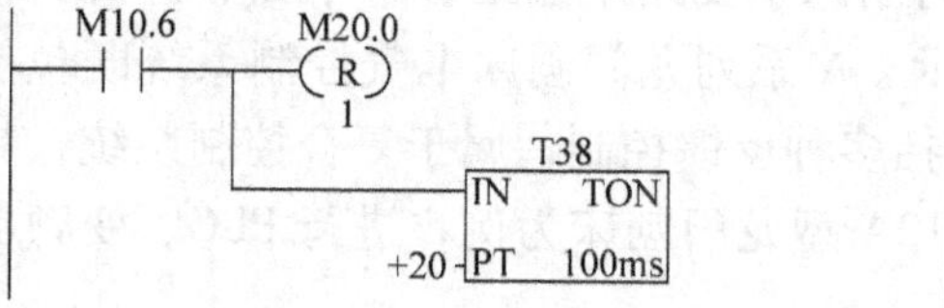	//夹紧复位控制	LD　M10.6 R　M20.0，1 TON　T38，+20
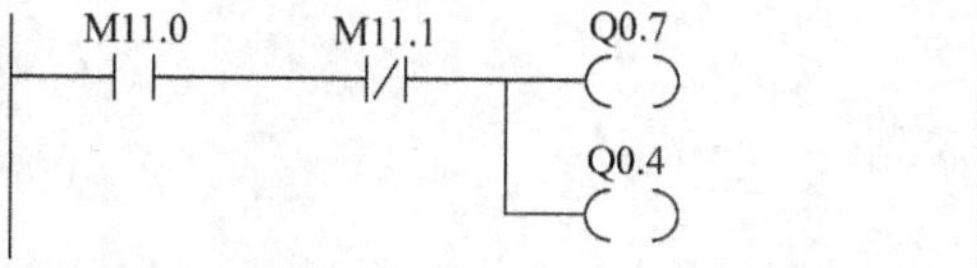	//右转控制，传送带 B 控制	LD　M11.0 AN　M11.1 =　Q0.7 =　Q0.4

（4）调试并运行程序

1）输入程序，编译无误后，运行程序。依次按表 2-29 中的顺序按下各按钮记录观察到的现象，看是否与控制要求相符。

表 2-29　机械手模拟控制调试记录

输　　入	输 出 现 象	移位寄存器的状态位 = 1
按下起动按钮（I0.0）		
按下光电检测开关 PS（I0.6）		
按下下降限位开关 SQ2（I0.2）		
按下上升限位开关 SQ1（I0.1）		
按下左转限位开关 SQ3（I0.3）		
按下下降限位开关 SQ2（I0.2）		
按下上升限位开关 SQ1（I0.1）		
按下右转限位开关 SQ4（I0.4）		
再按下光电检测开关 PS（I0.6）		
重复上步骤观察		
按下停止按钮（I0.5）		

2）建立状态图表，再重复上述操作，观察移位寄存器的状态位的变化，并记录。

第四节　PLC + 变频器改造继电器控制系统技能训练实例

龙门刨床作为机械工业中的重要工作机床之一，其运动方式较多，结构复杂，拖动电路所需的电动机较多，控制繁杂，维护、检修困难。在实际中，龙门刨床电路一直被作为考评技师的重点之一。随着工业自动化的发展，变频器、PLC在工厂设备改造中的广泛使用，对龙门刨床进行改造，已越来越普遍。B2012A型龙门刨床主要用来加工各种平面、斜面、槽以及大型而狭长的机械零件。其外形如图2-42所示。A系列龙门刨床电气控制系统既包括交直流电动机、电器的继电器—接触器控制，又包括多种反馈控制，属于复合控制系统，具有一定的典型性、综合性和复杂性。本节就以B2012A型龙门刨床为例，进行PLC、变频器改造。

图2-42　龙门刨床的外形

一、B2012A型龙门刨床机械工艺对电气控制系统的要求

1. 大型龙门刨床的结构

大型龙门刨床的结构如图2-43所示。床身为箱形体，其上有V形和U形导轨，用于安置工作台。工作台俗称刨台，用于安放工件，工作台下面有齿条与传动机构齿轮相啮合，可顺着床身的导轨作往复运动。横梁用于安置垂直刀架，加工时严禁动作，只在更换工件时才移动，以调整刀架高度。左右垂直刀架可沿横梁导轨在水平方向，或沿刀架本身的滑板导轨在垂直方向作快速移动或进给。左右侧刀架及进给箱可沿立柱导轨上下快速移动或自动进给。立柱用于安置横梁及导架。龙门顶用于紧固立柱。

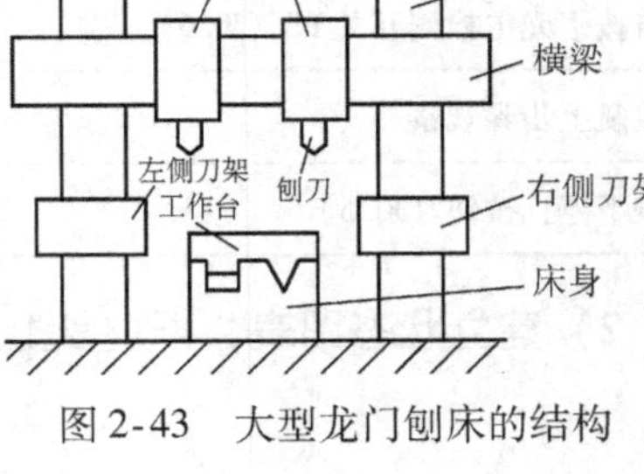

图2-43　大型龙门刨床的结构

2. 龙门刨床的主运动刨台系统要求

A系列龙门刨床电气控制系统主要是控制工作台的，其主要刨削（或磨削）大型、狭长的机械零件，刨削过

程是工件（安置在刨台上）与刨刀之间作相对运动的过程。所以控制目标是控制工作台自动往复循环运动和调速。

我国现行生产的龙门刨床的主拖动方式以直流发电机—电动机组及晶闸管—电动机系统为主。以A系列龙门刨床为例，它采用电机扩大机作为励磁调节器的直流发电机—电动机系统，通过调节直流电动机电压来调节输出速度，并采用两级齿轮变速箱变速的机电联合调节方法。其控制要求如下：

（1）调速范围要宽　$D = n_{max}/n_{min} = 10 \sim 30$，低速挡：6～60m/min，高速挡：9～90m/min，每挡都是10：1，由电气控制无级调速，高低挡由一级齿轮变速。刨削时最低速为4.5m/min，磨削时最低速为1m/min。

（2）自动循环、速度可调　工作台的自动循环要求按慢速前进（刀具切入工件）→工作速度前进（刀具切削工件）→减速前进（刀具离开工件）→反向快速退回（迅速制动、停止并反向起刀到快速退回）→减速退回（退回结束前）的程序自动控制。

切削加工时可以慢速切入和切出，以保护工件和刀具，切削速度可调；返回换向前要自动减速制动，换向后要自动加速起动，返回速度要可调，要高速，以缩短非生产时间，提高生产率。总之，要求刨床工作台能够完成如图2-44所示的运行过程。

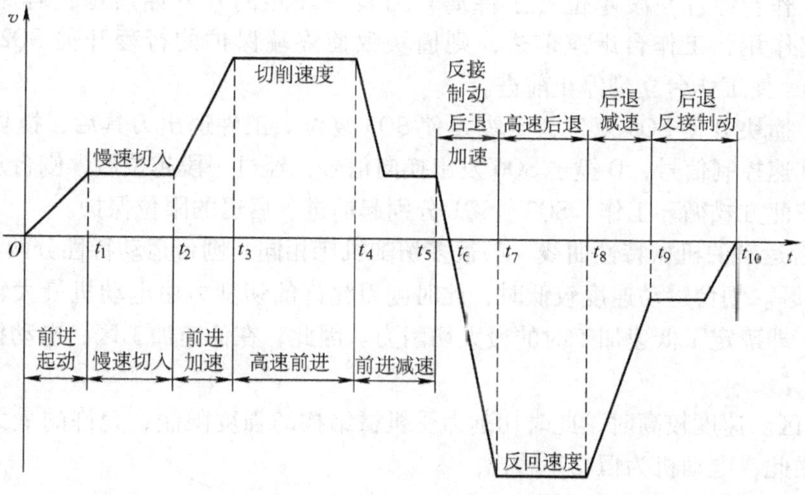

图2-44　工作台的运行过程

图中：

$O \sim t_2$段表示刨台起动，刨刀切入工件的阶段，为了减小刨刀刚切入工件的瞬间，刀具所受的冲击及防止工件被崩坏，此阶段速度较低。

$t_2 \sim t_4$段为刨削阶段，刨台加速至正常的刨削速度。

$t_4 \sim t_5$段为刨刀退出工件阶段，为防止工件边缘被崩裂，同样要求速度较低。

$t_6 \sim t_8$段为返回阶段，返回过程中刨刀不切削工件，为节省时间，提高加工效率，返回速度应尽可能高些。

$t_8 \sim t_{10}$段为缓冲阶段。返回行程即将结束，再反向到工作速度之前，为减小对传动机械的冲击，应将速度降低，之后进入下一周期。

（3）行程开关位置结构及动作过程　用于实现刨台往返控制的5个行程开关（见

图2-45）分别是SQ1～SQ6。工作台侧面的燕尾槽安装4个撞块，分别是A、B、C、D。依靠4个撞块碰撞相应的行程开关可以实现工作台的自动工作。前进撞块A、B，后退撞块C、D分布在行程开关两侧。

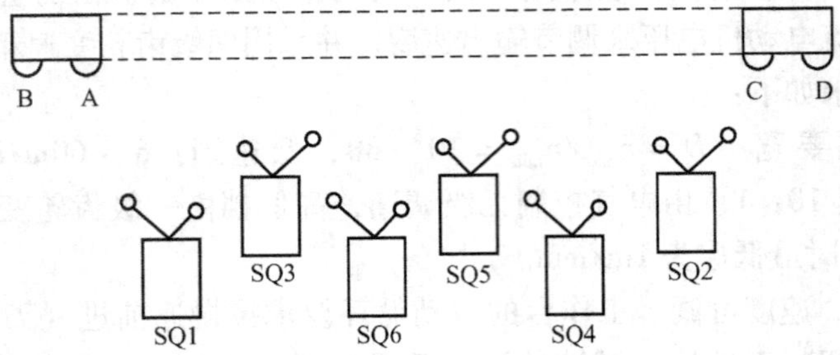

图2-45　工作台行程开关的安装位置

运动控制过程如下：

工作台前进时，撞块A撞击SQ3，以发出“前进减速”的控制信号，使刀具在工作台低速下离开工件；然后撞块B将压下行程开关SQ5，发出“前进停止”和“反向后退”的控制信号，工作台经过一段越位（工件离开刀具一段距离）开始后退，若此时行程开关SQ5失灵不起作用，工作台继续前进，则撞块致使终端保护的行程开关SQ2动作，发出“超程”信号，使工作台立刻停止前进。

后退时，撞块B使SQ5复位，撞块A使SQ3复位。工件退出刀具后，撞块C撞击SQ4发出工作台减速控制信号，D撞击SQ6发出换向信号，经过一段越位后，刨台从后退换成前进。刨台即按此方式循环工作。SQ2、SQ1分别起前进、后退的限位保护。

（4）刨台运动的机械特性曲线　与很多切削机床相同，刨台运动特性分两种情况分析。

1）低速区。刨台运动速度较低时，此时刨刀允许的切削力由电动机最大转矩决定。电动机确定后，即确定了低速加工时的最大切削力。因此，在低速加工区，电动机为恒转矩输出。

2）高速区。速度较高时，此时切削力受机械结构的强度限制，允许的最大切削力与速度成反比，因此，电动机为恒功率输出。

由此可得，主拖动系统直流电动机的运行机械特性曲线如图2-46所示。

图2-46　刨台运行机械特性曲线

（5）刨台对电动机机械特性的要求　为充分利用电动机的功率，同时满足负载对电动机的要求，龙门刨床主拖动电动机运行时的机械特性应与负载机械特性配合，即电动机机械特性应靠近并位于负载机械特性之上。过渡过程要快速、平稳，工作台经常处于起动、加速、减速、制动及换向的过渡过程中，稳态时间很少，欲提高生产率，必须尽量缩短过渡过程。为提高加工表面质量，必须尽量减小负载变化所引起的速度波动，一般要求静差度 $s=(n_0-n_e)/n_0 \leqslant 5\%\sim10\%$。

3. 刀架与横梁的控制要求

（1）刀架控制要求　B2012A 型龙门刨床装有左侧刀架、右侧刀架和两个垂直刀架，采用三台交流电动机来拖动。对刀架运动的控制要求如下：

1）刀架控制电路能实现刀架的快速移动与自动进给，它是用装在刀架进给箱上的机械手柄来选择的。刀架快速移动时，刀架进刀电动机的传动通过蜗轮、蜗杆和端面锯齿形离合器传递给进刀齿轮，实现刀架的快速移动。刀架自动进给时，进刀电动机的传动，则通过双向超越离合器传给进刀齿轮，实现刀架的自动进给。快速移动与自动进给不能同时进行。

2）自动进给在每次刨台后退结束时进行，进给量的多少由机械机构控制。

3）在刨台自动循环时，刀架不能快速移动。

4）刀架的移动都有限位控制。

5）刀架在切削完毕返回之前，必须抬刀，以免刨刀在返回时在工件上留下划痕。抬刀动作由抬刀电磁铁来完成。

（2）横梁控制要求　横梁有放松、夹紧及上下移动等动作。横梁的放松与夹紧由一台交流电动机正反转来实现；横梁上下移动由另一台交流电动机来完成。对横梁的控制要求有：

1）横梁升降必须在刨台不工作时才能进行。

2）横梁上升和下降时都有限位控制要求。上限位防止与龙门顶相撞，下限位防止与左右侧刀架相撞。

3）横梁下降到所需位置时，应有极短时间的反转，以消除横梁丝杠与横梁滑块螺母之间的间隙，防止横梁发生歪斜。

4）横梁在移动结束后都要予以夹紧，且夹紧力必须适度，其夹紧程度由电流继电器来控制。横梁在夹紧过程中，电动机的电流将逐渐增大，当电流增达到一定程度时，电流继电器动作，夹紧运动停止。

4. 其他辅助运动的控制要求

1）磨头（铣头）电动机控制，使龙门刨床可以进行磨削或铣削工作。

2）液压泵电动机控制，液压泵电动机为刨台提供润滑油，其控制方式可以有“自动”和“手动”两种。在“自动”方式下，将在刨台进行自动循环运行时自动地为刨台提供润滑油；“手动”方式则主要用于检查液压泵的工作情况或润滑油的质量。

3）通风电动机控制，主要用于对主运动电动机及控制柜提供通风。

二、B2012A 型龙门刨床 PLC + 变频调速系统改造

为满足龙门刨床的加工要求，要求工作台具有调整的正反向点动控制和正常工作时的自动往返控制，并能进行低速的磨削工作。控制电路除包括刨台的往返运动外，还有刨台运动与横梁、刀架之间的配合。为简化控制电路，减小维护工作量，可采用 PLC 作为控制元件与变频器结合实现刨床的自动化控制。龙门刨床的所有动作控制都是由 PLC 来完成的，如图 2-47 所示。

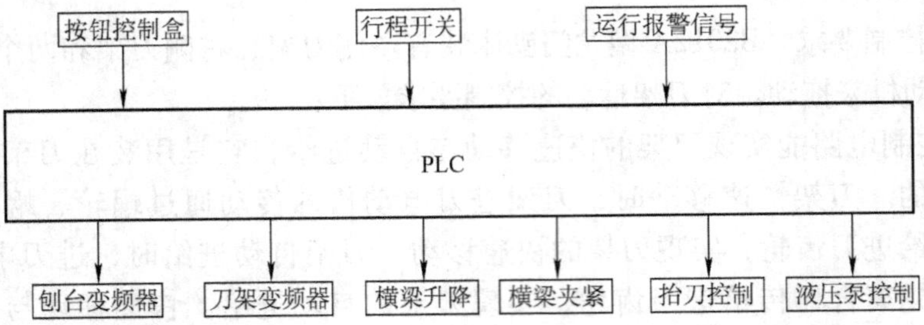

图2-47　龙门刨床PLC+变频器控制系统

1. PLC的输入信号

各动作的控制按钮和选择开关、各控制的限位开关和行程开关、横梁夹紧的电流继电器、各变频器的报警信号、液压泵异常信号、急停等。

2. PLC的输出信号

刨台控制信号、刀架控制信号、横梁控制、液压泵控制、抬刀控制等。

三、龙门刨床刨台运动的控制改造

刨台的拖动系统采用变频调速后，主拖动系统只需要一台异步电动机就可以了，与直流电动机调速系统相比，系统结构变得简单了。由位置开关得到的信号接至PLC的输入端；PLC的输出端控制变频器，以调整刨台各时间段的转速。

1. 刨台变频调速机械特性及电动机的选用

从电动机调速理论可知，若采用变频调速，在频率低于额定频率时，电动机调速具有恒转矩输出特性，而在高于额定频率区，电动机电压不能升高，具有恒功率输出特性。比较可知，采用变频调速时，电动机的机械特性曲线刚好与刨台的运动所对应的特性曲线相符。因此，适宜于采用变频调速对龙门刨床主运动系统进行改造，并使电动机的工作频率适当提高至额定频率以上。由于龙门刨床的传动机构从速度为45r/min分为两挡，故电动机的机械特性也以45r/min分成曲线相似的两段，如图2-48所示。

A系列龙门刨床的主运动在采用变频调速后，电动机的功率可减小为原用直流电动机的3/4，即45kW就已经足够。但考虑到异步电动机在额定频率以上时，尽管从发热的角度来看，其有效转矩具有恒功率特点，但在高频时期过载能力有所下降，为留有余地，选择55kW的电动机，其最高工作频率定为75Hz。一般来说，以选用变频调速专用电动机为宜。

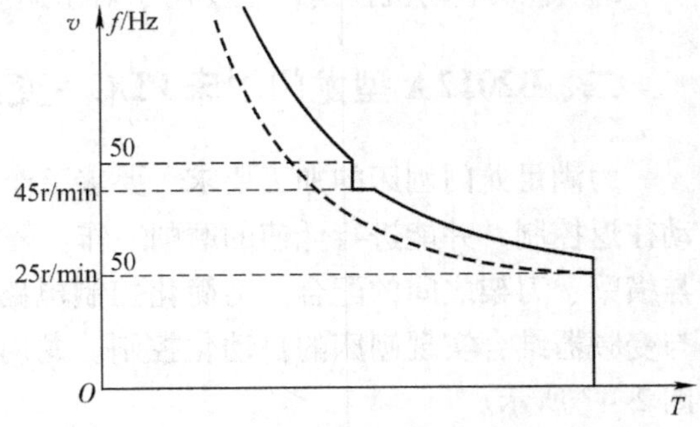

图2-48　变频调速机械特性

2. 对龙门刨床刨台控制的要求

1）刨台的往复运动必须能够满足转速变化的控制程序。刨台的刨削速率和高速返回的速率都必须能够十分方便地进行调节。

2）刨台必须能够点动，常称为“刨台步进”和“刨台步退”，以利于切削前的调整。

3）刨台的往复运动与横梁的移动、刀架的运动之间，必须有可靠的联锁。与抬刀控制接触器的配合工作。

4）与液压泵电动机的联锁。一方面，只有在液压泵正常供油的情况下，才允许进行刨台的往复运动；另一方面，如果在刨台往复运动过程中，液压泵电动机因发生故障而停机，刨台将不允许在刨削中间停止运行，而必须等刨台返回至起始位置时再停止。

3. 龙门刨床刨台 PLC + 变频器的控制电路

刨台的 PLC + 变频器改造控制电路如图 2-49 所示。I/O 分配见表 2-30。PLC 控制程序如图 2-50 所示。

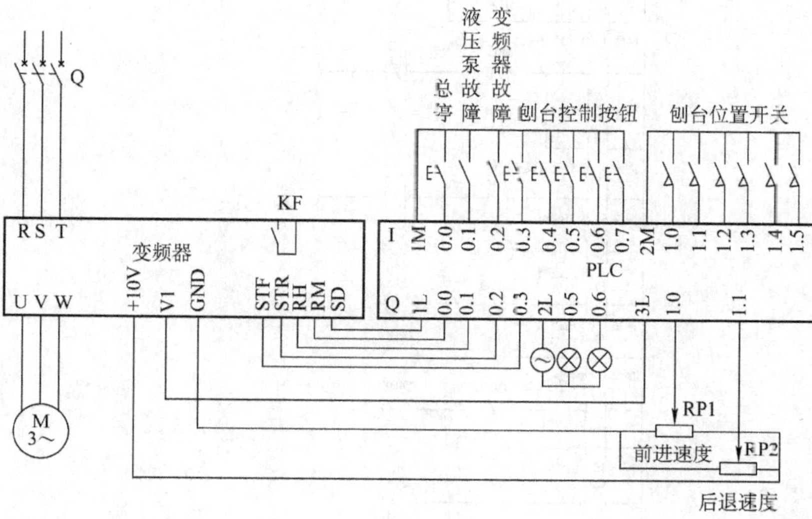

图 2-49 刨台的 PLC + 变频器改造控制电路

表 2-30 I/O 分配

输入		输出	
总停按钮 SB0	I0.0	刨台变频器正转控制	Q0.0
液压泵故障 KP	I0.1	刨台变频器反转控制	Q0.1
变频器故障 KF	I0.2	正转减速速度控制	Q0.2
刨台停止按钮 SB1	I0.3	反转减速速度控制	Q0.3
刨台前进按钮 SB2	I0.4	变频器报警指示	Q0.5
刨台后退按钮 SB3	I0.5	油泵故障指示	Q0.6
刨台步进按钮 SB4	I0.6	刨台前进主频	Q1.0
刨台步退按钮 SB5	I0.7	刨台后退主频	Q1.1
SQ1	I1.0		
SQ2	I1.1		
SQ3	I1.2		
SQ4	I1.3		
SQ5	I1.4		
SQ6	I1.5		

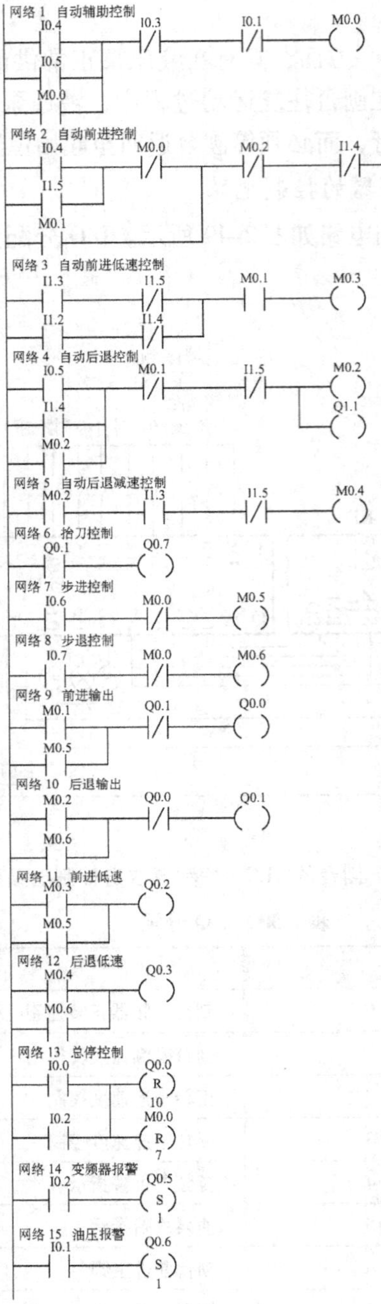

图2-50 刨台的PLC控制程序

控制程序说明如下：

(1) 速度调节

1) 刨台的刨削速度和返回速度分别通过电位器RP1和RP2来调节。

2) 刨台步进和步退的转速由变频器预置的点动频率决定。

（2）往复运动的起动　通过按钮 SB2 和 SB3 来控制往复运动的起动，具体按哪个按钮，必须根据刨台的初始位置来决定。

（3）故障处理　一旦变频器发生故障，触点 KF 闭合，一方面切断变频器的电源，同时，指示灯 HLT 亮，进行报警。

（4）液压泵故障处理　一旦液压泵发生故障，继电器 KP 闭合，PLC 将使刨台在往复周期结束之后，停止刨台的继续运行。同时，指示灯 HLP 亮，进行报警。

（5）停机处理　正常情况下，按停止按钮 SB1，则刨台应在一个往复周期结束之后才停止。如遇紧急情况，则按总停按钮 SB0，使整台刨床停止运行。

四、采用变频调速的主要优点

（1）减小了静差度　由于采用了有反馈的矢量控制，电动机调速后的机械特性很“硬”，静差度小于3%。

（2）具有转矩限制功能　下垂特性是指在电动机严重过载时，能自动地将电流限制在一定范围内，即使堵转，也能将电流限制住。对于新系列的变频器，都具有“转矩限制”功能，十分方便。

（3）“爬行”距离容易控制　各种变频器在采用有反馈矢量控制的情况下，一般都具有“零速转矩”，即使工作频率为0Hz，也有足够大的转矩，使负载的转速为0r/min。从而可有效地控制刨台的爬行距离，使刨台不越位。

（4）节能效果可观　拖动系统的简化使附加损失大为减少；更兼采用变频调速后，电动机的有效转矩线十分贴近负载的机械特性，进一步提高了电动机的频率。所以，节能效果是十分可观的。

复习思考题

1. S7—22X 系列 PLC 有哪些型号的 CPU？

2. S7—200 PLC 有哪些内部元器件？各元件地址分配和操作数范围如何确定？

3. S7—200 PLC 有哪些输出方式？各适应于什么类型的负载？

4. 梯形图程序能否转换成语句表程序？所有语句表程序是否均能转换成梯形图程序？

5. S7—200 PLC 有哪些内部元器件？各元件地址分配和操作数范围怎么确定？

6. 设计周期为5s，占空比为20%的方波输出信号程序（输出点可以使用 Q0.0）。

7. 使用置位、复位指令，编写两套电动机（两台）的控制程序，两套程序控制要求如下：

（1）起动时，电动机 M1 先起动，才能起动电动机 M2，停止时，电动机 M1、M2 同时停止。

（2）起动时，电动机 M1、M2 同时起动，停止时，只有在电动机 M2 停止时，电动机 M1 才能停止。

8. 编写一段输出控制程序，假设有 8 个指示灯，从左到右每隔 0.5s 依次点亮，到达最右端后，再从左到右依次点亮，如此循环显示。

9. 现有三条传送带，每条传送带都由一台电动机拖动。按下起动按钮以后，3 号传送带开始运行。5s 以后，2 号传送带自动起动，再过 5s 以后，1 号传送带自动起动。停机的顺序与起动的顺序正好相反，间隔时间仍为 5s。试设计出该系统的 PLC 接线图以及相应的梯形图程序。

10. 某自动化生产线上，使用有轨小车来运转物件，小车的驱动采用电动机拖动，其行驶示意图如图 2-51 所示。电动机正转，小车前进；电动机反转，小车后退。

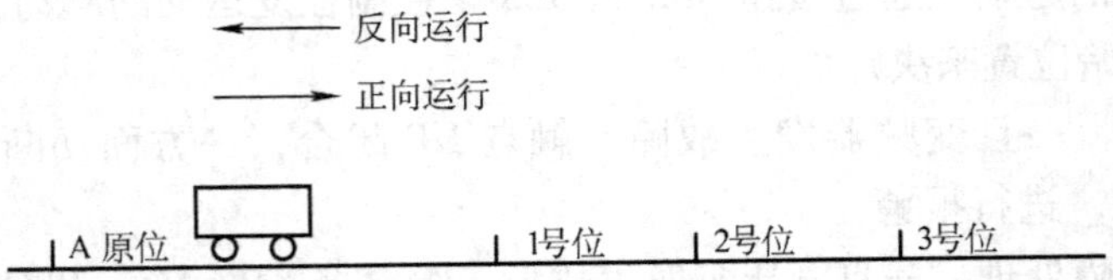

图 2-51　小车行驶示意图

控制过程如下：

1）小车从原位 A 出发驶向 1 号位，抵达后，立即返回原位。

2）第二次直接向 2 号位驶去，到达后立即返回原位。

3）第三次直接驶向 3 号位，到达后返回原位。

4）必要时，小车按上述要求出发三次运行一个周期后能停下来。

5）根据需要，小车能重复上述过程，不停地运行下去，直到按下停止按钮为止。

要求：按 PLC 控制系统设计的步骤进行完整的设计。

第三章

复杂机械设备的电气测绘与设计

培训学习目标 本章将要进行复杂机械设备电气控制电路测绘与设计的学习，通过学习要求达到掌握基本复杂电气控制系统的设计和测绘方法的目的。

第一节 复杂机械设备的电气测绘

复杂机械设备电气控制电路的测绘是一项非常必要又非常实用的专业技能，也是要成为高级电气维护人员所必须要掌握的一项技能。它在电气维护实际工作中的应用越来越普遍，有时甚至是解决问题的第一步和唯一手段。因为要想完成对复杂电气控制系统的维护，首先要分析出其基本的电气控制原理，然后根据故障现象做出判断。而要完成电气控制原理的分析，就要先有该设备的电气控制原理图。但是，在实际工作实践中，有时会遇到因为种种原因而缺乏电气控制原理图和相关资料的情况，这时要想解决问题，就要先进行机械设备电气控制电路的测绘。

一、机械设备电气控制技术的发展

1. 机械设备的电气控制技术

机械设备的电气控制技术是指以各类电动机和电动执行器为动力的传动装置与系统为对象，通过对这些装置与系统的起动、停止、速度、方向、参数调节等动作的电气控制，以实现机械设备生产过程和工艺手段的控制技术。电气控制系统作为其中的主干部分，在各种行业的机械设备控制中均得到了广泛的应用，已成为实现工业生产自动化的重要的技术手段和发展方向。

2. 机械设备的电气控制技术的发展

自19世纪末，由电动机逐渐取代蒸汽机后，就开始了机械设备电气控制技术发展的历程。而且在很长的一段历史时期，电气控制的主要对象就是直流电动机和交流电动机，然后再由电动机来拖动生产机械。

随着科学技术的不断发展、生产工艺水平的不断提高，新的控制技术和控制策略的不断出现，势必改变着电气控制技术的面貌。从最初的简单的手动控制；比如在接触器未出现时，通过使用不同容量的刀开关来控制电动机的起动、停止；当接触器出现后，通过使用接触器和按钮的简单组合来更加安全、方便地完成同样的或者要求更高的电气控制。这时的电气控制方式可以称为简单控制环节。然而，正是由这些最初的简单控制环节，经过了一定阶段的发展历程，逐渐形成了由继电器、接触器和保护元件组成的电气控制系统。它主要是由继电器、接触器、按钮、行程开关等元件组成。由于其控制方式是断续的，所以也称为断续控制系统。这种由继电器、接触器组成的控制系统具有控制简单、方便实用、价格低廉、易于维护、抗干扰能力强等优点，因此，在一个相当长的历史时期，这种继电器逻辑控制系统成为电气控制方式的主流，它能够构成复杂的电气控制系统，完成复杂的电气控制任务，也构成了现代控制技术的基础。比如，现在应用非常普遍的可编程序控制器 PLC 的基本控制语言就是基于继电器逻辑而演变出来的。

由于继电器逻辑接线方式固定，灵活性差，难于适应复杂、可变的控制对象的要求。另外，由于其逻辑处理的可靠性依赖于继电器、接触器触头的可靠性，因此，从整体来说，其可靠性较差。

近年来，由于计算机控制技术的不断发展和成熟，由计算机、单片机和 PLC 所组成的电气控制系统得到了普遍的应用。这是一种以计算机芯片完成逻辑处理和数据处理功能，由专用软件实现控制功能和参数设定的系统。它具有通用性强、高可靠性，能适应工业现场的恶劣环境，指令系统简单、指令功能强，编程简单易学、维护工作少、现场接线安装方便等优点，正逐步取代继电器逻辑控制系统，成为现代复杂、多功能电气控制的基本应用取向。

要实现对一个结构复杂、控制动作复杂的机械设备进行有序、安全、准确的控制，并使它正常运行，在现阶段，一定是配置一个复杂的电气控制系统。但在电气控制技术发展的初期，由于电气控制技术的不成熟，某些复杂机械设备为了完成设备功能的某些复杂动作，往往是由复杂的机械结构来实现的。比如现在还能看到的伞齿刨床，它的电气控制系统很简单，就是起动、停止，但完成一个零件的加工，其机械系统的动作却非常复杂，但加工终了也能靠机械装置按动停止按钮。但在电气控制技术高度发展的今天，这种方式已经成为历史。现在的基本理念是：

1）机械系统的结构和动作越来越简单，环节也越来越少，因为其加工难度较大，不易实现，同时成本也越来越高。

2）电气控制系统越来越复杂，这种系统往往是由强电、弱电（计算机技术与电子技术），直流、交流，各种传感器、智能仪表、功能模块等组合而成的。比如，现在对有一定价值的陈旧设备用现代控制技术进行改造，让其创造出更大的价值，就是这种理念的体现。

3. 复杂机械设备电气控制系统的组成

由前面的叙述可以知道，复杂的电气控制系统是由简单的电气控制系统随着控制技术的发展和控制对象的需求而逐渐发展后形成的。那么，什么样的控制系统可以看作是复杂控制系统呢？一般情况下，复杂控制系统归纳起来应具有下列特点：

1）要由多种控制环节组合而成，且这些环节在满足控制功能的要求下，相互之间既要相互配合，又要相互制约，而不是过多简单环节的堆积。比如，电动机的起动、停止控制就是一个简单环节，但多个这种环节的简单组合也不能看成一个复杂的控制系统。

2）控制动作应比较复杂，控制系统能根据各类可靠的控制信息进行各种功能检测。比如，对位置检测、温度检测、压力检测、状态检测以及数量、长度等参数的变化做出相应的输出控制动作；具有完善的保护措施和参数、信息显示功能；对控制动作复杂的自动化生产线，应要求控制系统有自诊断与报警功能。

二、复杂机械设备电气测绘的基本分类

根据工作任务的不同，所进行的电气测绘的方式和范围也不尽相同，在实际工作中应根据实际情况做出适当选择。

1. 整体测绘

为进行电气维护和整理技术资料等工作的需要而进行的对电气控制系统的测绘称为整体测绘。比如，在实际工作实践中，有时需要面对无任何技术资料，且该设备在企业中的地位也比较重要。这时，就应当在设备的基本状态比较完好的情况下，对该设备进行一次全面的电气测绘，即整体测绘。

2. 局部测绘

为了维护和技术改造的需要，应对电气控制系统作局部测绘。

对实际维护工作中遇到的技术资料部分缺损或变更后技术资料不准确的情况，通常只是有目的地对某一部分或某个环节进行测绘，以满足维护和技术改造的需要。

从实际测绘的需要来看，第二种测绘方式在实际工作中遇到的比较多，整体测绘的情况相对较少。但无论哪一种测绘都应当注意以下几点：

1）要根据设备的实际情况，包括控制方式、元器件型号与规格等信息，真实地进行记录和绘制，即使认为有诸多不先进或不合理的地方，也应当如实记录。因为这可能是获得该设备原始资料的唯一方法和最后机会，是今后进行维护和技术改造的基本依据和论证材料。应当完全杜绝在测绘时夹杂个人意志和愿望以及不尊重事实的行为。

2）测绘后要求保留较完整的技术资料，主要是：电气系统接线图、电气控制原理图、电气控制原理说明书（其中包含主要电气技术参数的调试记录）并附电气元器件明细表。

3）测绘完成后要按照原出厂方式整理好被测绘的电气设备控制箱和设备出线情况，全面恢复设备应有的使用功能和运行状态。另外，还要配合测绘完善缺损和不清楚的电气标识和编号，消除测绘中发现的电气缺陷和隐患，并对修改做好记录。最后，写出测绘总结，将整理好的完整技术资料一起存档。

4）对局部测绘完成后不能实施修复和功能恢复的，要根据测绘结果提出技术改造的实施方案。

通常所说的测绘，是指对电气设备硬线逻辑的测绘，主要用于指导设备的维护，一般不提倡对电气控制设备的软件部分进行测绘。此外，对电子电路板的测绘，只对其外特性和外部功能，也就是说对其输入、输出的要求和功能进行测绘，一般也不要求对电路板的布线进行测绘。如果这样做，其结果往往是事倍功半，因为即使测绘出了电路原理图，也可能因为某些元器件的损坏而使原电路板无法继续使用。

三、复杂机械设备电气控制系统的测绘

下面，这里通过一个实例对电气控制系统的测绘进行展开。要进行测绘的实例是一个生产于20世纪末的自动化生产线，一台轻工机械中对产品进行清洁、干燥的设备。其中心控制部件为PLC，用于实现主要控制逻辑的处理；同时该系统又具有一定规模的继电器、接触器硬线逻辑以及自动化仪表、传感器等与之相配合，其整体电气控制系统颇具代表性，又能体现出一定的复杂性和先进性。

图3-1所示为该电气控制系统3号柜的控制面板，从面板的布置和内容来看，其具有自诊断报警、温度记录、温度调节、手动/自动控制等功能。其控制系统的复杂性可见一斑。

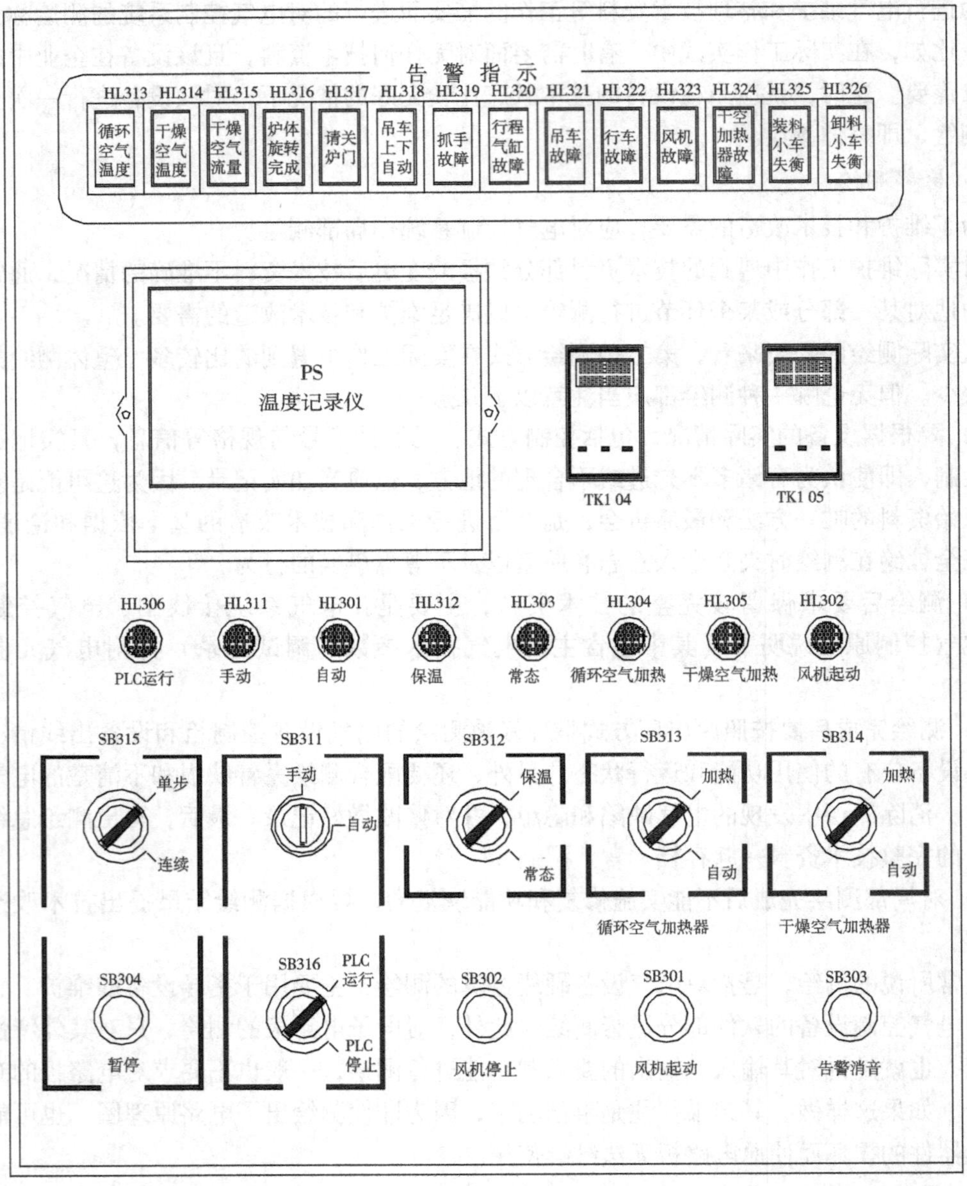

图3-1　3号柜的控制面板

1. 分析和了解被测绘设备的主要组成部分

该设备主要由以下部分组成：

（1）炉体 产品清洁、干燥的主体，其中有两种热空气在炉体内循环：一种是循环空气，用于产品外部干燥；另一种是干燥压缩空气，用于产品内管路的清洁、干燥。炉体每半小时旋转一次，同时进行产品的进出。

（2）装料吊车 用于在装料位对干燥产品进行吊装。

（3）卸料吊车 用于在卸料位对干燥完成的产品进行吊装。

（4）行车 往返于上料位、炉门、和卸料位，由于运送产品。

（5）行进气缸 分为炉体旋转行进气缸，月于炉体旋转；装料行进气缸，用于将待加工的产品推向行车，并将空的吊笼从行车上拉下；进出炉行进气缸，用于产品的进炉和出炉；卸料行进气缸，用于将干燥完毕的产品从行车上拉下来，同时将空的吕笼推向行车。

（6）循环空气通风机 用于完成将加热的空气在炉内循环。

（7）循环空气加热器 用于加热循环空气。

（8）干燥空气加热器 用于干燥压力空气的加热。

（9）电气控制柜 该设备共设置6只电气控制柜，其中主控柜为1号、2号、3号柜，4号、5号、6号为现场按钮站。

1号柜称为电气柜，装设电气总开关、电压表、电流表，以及各主要负载的交流接触器等；2号柜称为加热柜，装设循环空气和干燥空气加热器的调控设备；3号柜称为控制柜，装设PLC、按钮、仪表、报警显示以及硬线逻辑继电器。1~3号柜放置在设备的旁边，4~6号柜分别放置在各个控制现场。其中4号柜在装料位；5号柜在卸料位；6号柜则放在炉门前。

测绘前对所要测绘的设备的基本情况进行了解是非常必要的，也是可以实现的。因为此时即使还不能对其电气控制电路有一个清晰的了解，但是对设备的控制方式和主要组成还是可以大概了解的，这对以后的测绘工作具有重要的指导意义。

2. 根据测绘任务要求，绘制被测绘设备的电气接线图

这是实施测绘的第一步，在本例中将重点对1~6号柜的电气布置分别展开测绘，其中1~3号柜将是测绘的重点。下面分步骤对该实例进行测绘，本次测绘为整体测绘。

（1）预备知识——电气控制电路的回路标号方式 要画出电气接线图，首先要明确现行国家标准对电气控制电路回路标号的基本规定，目前电气控制电路的回路标号有两种基本方式，分别是等电位标号法和相对标号法。

等电位标号法是指在接线端子处只注明它所连接对象在二次回路中的回路编号，不具体指明所连接的设备，它是按等电位原则编制的。在这种回路编号方式中，所有相同标号的线路和导线都是等电位的，即一般把具有相同标号的导线称为“一根线”。

相对标号法就是在每个接线端子处标明它所连接对象的编号，以表明两者之间相互连接关系的一种方法。此种方式中，在某一元件端子上所连接导线上标识的含义为导线另一端的元件端子的标号。

从两种方式的特点来说，等电位标号法更容易进行电路控制关系的分析和识读，因此应用较多；但就电气控制电路的测绘而言，采用相对标号法更容易实现。因为测绘时首先要面对元件，在原理图未画出之前，线路标号的意义不大。弄清各个元件接线端的连接去向，才

能进一步画出电气原理图。所以采用相对标号法，测绘时思路更为清晰。在本例中，将以相对标号法进行展开。在相对标号法方式下，对元件的标识，应遵循以下原则：

1）对于设备标有接线端子代号的，编制电气技术用文件时应采用设备标注的接线端子代号。即对被测绘设备的某个部件或元件的接线端已有标称代号的，测绘时采用其自身标号就可以了。

2）对于无接线端子代号的接触器、继电器，其端子代号的编制方法如下：

① 单绕组线圈接线端子代号的编制。线圈有两个接线端子，端子代号为 A1 和 A2，如图 3-2 所示。

② 双绕组线圈接线端子代号的编制。第一绕组的端子代号为 A1 和 A2，第二绕组的端子代号为 B1 和 B2，如图 3-3 所示。

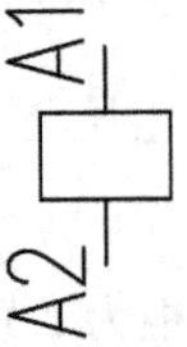

图 3-2 单绕组线圈接线端子代号

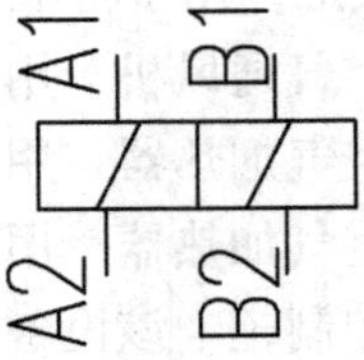

图 3-3 双绕组线圈接线端子代号

③ 主电路接线端子代号的编制。主电路接线端子代号采用一位数字来标志，如图 3-4 所示。断路器、隔离开关、熔断器的主电路接线端子代号也可采用本方法编制。

④ 辅助电路接线端子代号的编制。辅助电路接线端子代号采用二位数字来编制，其规则如图 3-5 所示。

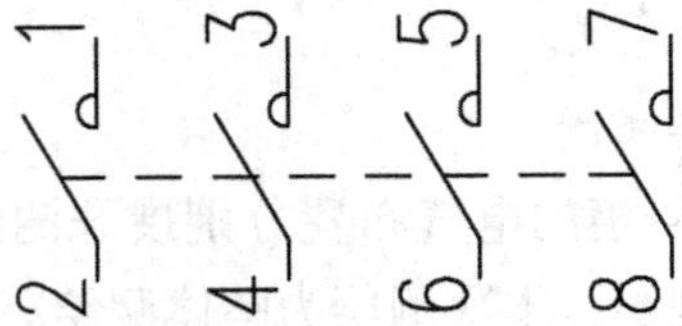

图 3-4 主电路接线端子代号

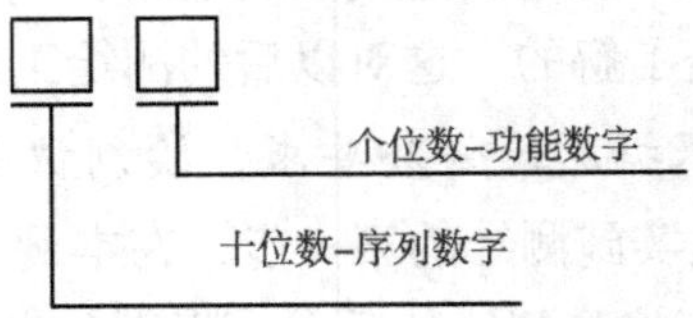

图 3-5 辅助电路接线端子代号

a. 个位数（即功能数字）。如图 3-6 所示，功能数字 1、2 表示动断触头；3、4 表示动合触头，1、3、4 表示带转换触头的辅助电路中的接线端子代号；5、6 表示带特殊功能动断触头（例如延时）的接线端子代号；7、8 表示带特殊功能常开触头（例如延时）的接线端子代号。

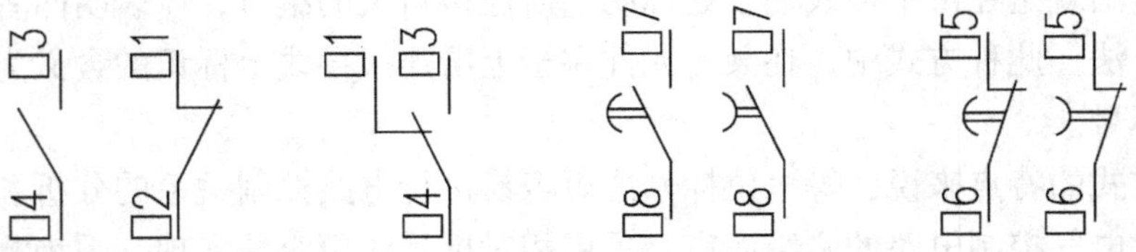

图 3-6 辅助电路接线端子代号的功能数字

b. 十位数（即序列数字）。属同一触头的接线端子的序列数字相同；同一元件的所有触头具有不同的序列数字。示例如图 3-7 所示。

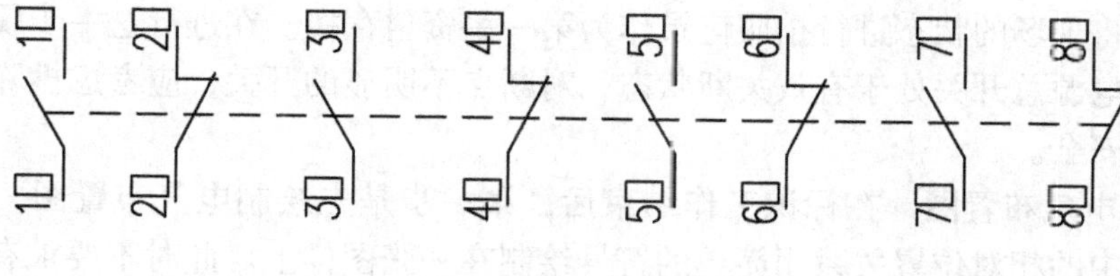

图 3-7　辅助电路接线端子代号的序列数字

辅助电路接线端子代号的编制示例如图 3-8 所示。

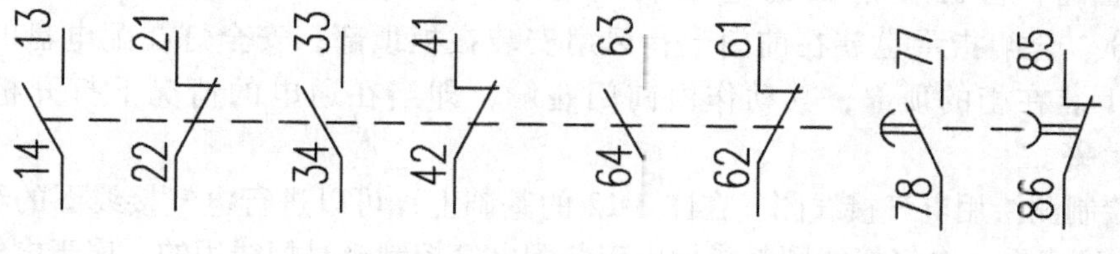

图 3-8　辅助接线端子序列编号实例

3）对于无接线端子代号的热继电器，其端子代号的编制方法如下：

① 主电路接线端子代号采用一位数字来表示，如图 3-9 所示。

② 辅助电路接线端子代号的编制如图 3-10 所示。

4）对于无端子代号的简单元件，可以采用一位数字来表示。比如风扇、信号灯等，其起端为 1，末端为 2，如图 3-11 所示。

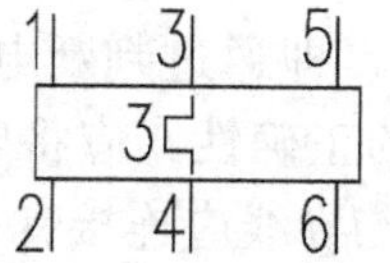

图 3-9　热继电器主电路接线端子代号

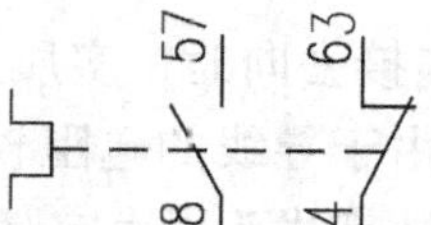

图 3-10　热继电器辅助电路接线端子代号

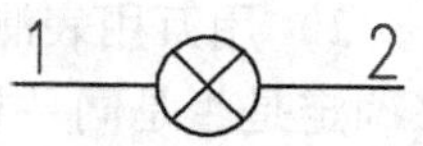

图 3-11　简单元件

（2）测绘前带电情况下基本电气参数的测量　如果被测绘的设备是可以通电的，测绘前应首先将能够测量确定的电气参数尽量多地记录下来，其中包括电压等级、极性，以及各种开关的通断状态等。对可以通电动作的部分应验证其动作的功能，包括起动、停止、方向、速度等；对于仪器、仪表，应在通电的情况下察看其设定值；对同一元件在同样通电情况下所显现的不同表象，均应做好记录。以上基本参数是珍贵的第一手资料，一定要认真做好，以便在今后的绘制原理图和设备维护时作为依据。

（3）对被测绘设备的电气控制箱内的元件和现场元件及部件根据前面的要求做好标识　在通电测量完成后，将进行实际测绘工作的第一步，对电气控制箱和设备现场的元件和部件以及连接线缆等进行必要的标识，这是绘制电气接线图的前期基础工作，必须认真做好，以保证测绘工作的有序进行。在做标识时，对原标识清晰、完整的设备，原则上应遵循其原有标识，只对某些不完整或不清晰的地方做必要的补充；但对原标识根本看不清，或经过长期的过度维修导致原标识已不成体系时，可以全面重新标识。如有条件，在标识前，可使用数码相机将现场的状态进行拍照记录作为第一手资料存档。在进行这一步骤时，应确保被测绘设备的电源总开关处于有效关断状态，对断点不明显的开关，应考虑拆除电源线，以确保测绘时的安全。

（4）绘制电气布置图　在标识工作结束后，第一步是先绘制电气布置图，即把各种元器件在控制箱中的相对位置关系用简单的符号绘制在一张图样上。此时不要求有精确的尺寸和严格比例，但一定要全面，不得遗漏。图3-12（见文后插页）所示为本例中1#柜的元件布置图。

图3-12中，由于受到篇幅的限制其位置做了一点调整，其中电源总开关QF101的位置基本准确，但画在下面的电压表、电流表及其转换开关装在前门上；SB101、SB102及分、合闸指示也装在前门上；风扇安装在柜顶部；安全灯在配电盘的上部，其开关SQ101装在柜的顶部，其动作由前门碰触，即当在通电的情况下打开柜门时，安全灯点亮示警。

（5）绘制测绘用电气接线图　在图3-12的基础上，可以进行电气接线图的绘制了。从电气设计角度来看，电气接线图是指导电工装配电气控制箱时配线用的，属于电气配线的工艺图样，有了这张图，配线人员不必去读懂其电气控制原理，只要按照接线图就能完成装配。在电气测绘中电气接线图是用于完成绘制电气原理图的，它是完成电气控制原理图的基本工艺过程之一。因此，由于其作用的不同，画图的内容也有所不同，所以可称为测绘用电气接线图，或测绘接线图。

绘制接线图时每一个端子的接线都要准确无误、忠于事实，切忌凭感觉或联想而出现不应有的错误。测绘工作中应注意以下几点：

1）在测量每个元件接线端导线的连接去向时，被测导线的两端应当均处于拆线状态，以保证测量的正确性。

2）用万用表测量导线连接去向时，实质上是进行电阻测量，即通过判断电阻的大小，来确定是否是同一根线。但由于导线的电阻较小，为保证测量的正确性，应将电阻挡置于$R\times1$挡，并将表进行校零。数字式万用表应置于200Ω挡，表笔与导线应连接良好并待数字稳定后读数。一般不推荐使用二极管挡，因为能使该挡迅响的电阻值范围增大，影响测量的准确性。

3）测量时，为提高测量的准确性，万用表的表笔前端最好装设夹子，如表笔不够长，可以使用0.75mm^2以上的BVR导线加长过渡。工作时，可以两人配合工作，也可以一个人独自操作。操作时一边测量，一边做图。

4）整个测绘过程应分片有序地进行，测量完成一根线或一个元件后应立即将其恢复原位，以防引起混乱。

5）对测绘中遇到的开关元件，一定要准确判断其连接的常开、常闭触头的状态；且测量时开关两端的接线均应拆除，必要时还可以将开关拆开。

图3-13（见文后插页）所示为绘制完成的1号柜电气接线图。图3-13中，接线端子外联的电动机是考虑到本图是出现在教材上而画上去的，实际的测绘接线图只标注外接目标名

称即可，这样更方便读图，目标元件不必画出。因为真实测绘时读者会在现场看到外联电动机，因此就可以标出端子标号。但教学时是不在现场的，因此画出电动机，用以表达外联目标部件。

在绘制1号柜电气接线图时，应当注意各个元件的编号方式，体会在预备知识中讲到的原则，其中U0接线端子的标注方式就是遵循了设备本身自我标识的接线端子代号。编制电气技术用文件时应采用设备标注的接线端子代号的原则；其他无端子代号的元件分别按照主电路、辅助电路、常开触头、常闭触头的标号原则进行编号标识。

在本例的各接线图中，为了在有限的篇幅内表现更多的内容，在作图时，将元件的相互位置关系做了一定的调整，但不影响学习。在今后的实际工作中，测绘接线图时应尽量做到相对位置与尺寸的准确性，以方便今后识读。

接下来再以3号柜电气接线图为例，对测绘接线图的绘制方法进一步说明。3号柜在整个控制系统中被称为控制柜，是该设备电气控制的中心。该设备的主要电气控制逻辑的处理和调控输出都是在这里实现，因此其内容较多，接线关系复杂，并且与其他控制柜均有电气联系。但可以先不去管其复杂的控制逻辑是怎样实现的，先行测绘出该部分的测绘接线图。

首先画出元件布置图，然后只要逐根观察记录和测量每个元件的各个接线端子上接线的连接去向，测绘接线图也不难做出。

但由于其控制系统的确比较复杂，在处理这样的控制柜时，可采取按控制关系将其分割的方式进行，以使工作更具条理性，也容易实现，这也是实际工作中被常常采用的方法。经过对现场实物的初步观察，3号柜大致分为强电继电器逻辑控制部分和由PLC和仪表组成的弱电控制部分两部分。其中弱电控制部分中PLC的接线数量较大，而其他强电和仪表的接线数量与之相比大约各占1/2。这样，可将3号柜电气部分大致分为两部分来绘制。其中PLC部分根据其接线规模和功能，又分为主单元和扩展单元两个单元。据此，对3号柜，大致要画三张测绘接线图，即强电和仪表接线图（见文后插页图3-14）、PLC主单元接线图（见文后插页图3-15）；扩展单元接线图（见文后插页图3-16）。然后，参照1号柜的模式，先绘出元件布置图，然后画出测绘接线图。

其他电气柜相对3号柜就简单多了，如图3-17～图3-20所示。

（6）绘制电气控制原理图　如果说绘制测绘接线图可以说是“照猫画虎”的话，那么绘制电气控制原理图就有一定难度了。面对一个较为复杂的控制系统，元器件非常多，从哪里入手呢？答案是：在进行这样的工作时，一般会以主要控制电路为切入点进行展开。比如在本例中，就应以该设备的电气控制中心3号柜为切入点，以3号柜的电气元件为起始目标元件，随着测绘的进展向其他控制柜延伸。

1）观察3号柜电气接线图中的元件情况，确定控制电源的种类和功能。

在画电气原理图时，一般是在上、下两条电源线之间进行，如果有多种电源，也要一并弄清各个电源的种类和功能，然后按顺序排列。

通过观察3号柜电气接线图，可以发现，其继电器的控制电压有两种，一种是交流220V，一种是直流24V，并装有两只直流稳压电源。因此，应先弄清控制电源的基本情况。

按照先易后难的原则，先从交流220V电源开始寻找，一般情况下，在每个控制柜中都会有一组或一只断路器或熔断器作为控制电源的控制、保护环节。但未在3号柜中发现熔断

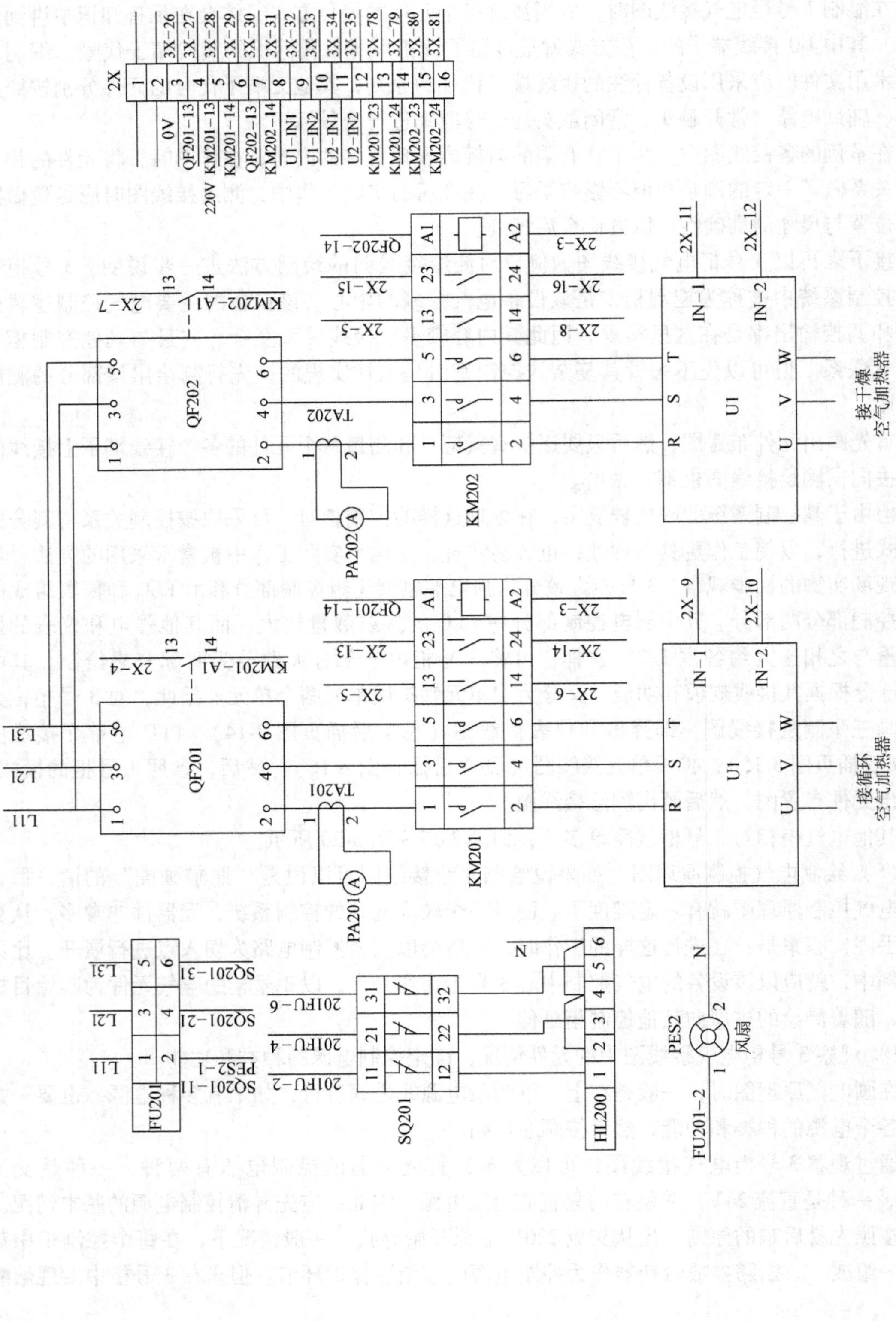
2X
1 2 3 4 5 6 7 8 9 10 11 12 13 14 15 16
0V
QF201-13
KM201-13
KM201-14
QF202-13
KM202-14
U1-IN1
U1-IN2
U2-IN1
U2-IN2
KM201-23
KM201-24
KM202-23
KM202-24
220V
3X-26
3X-27
3X-28
3X-29
3X-30
3X-31
3X-32
3X-33
3X-34
3X-35
3X-78
3X-79
3X-80
3X-81
QF202
QF201
TA202
TA201
PA202
PA201
KM202
KM201
2X-7
KM202-A1
2X-4
KM201-A1
QF202-14
QF201-14
2X-3
2X-15
2X-16
2X-13
2X-14
2X-5
2X-8
2X-6
L11
L21
L31
U1
R S T
U V W
IN-1
IN-2
2X-9
2X-10
2X-11
2X-12
接干燥空气加热器
接循环空气加热器
FU201
SQ201-11
SQ201-21
SQ201-31
PES2-1
201FU-2
201FU-4
201FU-6
SQ201
HL200
PES2
风扇
N
FU201-2

图3-17 2号柜接线图

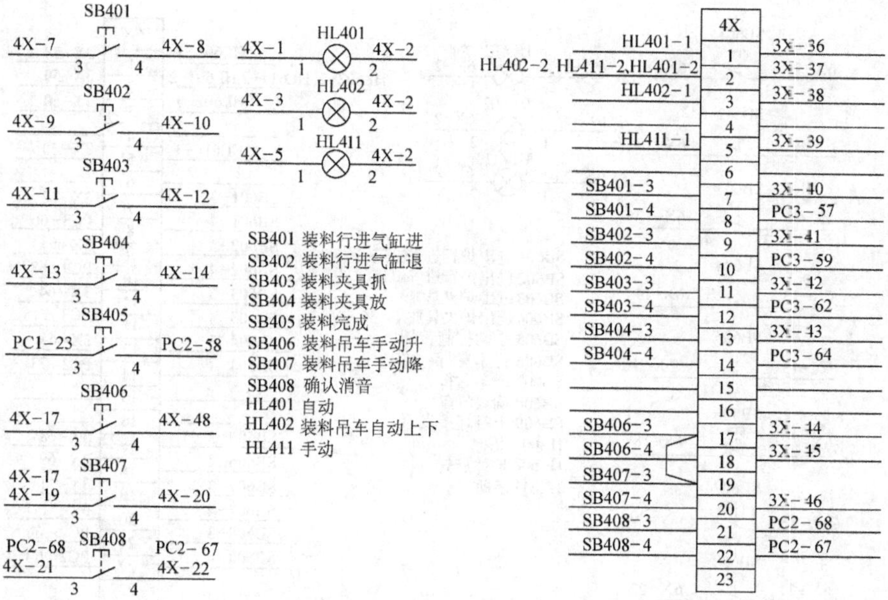

图 3-18　4 号柜接线图

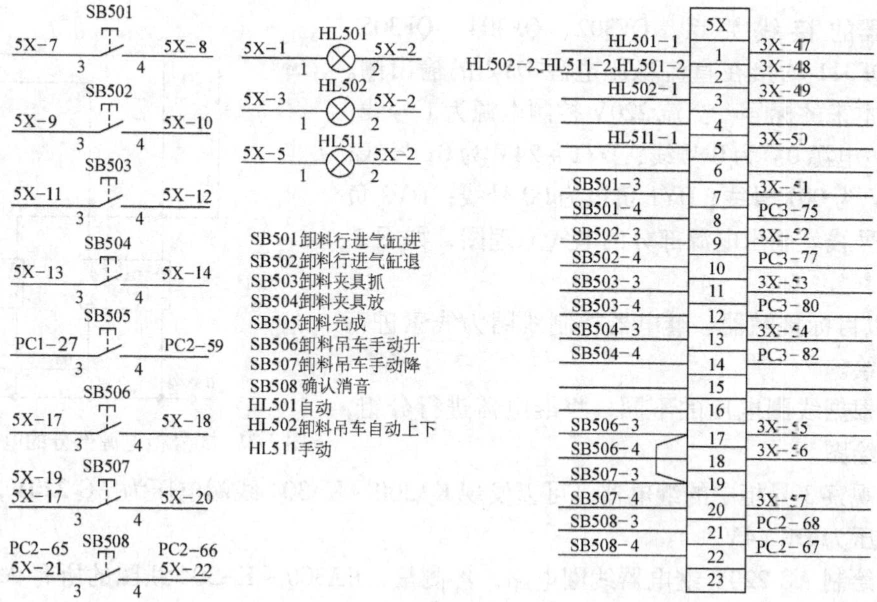

图 3-19　5 号柜接线图

器，只有断路器。通过进一步观察发现，QF301 从接线关系上有电源总开关的特征，其上端接本柜出线端子 3X-4，其下端接到了 QF303、QF306、QF307、QF309 的上端。而 3X-4 外联 1 号柜出线端子 1X2-2。查看已经完成的 1 号柜测绘接线图，此端子正是控制变压器 TC 的交流 220V 输出端。因此可以得出，3 号柜的交流 220V 控制电源来自 1 号柜。再进一步查看其

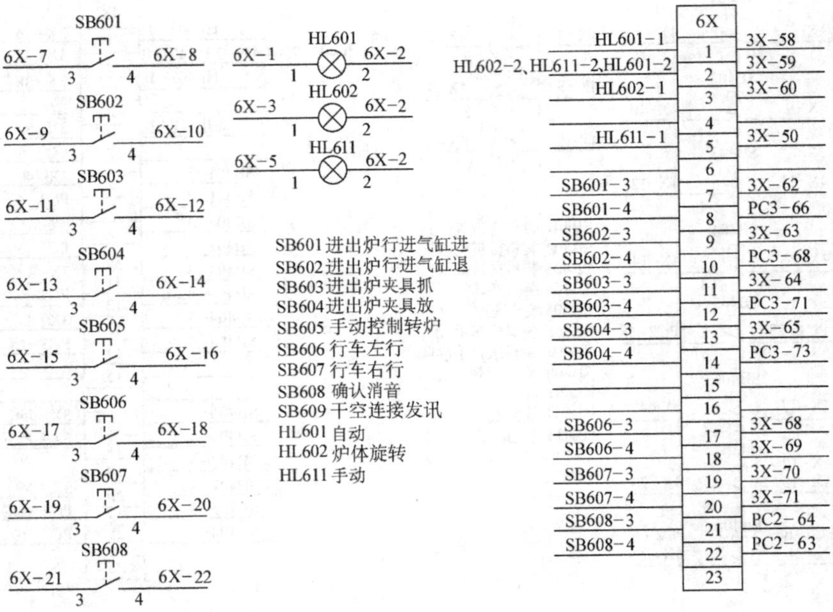

图3-20　6号柜接线图

他断路器的接线关系，QF302、QF304、QF305、QF308、QF311均接在直流稳压电源DY2的输出侧。按照设备本来的标号，交流220V控制电源为1号线；交流220V电源0V为0号线；DY1 +24V为01号线；DY2 +24V为001号线；DY1负极为00号线；DY2负极为000号线。画出电源部分的电气原理图，如图3-21所示。

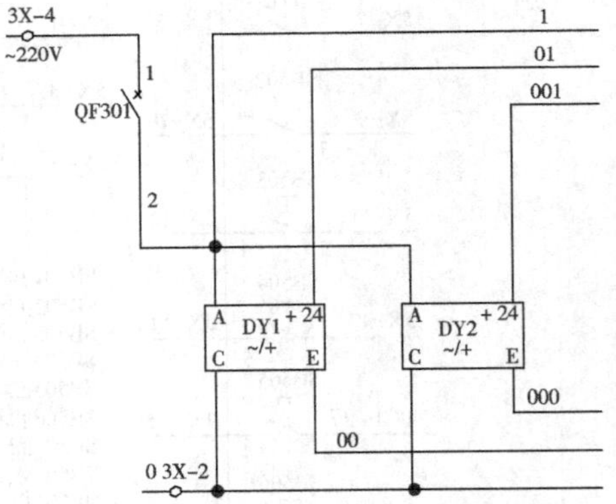

图3-21　3号柜电源部分的电气原理图

2）以目标接触器、继电器控制线圈为线索进行第二步测绘。

首先根据线圈电压的不同，将继电器进行分组，然后分别绘图。

通过观察3号柜中的继电器，可以发现KA300 ~ KA304线圈电压为AC 220V，其余继电器线圈电压为DC 24V。

先来绘制AC 220V继电器线圈电路，经测量，KA300 ~ KA304线圈的所有A2端是并联相接的，并且最终连接到控制电源的0V。其中，KA300标号的继电器共三只。按一般规律先将这些线圈画到原理图上，且其A2端均接0V。然后，再从KA300控制电路开始画起，查看接线图，KA300的三个A1端连接后接SB311-2，而SB311-1接DY1-A，即1号线。再看KA301，其A1端接的是TC105-22，是循环空气温度告警仪的输出继电器触头，从编号的文字看应当是个常闭触头的下端。一同查看TC105的接线图，发现其1端接到了QF303的2端，而QF303的1端接到了1号线上；TC105-2接到了0V。对此可以确定，QF303是TC105的电源开关。同时看到TC105-21接到了KA301-14和KA304-14，从标号看应当是两个常开触头，然后看到 KA301 和 KA304 的 13 端共同接到的 1 号线上，即 ~220V 端。用同样方式查看 KA302 ~ 304 的线圈接线图后，于是可以画出图 3-22。

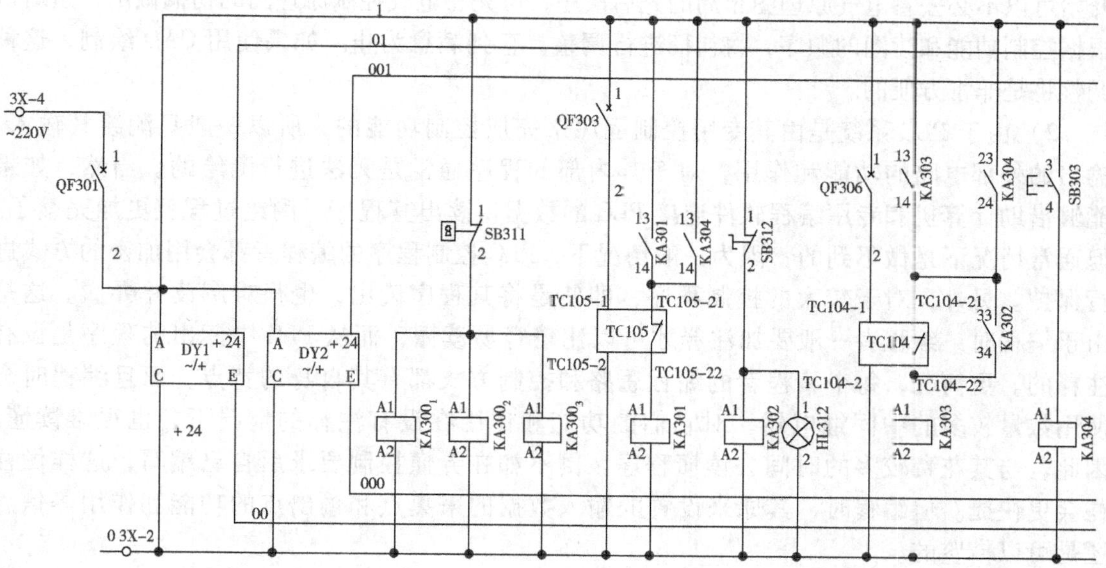

图 3-22　3 号柜部分原理图 1

3）以目标接触器、继电器的触头为线索进行第三步绘制。

刚才是以目标继电器的线圈为线索来绘制的，接下来，以已经画出的部分原理图中的继电器的触头为线索来继续绘制。先从 $KA300_1$ 的 13、14 开始，可以看到，$KA300_1$ 的 13 点接到了电源线 1 号线，即其触头上端“挂到了电源线上”，其 14 点分别接到了点 HL311-1 和 3X-39，其中 HL311-2 连到了控制电源 0V，即 0 号线上；而 3X-39 端子又连到了 3X-50、61 端。先看 3X-39，它连到了 4#柜的 4X-5 端子，再继续查看 4 号柜接线图，可以看到，它连接的是 HL411-1，而 HL411-2 接在 4X-2 端，此端又连回了 3X-37，再回到 3 号柜查看，3X-37 跨接到了控制电源的 0V，即 0 号线。按照同样方式，可以找到 3X-50、3X-61 的去向。通过重复上述过程，也可以将 $KA300_1$-11、12 的连接线路测绘出来，其原理图如图 3-23 所示。从第三步的测绘中，得到了多个不同电气柜之间的关联测绘，这是复杂电气控制系统测绘时经常会遇到的。

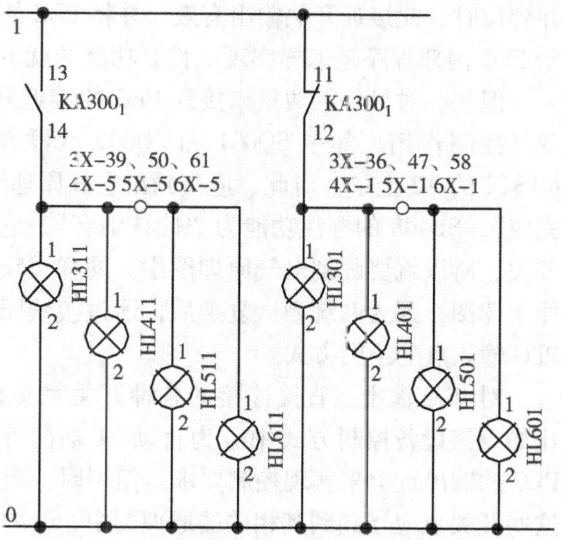

图 3-23　3 号柜部分原理图 2

（7）电气测绘的基本方式和一般原则小结

1）由于受篇幅的限制，这里仅列举了几个继电器作为目标元件进行测绘，在实际工作中，可以将整个柜子的所有继电器、接触器、电磁阀等目标元件的线圈一并列出与各自的电源线之间一起展开，这样做效率会更高。

首先以线圈两端为线索，逐个展开测绘。然后，再以其触头为线索，逐个进行测绘。一开始可以不必去管电气原理图布局的先后次序，可先将电气控制原理图的初稿做出，然后再根据控制功能和读图的顺序，将初稿进行调整，直到满意为止。如果使用CAD绘制，这种调整将是非常方便的。

2）由于PLC系统是由其专用控制程序来完成控制功能的，所以一般只测绘其输入、输出的外部电路的功能和作用，对于其内部的程序通常是无法进行测绘的。当然，如果能够借助计算机和专用编程软件连接PLC的数据口读出其程序，测绘过程就更加完整了。但通常情况下是做不到的，因为一般情况下，PLC控制程序的编程者都会用加密的方式进行保护。另外，对于较大的控制程序，即使是将其程序读出，也很难解读并弄懂。这是由于编程时，编程者一般要加注释才可以比较容易读懂，而从PLC中读出的程序是没有注释的。更何况，每个编程者的编程思路和控制方式都有其自身的特点，而且编程时会使用数量较多的中间继电器，对它们的功能和作用在没有注释的情况下，也很难读懂。因此，与其花费较多的时间去读懂程序，倒不如在弄懂控制要求后自己编写，这样做往往会更快捷。但编程时，其原来设置的输入数据的采集点和输出点的功能和作用等信息还是可以借鉴的。

3）对PLC输入、输出的测绘方式是不同的。因为测绘的最终目的是读图。所以只要直接连到PLC的输入点不是手动操作开关（比如接近开关等），只将其画到PLC的接线图上就可以了。这样，在维护时完全可以读懂它所表达的功能。其他继电器和手动操作开关的触头则应画到电气原理图中，以方便读图，因为在原理图中表达控制功能比较清晰、方便。但对于PLC的输出点则均应当画到其相关的控制原理图上。

比如，在PLC主单元接线图（见图3-15）中，总共使用了28只接近开关，其中26只直接接到了PLC的输入点，对此，只将其画到接线图上即可。只要能了解其输入点的作用也就够了，不必去管PLC内部程序是怎样实现的。例如在PLC主单元接线图中看到的接近开关SQ412，其标注的功能为“进炉行进前限”，只要知道进出炉行进气缸把冷料推进炉内并到位时，此接近开关输出有效，并将PLC的输入点X412的输入指示灯点亮就可以了，至于PLC内部程序是怎样实现此控制功能的就不必管了。

但是，对另外的两只未接到PLC的接近开关，就要将其画到电气控制原理图中，以体现其控制作用。其中SQ001和SQ002就没有接到PLC的输入点，而是接到了KA311和KA312的A2上了，对此，应当画出它的原理图。在4号柜中，SB405的标注功能为“装料完成”，SB408的标注功能为“确认消音”，它们也都接到了PLC的输入端，但它们是手动开关，所以就要画到电气原理图中。同样，5、6号柜也这样处理。这样做的目的就是为了便于读图，因为系统稍微复杂后，通过接线图分析原理则是不清晰的，请参看图3-24中对PLC输入点的绘图方式。

对PLC输出点直接连接的各种开关触头和负载，根据上述原则，也应画到原理图中。比如，该设备控制方式中分为自动/手动两种方式，对于容量较小的电磁阀就直接接到了PLC的输出点上来实现控制要求。但同时，因调整等需要，该系统还设计了手动控制开关，这些开关也应当画到其相关的原理图中。

4）尽管控制用的开关、显示等元件按照用途不同分布在不同的电气柜中，但绘制电气

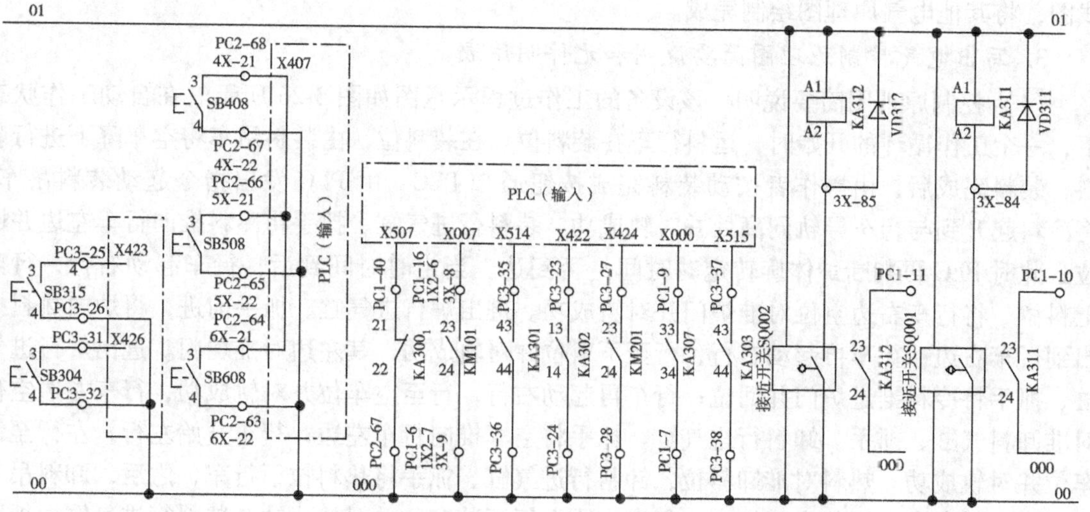

图3-24 3号柜部分原理图3

原理图时，为了读图的方便应当将它们画到一张图上，并在连接处标明连接端子代号。

根据上述方式和原则，经过实际测绘，可以画出图3-25所示的3号柜部分原理图。

在图3-25中，点画线框中Y442就是PLC的输出触头，与其并联的支路就是手动操作开关回路。其中，$KA300_2$-53、54点在3号柜内，而SB401-3、4点却在4号柜中，它们通过接线端子3X-40、4X-7和PC3-57、4X-8进行连接。用这种方式做出的原理图比较容易读识。

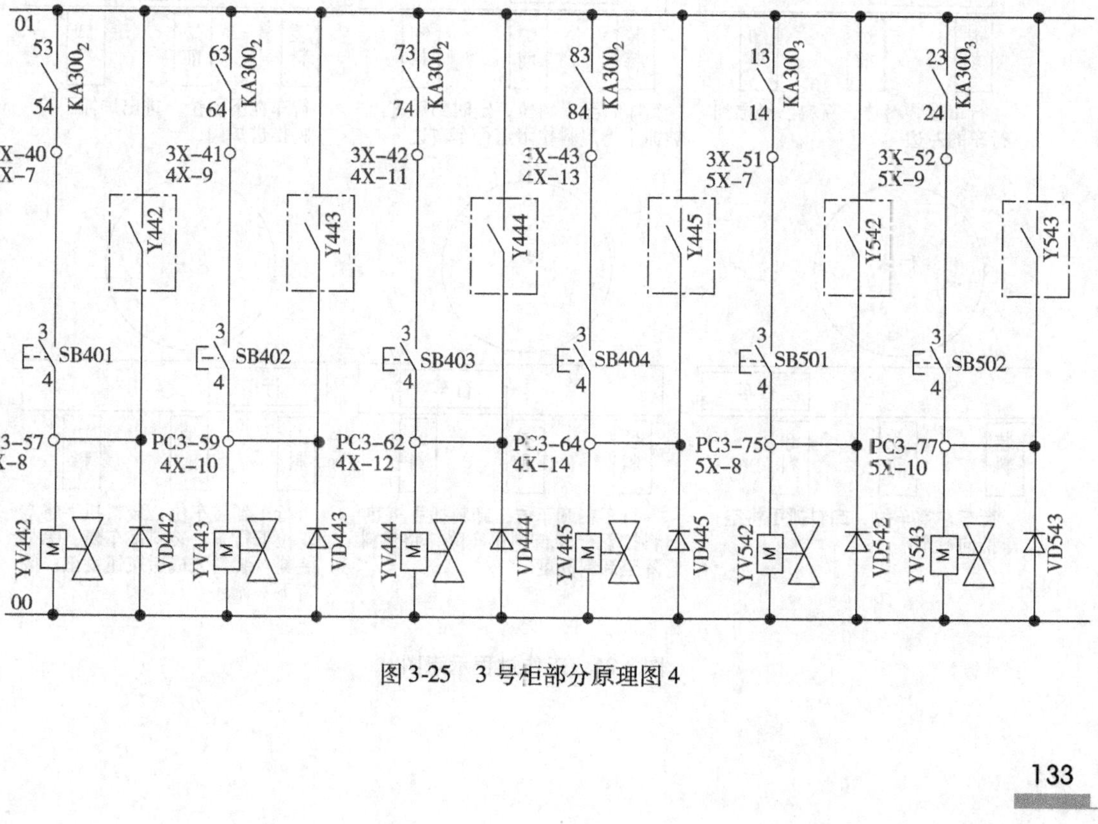

图3-25 3号柜部分原理图4

对于更多的原理图，在此就不一一举例了，读者可以参照上述方式和原则，根据测绘接线图，将其他电气原理图绘制完成。

3. 写出电气控制原理图简要说明和元件明细表

(1) 控制原理图简要说明　该设备的工作过程示意图如图3-26所示。在自动工作状态下，一个工作循环的开始时，运料行车在装料位。在装料位，由装料吊车将空车降下进行装料，装料完成后，由操作者按动装料完成按钮通知PLC，由PLC发出指令起动装料吊车，将冷料起升到与行车导轨同高处并对轨成功。装料行进气缸、抓手将冷料推向行车左边并回位；此时PLC再判断炉体旋转定时时间是否到达。当定时时间到后，行车起动右行，行至上料位，将行车右边空位对准炉门并对轨成功。进出炉行进气缸、抓手前进，将炉内热料拉出到行车右边；行车再起动右行，行至下料位并对轨成功，其左边对准炉门。进出炉行进气缸、抓手将冷料推进炉门并回位；行车再起动右行，行至空车位并对轨成功，行车左边空位对准卸料气缸、抓手。卸料行进气缸、抓手将空车推向行车左边；行车开始左行，左行至卸车位并对轨成功，热料对准卸料位，卸料行进气缸、抓手将热料拉下行车，之后，卸料吊车降下到卸料高度，进行人工卸车；行车再次左行至装车位并对轨成功，装料行进气缸、抓手将空车拉下行车装料，并起动装料吊车下降，开始人工装料，然后等待下一个循环。

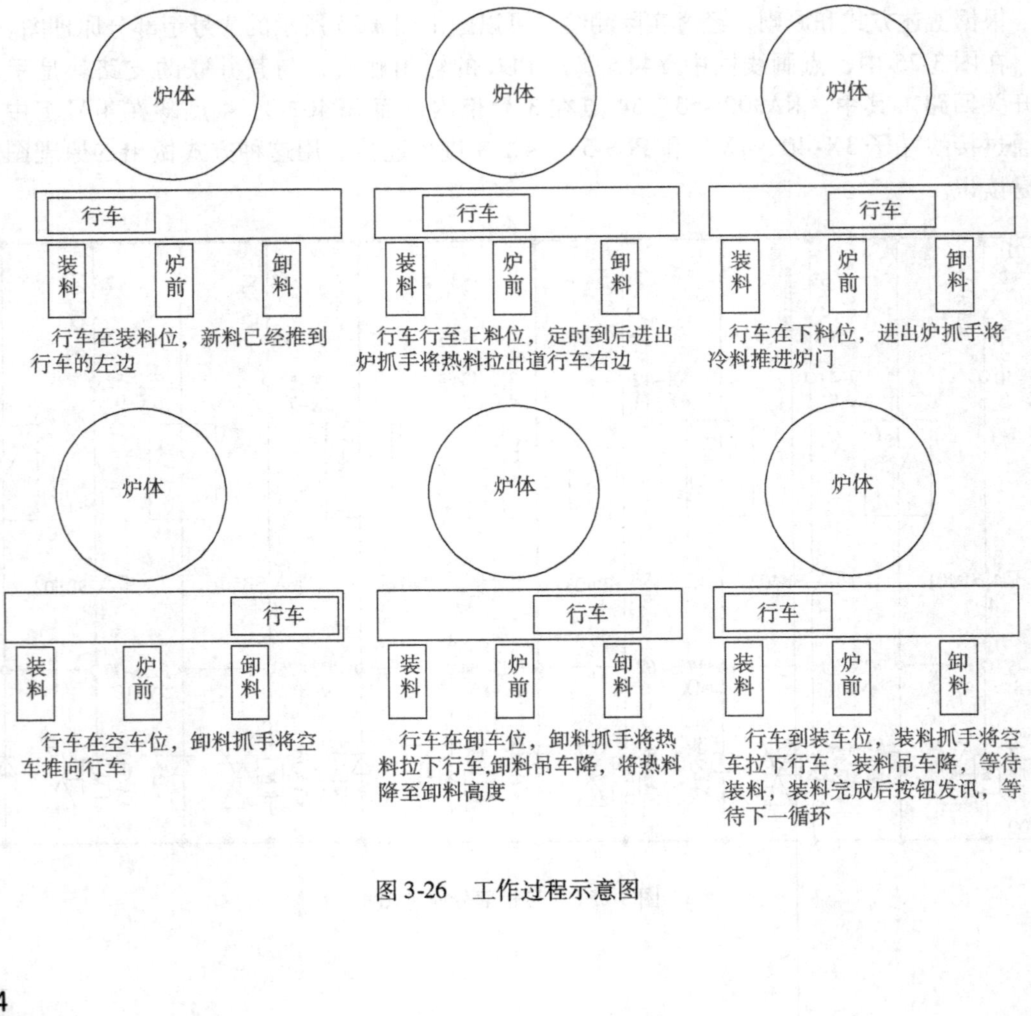

图3-26　工作过程示意图

正常工作时，设备处于自动状态，此时 KA300 断电，由 PLC 发出定时信号，每 30min 炉体旋转一次，此时也进行出热料和进冷料一次。系统设有循环空气和干压空气的温度报警和干压空气的流量报警。设备起动时先起动循环空气风机电动机，然后起动循环空气加热器。然后起动干燥压缩空气进气阀，待流量稳定后，起动干压空气加热器。系统经过冷起动后，待炉内温度达到一定值时，起动自动循环和温度报警。

温度告警仪 TC104、TC105 初次上电时，可通过其内部触头将报警中间继电器 KA301、KA303 线圈接通。因为此时温度还未升到正常值，属设备起动期，报警仪不报警。经延时一段时间后，温度升高后，转入正常报警功能。但此时 KA301、KA303 已经得电吸合，表明温度正常。

为了调整方便，系统设置了 PLC 的单步/连续两种运行方式，此功能是由 PLC 的内部控制程序完成的。其原理是使用了三菱 PLC 的步进指令，在单步运行时，其状态就不转移，等待下一条指令。

本系统还设置了一些自诊断报警功能，比如，行程气缸故障，它是通过一个 PLC 内部定时器来实现的。此定时器与气缸一同起动，如果在规定的时间内气缸行进到位，则报警被屏蔽，否则，就输出行程气缸故障报警。

未尽的电气原理说明，请读者待完成全部原理图后，可自行分析。

该控制系统的温度的采样与测控部分因篇幅限制此次略去。

（2）元件功能（见表 3-1）和元件型号规格（见表 3-2）

表 3-1 元件功能

序号	名称	功 能	型 号	序号	名称	功 能	型 号
1	SB301	风机起动	LAYIA-11	15	SB405	装料完成	LAYIA-11
2	SB302	风机停止	LAYIA-11	16	SB406	装料吊车手动升	LAYIA-11
3	SB303	报警消音	LAYIA-11	17	SB407	装料吊车手动降	LAYIA-11
4	SB304	暂停	LAYIA-11	18	SB408	确认消音	LAYIA-11
5	SB311	手动/自动	LAYIA-11	19	SB501	卸料行进气缸进	LAYIA-11
6	SB312	保温/常态	LAYIA-11	20	SB502	卸料行进气缸退	LAYIA-11
7	SB313	循环空气加热器	LAYIA-11	21	SB503	卸料夹具抓	LAYIA-11
8	SB314	干燥空气加热器	LAYIA-11	22	SB504	卸料夹具放	LAYIA-11
9	SB315	单步/连续	LAYIA-11	23	SB505	卸料完成	LAYIA-11
10	SB316	PLC 运行/停止	LAYIA-11	24	SB506	卸料吊车手动升	LAYIA-11
11	SB401	装料行进气缸进	LAYIA-11	25	SB507	卸料吊车手动降	LAYIA-11
12	SB402	装料行进气缸退	LAYIA-11	26	SB508	确认消音	LAYIA-11
13	SB403	装料夹具抓	LAYIA-11	27	SB601	进出炉行进气缸进	LAYIA-11
14	SB404	装料夹具放	LAYIA-11	28	SB602	进出炉行进气缸退	LAYIA-11

(续)

序号	名称	功能	型号	序号	名称	功能	型号
29	SB603	进出炉夹具抓	LAYIA-11	48	HL317	请关炉门	ND1 信号灯光字牌/AC220V
30	SB604	进出炉夹具放	LAYIA-11	49	HL318	吊车上下自动	ND1 信号灯光字牌/AC220V
31	SB605	手动控制转炉	LAYIA-11	50	HL319	抓手故障	ND1 信号灯光字牌/AC220V
32	SB606	行车左行	LAYIA-11	51	HL320	行程气缸故障	ND1 信号灯光字牌/AC220V
33	SB607	行车右行	LAYIA-11	52	HL321	吊车故障	ND1 信号灯光字牌/AC220V
34	SB608	确认消音	LAYIA-11	53	HL322	行车故障	ND1 信号灯光字牌/AC220V
35	SB609	干燥空气连接发讯	LAYIA-11	54	HL323	风机故障	ND1 信号灯光字牌/AC220V
36	HL301	自动	XD8-220（绿）	55	HL324	36kW 加热器故障	ND1 信号灯光字牌/AC220V
37	HL302	常态	XD8-220（绿）	56	HL325	装料小车失衡	ND1 信号灯光字牌/AC220V
38	HL303	保温	XD8-220（绿）	57	HL326	卸料小车失衡	ND1 信号灯光字牌/AC220V
39	HL304	循环空气加热	XD8-220（绿）	58	HL401	自动	CJK22-DP/AC220V
40	HL305	干燥空气加热	XD8-220（绿）	59	HL402	装料吊车自动上下	CJK22-DP/AC220V
41	HL306	PLC 运行	XD8-220（绿）	60	HL411	手动	CJK22-DP/AC220V
42	HL311	手动	XD8-220（红）	61	HL501	自动	CJK22-DP/AC220V
43	HL312	保温	XD8-220（红）	62	HL502	卸料吊车自动上下	CJK22-DP/AC220V
44	HL313	循环空气温度	ND1 信号灯光字牌/AC220V	63	HL511	手动	CJK22-DP/AC220V
45	HL314	干燥空气温度	ND1 信号灯光字牌/AC220V	64	HL601	自动	CJK22-DP/AC220V
46	HL315	干燥空气流量	ND1 信号灯光字牌/AC220V	65	HL602	炉体旋转	CJK22-DP/AC220V
47	HL316	炉体旋转完成	ND1 信号灯光字牌/AC220V	66	HL611	手动	CJK22-DP/AC220V

表 3-2　元件型号规格

序　号	元件代号	名　称	规格及型号	单　位	数　量
1	QF100	塑壳断路器	DZ5-25 脱扣电流 10A	只	1
2	QF101	塑壳断路器	DZ10-600/336 脱扣电流 350A	只	1
3	QF102	塑壳断路器	DZ5-20/330 脱扣电流 10A	只	1
4	QF103	塑壳断路器	DZ5-20/330 脱扣电流 6.5A	只	1
5	QF104	塑壳断路器	DZ5-20/330 脱扣电流 6.5A	只	1
6	QF105	塑壳断路器	DZ5-20/330 脱扣电流 4.5A	只	1
7	QF106	塑壳断路器	DZ5-10/330 脱扣电流 4A	只	1
8	TA101 ~ TA103	电流互感器	LM-0.5 400/5	只	3
9	CA	电流转换开关	LH2/4	只	1

（续）

序　号	元件代号	名　称	规格及型号	单　位	数　量
10	CV	电压转换开关	YH2/3	只	1
11	PA101	电流表	59L19-A 450A	只	1
12	PV101	电压表	59L19-V 450V	只	1
13	FU101～FU102	熔断器	RL1-15 熔芯 4A	套	6
14	SQ101	行程开关	JW2-11 2/3	只	1
15	KM101	交流接触器	B9-30～220V，带 CA7-40E	只	1
16	KM102～KM109	交流接触器	B9-30～220V，带 CA7-01E	只	8
17	KM110～KM111	交流接触器	B9-40～220V，带 CA7-01E	只	2
18	KM112～KM113	交流接触器	B9-30-01～220V	只	2
19	TC	控制变压器	BK-1000 380/220V	只	1
20	SB101	合闸按钮	LAYIA-11（绿）	只	1
21	SB102	分闸按钮	LAYIA-11（红）	只	1
22	PES1	风扇	150FZY2-D	只	1
23	1X1、1X2	接线端子	D1	节	60
24	HL101	合闸指示灯	XD8-220（绿）	只	1
25	HL111	分闸指示灯	XD8-220（红）	只	1
26	HL100	维修安全灯	40～60W 白炽灯（带座）	只	3
27	SCR0	晶闸管调压装置	输出 10A 220V	套	1
28	QF201	塑壳断路器	DZ10-250/336 脱扣电流 250A	只	1
29	QF202	塑壳断路器	DZ10-100/336 脱扣电流 80A	只	1
30	KM201	交流接触器	B250 ～220V，带 CA7-10E	只	1
31	KM202	交流接触器	B85 ～220V，带 CA7-10E	只	1
32	TA201	电流互感器	LM-0. 5 300/5	只	1
33	TA202	电流互感器	LM-0. 5 100/5	只	1
34	PA201	电流表	59L19-A 350A	只	1
35	PA202	电流表	59L19-A 200A	只	1
36	PES2	风扇	150FZY2-D	只	1
37	U1	晶闸管调功器	ZJD-150，输入：3×380V/0～20mA	台	1
38	U2	晶闸管调功器	ZJD-45，输入：3×380V/0～20mA	台	1
39	SQ201	行程开关	JW2-11 2/3	只	1
40	2X	接线端子	D1	节	20
41	FU201	熔断器	RL1-15 熔芯 4A	套	3
42	QF301	塑壳断路器	DZ5-10 脱扣电流 4A	只	1

(续)

序号	元件代号	名称	规格及型号	单位	数量
43	QF302～QF310	塑壳断路器	DZ5-10 脱扣电流 1A	只	9
44	DY1	直流稳压电源	DFY-211	台	1
45	DY2	直流稳压电源	DFY-211	台	1
46	KA3001	中间继电器	3TH82 62-0A 线圈电压 ～220V	只	1
47	KA3002	中间继电器	3TH82 80-0A 线圈电压～220V	只	1
48	KA3003	中间继电器	3TH82 80-0A 线圈电压～220V	只	1
49	KA301～KA304	中间继电器	JZ02-44 线圈电压～220V	只	4
50	KA305～KA312	中间继电器	JZ02-44 直流 24V	只	1
51	SB301	按钮	LAYIA-11（红）	只	1
52	SB302～SB304	按钮	LAYIA-11（绿）	只	3
53	SB311	钥匙按钮	LAYIA-11Y	只	1
54	SB312～SB316	旋钮	LAYIA-11X	只	5
55	HL301～HL306	指示灯	XD8-220（绿）	只	6
56	HL311～HL312	指示灯	XD8-220（红）	只	2
57	HL313～HL326	指示灯	ND1 信号灯光字牌/AC220V	只	14
58	SQ301	行程开关	JW2-11B	只	1
59	HL300	维修安全灯	40～60W 白炽灯（带座）	只	1
60	FP1～4	配电器	DFP-2300	只	4
61	PE	干燥空气流量报警仪	XSJB	只	1
62	TK104、TK105	温度自动调节仪	CD401F	只	2
63	TC104、TC105	温度告警仪	XST	只	2
64	3X、PC	接线端子	D1	节	420
65	HL401～HL402	指示灯	XD8-220（绿）	只	2
66	HL411	指示灯	XD8-220（红）	只	1
67	SB401～SB408	按钮	LAYIA-11（绿）	只	8
68	4X	接线端子	D1	节	25
69	HL501～HL502	指示灯	XD8-220（绿）	只	2
70	HL511	指示灯	XD8-220（红）	只	1
71	SB501～SB508	按钮	LAYIA-11（绿）	只	8
72	5X	接线端子	D1	节	25
73	HL601～HL602	指示灯	XD8-220（绿）	只	2
74	HL611	指示灯	XD8-220（红）	只	1
75	SB601～SB609	按钮	LAYIA-11（绿）	只	9

（续）

序　　号	元件代号	名　　称	规格及型号	单　　位	数　　量
76	6X	接线端子	D1	节	25
77	4#、5#、6#柜体	控制柜箱体	JX1003 斜装式	台	3
78	301～335	控制电缆	KVVRP-C-0.75-3	根	35
79	201～202	电力电缆	VV0.6/1.0KV 3×95	根	2
80	101～103	控制电缆	KVVR-C-1-16	根	3
81	104	控制电缆	KVVR-C-2.5-4	根	1
82	336～338	控制电缆	KVVR-C-0.75-4	根	3
83	339～345	控制电缆	KVVRP-C-0.75-2	根	7
84	346～361	控制电缆	KVVR-C-0.75-2	根	16
85	362～363	控制电缆	KVVR-C-0.75-14	根	3

第二节　复杂机械设备的电气设计

如果说电气测绘是被动地去弄清被测绘设备的电气控制原理，那么复杂机械设备的电气设计则是主动地利用专业技能和知识积累，设计出功能完备、满足要求的电气控制电路。

一、复杂机械设备的电气设计方法

复杂机械设备电气控制电路设计方法有两种，即经验设计法和逻辑设计法。

（1）经验设计法　根据生产工艺的要求，利用各种典型电路环节，直接设计控制电路。这种设计方法比较简单，但要求设计人员必须熟悉大量的控制电路，具有丰富的设计经验。

（2）逻辑设计法　根据生产工艺的要求，利用逻辑代数来分析、设计电路。用这种方法设计的电路比较合理，特别适合完成较复杂的生产工艺所要求的控制电路。但是逻辑设计法难度较大，不易掌握。

这里将重点介绍经验设计法。

二、经验设计法的一般原则

用经验设计法设计控制电路时，应注意以下原则：

1. 应最大限度地实现生产机械和工艺对电气控制电路的要求

设计前，首先要调查清楚被控设备的生产工艺要求和电气控制要求。生产工艺要求一般是由机械设计人员提供的，但有时所提供的仅是一般性原则意见。这时，电气设计人员在满足机械设计人员要求的同时，还需要对同类或接近产品进行调查、分析与综合，然后提出具体的电气设计方案，征求机械设计人员意见后，作为设计电气控制电路的依据。

2. 在满足生产要求的前提下，控制电路应力求简单、经济

1）尽量选用标准的、常用的或经过实际检验过的电路环节。

要求设计者对经过实际检验且已经成熟的典型控制环节和控制电路非常熟悉，设计时能像堆积木那样熟练应用。这也是应用经验设计法所应具备的必要条件。

2）尽量减少或缩短连接导线的数量和长度。设计时应当将安装在一起的外接元件画在一起，这样可以减少控制柜出线的数量。图3-27a所示的原理图是不合理的，因为按钮在操作台上，而接触器在电气柜内。这样接线就需要由电气柜二次引出连接线到操作台的按钮上，所以一般都将起动按钮SB2和停止按钮SB1直接连接，这样就可以减少一次引出线，如图3-27b所示。

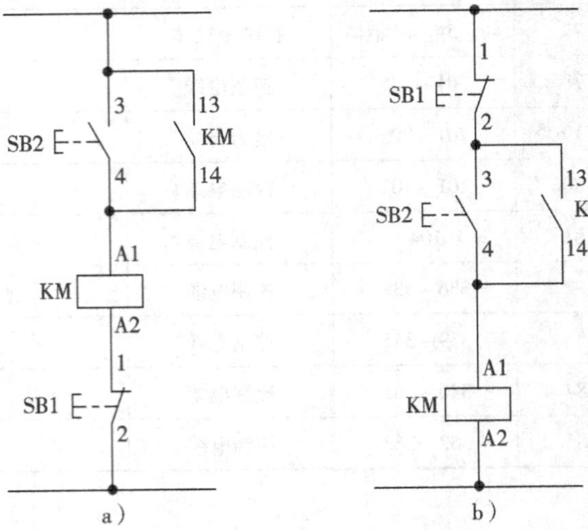

图3-27　如何减少控制柜出线的数量

a）不合理　b）合理

3）尽量缩减电器的数量，宜采用标准件，并尽可能选用同一型号。尽量选择同一型号和同一厂家的元件，这样在今后调试和维护中会非常方便。比如，现在一些引进技术生产的或进口的接触器，其辅助触头是可以组合，许多按钮的常开、常闭触头也是可以随意组合的。这样，使用同一型号的电气开关，在调试和维护中，接触器的辅助触头和按钮的常开、常闭触头的调换非常方便。另外，维修备件的准备也相对减少，使运行成本降低。

4）应减少不必要的电气接点或环节以简化电路。在满足控制要求的条件下，最简单的电路往往是最可靠的电路。环节越少，运行时发生故障的概率就越低。比如，对于电动机的控制，过去一般是在主电路上装设熔断器，然后是接触器、热继电器，然后是电动机。但现在基本上用断路器取代了熔断器。因为在实际维护中，由于熔断器熔芯更换的随意性，往往有时会造成电动机回路中三只熔芯不一致，因而容易造成电动机断相运行。用断路器取代熔断器时，选用带热保护且有辅助触头的断路器，就可以在省掉熔断器和热继电器。这样就会使得电路简化，故障率降低。如果选用电动机保护用断路器，效果会更好。目前名牌厂家生产的用于保护电动机的断路器，其热保护的整定值是比较准确的。

5）在控制电路的设计中，除非常必要外，尽量减少多处控制的数量，或尽量不采取多处控制，以提高可靠性。

6）控制电路在工作时，除必要的电器必须通电外，其余的尽量不通电以节约能源。

3. 保证控制电路工作的可靠性和安全性

为了保证控制电路工作可靠，应尽量选用机械和电器寿命长、动作可靠、抗干扰性能好的电器。在具体电路设计时应注意以下几点：

1）正确连接电器的触头。同一电器的常开和常闭触头应尽量接到同一电位的导线上，如果分别接在不同电位的导线上，如图3-28a所示，限位开关SQ的常开和常闭触头，由于不是等电位，当触头断开产生电弧时，很可能在两触头间形成飞弧而造成电源短路。此外开关的绝缘受损后，也会引起电源短路，并有可能引发维修触电事故。

如果按图3-28b方案接线，由于两触头电位相同，就不会造成飞弧，即使SQ绝缘损坏也不会引起电源短路。在设计和维护工作中，要有这样的概念，接到一个开关的导线，最好都应当是等电位的。比如在图 3-28b 所示的情况下，接到开关 SQ 的三根导线，无论怎样连接都不会出现电气短路，这对于维护有很大的方便性。比如在现场维护中发现 SQ 的接线全掉了，需重新接线。对于图 3-28b，可以随意地试着连接直到正确；但对于图 3-28a，麻烦可就大了，必须认真地进行测绘才可能完成，弄不好，还会造成电源短路。

2）正确连接电器的线圈。在电气控制电路中不能串联接入两个电器的电压线圈，如图 3-29 所示。即使外加电压是两个线圈额定电压之和，也是不允许的。因为每个线圈上所分配的电压值和动作的速度都是不一样的。分配到的电压与线圈阻抗成正比，动作的速度跟电器的大小有很大关系。两个电器如出现动作有先有后，不能同时吸合。则先吸合的一只因为磁路闭合，线圈的电感显著增加，因而在该线圈上的电压降也相应增大，从而使另一个接触器线圈的吸合电压达不到动作电压。因此两个电器需要同时动作时其线圈应该并联连接。

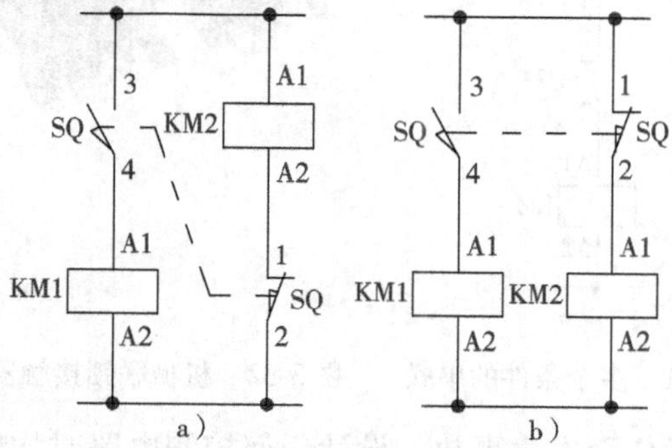

图 3-28　同一开关触头情况

a）不合理　b）合理

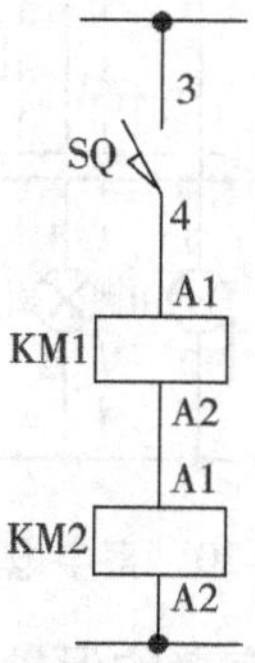

图 3-29　线圈串联情况

3）在控制电路中应避免出现寄生电路。在控制电路的动作过程中被意外接通的电路叫寄生电路。图 3-30 是一个具有指示灯和热保护的正、反向控制电路。在正常工作时，能完成正反向起动、停止和信号显示。但当热继电器 FR 动作时，该电路就出现了寄生电路，如图 3-30 中虚线所示，使正向接触器 KM1 不能释放。因为接触器的吸合电压要求较高，一般不低于额定值的 75%，但其吸合后保持电压却可以较低，一般可以小于或等于额定值的 60%，如果铁心表面有油污，50% 的额定电压也可能释放不了。

4）在电路中尽量避免许多电器依次动作才能接通另一个电器的控制电路。比如在图 3-31 中，接触器 KM 的吸合条件中有 5 个触头，但只有其中的 SB2 是动态的，其余均为静止条件。也就是说，在准备让 KM 吸合时，其余条件均已处于满足状态，如不满足，则本回路就有故障，而不是逐个操作或驱动其余条件。

5）在频繁操作的可逆电路中，正、反向接触器之间不仅要有电气联锁，而且要有机械联锁。此时可以选用具有机械联锁的接触器，这样的接触器往往成对制作，联锁的可靠性很高，如图 3-32 所示。

6）设计的电路应能适应所在电网的情况。根据电网容量的大小、电压、频率的波动范围以及允许的冲击电流数值等决定电动机的起动方式是直接起动还是间接起动。

一般电网电压质量较好的用电地点，10kW 以内的电动机可直接起动，15kW 以上的电动机应考虑减压起动，10～15kW 的电动机则要看起动负载确定。

7）对较大容量接触器线圈的驱动，要计算验证其驱动继电器触头断开和接通容量是否足够。应尽量选择容量较大的继电器，并留有余地，以防出现控制不可靠的问题。

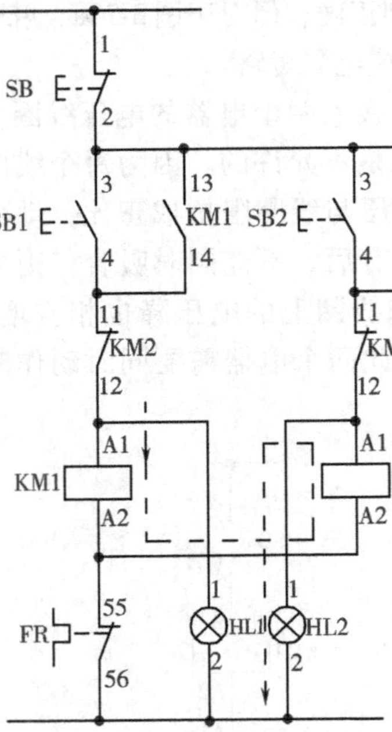

图3-30　寄生电路

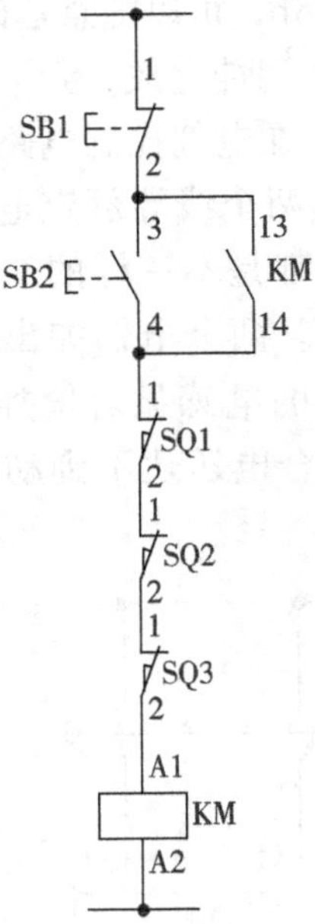

图3-31　多个条件的串联

图3-32　机械联锁接触器

8）应具有完善的保护环节，以避免因误操作而发生事故。设计任何控制电路时均应考虑在误操作情况下不应该出现设备和人身事故。在控制方案上，根据不同情况，可采取各种有效方式来达到这一目的。

① 通过顺序控制的方法避免误操作可能带来的问题。

从前面测绘的例子可以看到，在起动循环空气加热器前，必须先起动循环空气风机，这样可以避免加热器处于干烧的情况下温度过高而损坏。此时，控温装置的测温点一般不会在加热器附近，因而不能做出正确的调控。再比如，机械加工机床X6132型万能铣床，其主轴和进给的联锁控制，如果主轴不开，其工作台不能运行自动进给，只能手动调整。

② 通过零电压开关的方式避免误操作可能带来的问题。

比如，常见的机械设备Z35型摇臂钻床和CA6132型卧式车床等都是通过零电压保护的方式来避免误操作事故的。由于这种设备存在不能自动复位的手动操作开关，当工作中突然断电，一般情况下不能完全保证操作者均能将开关复位后离开，如果没有保护，一旦来电，设备将自行运转，而有可能引发事故。

③ 通过状态切换联锁避免误操作可能带来的问题。

对于电气控制中的各种工作状态，比如手动、自动，低速、高速，保温、加热，上升、下降等，均应设置有效的状态切换，从而保证各种工作状态的独立和稳定。

在前面测绘的例子中，如果设备工作在自动状态下，这时KA300均不得电，其开点全部打开，此时如错误地按下按钮，也不会执行，因为通过KA300的常开触头已经将手动回路全部切断。

④ 通过设置检修开关避免误操作可能带来的问题。

许多触电事故都是电气操作人员在进行设备维护时发生的，因此设计控制系统时应引起足够的重视。比如桥式起重机司机室的舱门处就设置了安全舱门开关，如果有维护人员登上车桥上面工作时，只要舱门一开，舱门开关断开，则电源总开关就自动切断，从而保护维护人员的安全。

9）对于较为复杂的自动控制系统，在满足控制功能的前提下，应考虑增加自诊断和故障与事故报警功能。在前面测绘的例子中，就设置了多种故障报警功能，这对于一个自动控制系统是必要的。它可以帮助维护人员及时发现故障，保证设备的正常运行。

4. 应尽量使操作和维护方便

操作方便和维护方便主要是体现在选择元器件的操作方式上和控制柜的结构方式上。一般应选择操作灵敏、动作可靠，并且动作幅度和操作力尽量小的元器件。

对于较大的设备，在设计时，应将电气设备控制箱中的操作机构和动作机构分开，比如手动操作开关和显示器件均安装于操作台上，接触器等动作元件置于电气箱中。

在电气设备控制箱的布局时，应考虑今后维护的便利性，元器件的安装位置不可过低，板前、板后均应独立开放。在有必要的地方，可以考虑增加电气参数测量点和维修断开点，以方便维修。

对在一个控制箱里使用较多而、动作比较频繁的元器件，比如继电器、接触器、小型断路器等，应当有 1 ~2 只备用元器件，以方便维护。

三、复杂机械设备的电气设计实例

在明确了上述原则后，接下来，可进行电气设计的实践。现通过一个实例，对复杂电气控制系统的设计方法进行进一步学习。

1. 设计任务的确定

对于龙门刨床的维护来说，其工作台换向控制部分所带来的故障率，在整个龙门刨床的电气故障中占了很大的比重。其电气控制系统设计于20 世纪 70 年代初，应当说，在当时的技术条件下，该设备的电气控制系统还是比较经典的，它在长期的实际运行中发挥了重要作用。直到目前，其控制系统仍是进行电气控制教学的良好范例。

但随着电气控制技术的发展和进步，该设备也显现出一定的不足。该设备工作台的换向控制，原设计是通过安装在工作台上的撞块碰撞装在床身的行程开关来实现工作台的减速、换向的。由于龙门刨床工作时，其工作台处于频繁的往复运动的状态下，所以，工作时撞块对行程开关的撞击也非常频繁，因此带来了较大的故障率，因而影响了该设备效能的充分发挥。所以利用现代控制技术对其换向控制部分进行技术改造，提高可靠性，降低故障率，对充分发挥该设备的效能是非常必要的。

图 3-33、图 3-34 所示为 B2012A 型龙门刨床的部分电气控制原理图。

其中，图 3-33 所示为直流控制电路部分，图 3-34 所示为交流控制

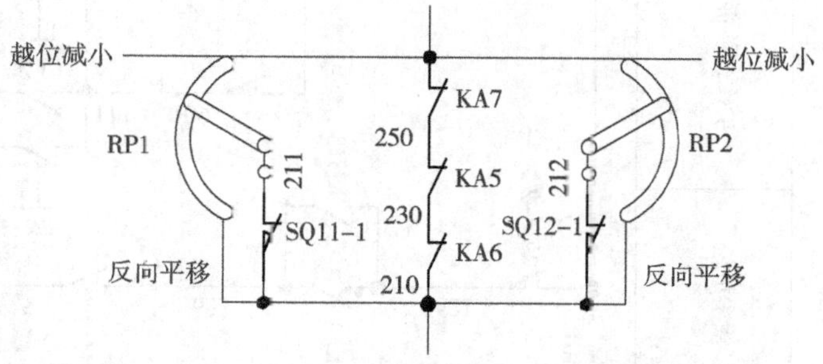

图 3-33　B2012A 型龙门刨床的部分电气控制原理图 1

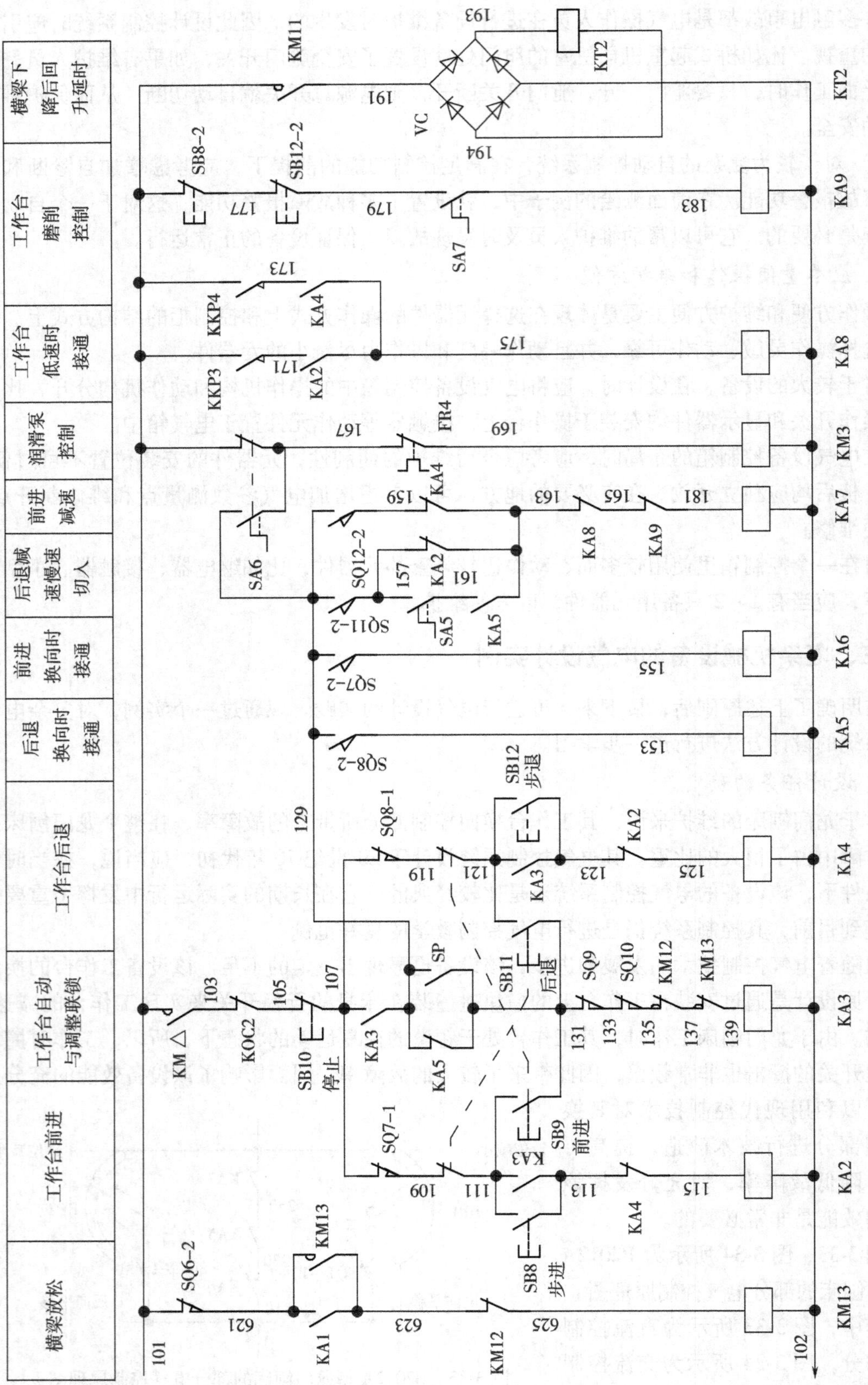

图3-34　B2012A型龙门刨床的部分电气控制原理图2

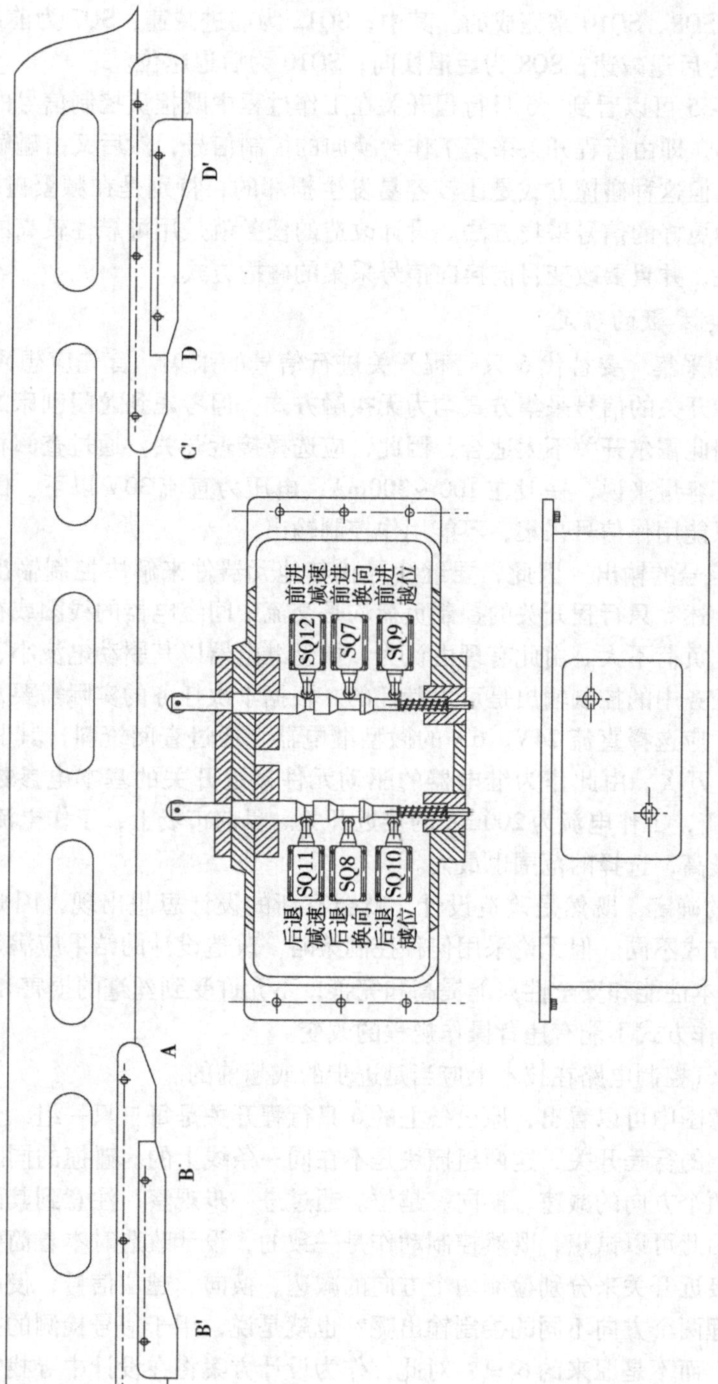

图3-35　工作台撞块与行程开关位置示意图

电路部分。图3-35所示为工作台撞块与行程开关位置示意图。

根据其原理图可知，工作台的往复运动自动控制是由安装在床身上的行程开关SQ12、SQ7、SQ9和SQ11、SQ8、SQ10来完成的。其中，SQ12为前进减速；SQ7为前进换向；SQ9为前进越位。SQ11为后退减速；SQ8为后退换向；SQ10为后退越位。

从图3-33～图3-35可以看到，6只行程开关在工作过程中既担负控制信号的采集，又担负着控制信号的输出，即由行程开关采集工作台换向的控制信号，然后又由碰触杆联动电气触头进行控制输出。但这种碰撞方式是比较容易发生损坏的，特别是在频繁碰撞的情况下，于是就要求寻求一种更好的信号采集方法。设计改造的任务就是用可靠性较高的元器件来取代上述6只行程开关，并且要改变目前换向信号采集的碰撞方式。

2. 设计方案与电参数的确定

（1）控制信号的采集　要替代6只行程开关进行信号的采集，首先应想到接近开关或者霍尔开关，这两种开关的信号采集方式均为无接触方式。但考虑到龙门刨床的工作现场会有许多的金属屑，因此霍尔开关不太适合，因此，应选择接近开关。通过查阅相关资料，大多数的接近开关就其容量来说，一般在100～300mA，电压为直流30V以下。因此，在本次任务中，接近开关只能用作信号采集，不能用作控制输出。

（2）换向控制信号的输出　因此，要继续寻找其他元器件来解决控制输出的问题。从原理图可以看到，上述6只行程开关的控制负荷均是交流中间继电器的线圈或在接在直流控制信号电路中，因此负荷不大。由此有理由认为，微型继电器以其驱动电流小、控制功率适中的特点，担任此任务中的控制输出是可以胜任的。根据本次任务的实际需要，同时考虑到与接近开关的匹配，应选择直流24V、6A的微型继电器。通过查阅资料，其驱动电流约为40mA，电气寿命50万次。由此作为继电器的驱动元件接近开关的基本电参数也可以确定了，选择直流0～30V，工作电流为200mA的接近开关。目前市场上，工作电流为200mA的接近开关其性价比最高，选择的范围也最大。

（3）设计方案的确定　既然是改造设计，就会有新的设计思想出现，因此设计方案就会与原设备的控制方式不同。但无论采用何种控制策略，改造设计的结果应满足以下原则：

1）原设备的基本性能和安全性只能提高和完善，不允许受到丝毫的损害和降低。

2）原设备的操作方式不能有违背操作规程的改变。

3）改造后的电气控制电路在技术上应当是进步的或超前的。

从换向碰撞示意图中可以看出，原设备上的6只行程开关是每三只一组，分别由两组撞块碰撞其运动方向上的行程开关，这两组撞块是不在同一条线上的。碰撞的同时，分别输出工作台前进、后退两个方向的减速、换向、越位。通过进一步观察，注意到其两个方向的控制动作是一致的。因此可以试想，既然控制动作是一致的，设计改造时本着简化控制环节的原则，可否用三只接近开关来分别检测两个方向的减速、换向、越位信号，使电路简化，然后由控制逻辑来处理两个方向不同的控制输出呢？也就是说，用于信号检测的接近开关的数量可不可以是三只，而不是原来的6只？对此，作为设计方案将在设计中寻找答案。

对于控制输出的设计方案，同样应本着简化控制环节的原则作一些改进。

原来由两只行程开关用于越位停车，即SQ9、SQ10，原图线号为131、133、135，且SQ9、SQ10均接的常闭触头。当工作台一旦出现越位时，SQ9、SQ10中的一只将断开，使工作台停车。若使用继电器取代它们时，由于它们是接到一根线上，完全可以尝试使用一只继电器完成此功能，即不论前进或后退，都是使此继电器动作以断开131~135。其他减速、换向的输出由于其接线的关系，只能参照原设计，分别使用四只继电器来完成。

至此，根据设计方案可以初步确定：采集信号使用3只接近开关；控制输出使用5只继电器。

对于换向控制逻辑的处理，此次设计将尝试两种设计方案：一种是用传统的继电器电路来处理控制逻辑；另一种是用目前比较先进的可编程序控制器PLC来处理控制逻辑。

3. 电气控制电路的设计

（1）用继电器电路处理控制逻辑的设计

1）控制电源的确定。由于本方案中选择的接近开关和继电器均是直流24V的电压参数，因此需要配置一个24V的直流电源，以往这样的电源一般会采取变压器、整流器、稳压、保护电路的设计方案，但目前由于小型开关电源以其较高的性价比、成熟的技术和稳定的质量，已经成为我们电气控制制作中直流电源的首选。本次设计，我们根据我们所用继电器和接近开关的数量和容量，选择一只输入为AC 220V；输出电压为DC 24V；输出电流为3A的成品开关电源。

但是在开关电源的选择中，其输出电流值要有一定的余量，尤其是对控制的可靠性要求较高的设备，因为开关电源在其制作时，电子元器件选择的功率余量本身就不大，因此其过负载能力就不强。要安全运行，要靠其设计的各种保护功能，比如过电压保护、温升保护和过电流保护等。但这种保护大多数是以超过设定值时封闭输出的方式来保护电源安全的。但这样也会带来另一个问题，那就是对于重要的控制部位或动作，因电源的消失而失去控制动作的输出时将会带来风险，因此设计时应予以注意。

2）电路设计。本方案中对于信号的采集，初步设计思想是采用三只接近开关，控制输出使用五只继电器，接近开关的编号为SQ0、SQ1、SQ2；继电器的编号为KA00~KA04。并根据设想列出各元件的控制功能，见表3-3。

表3-3 元件的控制功能（1）

元件名称	控制功能	元件名称	控制功能
SQ0	越位	KA01	前进减速
SQ1	减速	KA02	前进换向
SQ2	换向	KA03	后退减速
KA00	越位停车	KA04	后退换向

① 换向信号的识别。

过去换向控制使用6只行程开关分别完成前进、后退两个方向的减速、换向、越位的控制，两组行程开关各司其职，思路很清晰。现在的设想是信号采集和输出控制分开，而且采集信号要使用3只开关而不是6只，这就面临一个换向信号采集完成后让控制电路分辨的问题。也就是说，尽管采集信号使用3个开关，但信号采集完成后，控制电路要能分辨出是前进还是后退的话，问题就解决了。按照这个思路，首先要找到一个能体现前进、后退的标志信号，然后利用这个标志，展开控制识别。通过设置标志来代表某种状态，然后再展开对该状态的控制的设计方法，在设计复杂电气控制系统时是常常采用的设计方法。

既然是设备的设计改造，可先查看原来设备的电气控制原理图，可以发现，其前进、后退的控制是通过继电器 KA2 和 KA4 来实现的，且其控制本身有比较完备的联锁。如果能够利用这两个继电器的剩余触头来作为前进、后退的标志，应当是可行的。通过进一步察看，发现前进中间继电器 KA2 还剩余一只常开触头；后退中间继电器 KA4 还剩余一只常闭触头。经过比较，可以使用其中 KA2 的常开触头作为判断前进、后退的标志信号。前进时，KA2 的这个常开触头闭合，接通一个电路分支；后退时，KA2 的这个常开触头打开，就接通另一个电路分支。这样换向信号的识别就完成了。那么可以自然地想到用这个常开触头再接通一只继电器，用这个继电器的常开触头和常闭触头的互锁功能就可实现。其电路如图 3-36 所示。

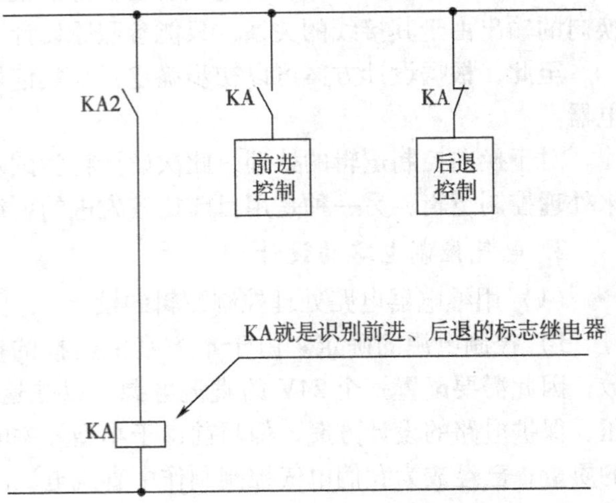

图 3-36　方向识别电路

② 换向控制的输出。

因为前进和后退控制均为减速、换向两个输出控制动作，所以其控制输出要使用两个独立的触头。又因为越位停车时使用一只继电器且不必识别，所以根据换向信号识别逻辑，又可以作出初步的输出控制逻辑电路；并在图中体现功能表中的功能分配，对增加的标志继电器可标识为 KA05，如图 3-37 所示。

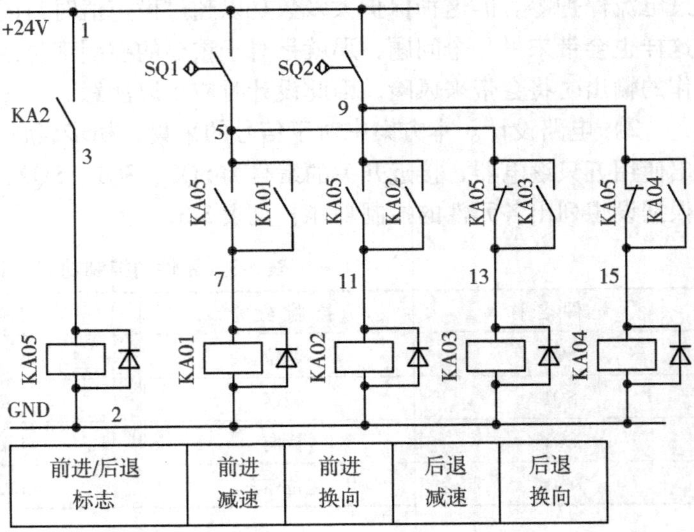

图 3-37　继电器实现的换向改造设计初步

其控制原理为：当刨床工作台开前进时，KA2 得电使 1、3 接通，KA05 得电吸合，KA05 的常开触头闭合，常闭触头打开，因此 5、7 和 9、11 同时接通。当工作台行至换向位置时，其撞块分别触发 SQ1、SQ2，KA1、KA2 先后得电，此时控制电路先后作出前进减速、前进换向的输出控制；当刨床工作台反向后退时，KA2 断开，1、3 也断开，KA05 失电释放，其常开触头断开，常闭触头闭合，此时 5、13 和 9、15 分别接通。当工作台后退至换向位置时，其撞块又分别触发 SQ1、SQ2，使得 KA03、KA04 分别得电，控制电路又作出后退减速、后退换向的输出控制。

因为 KA2 在工作台反向后期状态马上改变，比如前进时 KA2 是吸合的，在整个前进过程中能够保证其常开触头的闭合，KA05 的常开触头也一直闭合。但当前进终了一换向，KA2 就马上释放，KA05 也随即释放，但这是不允许的。因为原电路工作时，在反向起始其撞块仍将原行程开关压下，直到行至撞块离开。所以，本次设计中给 KA05 增加了一个自保持触头，使其动作与原电路的控制方式一致，也是待撞块分别离开 SQ2、SA1 时，其应当接通的继电器才先后释放。

③ 越位停车的控制。

刨床工作台的越位停车控制是为预防工作台行至换向位置因为故障没能正常反向时，防止刨台冲出导轨而设计的，因而正常工作时，此信号不被触发。此触头是串接于原电路自动状态下的停车回路中，按一般思维，通常会用继电器的常闭触头来完成此项控制功能。但因为常闭触头的接触可靠性不如常开触头接触稳定，一旦由于振动出现触头抖动，将会造成意外停车。因此，此处选用继电器的常开触头来控制。注意：此继电器在正常工作时要一直保持通电。而触发它的接近开关就要选择常闭型的，即正常时接近开关闭合，越位继电器吸合，一旦越位接近开关断开，越位继电器断电释放，刨台停车。

到目前为止，仍有一个问题需要解决，那就是一旦用于供电的开关电源发生损坏，所有的继电器均失去控制输出，这是不允许的。但是由于越位停车继电器刚好选择的是正逻辑，即通电状态下是正常的，失电时是要停车的。因此，这种越位停车控制设计同时也就具有了电源检测的功能。即一旦直流 24V 电压消失，那么越位停车继电器也同时失电，刨台马上停车，以提醒维护人员注意。

根据前面的设计过程，经过整理，再增加一些互锁功能，就可以绘制出完整的电气控制原理图，如图 3-38 所示。

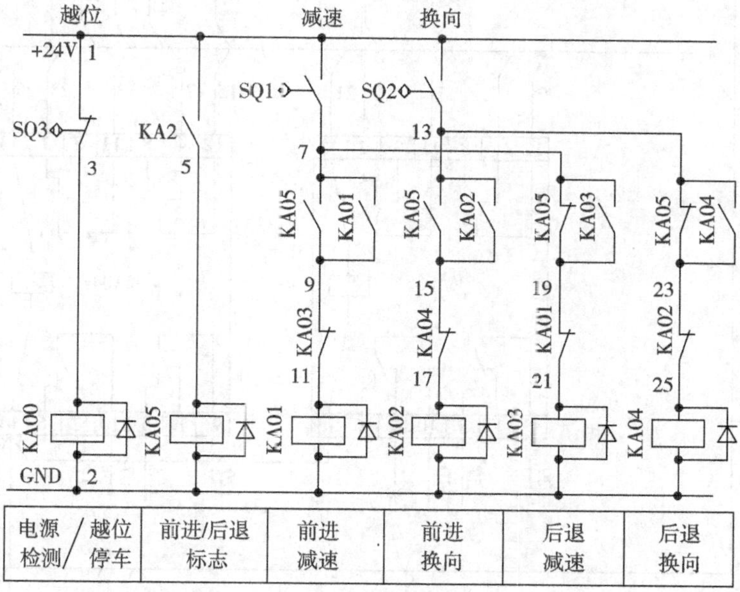

图 3-38　继电器实现的换向改造设计原理图

图 3-39 所示为用继电器实现换向改造的电气接线图。

重新做出各元件的控制功能，见表 3-4。

表 3-4　元件的控制功能（2）

元件名称	控制功能	元件名称	控制功能
SQ0	越位	KA02	前进换向
SQ1	减速	KA03	后退减速
SQ2	换向	KA04	后退换向
KA00	电源检测/越位停车	KA05	前进/后退标志
KA01	前进减速		

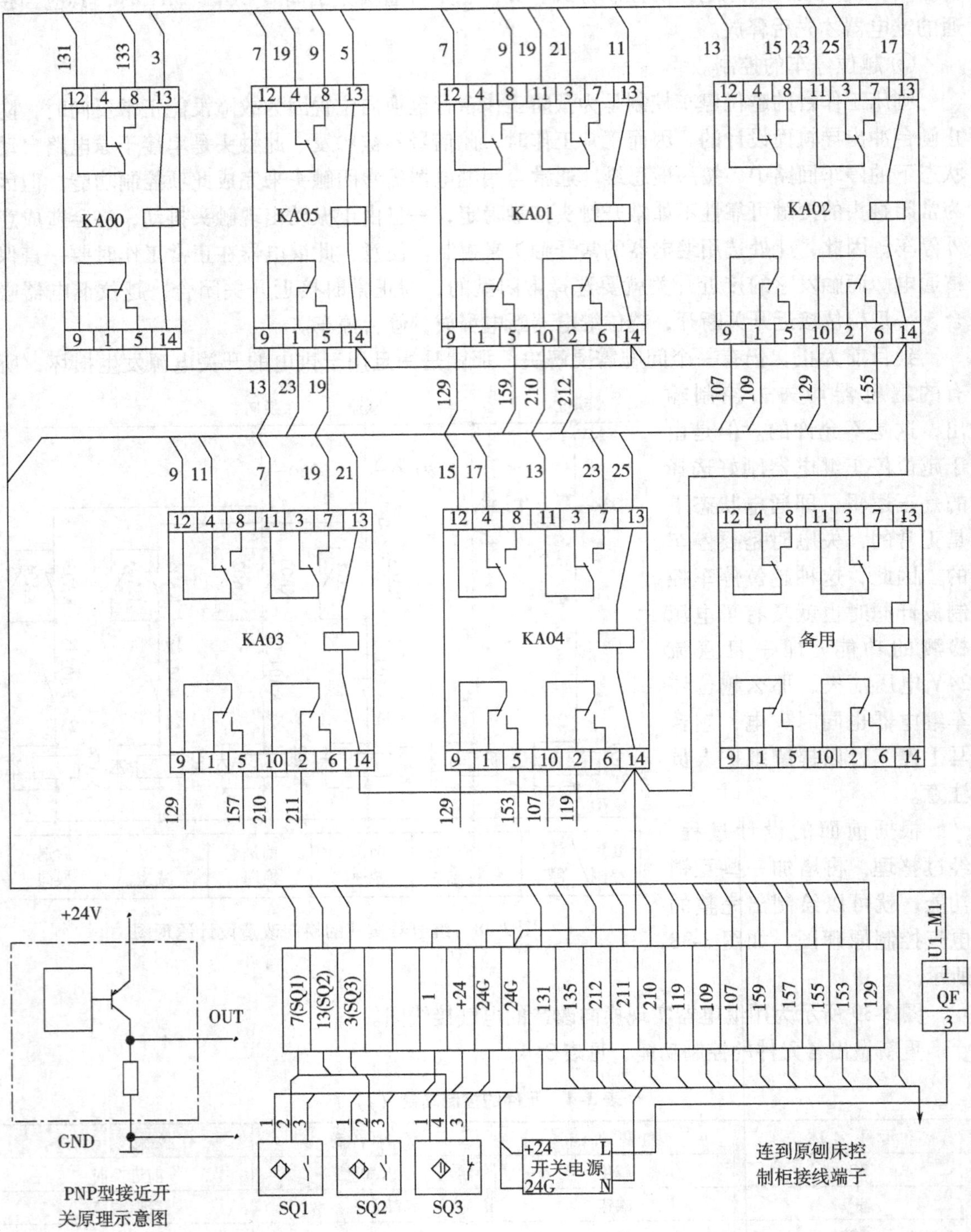

图 3-39　继电器实现换向改造的电气接线图

从原理图来看，所选择的接近开关应当是 PNP 型的。根据各继电器所用触头的数量，KA01、KA02、KA03、KA04 均选择四开四闭型的；KA00、KA05 选择两开两闭型的。考虑到该设备工作时继电器动作频繁，所以在接线图中增加一只备用继电器。其控制电源可以取自原控制电路的 U1-M1 线处，使其在三联机组起动后得电，并增加一只单极断路器 QF。

在设计接近开关的触发方案时，考虑到龙门刨床的工作现场会有许多被切削下来的铁屑，如果这些铁屑一旦靠近接近开关时，有可能造成误触发。因此，用于换向控制信号采集的接近开关应当像原行程开关那样，也封闭在一个外壳中，如图 3-40 所示。

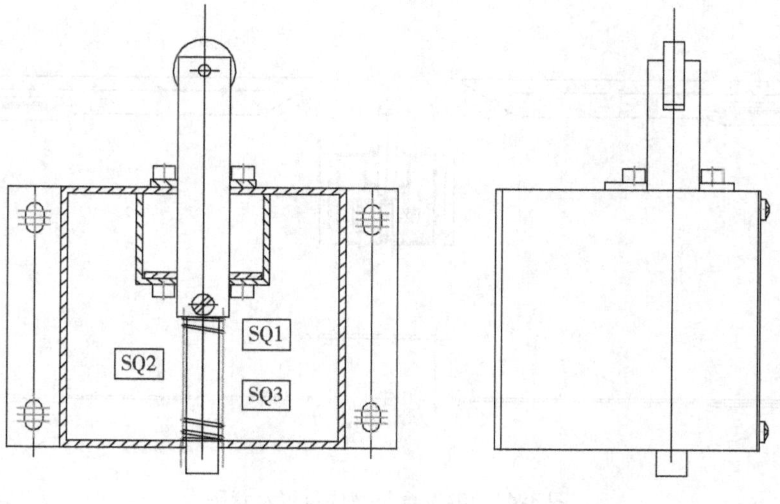

图 3-40　触发盒示意图

现在可以把原来的两个触发杆变成一个，无论是前进还是后退，均碰撞这一个。另外，由于接近开关的尺寸很小，其触发杆的行程也变得很小。

虽然还是用撞块碰撞，但由于原来的行程开关组件中，其触发杆要在行程开关的挤压下能够有效回弹，其下端弹簧的力量是很大的，如果用手下压是非常费劲的。但现在的触发杆不是压下行程开关，而是接近触发，因此其下端弹簧的力量很小，用手指就可以按下，碰撞力非常小，因此可以将碰撞撞块一同加以改造。如果可以做成减速、换向之间的距离是容易调节的滑动可调型，就可以大大地提高龙门刨床的工作效率和寿命。比如，在切削速度较高时，可以将撞块 A 到撞块 B 的距离调大，使减速距离加大，可以使工作台反向时的撞击比较轻；相反，如果切削速度较慢时，可以将撞块 A 到撞块 B 的距离调的小一点，使刨台不必经过较长距离的减速即可换向，以提高工作效率。但是原来用来碰撞行程开关组件的撞块是绝对不能滑动调节的，因为其碰撞力太大。改造后的撞块装配图如图 3-41 所示。

改造完成后的撞块和触发盒的装配示意图如图 3-42 所示。

（2）用 PLC 来处理控制逻辑的电气改造设计　继电器控制逻辑是电气控制的基础，虽然也能完成复杂的控制任务，但终归接线复杂，可靠性不高。近年来，随着 PLC 控制技术应用的普及和价格的大幅降低，使其逐渐成为完成高要求、复杂控制任务的普及产

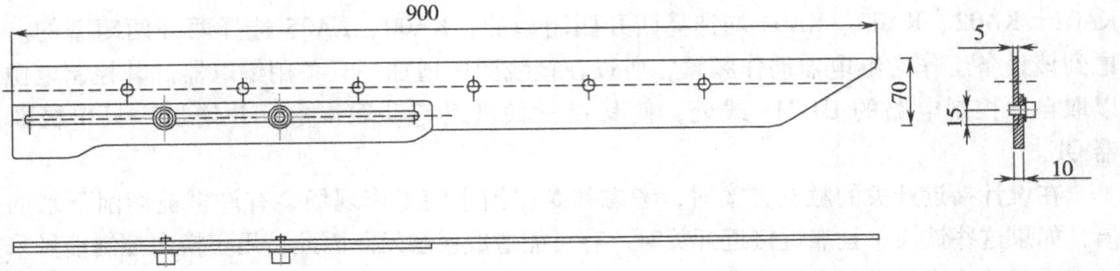

图 3-41　换向撞块改造示意图

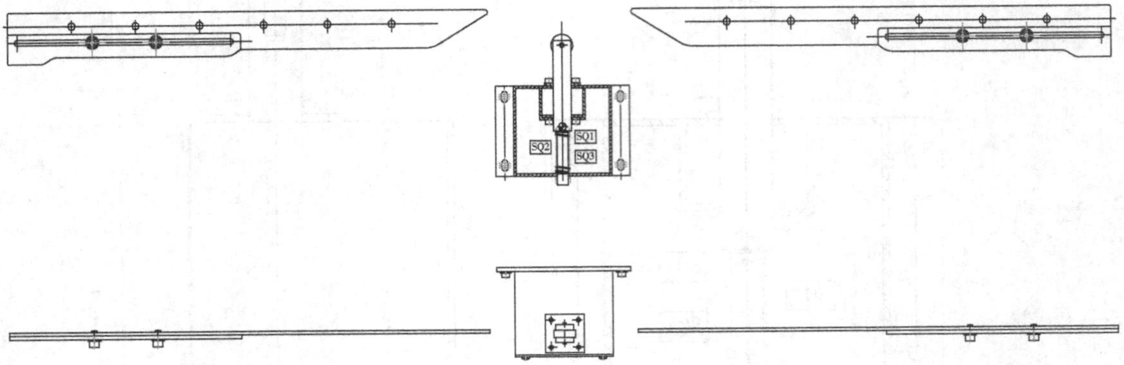

图 3-42　触发盒与撞块位置示意图

品和设计首选。PLC 虽然在其诞生之初，主要用来处理数字量，但现在的 PLC 还可以处理模拟量，也可以进行通信，与上位机和其他控制平台交换数据，连成网络。可谓是高功能、高性价比，并能够适应工业现场的强干扰环境。如果设计的电气控制系统中继电器的数量超过 10 个，或控制要求中要使用计数器、计时器时，那么，选用 PLC 作为主控部件是非常经济、合理的，它可以使控制系统的整体可靠性有大幅度的提升。所以，作为现阶段高级电气维护人员学习和掌握 PLC 控制技术是非常必要的。下面，将使用 PLC 作为中心控制元件对该任务展开设计。

此处省去设计任务、方案以及基本点参数的确定，直接进入输入、输出点的分配。

1）输入、输出点的分配。在该任务中，用于换向信号采集的输入点有 3 个，分别由 3 个接近开关 SQ0、SQ1、SQ2 来实现。另外，在处理运动方向识别时，原设备上的 KA2、KA4 分别为前进和后退中间继电器。并且 KA2 还剩余一个常开触头，KA4 还剩余一个常闭触头。由于继电器线路处理逻辑的能力不强，只使用了一个 KA2 的常开触头作为识别信号。那么现在使用 PLC 来处理控制逻辑，就可以将两个触头都用上，分别作为两个运动方向的识别的，其控制可靠性将会更高，这样的话，PLC 的输入点确定 5 个。

因为输出的任务还与以前一样，即两个方向的减速、换向，再加上越位停车，由此可确定 PLC 的输出点为 5 个。

根据以上的分配，我们可以做出 PLC 输入、输出分配，见表 3-5。

表 3-5　PLC 输入、输出分配

编程元件	I/O 端子	电路器件	控制功能
输入单元	X0	KA2	前进信号输入
	X1	SQ1	减速
	X2	SQ2	换向
	X3	SQ3	越位
	X4	KA4	后退信号输入
输出单元	Y0	KA00	前进减速
	Y1	KA01	前进换向
	Y2	KA02	后退减速
	Y3	KA03	后退换向
	Y4	KA04	越位停车

2）PLC 的输入、输出点数及控制功能选择。通过查阅 PLC 样本，能满足 5 个输出点的 PLC 产品应为 14 点规格的。因为 PLC 在分配输入、输出点时，其输入点要比输出点多，比如 14 点的，为 8 个输入，6 个输出。

根据控制需求，PLC 的输出方式选择为继电器输出方式，控制性能为数字量单元。PLC 品牌选择的范围现在很广，考虑到性价比的因素，可以选择价格适中的中国台湾生产的台达牌。其 PLC 编程语言与日本三菱的产品类似。

3）根据输入、输出点的分配，画出 PLC 控制系统的电气原理图和接线图。因为 PLC 的每一个输出点是其内部继电器的一个常开触头，因此不能直接满足控制要求，所以还要使用继电器将其触头数目扩大，因此每个输出点还要连接一只继电器。

继电器和接近开关的工作电压仍选择直流 24V，其控制电源可利用 PLC 自带直流电源，一般 PLC 其身具有直流 24V 电源，可提供给控制电路中的直流负载使用，其电源的输出能力一般在 200mA 左右，可以满足本任务中接近开关和继电器的使用。

根据以上输入、输出点以及继电器、接近开关的功能分配可以画出该任务的电气原理图和电气接线图，分别如图 3-43 和图 3-44 所示。

其中，继电器的选择和控制原理图的说明以及与原控制箱的连接在此就不在重复。

但是，到目前为止，已有的控制系统还不能完成控制功能，因为现在只完成了该任务硬件部分的电路设计。要使 PLC 能按照设计思想完成控制功能，还得给 PLC 编制控制程序，即再继续完成软件的编程。

4）控制任务的编程。目前 PLC 还没有一个统一的编程语言，各个厂家 PLC 的编程方式也不尽相同，但其基本的控制思想仍是基于继电器逻辑。因此各品牌之间也有相通之处，只是在某些编程语言的表达方式上和功能上有所区别，但最终也都可用各自的表达方式和功能完成控制任务。在学习 PLC 编程时，要注意关注实现某种控制逻辑要用哪一类功能指令，

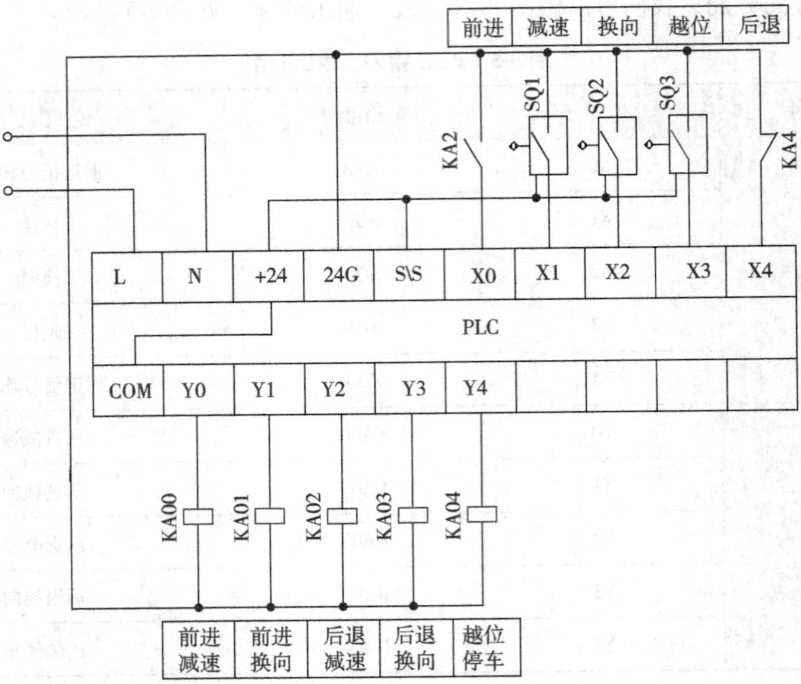

图3-43　电气原理图

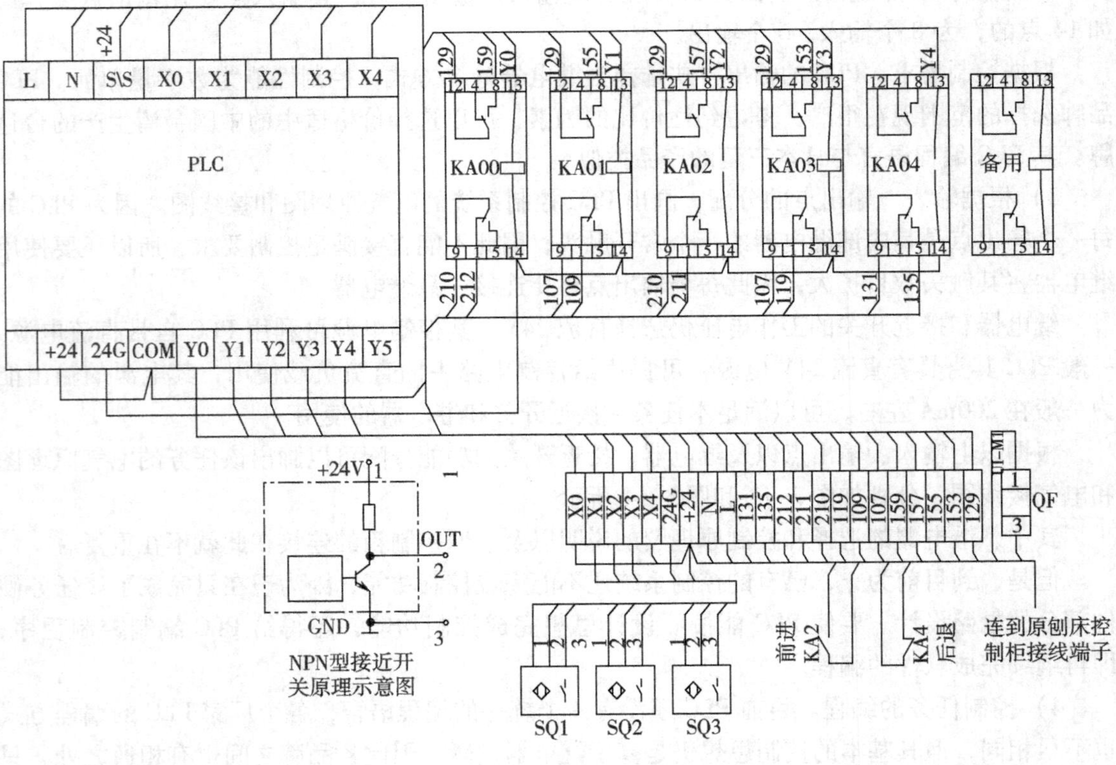

图3-44　电气接线图

至于其表达方式给予自然认同即可。这样，在使用不同品牌的 PLC 时，就会很快适应。即同样一个任务，即使用同样的控制思想，但用不同品牌的 PLC 编出的控制程序是不一样的。

下面选择台达 PLC 就该控制任务进行编程。

① 运动方向识别与判断。使用两个输入点，KA2、KA4 作为运动方向的输入信号，并且 KA2 有 1 个常开触头可用；KA4 有 1 个常闭触头可用。即当工作台前进时，KA2 吸合导通，KA4 由于是常闭触头，也是导通的，但只是变化的方式不同。如果认为导通是逻辑“1”，断开是逻辑“0”的话，当工作台前进时，KA2 触头的变化是从“0”到“1”，是一个上跳变，即“↑”；当工作台后退时，KA4 是个常闭触头，其触头的变化是从“1”到“0”，是个下跳变，即“↓”。用 PLC 的控制语言就可以描述成：前进时，KA2 的触头有一个上跳变，会产生一个由“0”到“1”的上升沿；后退时，KA4 的触头有一个下跳变，会产生一个由“1”到“0”的下降沿。那么，就可以使用该 PLC 的上沿微分和下沿微分指令，完成对该动作的识别。也就是说，如果 PLC 的某一个点一旦输入一个上沿触发，使用一条上沿微分指令马上对该信号进行响应并进行逻辑处理，就可完成对前进信号的识别和判断。同理，对于后退的输入，使用一个下沿微分指令就可以完成对后退的识别和判断了。这样编程的可靠性较高，因为捕捉的是一个跳变的瞬间，然后马上进行处理，这之后它即使接触不好也不影响处理结果。但如果使用一个普通触头就不太可靠，因为它要在整个过程中保持良好的接触，才可保证处理结果的正确，但这对设备现场的继电器是不能保证的。

② 方向识别判断后的逻辑处理。根据上面的设想，当 PLC 接受到上沿微分指令后，马上使用一条置位指令，将前进标志继电器置位，同时，用复位指令将后退标志继电器复位。然后，再利用该结果进行前进运动方向上的减速、换向、越位的控制输出。同理后退的控制思想也如此这般。

③ PLC 的运行监测。该方案中也同样存在安全检测的问题，只是检测的对象为 PLC 了。因为即使控制程序编的再好，输入、输出信号再可靠，当 PLC 由于各种原因如果不运行，其一切输出全都失效。这也同样是非常危险的！所以对 PLC 的运行状态也要进行监测。查该 PLC 的样本，发现它有一个特殊继电器 M1000 可以用作 PLC 的运行监测，M1000 的功能为：当 PLC 处于运行状态时，即 PLC 运行在“RUN”时，M1000 常通，即常“ON”；PLC 不“RUN”时，M1000 则处于“OFF”状态，即该点关断。如果用该触头接通一个输出继电器，并将此输出触头串接在 131～135 之间，就可完成监测 PLC 运行的控制功能。在该逻辑行中再加上越位输入的触头，就可同时完成越位停车功能了。跟继电器的方案一样，一旦 PLC 不运行或刨台越位，刨台马上停车，此时只能开调整，即步进、步退，不能开自动循环，以提醒维护人员和操作者注意。

根据以上设想，再加上必要的联锁功能，该任务的 PLC 的控制程序就可以编制完成了。其程序的梯形图如图 3-45 所示。

其编程语句表如下：

```
LD      M1000
ANI     X3
OUT     Y4
LDP     X0
```

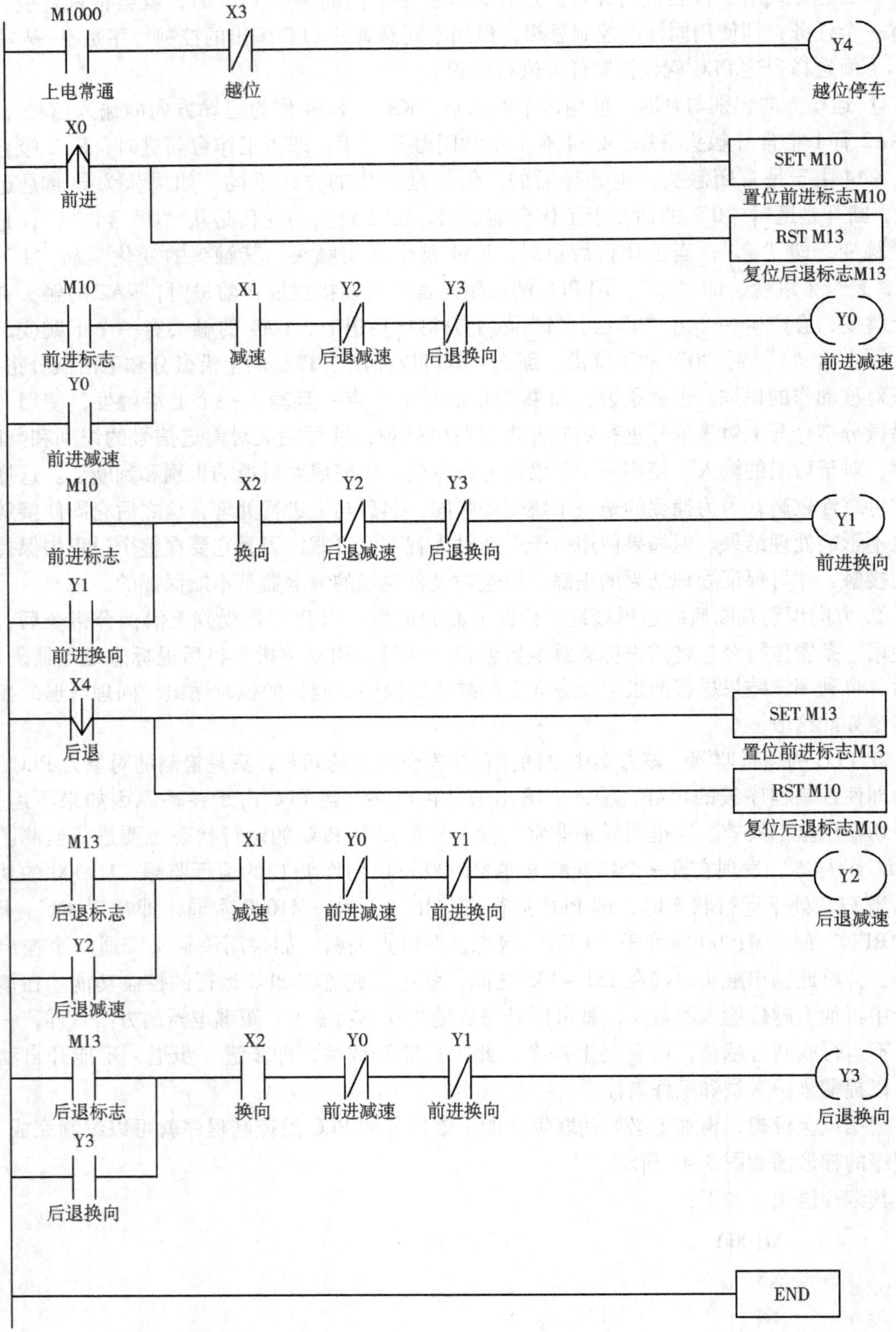

图 3-45　控制程序的梯形图

```
SET     M10
RST     M13
LD      M10
OR      Y0
AND     X1
ANI     Y2
ANI     Y3
OUT     Y0
LD      M10
OR      Y1
AND     X2
ANI     Y2
ANI     Y3
OUT     Y1
LDF     X4
SET     M13
RST     M10
LD      M13
OR      Y2
AND     X1
ANI     Y0
ANI     Y1
OUT     Y2
LD      M13
OR      Y3
AND     X2
ANI     Y0
ANI     Y1
OUT     Y3
END
```

设计任务完成后，即可转入安装、调试阶段。

电气部分的安装、接线完成后，可进行现场调试。在调试时，应先将刨台拖动减速箱上的离合器打到空挡，然后起动三联机组。起动完成后，先将速度调低，然后按动前进起动按钮，观察直流电动机的转动情况。电动机转动正常后，用手滑动撞块压下触发杆，模拟刨台减速、换向的动作，观察电动机是否能够完成两个方向的减速、换向动作。如果一切正常，可以将变速箱的速度调到“I”挡上，进行刨台实际运行试验。

试验结束刨床正常运行后，整理好设计资料和调试记录，待相关人员签字后存档，设计工作告一段落。

复习思考题

1. 简述电气控制技术的发展历程。
2. 简述在电气控制技术高度发展的今天，对机械设备控制的基本理念。
3. 电气设备的测绘一般分为哪几种?
4. 简述电气设备测绘的基本步骤和过程。
5. 在实施测绘时应当注意的基本事项有哪些？
6. 电气控制电路的设计方法一般有哪几种?
7. 在电气设计中，为保证电气控制电路工作的可靠性和安全性应注意哪些问题?
8. 电气控制设计题

(1) 设计控制对象　这里将要展开设计的对象是一台家具制造厂是使用的板材切割锯。该设备的主轴是用于锯料的圆盘锯，由一台约3kW的交流电动机拖动；该设备的锯料行进由一台1.5kW交流电动机拖动，并要求采用一台变频器进行驱动，并要求调速。调速方式为手动方式；该设备的待锯物料在进行锯割前首先要先将其压紧，压紧由两只气缸柱塞的上下运动来完成，并由一只电磁阀进行控制。

(2) 控制要求　分别采用继电器控制逻辑和PLC单元两种实现方式，以考核综合设计能力。

1）继电器控制逻辑控制要求：主轴电动机采用直接起动方式，在其起动前，要求用于压料的压缩空气的压力必须足够，否则不允许主轴起动。只有当主轴起动完成后，并且物料被可靠压紧后，才可起动锯料行进。

每次锯料前采用手动进行物料压紧操作，然后再开锯料行进，当电磁阀得电时，气缸柱塞下压，完成物料的固定；电磁阀失电时，气缸柱塞升起，将物料松开。每次锯料要求只起动锯料行进，然后到达终点或锯片离开物料后能自动返回。返回控制应考虑终端返回、锯割短料时的短程返回和初次起动时手动返回。短程返回时要求进行物料检测，当锯片离开物料后自动返回。无论哪种返回操作，到达起始位置后均自动停止。

2）PLC逻辑控制要求：如果采用PLC单元进行设计，其自动化程度要求要高一些。

① 首次起动后的自动回起始位的控制动作，要求系统能在首次主轴起动完成后，有自动回起始点的控制动作。

② 主轴起动完成后，在开锯料行进前不必再进行手动压料操作，应直接开锯料行进，在锯料行进前自动先将物料压紧，压紧后锯料行进自动进行。

每次返回前必须先停止锯料行进，延时1s然后返回，以减少电动机的反向起动电流。

③ 除了上面要求的返回方式外，还应增加无料返回，这主要是为了在物料没有放好时错按下了锯料起动按钮。这时经过延时，未检测到物料后自动返回。

④ 物料检测还是使用行程开关，起始位、终点位、物料压紧等检测元件均采用接近开关。

请分别用继电器和PLC元件分别进行设计，并比较其控制效果。

图3-46所示为板材切割工作示意图。

提示：根据本设计任务完成的设计参考方案，供读者参考。

1）继电器逻辑设计方案控制原理图（见图3-47）。

2）PLC逻辑控制设计方案图（见图3-48、图3-49）。

3）PLC逻辑控制程序梯形图（见图3-50、图3-51）。

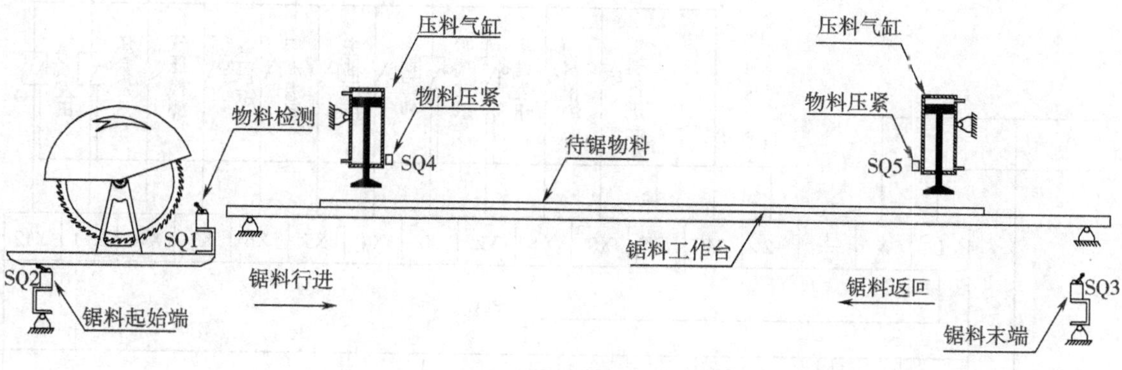

图 3-46　板材切割工作示意图

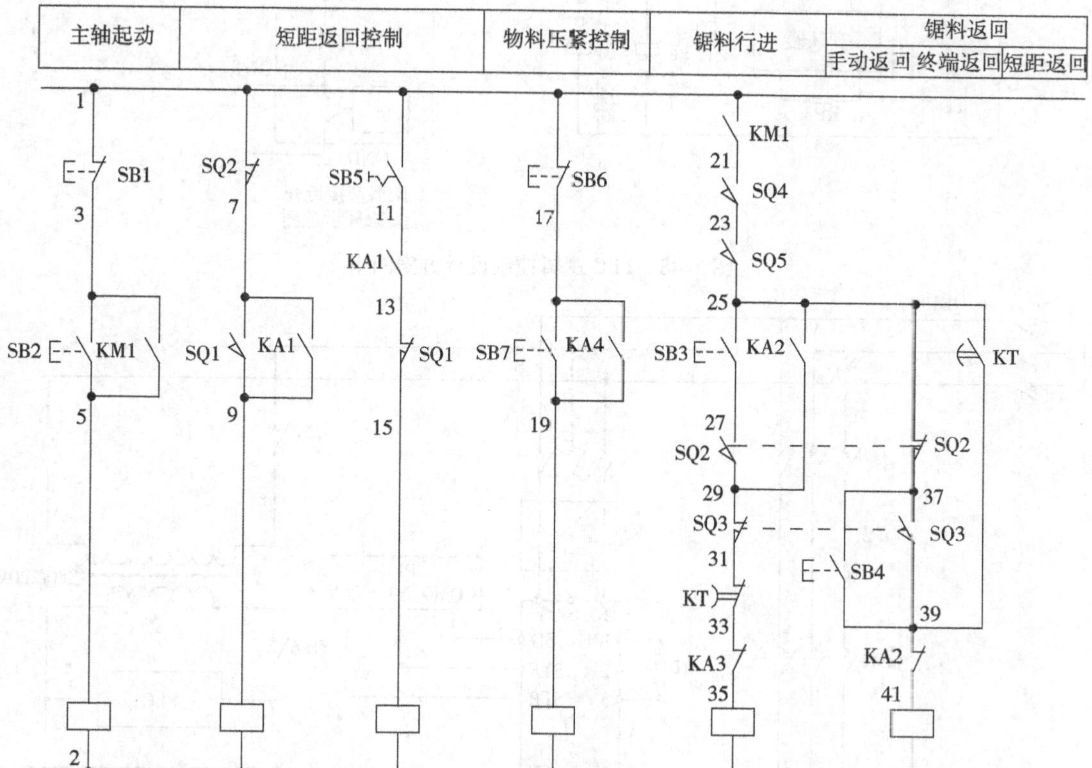

名称	功能	名称	功能	名称	功能
KM1	主轴	SQ1	短距锯料检测	SB1	主轴起动
KA1	短程返回标志	SQ2	锯料起始端	SB2	主轴停止
KA2	锯料前进	SQ3	锯料末端	SB3	锯料行进
KA3	锯料返回	SQ4	物料压紧完成	SB4	锯料返回
KA4	压紧进气阀	SQ5	物料压紧完成	SB5	长距/短距
KT	短距返回定时	SB6	压料气缸压	SB6	压料气缸松

图 3-47　继电器逻辑设计方案控制原理图

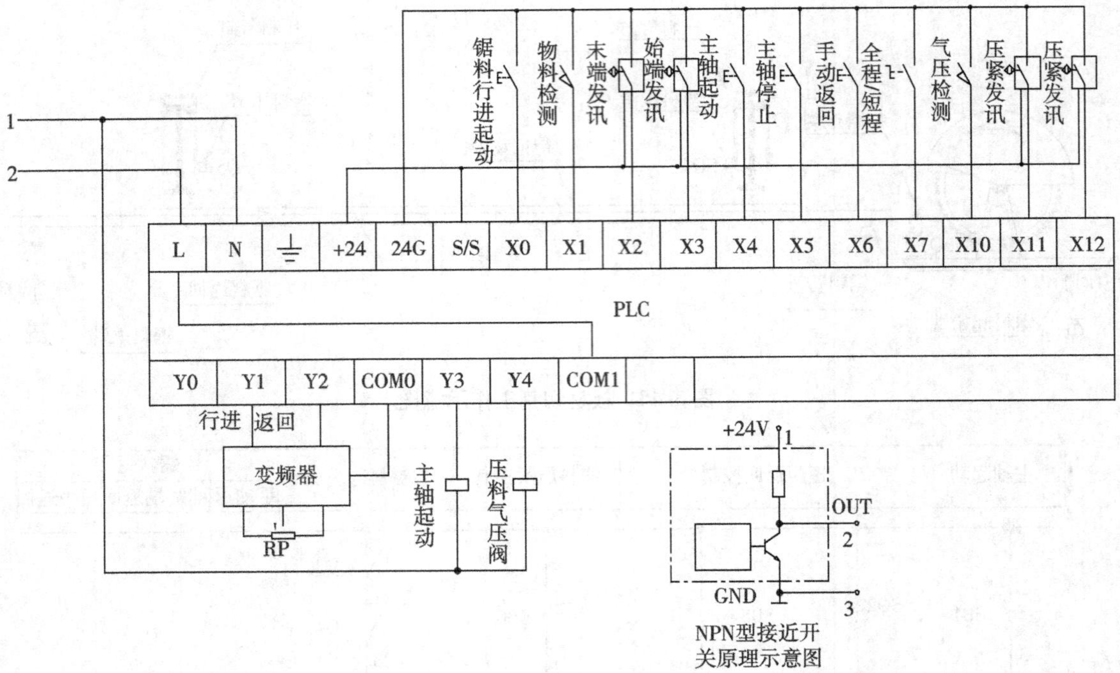

图3-48　PLC逻辑控制设计方案图1

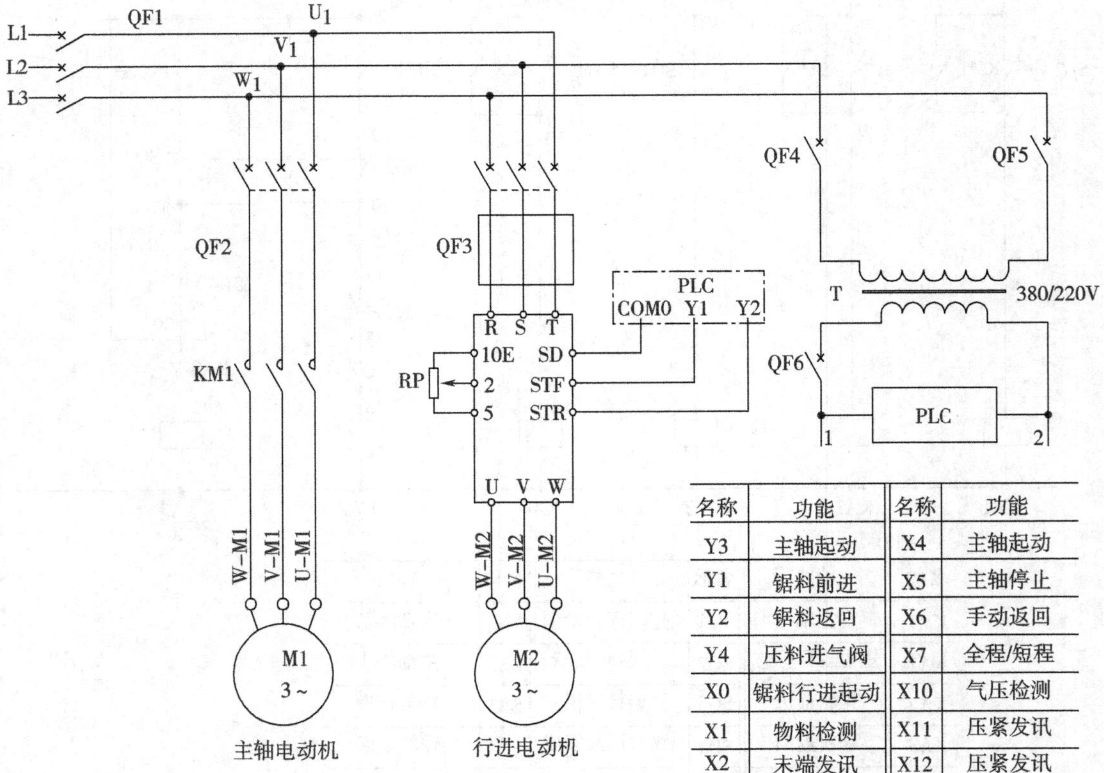

名称	功能	名称	功能
Y3	主轴起动	X4	主轴起动
Y1	锯料前进	X5	主轴停止
Y2	锯料返回	X6	手动返回
Y4	压料进气阀	X7	全程/短程
X0	锯料行进起动	X10	气压检测
X1	物料检测	X11	压紧发讯
X2	末端发讯	X12	压紧发讯
X3	始端发讯		

图3-49　PLC逻辑控制设计方案图2

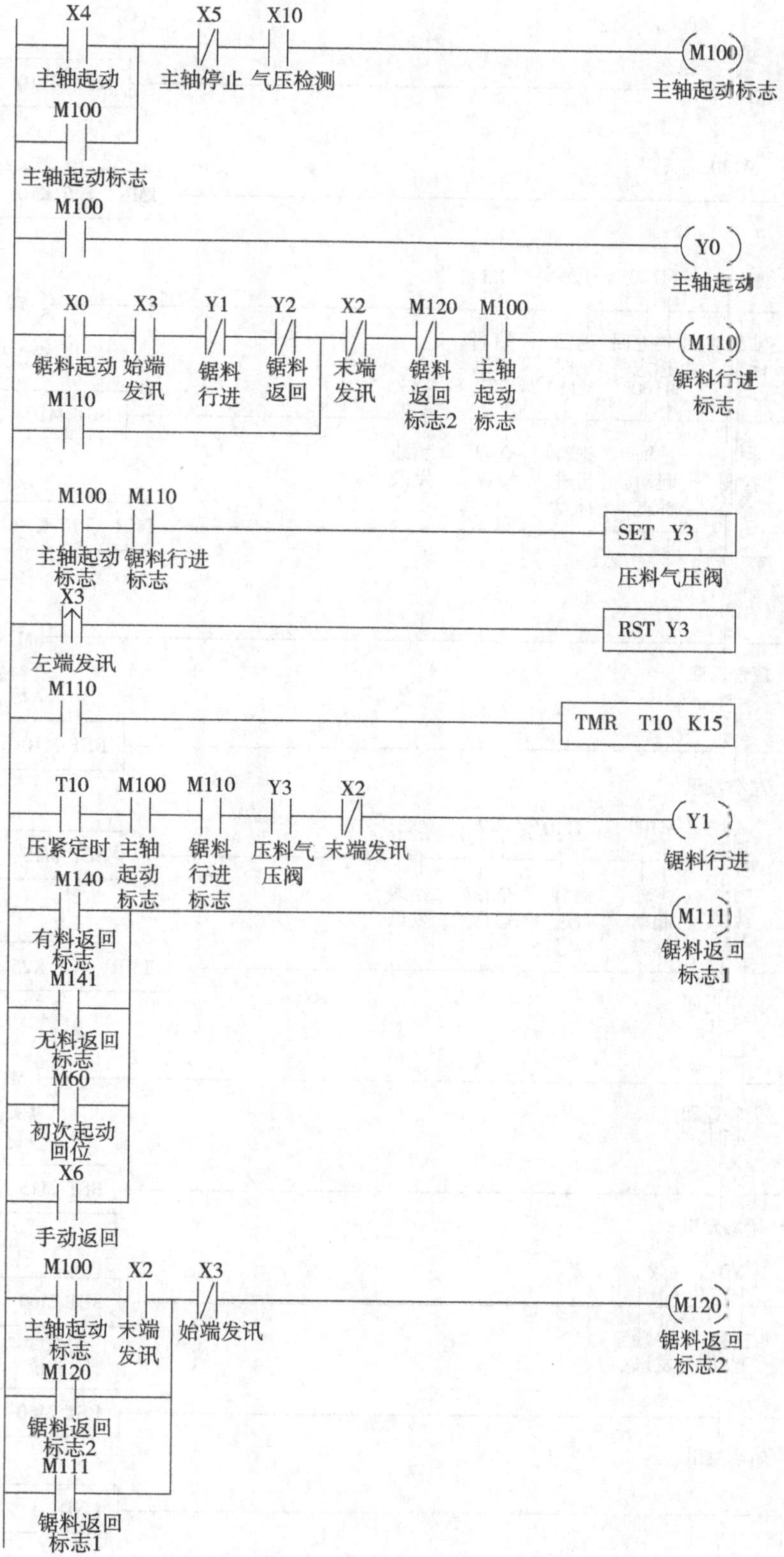

图 3-50　PLC 逻辑控制程序梯形图 1

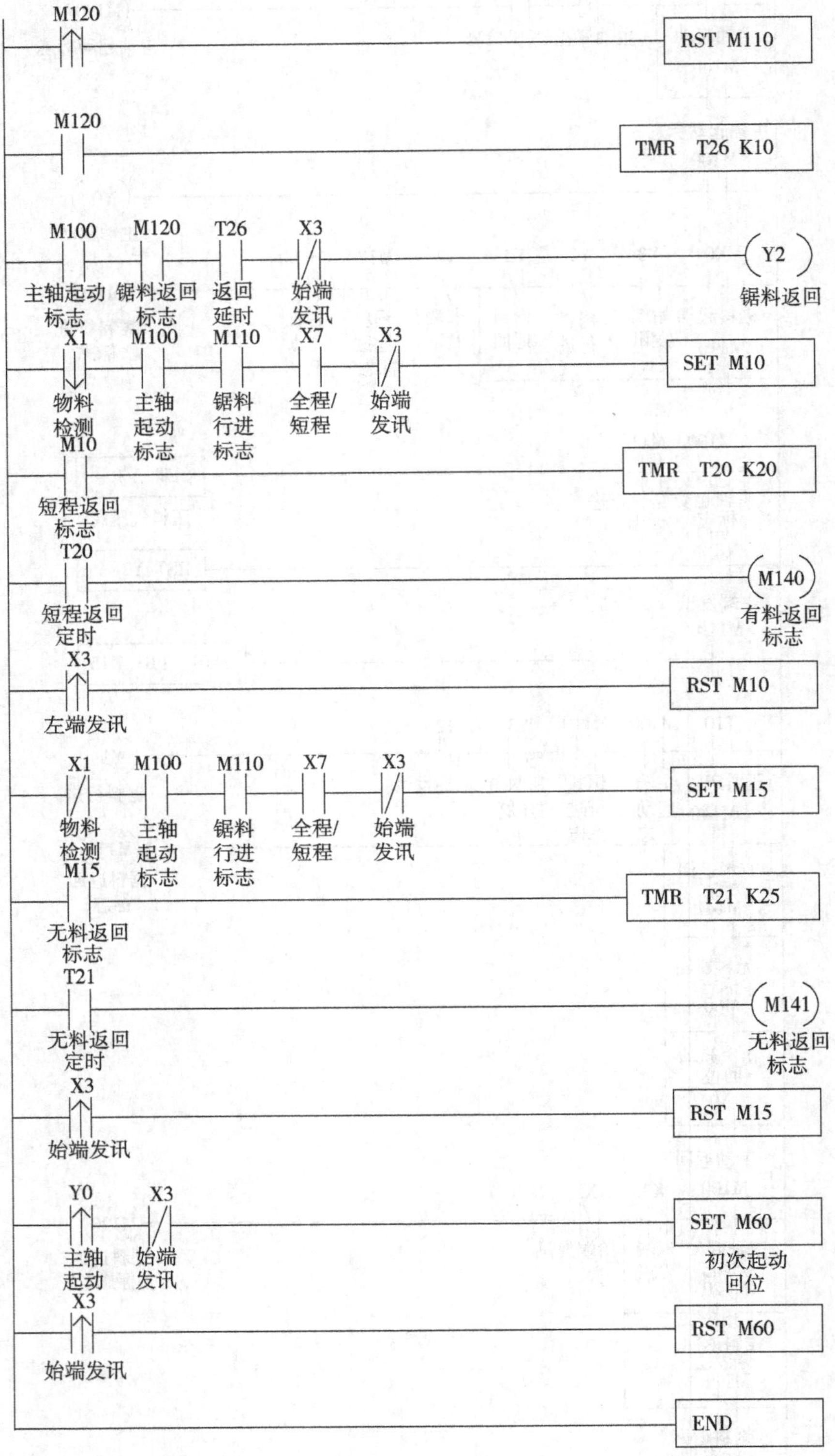

图 3-51 PLC 逻辑控制程序梯形图 2

（3）控制程序的语句表

0	LD	X4	
1	OR	M100	
2	AND	X5	
3	AND	X10	
4	OUT	M100	
5	LD	M100	
6	OUT	Y0	
7	LD	X0	
8	AND	X3	
9	ANI	Y1	
10	ANI	Y2	
11	OR	M100	
12	ANI	X2	
13	ANI	M120	
14	AND	M100	
15	OUT	M110	
16	LD	M100	
17	AND	M110	
18	SET	Y3	
19	LDP	X3	
20	RST	Y3	
21	LD	M110	
22	TMR	T10	K15
23	LD	T10	
24	AND	M100	
25	AND	M110	
26	AND	Y3	
27	ANI	X2	
28	OUT	Y1	
29	LD	M140	
30	OR	M141	
31	OR	M60	
32	OR	X6	
33	OUT	M111	
34	LD	M100	
35	AND	X2	
36	OR	M120	
37	OR	M111	
38	ANI	X3	
39	OUT	M120	
40	LDP	M120	
41	RST	M110	

42	LD	M120	
43	TMR	T26	K10
44	LD	M100	
45	AND	M120	
46	AND	T26	
47	ANI	X3	
48	OUT	Y2	
49	LDF	X1	
50	AND	M110	
51	AND	M100	
52	AND	X7	
53	ANI	X3	
54	SET	M10	
55	LD	M10	
56	TMR	T20	K20
57	LD	T20	
58	OUT	M140	
59	LDP	X3	
60	RST	M10	
61	LDI	X1	
62	AND	X7	
63	ANI	X3	
64	AND	M100	
65	AND	M110	
66	SET	M15	
67	LD	M15	
68	TMR	T21	K25
69	LD	T21	
70	OUT	M141	
71	LDP	X3	
72	RST	M15	
73	LDP	Y2	
74	ANI	X3	
75	SET	M60	
76	LDP	X3	
77	RST	M60	
78	END		

第四章

复杂机械设备电气控制电路故障检修

培训学习目标 本章将要进行复杂电气控制电路的故障检修的学习，并从维护的角度出发读识和分析电气控制原理图，掌握现场维护的基本技能。

第一节 复杂机械设备电气控制电路故障分析和处理方法

一、高级电气维护人员应具备的条件

高级电气维修人员必须要具备良好的专业素质和丰富的经验积累。专业素质是分析能力和处理能力的基础；经验积累是正确而快速判断力的保障。

因此，要成为一名称职的高级电气维护人员应当具备以下基本条件：

1. 具有较广的知识面

复杂机械设备通常是集机械、电气、液压、气动等于一体的设备。组成复杂机械设备的各部分之间具有密切的联系，其中任何一部分发生故障均会影响其他部分的正常工作。现场维护的第一步是要根据故障现象，尽快判别故障的真正原因与故障部位。它要求高级电气维护人员不仅仅要掌握电气专业的专业知识，还应具备一定的机械传动与结构的基础知识，两者要有机地结合。只有这样，才能迅速找出故障原因，判断故障所在。此外，维修时为了对某些电路与零件进行现场测绘，还应当具备一定的工程制图能力。

2. 善于思考，慎于动手

复杂机械设备通常价格很高，在企业中的地位非常重要，修理处置必须准确到位。作为高级电气维护人员必须能从设备的故障现象，通过分析故障产生的过程，针对各种可能产生的原因由表及里，透过现象看本质，迅速找出发生故障的根本原因并予以排除。

3. 善于总结，重视经验积累

对于复杂机械设备维修的成功率，在很大程度上要依靠平时经验的积累，维修人员遇到过的问题、解决过的故障越多，其维修经验也就越丰富。维护人员在解决了某种故障以后，应对维修过程及处理方法进行及时总结、归纳，形成书面记录，作为今后同类故障维修的参考。

4. 善于学习，勤于学习

作为高级电气维护人员不仅要注重分析与积累，还应当善于学习，勤于学习。因为电气控制技术的发展和进步是非常快的。特别是近10多年，多种控制方式和功能得到了迅速的发展，如果所学的知识停滞不前，就势必被淘汰。

5. 具备一定的专业外语基础

目前在复杂、大型机械设备中，合资企业和进口企业生产的设备越来越多，其中的主控、部件和重要元器件进口产品也比较普遍，其电气控制说明中的外文内容也逐渐增多。因此作为高级维护人员，应当具备一定的专业外语基础，主要以英语为主。目前，新国标中各种文字代号也与国际接轨，其标识方式也参考了英文的标识方式。因此，应对常用的英文功能标识和代号比较熟悉，这样可以大大地缩短处理故障的时间。

二、继电器—接触器控制系统的分析步骤

处理电气故障的主要工作就是对电气控制原理图的分析和判断，有时它几乎是处理故障的全部。只要对故障的原因分析到位，处理故障就会变得十分简单。现代意义上的复杂机械设备的电气控制系统应当是集多种控制方式和实现手段为一体的，单一设备中也包含着不同的控制元素。

对于继电器—接触器控制系统，从维护的角度出发，正确与清晰的分析是解决问题的先决条件，没有正确与清晰的分析，即使碰巧解决了问题，也不可能对维护经验形成积累。因此，处理故障应从分析开始。

在分析一台机床具体的电气控制电路时，首先应了解机床的基本结构、运动形式、加工工艺过程、操作方法和机床对电气控制的基本要求以及必要的保护和联锁；然后再根据控制电路及有关说明来分析该机床的各个运动形式是如何实现的。这时可按照下面的步骤进行分析。

1）首先从电气原理图的主电路中，找出该设备共用几台电动机拖动，并确定主拖动电动机和各辅助拖动电动机的作用。还可从主电路中看出起动方式、保护方式、能否正反转、有无变频调速和直流调速、有无电气制动等。

2）从主电路接触器触头的文字符号到控制电路，查找与接触器触头对应的线圈，进一步看其电动机的控制方式。一般来说，同一台电动机或同一个控制功能的控制电路绘制在相邻处，这样，可将一台设备的整个控制电路划分为若干个部分，即所谓的“化整为零”，分别进行分析，而每一部分则控制一台电动机或完成一个控制功能。另外，电气控制电路的控制元件往往按动作先后顺序由上而下顺序排列，所以在阅读控制电路时，也要自上到下，从左到右，一个控制环节一个控制环节地进行分析。分析时，应先从全局到局部，再从局部到全局，直至完全弄清楚各个环节和控制部分之间的相互配合与制约关系。

3）根据该设备对电气控制的要求和电气与机械的联系，进一步分析各拖动电动机和各其他控制输出间的电气联锁。尤其是机械操作手柄与电气联动的情况，应配合电气动作来分析和了解设备操作情况。

4）查看控制电路中必要的保护环节的基本情况，比如短路保护、过电压保护、欠电压保护、过电流保护、欠电流保护、位置保护、动作时间保护、油压保护、气压保护等。对于有些电器元件（控制器、行程开关、组合开关、压力开关、转换开关等），应结合其控制触

头的开、闭情况和电气控制原理图来分析和确定其状态。

三、大型自动化生产线电气控制电路的分析方法

对于大型自动化生产线，其中心控制部件是由 PLC 或专用控制机构成的，自身的控制、保护、自诊断、报警等措施比较完备，从维护的角度来看，对其控制原理的分析是没有必要的，有时也是不可能的，因为通常生产厂家是不提供程序清单的，这些控制原理只有该程序的编制者才清楚。因此，应重点关注其操作方式和主要被控对象的控制方式以及各种输入、输出信号的控制功能。同时，还要注意查看各种报警信号的和错误显示信息。在实际维护中可有以下几种分析方法。

1. 静态分析

静态分析是对设备的机、电、气、液等部分进行的常规检查，以此来判断故障发生原因，通常包括以下内容：

1）检查控制电源的输出是否正常，有无故障报警。

2）检查主控部件（一般为 PLC）的工作状态以及其输入、输出信号是否正确、有效。

3）检查被控对象的输入、输出信号的连接是否正确、有效。

4）检查液压、气动、润滑部件的油压、气压等是否符合设备要求。

2. 动作分析

通过试运行观察、监视设备实际动作，判定动作不良部位并由此来追溯故障根源。一般这种大型自动化设备都有许多电动、气动、液动装置，并且在这些装置上还同时装有动作位置检测装置，比如接近开关、霍尔开关等。通过这些装置动作的执行情况以及动作是否到位来分析设备故障的所在。比如，如果输出有动作，说明控制输出基本正常。但动作结束后，还要观察其位置信号是否有效，如果动作不到位，则相关位置信号就可能是无效的。有时下一个动作不执行是因为上一个动作还没结束，或至少动作不到位。

3. 状态分析

大型自动化生产线一般都会有自诊断功能，系统也会有不同的工作状态，比如：自动、手动、连续、单步、保温、加热、正常、报警等，有的状态是属于正常的过渡转换，但多数情况下，是由于各种故障而造成的。比如有的输入信号无效，有的出现报警等，其下一个动作就要受到影响，经过系统自诊断，转到其应该呈现的状态之中，停在那里等待处理。因此，应当注意关注这些信息，并通过这种不同的状态，经过分析确定处理办法。

四、复杂机械设备电气控制电路故障的一般检查和处理方法

1. 向操作者了解故障发生时的情况

到达现场后，首先向操作者了解故障前后的操作情况及故障现象，对处理故障具有重要意义。因为多数操作者熟悉机床的性能，他们对经常发生的故障和处理方法有很多宝贵经验。全面了解设备故障前后的情况，有利于根据电气设备的工作原理来分析和处理故障，所以必须重视操作者的意见。

2. 对控制系统的电气控制原理进行分析

从故障现象出发，根据该设备的类别，按电气控制原理图进行分析，确定故障发生的各

种可能范围，再进行综合分析和判断，初步确定故障发生的大致部位。

3. 进行一般性外观检查

初步确定了发生故障的可能范围后，对有关元器件进行外观检查，如接线端头是否脱落，接线柱接触是否良好，导线是否被烧焦，线圈是否烧坏，触头有无粘住，保护元件是否动作等，都能明显地表明故障点。这种外观检查有时也可以延伸到其他电气柜中与此动作有关的元件，即所谓“先从全局到局部，再从局部看全局”。

4. 控制电路的动作的试验检查

在外部检查发现了故障和疑点后，可进一步采用检查电器元件动作的方法，也就是操作某一开关或按钮，看电路中各继电器、接触器等是否按规定的动作有序地进行动作。若依次动作至某一电器时发现其动作不正常，即说明与此电器有关的电路存在问题，再在此电路中进行深入分析和检查，一般可发现故障。在这种动作试验时，常用一段导线逐段短接该控制环节的所有条件，缩小故障范围。操作时只能短接各种开关和继电器、接触器的触头，但绝不可短接电压元件和不同电源线的触头！

采用此法检查时，应特别注意人身及设备安全，尽可能切断主电路，仅试验控制电路中的动作，这样设备部件不会因为有输出动作出现意外。有时还应预先慎重考虑因局部控制动作是否会带来某种不良后果。

5. 利用仪表器材进行检查

根据不同的测量目标和电路类型，选择合适的测量仪器、仪表进行检查。其中应用最多的是万用表，其次为示波器、电桥等。

例如，在电路通电情况下，可以用万用表的电压挡测量目标控制环节中各条件元件是否正常，比如，所有的常闭触头均应为零值，如果出现显示电源电压值，就是故障所在；也可以使用万用表的电流挡测量各种电流参数是否正常，比如，某些控制调节信号的电流值是否按照调节指令有正常的输出变化（比如4~20mA）。

再如，在电路不通电的情况下，可以使用万用表的电阻挡测量某些元件的电阻参数来判断是否异常。

6. 检查是否存在机械故障

在许多电气设备中，电器元件的动作是由某个机械装置来推动、触发、执行的，或与机械装置有着十分密切的联系。比如，电气回路中的压力开关，其接通、断开的条件取决于液压管路内的压力是否正常。但有时压力不足，不是液压泵电动机的问题，而是液压泵本身的问题。再比如，电磁离合器的电参数和动作都正常，但传递转矩就是不足，这可能是由于其摩擦片过渡磨损或片与片之间有异物造成的。这时可与机修人员协同工作，共同排除故障和进行有关调整工作。

7. 排除故障，总结经验，形成积累

确定了故障原因后，对一般故障应力争在最短的时间内予以排除，恢复设备运行，这是设备维护人员应尽的义务。对于重大故障，应协同设备的操作者共同写出事故报告，分析设备故障的原因与性质，提出防范措施，经上级领导批准后再进行故障处理。排除故障的措施首先应体现复原，然后再本着先进、经济、可靠，最终要达到根本解决。每次排除故障后，应及时总结，并作好记录，留作以后维修工作时参考。

第二节　复杂机械设备电气控制电路故障检修实例

一、B2012A 型龙门刨床电气控制电路故障检修

这里将从该刨床的主拖动系统及工作台直流控制电路为例进行展开，该设备的直流控制部分结构比较典型，颇具代表性，其中包含的自动控制的环节比较丰富，控制思想比较经典，且该设备分布广泛。图 4-1 所示为 B2012A 型龙门刨床电气控制电路，其中图 4-1a 为主拖动系统及工作台直流控制系统工作原理。

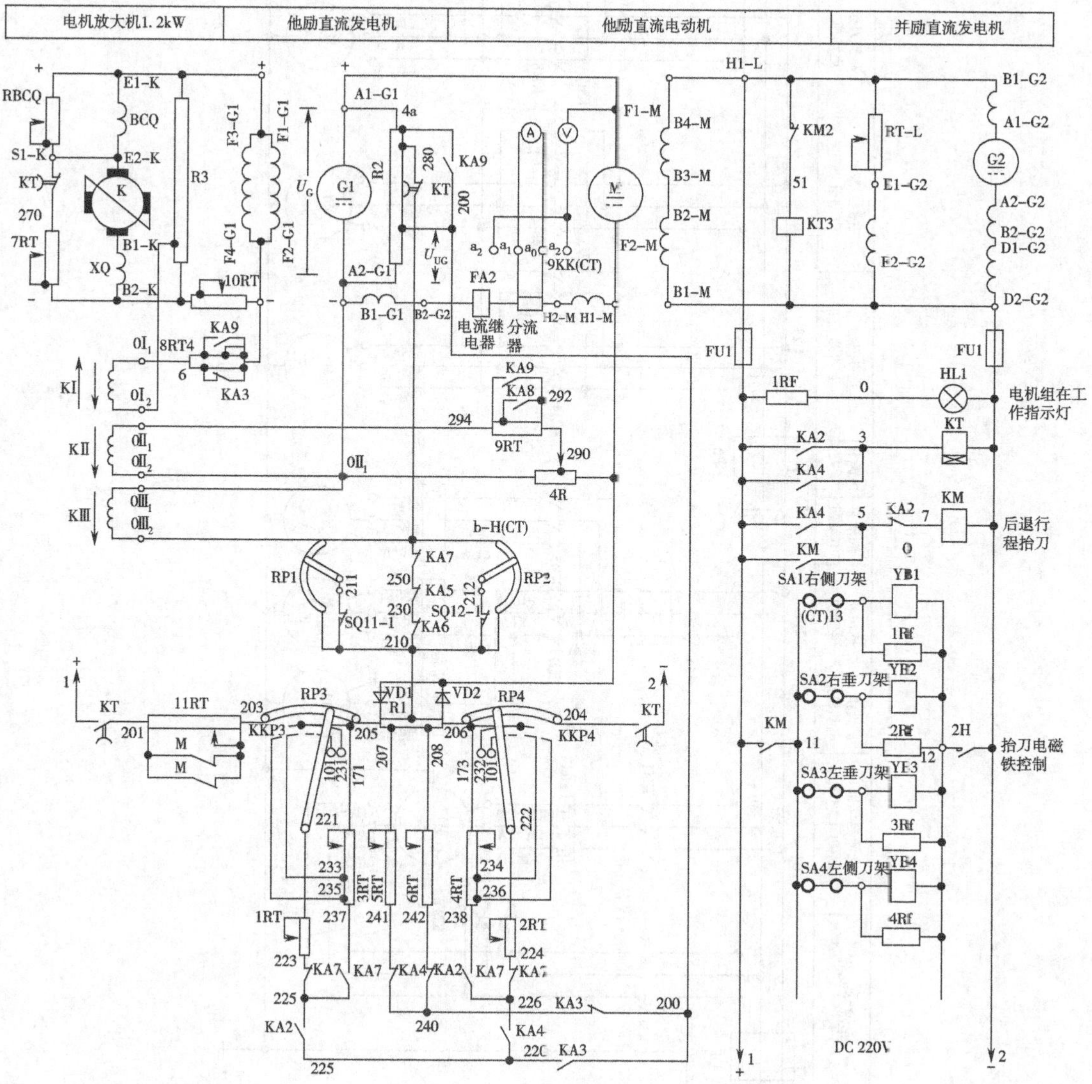

a）

图 4-1　B2012A 型龙门刨床电气控制电路

a）主拖动系统及工作台直流控制系统工作原理

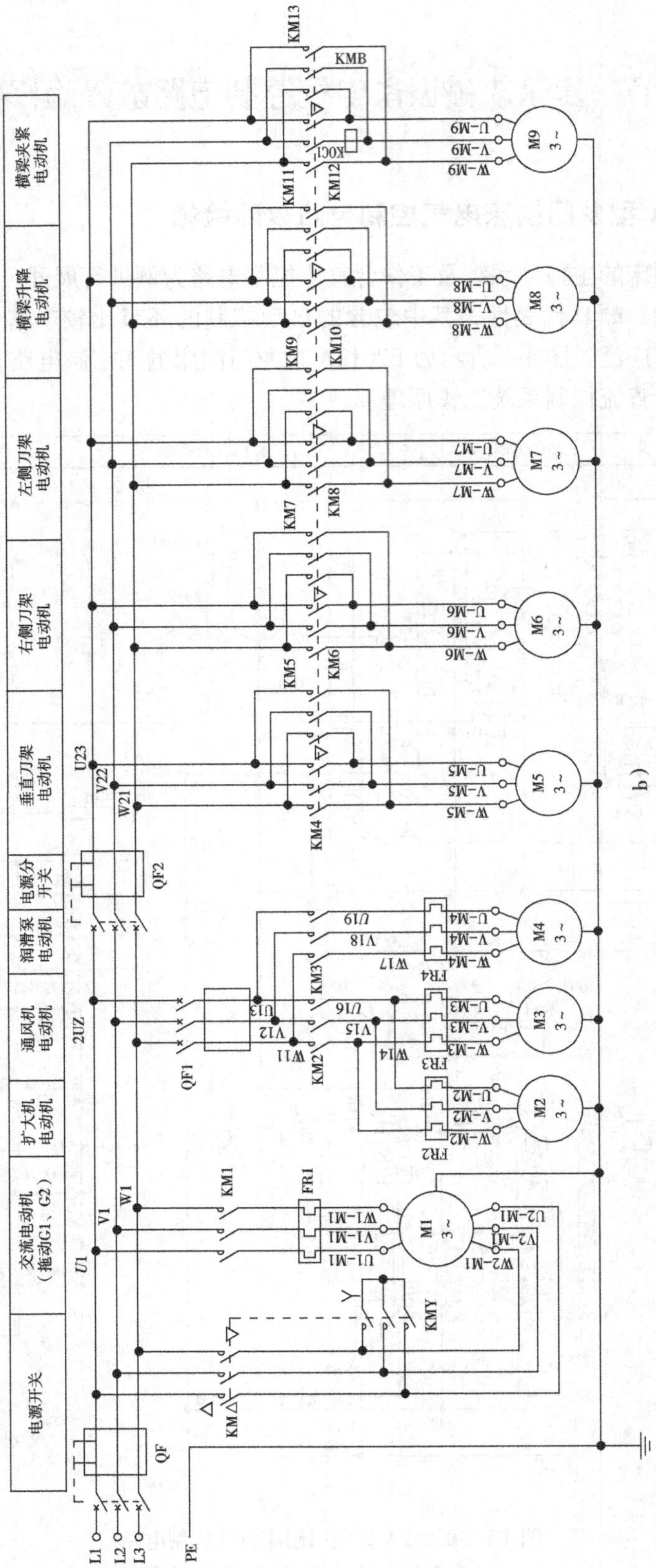
电源开关
交流电动机（拖动G1、G2）
扩大机电动机
通风机电动机
润滑泵电动机
电源分开关
垂直刀架电动机
右侧刀架电动机
左侧刀架电动机
横梁升降电动机
横梁夹紧电动机

b）

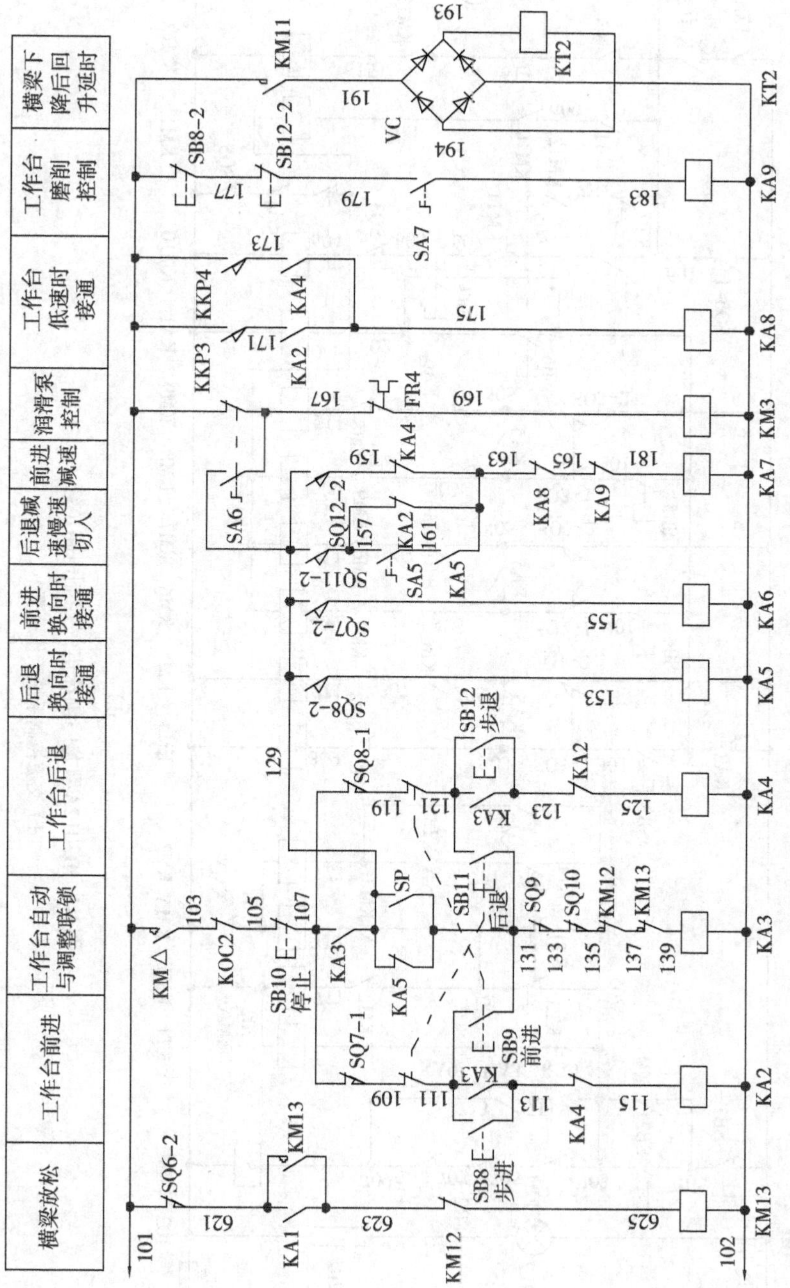

c）

图4-1　B2012A型龙门刨床电气控制电路（续）

b）主电路交流系统工作原理　c）交流控制系统工作原理1

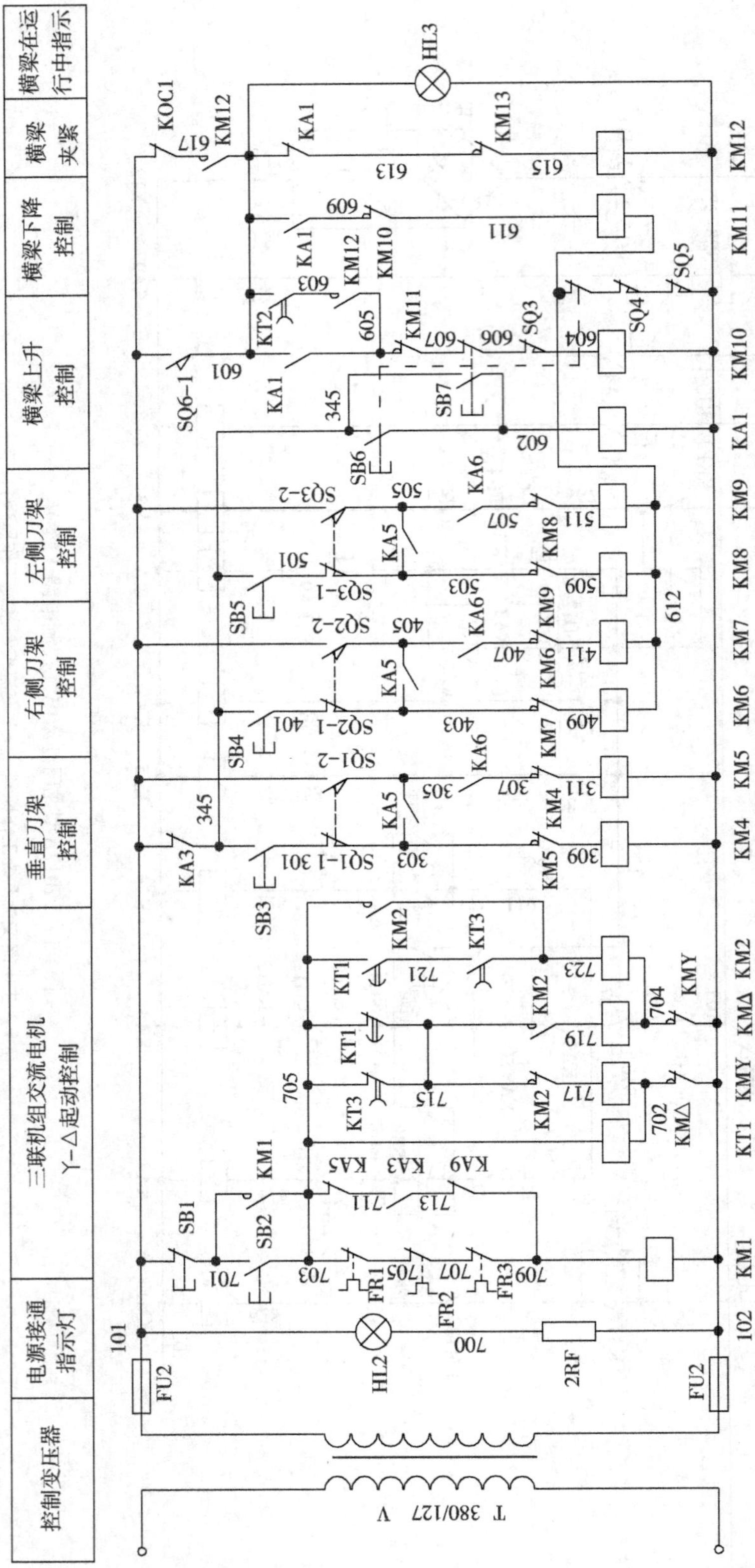

d）

图4-1 B2012A型龙门刨床电气控制电路（续）

d）交流控制系统工作原理2

1. 主拖动系统及工作台直流控制系统各部件功能分析

按照一般的分析方式，应先从主电路元件开始分析，这是一个控制系统的第一步。在图4-1a中，如果先忽略图右边的抬刀控制部分，其他部分就是围绕着直流电动机M而组成的一个直流电动机的调节、控制系统，M是完成刨台的减速、换向往复运动的主拖动电动机，可以把M作为中心部件然后逐个展开分析。

（1）励磁机G2　首先，主拖动电动机M要有一个励磁电源，为其励磁线圈提供励磁电流。在图中，可以看到它的励磁电源是由一台直流发电机来提供的，即励磁机G2，它是由三联机组中的交流主电动机M1拖动的。从原理图中看到，它自身的励磁线圈就并接在其电枢的两端，属自励磁发电，通过一只可调电阻RT-L调节励磁电流。励磁机在发电起始时是利用自身剩磁来建立励磁磁场，发电后形成自激励磁。这就要求励磁机在起动之前必须先有一个极性正确、磁场强度一定的剩磁磁场。它除了给主电动机M提供励磁电流外，它还构成了该调速、控制系统的控制电源。因此，三联机组一起动，励磁机的工作就必须正常。当励磁机发电正常后，利用其输出电压驱动继电器KT3并利用KT3的常开触头来完成三联机组中主电动机M1的Y-△起动，同时，起动电机扩大机。其后，刨台控制系统进入等待给定状态。

（2）发电机G1　主拖动电动机M在有了磁场后，要想旋转起来，其电枢两端还得施加一个有一定容量的直流电压；如果M还要求调速并且又要求旋转方向可变，那么这个电压还应当是可调幅值和可变极性的，而M就是这样的一个工作状态。从图4-1看到，这个直流电压是由直流发电机G1来提供的，G1也是由三联机组中的交流电动机M1来拖动的。因为M1本身不调速，属恒速运行，因此，要想使G1的输出电压幅值和极性可调，根据电机原理，可以通过调节G1的励磁磁场来实现。那么，如何调节G1的磁场呢？于是就会从图4-1中看到该直流系统中的第三个重要部件——电机扩大机K。

（3）电机扩大机K　电机扩大机K在该直流控制系统中就是一个放大器。它是一台放大倍数比较高的特殊直流发电机，由一台交流电动机M2来拖动，在三联机组正常起动后，该拖动电动机也一同起动。

从一般的功率调节系统的组成来看，应当有一个工作电源，在此例中也就是励磁机G2，还应当有一个被调节对象，也就是发电机G1的输出电压，它是通过调节G1的励磁电流的大小和方向来实现的；还应当有一个输入给定信号，用于设定电动机的转速；另外，还应当有一个输入信号的放大环节，以提高调节系统的品质和用较小的调节信号来调控功率较大的对象；对于闭环系统，还应当有一个反馈环节，这样才能组成一个比较完整的调节系统。

从图4-1a中可以看到，扩大机共有3个绕组，其中KⅠ为稳定绕组，其OI_2端接在扩大机输出电压回路的R3上，用于稳定扩大机的输出电压，属于电压负反馈；KⅡ是电流正反馈绕组，用于自动调节M1的转速；KⅢ为控制绕组，是系统给定信号、电压负反馈信号和电流截止负反馈信号的综合绕组。这三个绕组一起组成了作为放大器的扩大机的输入信号。

作为放大器的电机扩大机的输出就是扩大机的电枢电压，其经过补偿绕组BCQ和换向极绕组XQ后，直接接到了直流发电机G1的励磁线圈上。

这样，通过改变流过控制绕组 KⅢ的电流大小和方向，就可以改变扩大机电枢电压的大小和方向，也就可以实现用一个控制扩大机的小信号来控制发电机 G1 的输出电压的大小和方向，进而控制主拖动电动机 M 的速度与方向，这就是扩大机的放大作用。

但是，如果采用现代控制技术和手段，将直流电动机 M 用交流电动机来取代，并且用变频调速的方式完成其速度和方向的控制。那么，图 4-1a 中的直流控制系统就不存在了，龙门刨床由于没有了噪声很大的三联机组，工作时就安静多了，同时也非常节能。另外，在该系统中，作为直流电源的励磁机也可以采用整流的方式来实现，这也是可行的。因此，直流发电机 G1 和扩大机都可以不存在了，可以使用一个晶闸管调功器就可以完成对直流电动机的速度和方向的控制。

2. 主拖动系统及工作台直流控制系统工作原理图的分析

在分析了直流主回路中主要元件的相互控制关系后，再就其原理图中各种控制信号和功能工作原理进行进一步分析，这将是分析和处理故障的基础，只有明确了各种控制信号和控制功能的工作原理，才能进一步分析出故障的所在。

（1）给定信号　工作台拖动主电动机 M 的转速，是由加在控制绕组 KⅢ上的给定信号 U_{gd}决定的，该给定信号取自调速电位器 RP3、RP4。三联机组的时间继电器 KT 得电吸和后，作为工作电源的由励磁机 G2 发出的直流电压就加到了调速电位器 RP3、电阻 R1 和调速电位器 RP4 上。RP3 用于调节主电动机 M 的正转（即工作台前进）的转速，从 RP3 的滑臂（221）取出的极性为正的控制电压经电阻 1RT、223、225、200 到 R2、A2-G1 加到绕组 KⅢ的 0Ⅲ1，再到 0Ⅲ2 回到 R1 的中点，再从 R1 的中点经 RP4 到电源的负极构成回路，也就形成了前进时绕组 KⅢ中的调节电流 $I_{KⅢ}$。当扩大机由原动机拖动旋转时，扩大机的电枢两端 E1-K、B2-K 就有相应的控制电压 U_K 输出，使发电机 G1 励磁。于是，G1 就会产生相应的感应电动势，从其电枢两端输出相应的输出电压，此后，电动机 M 就以相应的转速运转。

给定信号电压 U_{gd}的大小取决于调速手柄的位置，即

$$U_{gd} = \frac{r_1}{R_\sum}U_1 = \alpha_1 U_1$$

式中　U_1——给定电位器总电阻 $R_\sum$ 两端的电压；

α_1——给定电压系数，$\alpha_1 = r_1/R_\sum$；

r_1——R1 中点到 RP3 滑臂之间的电阻；

$R_\sum$——给定电位器总电阻，$R_\sum$ = RP3 + RP4 + R1。

当调速电位器 RP3 的滑臂在调节手柄的带动下向左（1 号线的方向）移动时，使给定电压 U_{gd}增大，$I_{KⅢ}$也相应增大，扩大机的输出电压 U_k 也增大，使得发电机 G1 的输出电压增大，进而电动机 M 的转速上升。

电位器 RP4 用于调节主拖动电动机 M 的反转，也就是工作台后退时的调速。这时从 RP4 的滑臂和 R1 的中点取出的极性为负的给定电压 U'_{gd}，经 R2 加到控制绕组 KⅢ上，于是，绕组 KⅢ中的控制电流 $I'_{KⅢ}$反向。因此，扩大机输出的电压 U'_K也反向，主电动机 M 也就发生反转。

综上所述，在电动机励磁不变的条件下，改变给定信号的大小和方向，就能调节主电动机的转速高低和旋转方向，即可改变工作台的运动速度和方向。

当然，在没有给定信号的情况下，工作台是不能有任何运动的，如果有，任何动作，都应当是故障。

（2）电压负反馈

1）电压负反馈的建立：我们知道，加在控制绕组 KⅢ上的电压，除了给定电压以外，还有取自电位器 R2（200）和发电机端点 A2-G1 之间的反馈电压 U_{UFB}。U_{UFB} 的极性与 U_{gd} 的极性相反，两者串联后加在控制绕组 KⅢ上。电阻 R2 与发电机 G1 的电枢是并联的。因此，反馈电压 U_{UFB} 与发电机端电压 U_G 成正比。由于 U_{UG} 与给定电压 U_{gd} 极性相反且又送回到扩大机的输入端（控制绕组 KⅢ），故称这个环节为电压负反馈。电压负反馈的强弱取决于 R2 上的一段（200 －（A2 － G1）电阻 r_2 的大小，即电位器 R2 上 200 号抽头的位置。因此，反馈电压 U_{UFB} 的大小为

$$U_{UFB} = \frac{r_2}{R_2}U_G = \alpha_2 U_G$$

式中　α_2——电压负反馈系数，$\alpha_2 = r_2/R_2$；

R_2——R2 的总电阻值；

r_2——200 号端点与 A2 － G1 端点之间的电阻值。

由于系统中有了电压负反馈环节，故流过控制绕组的电流 $I_{KⅢ}$ 是由 U_{gd} 和电压负反馈电压 U_{UFB} 叠加而成的，即

$$I_{KⅢ} = \frac{U_{gd} - U_{UFB}}{R_{KⅢ\sum}}$$

式中　$R_{KⅢ\sum}$——给定回路的总电阻。

显然，给定电压 U_{gd} 不变时，如果电压负反馈电压 U_{UFB} 增大，控制绕组内的电流 $I_{KⅢ}$ 就减小，电动机和工作台的运动速度就降低。

2）电压负反馈的作用：

① 自动调节电动机的转速。假定调速电位器的手柄调在使给定电压 $\alpha_2 U_G = \alpha_1 U_1$ 的位置，发电机 G1 两端的电压为 U_G，电压负反馈信号为 $U_{UFB} = \alpha_2 U_G$，电动机 M 以稳定的转速 n 旋转并拖动工作台前进。当刀具切入工件时，电动机 M 上的负载增大，同时发电机—电动机回路中的 I_D 也相应增大。由于回路中存在电阻，则总的压降也增大，如果发电机 G1 的电动势不增加，那么电动机电枢两端的电动势将随之减小，电动机的转速和由它拖动的工作台的速度也就相应降低。但是，由于电压负反馈的作用，一旦电压降增加，电动机电枢端电压下降，负反馈电压 $U_{UFB} = \alpha_2 U_G$ 也相应减少，在 $U_{gd} = \alpha_1 U_1$ 保持不变的情况下，流过扩大机控制绕组 KⅢ的电流 $I_{KⅢ}$ 就相应地增加。结果，扩大机的合成磁动势加大，扩大机的电动势也相应增加，从而使电动机 M 的电枢电压接近保持不变。

② 降低扩大机和发电机的剩磁电动势。电压负反馈的另一个作用，是能够有效地降低扩大机和发电压机的剩磁电动势，扩大系统的调速范围，消除工作台的爬行。由于剩磁电动势的存在，限制了电动机作低速运行，减小了调速范围。剩磁电动势越大，调速范围越小，并且有可能使电动机在没有给定信号下仍能运转，造成工作台的爬行。有了电压负反馈，就

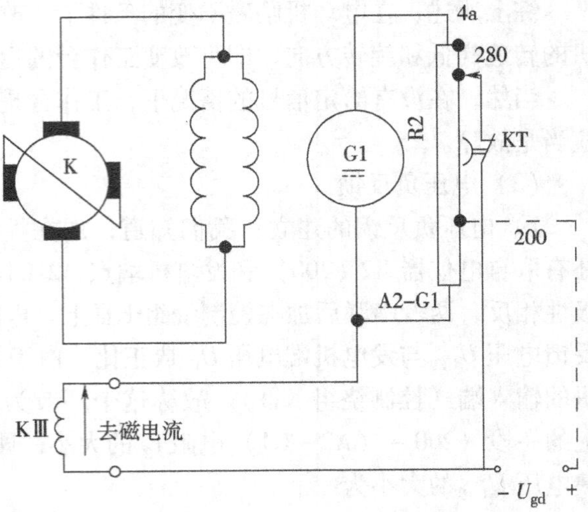

图 4-2　电压负反馈去磁电路

能够降低扩大机和发电机的剩磁电动势。如图4-2所示，$U_{gd}=0$ 时，工作台停止，时间继电器KT常闭触头闭合使绕组KⅢ接到R2上的280号线端（原来接200号线端），形成单一的电压负反馈回路。很显然，280号比200号的电位高，因此电压负反馈增强。如果扩大机和发电机有剩磁存在（这通常不可避免），则发电机产生剩磁电压。这个电压反馈到扩大机控制绕组KⅢ中，产生使扩大机和发电机发出与剩磁电动势相反的电动势和电流。因此，剩磁电动势大为削弱。通过理论分析，可以知道电压负反馈可使剩磁电动势降低 $(1+K)$ 倍。所以，电压负反馈可以消除工作台爬行和扩大调速范围。

③ 加快过渡过程。电压负反馈的第三个作用，是能够加快起动、减速、反向和制动等过渡过程。由于系统中设立了电压负反馈环节，给定信号要减去电压负反馈电压才能形成对KⅢ的励磁，所以给定电压要大为提高。当按下龙门刨床起动按钮时，发电机感应电动势 E_G 和端电压 U_G 等于零。因此，电压负反馈电压 $U_{UFB}=\alpha_2 U_G=0$。故给定电压 U_{gd} 全部加在KⅢ绕组上，使绕组KⅢ流过一个比稳定工作状态时大很多（可达7~10倍）的励磁电流。这个强励磁电流迫使扩大机的端电压迅速上升，其数值可达到稳定时的3倍左右；迅速上升的扩大机端电压又对发电机强迫励磁，使发电机端电压迅速增加，从而加大了电动机的起动转矩，电动机转速也迅速上升。随着发电机端电压和电动机转速的迅速上升，电压负反馈也就迅速建立，电压负反馈电压 U_{UFB} 也跟着相应增大，控制绕组KⅢ的励磁电流 $I_{KⅢ}$ 和电机扩大机的输出电压就相应减小，经过自动调节后，使发电机电动势和电动机转速的上升速度减慢，直到扩大机、发电机和电动机都工作在稳定、平衡状态，工作台起动完毕为止。显然，电压负反馈越强，工作台起动过程就越短。通常电压负反馈在起动时，可使控制绕组流过的电流为额定电流的3~5倍；如果超过5倍，对进一步加快过渡过程的作用就不明显了，因为磁感应强度随励磁电流的增加只在一定范围内是线性变化的。

在工作台减速、反向、停车等过程中，由于电压负反馈产生的强迫励磁作用，同样可以使过渡过程加快，工作台越位减小。

现在我们来分析在工作台由正向运动转变成反向运动的过程中，电压负反馈所起的作用。龙门刨床工作台在正向运行时，继电器KA2吸合，KA2的常开触头闭合。这时加在控制绕组KⅢ上的电压是 $\alpha_1 U_1-\alpha_2 U_G$。控制绕组KⅢ的磁动势 E_K 和主回路电流 I_M 的方向如图4-3实线所示。扩大机和发电机输出电压的极性亦如图4-3所示。

当工作台前进行程结束、撞块碰撞反向行程开关后，继电器KA2失电释放，其常开触头断开；继电器KA4得电吸合，其常开触头闭合。这时加在控制绕组KⅢ上的给定电压（$\alpha_1 U'_1$）的极性变成负的。但由于发电机励磁绕组存在惯性，所以在开始阶段发电机电动势仍如图4-3所示，没有立即改变极性。因此，加在控制绕组KⅢ上的电压，不再是

$\alpha_1 U_1 - \alpha_2 U_G$，而是 $\alpha_1 U_1 + \alpha_2 U_G$。所以，不仅绕组 KⅢ上的励磁电流 $I_{KⅢ}$方向变反了（图 4-3 中的虚线箭头），而且由于给定电压（$\alpha_1 U'_1$）与电压负反馈的 $\alpha_2 U_G$ 极性相同，此时的励磁电流 $I_{KⅢ}$要比稳定工作时大得多。这时扩大机以比较高的、极性相反的电压加在发电机 G1 的励磁线圈上，使得发电机 G1 励磁绕组中的电流迅速下降，发电机电动势因而就迅速降低下来。

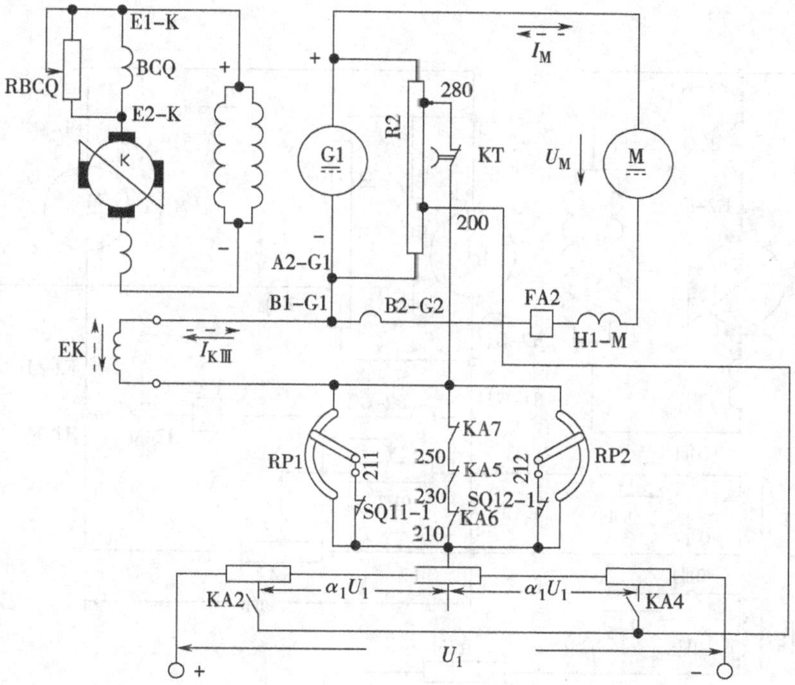

图 4-3　工作台正、反向环节

又由于电动机和由它拖动的工作台的机械惯性，电动机转速不可能以同样速度下降。因此，在发电机电动势迅速下降时，电动机的反电势就大于发电机电动势。因此，这时电动机处于发电制动状态。其结果是在主回路中造成一个相当大的反向制动电流，其方向如图 4-3 中虚线所示。电动机在制动转矩的作用下，迅速制动。电动机转速在制动过程中逐渐降低到零，然后开始反向起动。反向起动过程与前面讲的正向起动过程是一样的。从以上分析可知，在电动机制动过程中，由于有电压负反馈环节存在，扩大机控制绕组 KⅢ中的电流 $I_{KⅢ}$（图中虚线所示）要比稳定工作时大得多，因而促使发电机电动势迅速下降，电动机在制动转矩的作用下很快被制动。电压负反馈环节作用越强，制动时电流越大，发电机电动势下降就越快，电动机的制动也越快，工作台反向时的越位就越小。但是，制动作用太强时，主回路的电流 I_M 会过大，这样会导致电动机换向条件恶化，产生严重火花并会给机械部分带来过大的冲击，对电机和机床都不利。因此，在反向时继电器 KA5 的常闭触头断开（逆过程则是 KA6 的常闭触头断开），将电阻 RP1 和 RP2 串入控制绕组 KⅢ回路中，以限制 $I_{KⅢ}$，从而限制了制动强度。

（3）电流正反馈环节

1）电流正反馈的建立：从图 4-3 中可以看到，电压负反馈的采样位置在发电机的电枢两端，所以只对发电机电枢的电压变化能作出调控，但是并不能补偿电动机电枢绕组与换向极绕组电压降所引起的转速降低，因此在负载增加（刀具切入工件或碰到工件上的硬块）时，工作台的速度就明显下降；负载减轻时，工作台速度又明显上升。这必然使工件的加工质量下降。要解决这个问题，可以在B2012A型龙门刨床的电气控制电路中，引入了与电动机电枢电流成正比的电流正反馈信号。扩大机控制绕组KⅡ为电流正反馈绕组，接线方式如图4-4所示。

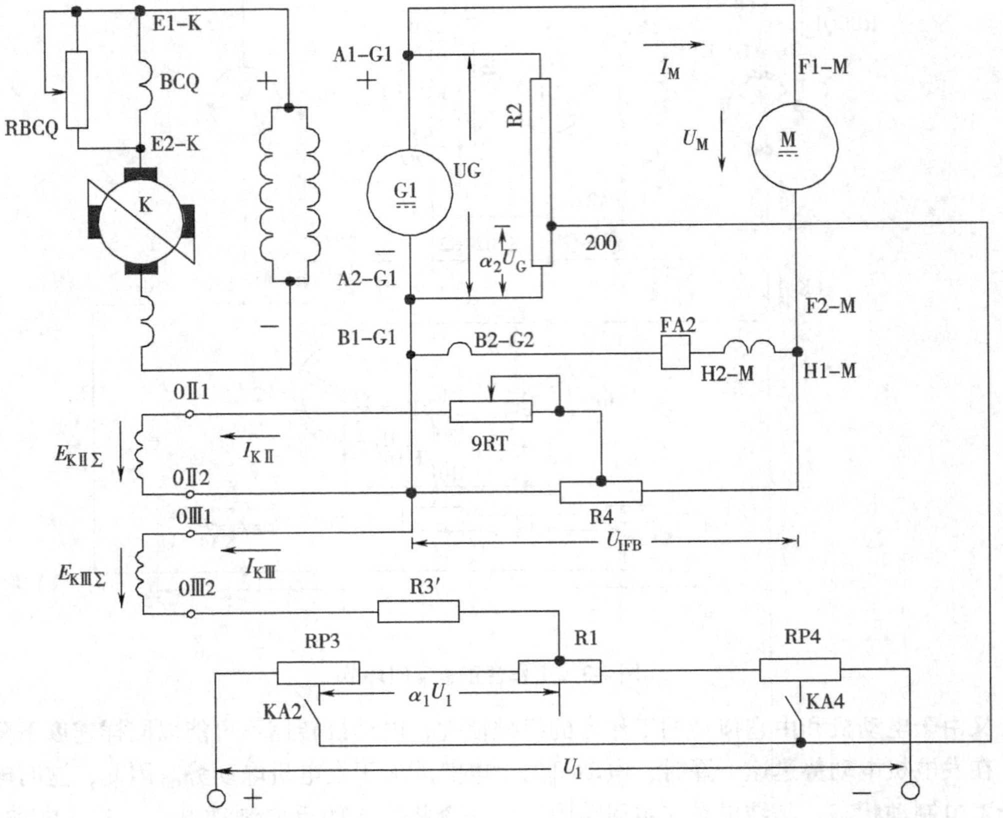

图4-4　给定电压负反馈和电流正反馈环节

电流正反馈信号U_{IFB}取自接在A2-G1和F2-M之间的电位器R4。U_{IFB}经过电阻9RT加在扩大机的控制绕组KⅡ上。A2-G1和F2-M之间并联着发电机换向绕组B1-G1和B2-G2、电流继电器线圈FA2、电动机换向绕组H1-M和H2-M。当主回路有电流I_M流过时，在发电机、电动机的换向绕组和电流继电器的线圈上就有电压降。这个电压降正比于主回路电流I_M。因此，电流正反馈信号电压U_{IFB}正比于主回路电流I_M。又因为U_{IFB}在控制绕组KⅡ中产生的磁动势与给定信号U_{gd}在控制绕组KⅢ中产生的磁动势方向一致，所以称为“电流正反馈”。电位器R4上290号端点与0Ⅱ2端点之间的电阻值与R4的电阻值之比，称为电流正反馈系数β_1。

2）电流正反馈的作用：

① 自动调节电动机的转速。现在以负载增大造成电动机转速下降为例，来说明电流正反馈是怎样自动补偿转速下降的。假设负载增大，其结果是一方面引起电动机转速下降，另

一方面引起主回路电流 I_M 增大。I_M 在发电机和电动机换向绕组以及电流继电器线圈上的电压降加大，电位器 R4 两端的电压就升高，于是流过控制绕组 KⅡ 的电流增大。由于控制绕组 KⅡ 中的电流 $I_{KⅡ}$ 产生的磁动势和给定信号产生的磁动势方向一致，所以扩大机的输出电压升高，发电机励磁绕组的电流增大，发电机的电压升高，结果使电动机的转速上升。从理论上讲，只要参数选择适当，电流正反馈就可以使由负载变化引起的转速变化不超过允许值。

② 加快过渡过程。在起动、减速、制动或反向等过程中，电流正反馈能起到加快过渡过程的作用。现以工作台反向为例，说明它在过渡过程中的强迫励磁作用。

在具有电流正反馈和电压负反馈的控制系统中，扩大机控制绕组 KⅢ 的总磁动势 $E_{KⅢ\sum}$ 由给定磁动势 $E_{KⅢG}$、电压负反馈产生的磁动势 $E_{KⅢU}$ 和电流正反馈产生的磁动势 $E_{KⅢI}$ 三部分组成，即

$$E_{KⅢ\sum} = E_{KⅢG} + E_{KⅢI} - E_{KⅢU}$$

设工作台在反向前处于稳定运行状态，这时总磁动势很小。当工作台开始反向时，因为扩大机励磁绕组的电磁惯性较小，所以给定磁动势 $E_{KⅢG}$ 立即反向。但是，由于电动机转速和发电机的电动势不能突变，故电压负反馈产生的磁动势 $E_{KⅢU}$ 方向不变。这两个磁动势在这个时刻方向变得一致，并都对扩大机进行反向励磁，使发电机电动势迅速下降且小于电动机的反电动势。因此引起主回路电流反向，而且电流的数值很大。所以电流正反馈磁动势 $E_{KⅢI}$ 方向也反了过来。于是，在反向开始的瞬间，总磁动势 $E_{KⅢ\sum}$ 为三者之和，故数值很大。主回路此时流过很大的冲击电流，对电动机进行强烈的制动。同时，由于扩大机励磁的强烈作用，使发电机迅速建立起反向电压，电动机立即反转。由此可见，电流正反馈和电压负反馈都具有加快过渡过程的作用。

3）电流正反馈的调整：调节电阻 R4 上的抽头 290 号端点的位置和调节电流正反馈绕组 KⅡ 的回路中串联电阻 9RT 的阻值，就可以调整电流正反馈的强度。调整时应使电流正反馈系数 β_1 与电压负反馈系数 α_2 成适当的比例。对于电流正反馈的强度，应以使工作台在低速重载下的速度降落能满足规定的要求为宜。

工作台处于低速运行时，由于磁感应强度与励磁电流之间的非线性关系，扩大机和发电机的放大系数都比较小，因此抑制速度变化的效果就比较差。为了弥补这种缺陷，就需要使系统在工作台低速运行时电流正反馈的作用加强。B2012A 型龙门刨床在工作台低速运行和进行磨削时，能自动减小电阻 9RT 的阻值，以加强电流正反馈的强度，保证速度下降的幅度不超出允许的范围。但也要兼顾过渡过程的状态，不要因电流正反馈过强而引起强烈的电流和转矩，使电机和机械受到严重的冲击，或造成超调和振荡。电流正反馈系数 β_1 一般取 0.5 ~ 0.8 较妥。

（4）电流截止负反馈

1）设置电流截止负反馈环节的目的：B2012A 型龙门刨床电气控制系统在采用电压负反馈和电流正反馈后，系统的过渡过程加快了，电动机的机械特性变硬了，但又可能出现下列新问题。

① 在电动机起动、反向或制动过态中，主回路的电流可能很大，甚至超过最大允许值。

② 对于在龙门刨床上进行加工的工件，其各部分的硬度可能不同。当刀具切削工件上较硬的部位或吃刀过深时，会造成电动机电枢电流过大多甚至发生“堵转”。

③ 在传动机构承受很大的转矩时，由于电动机静差率小，故转速降也小，因而造成传动机构过载。

而通过设置电流截止负反馈可以解决上述问题。

2）增加电流截止负反馈后的机械特性：在系统中加入电流截止负反馈环节，能使电动机获得下垂的机械特性，如图4-5所示。当电动机电流大于I_{ij}时，电流截止负反馈信号就加入控制系统而发挥作用；而电动机电流小于I_{ij}时不加入控制系统。因此，I_{ij}称为截止电流；曲线上与I_{ij}对应的点A称为截止点。在n_0～A这一段内，电流负反馈电路不通，控制系统中只有电压负反馈、电流正反馈信号起作用。

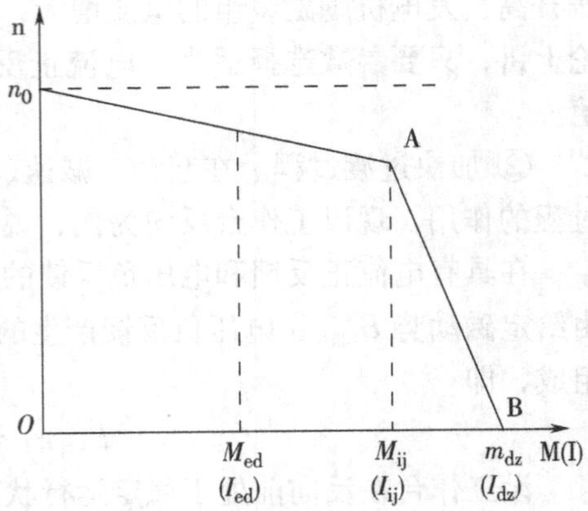

图4-5　加入电流截止负反馈环节后电动机的机械特性

在A～B这一段，电流负反馈信号起作用，特性急剧“软化”。这一段曲线呈下垂式，又称为“掘土机特性”。图中B点称为堵转点，B点所对应的是电动机最大允许电流I_{dz}（堵转电流）。当主回路电流$I_M=I_{dz}$时，电动机和工作台就停止不动了。这样就能保护电机和机械设备不致因承受过大负载而损坏。

3）电流截止负反馈环节的工作原理：在B2012A型龙门刨床控制系统中，电流截止负反馈环节如图4-6所示。图中工作台电流截止负反馈环节由发电机-电动机换向极绕组，整流器件VD1、VD2，比较电压U_{bj}和控制绕组KⅢ组成。当电动机轴上有负载时，主回路流过相应的电流I_M，换向极绕组上就有电压降U_H。显然，这个电压降与主回路电流成正比。U_H通过整流器件VD1、VD2和比较电压U_{bj}加在控制绕组KⅢ上。U_H与U_{bj}的极性相反。

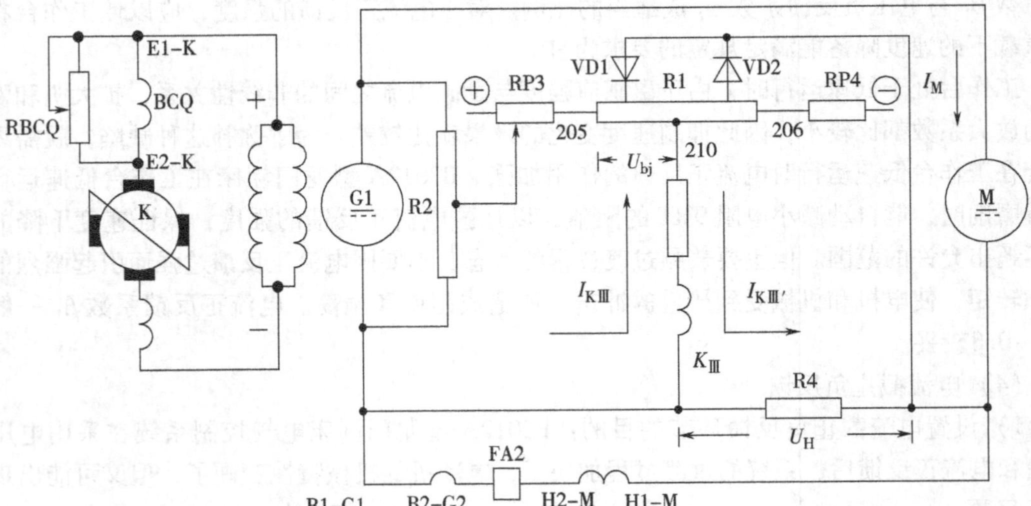

图4-6　电流截止负反馈环节

在正常情况下，主回路电流$I_M<I_{ij}$，$U_H<U_{bj}$，整流器件VD1承受反向电压，U_H不能使

控制绕组 KⅢ流过去磁电流。同时，由于 VD1 的存在，比较电压 U_{bj} 也不能产生通过控制绕组 KⅢ的电流。这时，通过控制绕组 KⅢ的电流仅仅取决于给定信号和电压负反馈信号，因而机械特性较硬。

当电动机轴上负载增加，主回路电流 $I_M > I_{ij}$，$U_H > U_{bj} + U_Z$ 时，整流器件 VD1 因承受正向电压而导通，故电流截止负反馈信号使控制绕组 KⅢ中流过一个去磁电流。这个电流用 $I'_{KⅢ}$ 表示，其方向与给定信号电流 $I_{KⅢ}$ 相反。因此，扩大机控制绕组的合成磁动势减小，扩大机的电动势 E_K 减小，发电机的电动势 E_F 减小，电动机的转速开始下降。电动机的负载越大，电流截止负反馈越强，电动机转速下降越明显。当负载增大到使主回路的电流 $I_M = I_Z$ 时，$I_{KⅢ} = I'_{KⅢ}$，电动机就被堵转而停止下来。电动机反转时，电流截止负反馈信号是通过另一个整流器件 VD2 加到控制绕组 KⅢ上去的。这种情况下电流截止负反馈环节的工作原理与工作台前进时相同，读者可以自行分析。

4）电流截止负反馈的作用：

① 限制主回路的电流。电流截止负反馈可以使系统获得掘土机特性。因此，当电动机发生短路或过载时，发电机的电压和电动机的转速迅速下降。这样就可以避免发电机和电动机因流过过大的电流而造成损害，使传动机构免于承受过大的转矩。

② 改善系统的动特性和加快过渡过程。在起动过程中，如果电动机始终保持最大转矩，就可以产生最高的加速度，电动机起动的时间就最短，即加快了过渡过程。电动机的最大允许电流决定了电动机的最大转矩。加大电动机起动电流以致超过允许值是不允许的；减小起动电流使之低于允许值，致使起动时间过长也是不可取的；而使起动电流始终保持为允许值是最理想的。电流截止负反馈与电压负反馈相互配合，就可以使起动过程趋于理想状态。在起动过程中，通过电压负反馈进行强迫励磁，显著地加快了起动过程；当起动电流过大时，又通过电流截止负反馈进行抑制。这就是电流截止负反馈在起动过程中所起的作用。同样，在反向、制动等过渡过程中，电流截止负反馈也起着相同的作用。

5）电流截止负反馈的调整：

① 加速度调节器。龙门刨床工作台经常处于起动、减速、反向、制动等过渡过程中。由于传动机构中各齿轮、蜗杆及齿条之间存在着一定的间隙，因此，传动机构将随着这些过渡过程的进行而产生冲击。而电气参数调整得合理与否，对传动机构所受的冲击程度的强弱有一定影响。B2012A 型龙门刨床电气控制电路中设有加速度调节器。通过调整加速度调节器并选择适当的比较电压，可以较合理地调整电流截止负反馈的强度。加速度调节电路如图 4-7 所示。RP1 为工作台前进方向加速度调节器，用来调节前进变为后退时越位大小，RP2 是后退方向的加速度调节器，用来调节后退变为前进时越位大小。以前进方向为例，RP1 在减速或反向过程中串接在 KⅢ绕组回路中。

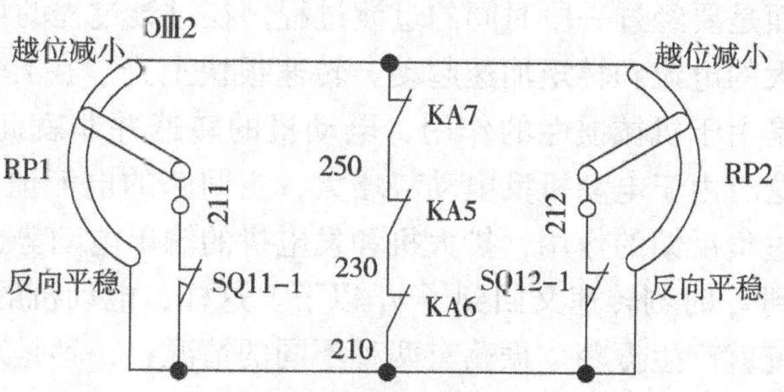

图 4-7　加速度调节器电路

当前进减速与后退开始时，SQ12-1 断开，KA5 和 KA6 的常闭触头断开，使 RP2 全部电阻接入电路，而 RP1 接入 OⅢ2-211 这一段电阻。若此阻值增大，则主回路截止电流减小，因此调节 RP1 手柄的位置，就可以调节前进减速及前进变为后退时过渡过程的强弱，即能调节前进转变为后退时的越位大小及机械冲击强度。同理，调节 RP2 手柄的位置，便可以调节后退转变为前进时越位大小及机械冲击强度。当工作台不是处于减速或换向时，0Ⅲ2-211 之间通过常闭触头 KA5、KA6、KA7 形成通路，此时 RP1、RP2 不起作用。主回路截止电流完全由 U_{bj}决定。因此，A 系列龙门刨床设置了作为加速度调节器的两个电位器 RP1、RP2 以后，操作者就能够方便地对减速或反向等过渡过程进行调节。

从上述分析可知，RP1 或 RP2 的阻值增加，即手柄向反向平稳方向移动时，主回路截止电流减小，使过渡过程减缓，主回路中的冲击电流减小，于是机械冲击也随之减小。但是，随着电阻值的增加，工作台越位增大，特别是工作台在作高速运转时，调整 RP1 或 RP2 的效果更明显。因此，必须以越位的允许值为前提，适当调整 RP1 或 RP2。越位小和反向平稳是相互矛盾的，不能单纯追求某一个指标，以免顾此失彼。

② 比较电压。比较电压 U_{bj} 的大小对过渡过程有着较大影响。若比较电压 U_{bj} 比较大，则截止电流 I_{ij}也比较大，故过渡过程加快，但超调量和冲击电流也加大。若 U_{bj} 小，则 I_{ij} 小，故过渡过程时间加长，严重时电动机将发挥不出应有的作用。因为在低速时，如果将 U_{bj} 值调得过小，则切削速度波动很大，甚至发生堵转，使电动机工作在机械特性下垂部分附近。B2012A 型龙门刨床比较电压应调整在 9.5～11.5V。在安装、维修时，特别要防止将整流器件 VD1、VD2 接反了；另外，还要防止 VD1、VD2 反向击穿。

（5）稳定环节

1）系统过渡过程分析：B2012A 型龙门刨床的电气控制系统，采用了上述几种反馈环节后，又有新的矛盾产生，即当负载变化（如吃刀前后）或迅速改变转速时，电动机会发生抖动；特别是在起动、停车等过程中，电动机可能以较高的频率来回摆动。这种不稳定的现象称为振荡。由于桥形稳定环节具有简单可靠、稳定性好、调整方便等优点，因而目前的 A 系列刨床均采用桥形稳定环节。

现在以起动过程为例来说明 A 系列龙门刨床调速系统产生振荡的过程。假定在 $t=0$ 瞬时，突然加入了使电动机前进的给定信号 U_{gd}，如果系统不存在惯性，电动机的转速立刻起动到相应的转速 n_1 并稳定运行。但由于惯性的存在，电动机的转速并不能立即上升到 n_1，而是要经过一段时间的过渡过程。在过渡过程的最初阶段，通过反馈的作用，电动机将以最大的电流和转矩加速起动，转速很快上升。在 t_1 时刻，电动机已经达到了所需转速 n_1，但是由于机械惯性的作用，电动机的转速并非就此稳定，而是继续上升，直到 t_2 时刻为止。这时由于电动机反电动势增大，主回路的电流值又离开了 t_1 时刻的平衡值而开始减少。通过负反馈的作用，扩大机和发电机的输出电动势也开始降低，电动机的转速又开始下降。直到 t_3 时刻转速又回到了 n_1 以下。这样，电动机的转速就可能在 n_1 上下周期性摆动，于是系统就产生振荡。振荡有两种不同的情况：一种是衰减振荡，电动机摆动几次以后，逐渐趋于稳定；另一种是不衰减的连续振荡，即振荡不能自行停止。此时，拖动系统失去控制能力，不仅无法进行切削加工，甚至使电动机和传动机构承受较大的反复冲击而酿成事故，如图 4-8所示。

电动机除了在起动阶段可能引起振荡外，在负载变化、调速、制动和反向等过渡过程中，也会出现振荡。电动机振荡使刨床工作台的速度时高时低，直接影响了工件的加工质量。

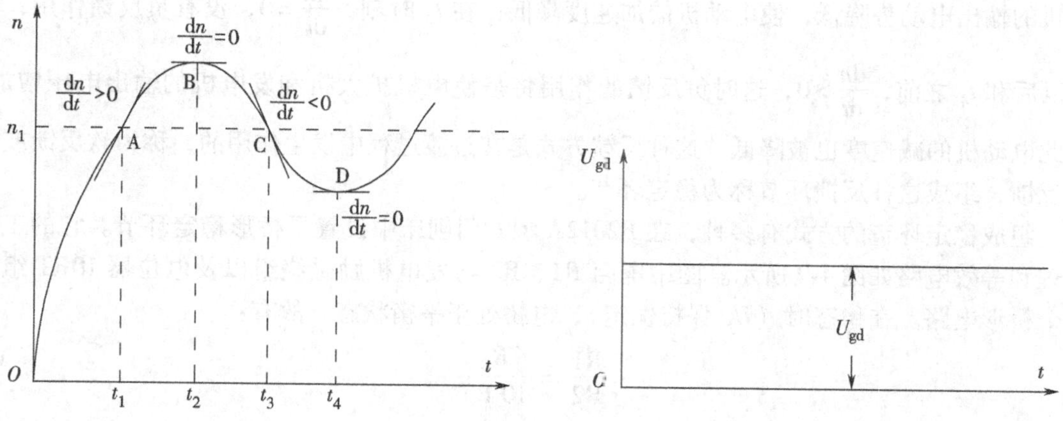

图 4-8　调速系统过渡过程

引起电动机转速振荡的原因，从本质上来说，是因为发电机励磁绕组存在电磁惯性和电动机及由它拖动的部分存在机械惯性的缘故。我们知道，电机的定子绕组和电枢绕组都是电感线圈，根据电磁感应定律，电感线圈产生的感应电动势正比于磁通的变化，而铁心中的磁通又是随电流的变化而变化的。由于电感线圈中的电流不能突变，因而它的变化落后于电压的变化，这种现象就称为电磁惯性。例如：B2012A 型龙门刨床中的直流发电机励磁绕组加上直流电压后，励磁绕组中的电流要经过 1.8s 的时间才能达到稳定值的 95%。电磁惯性大小用时间常数 T 表示。所谓时间常数就是指电感线圈加一直流电压后，线圈电流由零增加到稳定值的 63.2% 所需要的时间。B2012A 型龙门刨床直流发电机的励磁绕组时间常数为 0.6s。电机扩大机也存在一定的电磁惯性，不过它的时间常数通常是很小的。至于电动机及由它拖动的机械部分存在惯性（通常称为机电时间常数）是不难理解的。

从前面的分析可知，电压负反馈和电流正反馈环节的放大系数越大，系统的静特性就越硬。但是从过渡过程看，系统可能越难稳定。因此，电流正反馈和电压负反馈并非越大越好。

既然电磁惯性和机械惯性是客观存在的，而较强的电压负反馈与电流正反馈以及高放大系统又是该控制系统所必需的，也就是说，引起振荡的因素是客观存在的，所以要设法削弱和消除它。

2）避免发生振荡的方法：消除振荡的有效措施是增加系统中的阻尼。从图 4-8 中可以看出，在转速振荡过程中，转速变化率$\frac{dn}{dt}$也在变化。在 t_1 时刻，$\frac{dn}{dt}>0$；而在 t_2 时刻，$\frac{dn}{dt}=0$；而在 t_3 时刻，$\frac{dn}{dt}<0$。因此，若在系统中引入与$\frac{dn}{dt}$成正比的负反馈信号，就可能抑制振荡。大家知道，加速度是与牵引力成正比的，而牵引力与转矩成正比，转矩又与电流成正比，电流与电压成正比，所以在过渡过程中转速变化的快慢，就反映着电流和电压的变化速度。因而，抑制系统电压或电流变化的快慢，就能使系统趋于稳定。例如：在 $t=0$ 到 $t=t_2$ 之前，$\frac{dn}{dt}>0$，加入与电压或电流变化率成比例的负反馈信号，在它的作用下电机扩大机和发电机的输出电动势降低，使电动机的加速度降低；在 t_2 时刻，$\frac{dn}{dt}=0$，没有负反馈作用；在 t_2 以后和 t_4 之前，$\frac{dn}{dt}>0$，这时负反馈的作用将是使电机扩大机和发电机的输出电压增加，因此电动机的减速度也被降低。这种反馈方式是在过渡过程中发生作用的，称为软反馈或动态反馈，组成这种反馈环节称为稳定环节。

组成稳定环节的方式有多种，在B2012A型龙门刨床中设置了桥形稳定环节。它的工作原理和等效电路如图4-9所示。图中电阻R1、R2与发电机励磁绕组以及电位器10RT组成一个桥形电路。在稳态时（U_K 保持恒定），电桥处于平衡状态。故有：

$$\frac{\mathrm{R1}}{\mathrm{R2}}=\frac{R_G}{10\,\mathrm{RT}}$$

式中 R_G——发电机励磁绕组的电阻。

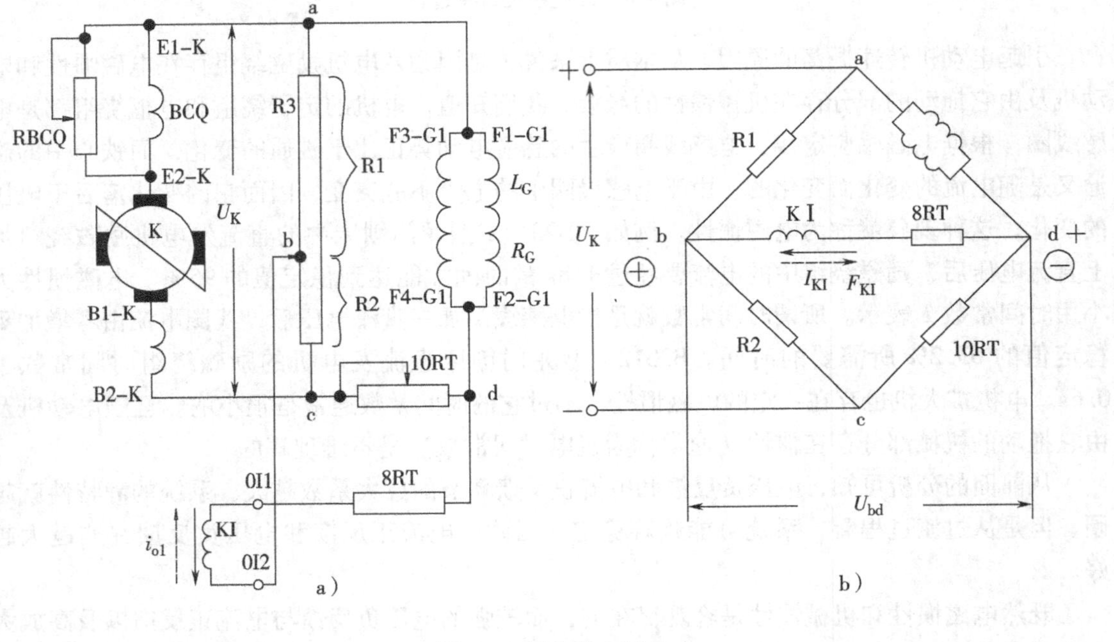

图4-9 桥形稳定环节
a）工作原理 b）等效电路

取电位器R3上b点与d点之间的电压 U_{bd} 作为电机扩大机控制绕组KI的输入信号。由于满足电桥平衡条件时，电桥的输出电压 $U_{bd}=0$，控制绕组KI中没有电流。也就是说，在 U_K 恒定的情况下，电桥稳定环节不起作用。

但是，当电机扩大机的输出电压 U_K 发生变化时，若以某一速度上升，则由于接在电桥ad臂中励磁绕组的电感 L_G 的作用，将产生一自感电动势以反抗这一臂中电流的增加。这就是说，励磁绕组将呈现比原来的直流电阻 R_G 要大得多的阻抗作用。在这种情况下，电桥就失去平衡并输出电压 U_{bd}，其极性为左（+）右（−）（见图4-9b），U_K 上升越快，U_{bd} 也越高。这一电压在控制绕组KI中产生的电流 I_{KI} 和磁动势 F_{KI}，其极性恰与给定信号产生的磁动势方向相反，起去磁作用，从而使扩大机的输出电压 U_K 不能以原来的速度上升。同理，当电机扩大机的输出电压 U_K 因某种原因减小时，由于 L_G 的作用是反抗这一臂中电流的减小，同上述情况相反，电桥输出电压 U_{bd} 的极性为右正左负，控制绕组 KⅠ 中的电流和磁动势反向（如图中虚线所示）。此时磁动势 F_{KI} 与给定信号产生的磁动势方向一致，因而起到抑制电机扩大机输出电压下降的作用。这样利用桥形稳定环节使系统增加了阻尼，结果使不稳定的系统变为稳定的系统。

调整桥形稳定环节时，应使电桥平衡和将 KⅠ 绕组极性接对。实际上为了避免电桥各臂电阻值因温度变化造成的电桥不平衡，致使 KⅠ 绕组产生正反馈作用，常常在调整时将 R3 的抽头 b 从平衡位置向 E1-K 方向移动一点。也就是说，通过增加一点负反馈，以避免因正反馈而削弱其稳定性。增大 10RT 电阻值（同时相应增大电阻 R2），在过渡过程中就增大了 b（0I2）与 d 之间的电压，因而增加了电桥的稳定性。但是 10RT 消耗了一部分扩大机的输出电压，降低了系统的放大系数，故 10RT 不能太大。减小电阻 8RT，可以提高稳定环节的放大系数，也可以加强稳定效果。但是，应当指出，过分地加强稳定环节的作用，会使系统过渡过程减慢，这也是不妥当的。因此，在调整时必须兼顾稳定作用和缩短过渡过程两方面的要求。

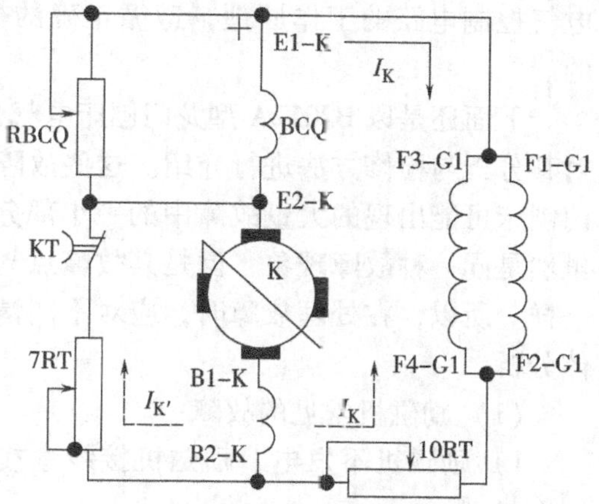

图 4-10　欠补偿能耗制动环节

（6）工作台停车制动环节　为了使工作台停车迅速准确，消除高速停车时工作台摆动，防止工作台“爬行”，A 系列龙门刨床设有欠补偿能耗制动环节，如图 4-10 所示。

假如刨床停车前，扩大机输出的电压极性为上正下负。当按下工作台停止按钮后，加在控制绕组 KⅢ 的给定信号没有了。此时，由于电动机 M 处于制动状态，主回路电流反向。因此，这时电流正反馈产生的磁动势和电压负反馈产生的磁动势方向一致，使得扩大机输出与图示极性相反的电压并加在发电机励磁绕组上，从而迫使发电机的励磁电流 I_K 迅速降低，发电机的电动势也迅速降低，电动机 M 因而迅速停止下来。当发电机励磁绕组的电流 I_K 降到零时，由于发电机仍然存在剩磁电压的缘故，电动机仍可能低速转动。因此，通过电压负反馈使电机扩大机仍有一个负值电压输出，使得发电机励磁绕组产生反向的励磁电流 I_K（图 4-10 中虚线所示），从而使发电机剩磁电压降低到很小的数值。但是，由于扩大机也存在剩磁电压，它使得发电机励磁绕组中反向的励磁电流 I_K 继续增大，以致使发电机输出电压变负，并引起工作台反向“爬行”。由此可见，电压负反馈环节有减小电机扩大机和发电机剩磁电压的作用，但是不能完全消除剩磁电压对工作台“爬行”的影响。为此，在工作台停车制动时，使电机扩大机处于强烈的欠补偿状态。即在扩大机的电枢和换向极绕组的两端 E2-K 与 B2-K，通过时间继电器 KT 的常闭延时闭合触头并联一个电阻 7RT。

刨床在工作时，触头 KT 是断开的，7RT 不起作用。当按下工作台停止按钮，经过约 0.9s 的延时，时间继电器释放，它的常闭延闭触头闭合，于是在 E1-K 与 B2-K 间形成一个和补偿绕组 BCQ 并联的回路，该回路电流为 I'_K，其方向如图 4-10 所示。这时流经扩大机补偿绕组 BCQ 的电流被分流，这样扩大机的补偿就被进一步削弱，也就是电机扩大机处于强烈的欠补偿状态，因而有效地减小了电机扩大机的剩磁电压。

改变电阻 7RT 的阻值，可改变与补偿绕组并联回路电流 I'_K 的大小，因而也就改变了电机扩大机欠补偿的程度。7RT 越小，欠补偿越明显。改变时间继电器 KT 的延时时间，可改变欠补偿环节加入的时刻。

3. B2012A 型龙门刨床直流回路常见故障的分析与检修

龙门刨床和其他机床一样，在电气设备安装、调试或运行中，总会出现这样或那样的故障。由于龙门刨床控制系统比较复杂，电气设备的种类较多，其故障的发生率也较高，分析、判断和处理故障的难度也较大。不过，只要熟悉和掌握了龙门刨床的生产特点和电气控制电路的工作原理，遵循正确的分析方法，迅速而准确地排除故障也是可以做到的。

下面还是以 B2012A 型龙门刨床电气自动控制系统中直流控制回路的常见的故障为例，对其分析与检修方法进行介绍。这些故障仅是该龙门刨床可能出现的大量故障中的一小部分，有时候虽然是同一种故障现象，但是其故障点却并不完全一样。所以，在处理故障时，应对不同情况做出具体分析。

(1) 励磁机常见的故障

1) 励磁机不发电。励磁机接线盒接线情况如图 4-11 所示。

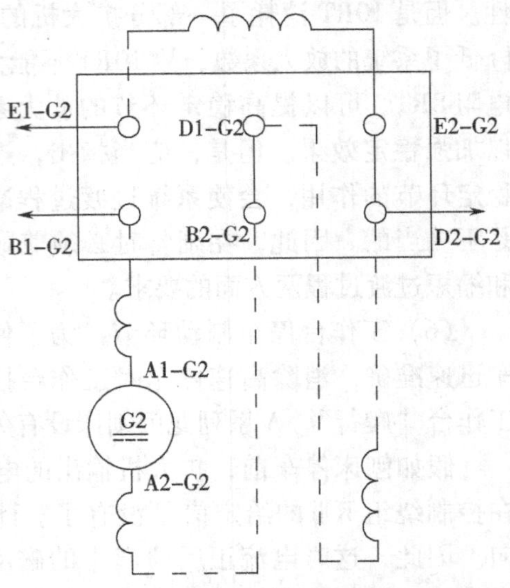

图 4-11 励磁机接线盒接线情况

由前面的分析可以知道，龙门刨床一起动，励磁机就必须能够正常发电，这是设备正常起动的第一特征。然而在故障时，通常是设备在起动时不能完成主电动机 M 的Y-△起动，同时，电机扩大机也不能正常起动。

励磁机起动时是靠起自身剩磁自励发电的，而经常使用的与新安装的励磁机是不会没有剩磁的。因此，不能发电多数情况下是由于控制柜内部接线松脱或电刷接触不良造成的。但有时在发电机旋转方向正确的情况下，由于发电机并励绕组与电枢绕组连接反了，也不能发电。

应当说，接线脱落或电刷接触不良是造成励磁机不发电的主要原因。比如，RT-L 与 E1-G2 在控制箱内接线松动，造成励磁机不能够完成自励磁，在这种情况下，由于原动机的拖动，会逐渐消耗掉励磁机铁心中的剩磁，而造成无法发电。同样，电刷接触不良，也会造成上述结果。

励磁机正常发电时，其输出电压为直流 220V，在现场检查时，可以在起动三联机组时用万用表的直流电压挡，测量 B1-G2 和 E1-G2 间的电压，如果只有十几~几十伏，则可认为是励磁机不发电。

确定故障后，处理时应先消除故障。可以对励磁机的电刷和 B1-G2 与 E1-G2 以及接线盒内部的其他接线进行检查，发现接触不良的地方后先将其进行处理。修复损坏的电刷，重新连接接触不良的导线端，然后再进行试起动，看其是否能够发电。一般情况下，如果铁心剩磁不被削减得太弱时，处理完接触不良的部位后，一般都能正常发电。

如果经过试起动还是不能发电，则可考虑为励磁机充磁。

充磁的操作比较简单，首先准备一个容量约为100V·A，输出电压为36～110V的控制变压器，然后在其低压侧连接一个整流器件，其容量为10A左右即可。经通电试验，其输出直流电压正常并确定其正、负极后待用。

充磁前，应先将被修设备的电源总开关断开，然后拆掉励磁机接线盒中励磁线圈的一端，比如E1-G2端，使该线圈一端与外接线脱离。然后将调试好待用的整流器组件的输出线按照正极接E1-G2，负极接E2-G2方式接好。

充磁时间一般为2～3min，一般经过检查处理和充电后，都可恢复发电。也可以在现场用三节以上的干电池串联起来，按照正确的极性，在起动三联机组时碰触励磁机励磁绕组的接线端，也就是E1-G2、E2-G2，同时观察三联机组是否可以正常起动。若电机扩大机起动，则说明充电成功，这时赶紧将导线拿开。

如果经过以上的充电操作，励磁机还是不能正常发电，例如：发电电压不够，只有几十伏，这时可以在停电的情况下，松开励磁机的电刷支架，将整个刷架逆着励磁机旋转的方向移动1～2片换向片的距离后再起动。如果属于电刷位置移位，故障就可能被排除。但如果仍不能发电，或者空载能时发电，一旦接通负载电压就降低很多，则有可能是励磁机本身绝缘损坏了，这种情况一般会选择更换励磁机。

2）励磁机发电极性错误。比如，在实际维护中，三联机组能正常起动，工作台也能够前进、后退往复运动，但就是没有低速，一开车就是高速度且调节不明显。起初，电气维修人员进行了检修，但还是没有解决问题。

首先来分析一下，三联机组能正常起动，且工作台有动作，说明整个直流控制系统没有太大的问题。根据以前的分析，速度过高是不是负反馈或者控制信号的极性出了问题呢？按照这个思路，可以先检查系统的控制电源，看其是否正常。因为能完成Y-△起动，说明发电的电压值是足够的，但还要看其极性是否正确。因为在该系统中，一切控制信号的基本功能的完成是建立在正确的控制电压极性的基础上的。所以首先要确定电源的极性是否正确。结果一测量，果然发现控制电源的1号线和2号线的电压极性正好和正确值相反。应当说，在设备正常使用中，电气部分的某个地方出现接线错误的情况在实践中是比较少的，除非有人为因素，所以向维修人员进一步询问，维修人员说，因为励磁机不发电，之前给励磁机充过电，问题一下明了。正是由于维修时充电极性错误，造成控制电源极性相反。由于控制电源的方向相反，本来正常的工作状态被改变，如图4-12所示。

由于励磁机发电极性反向，导致流过扩大机的控制绕组KⅢ的电流$I_{KⅢ}$反向，扩大机的输出极性也反向，使得发电机的励磁极性也反向，进而发电机G1输出电压的极性也一起反向。但由于电动机M不单是其电枢电压反了，其磁场也由于励磁机的反向而发生反向励磁，因其两次反向所以其转向并未改变，若此时为前进方向，其转向还是前进方向。图4-12就是前进时系统由于错误的励磁出现错误极性的情况。可以看出，由于原来1号线的极性变成了负极，又由于VD1的存在，就会形成通过R4的另一条对KⅢ绕组的励磁回路，使得流过绕组KⅢ的电流$I_{KⅢ}$比正常时大了许多，从而造成电动机M的转速也较正常有了很大的提高而无法正常工作。

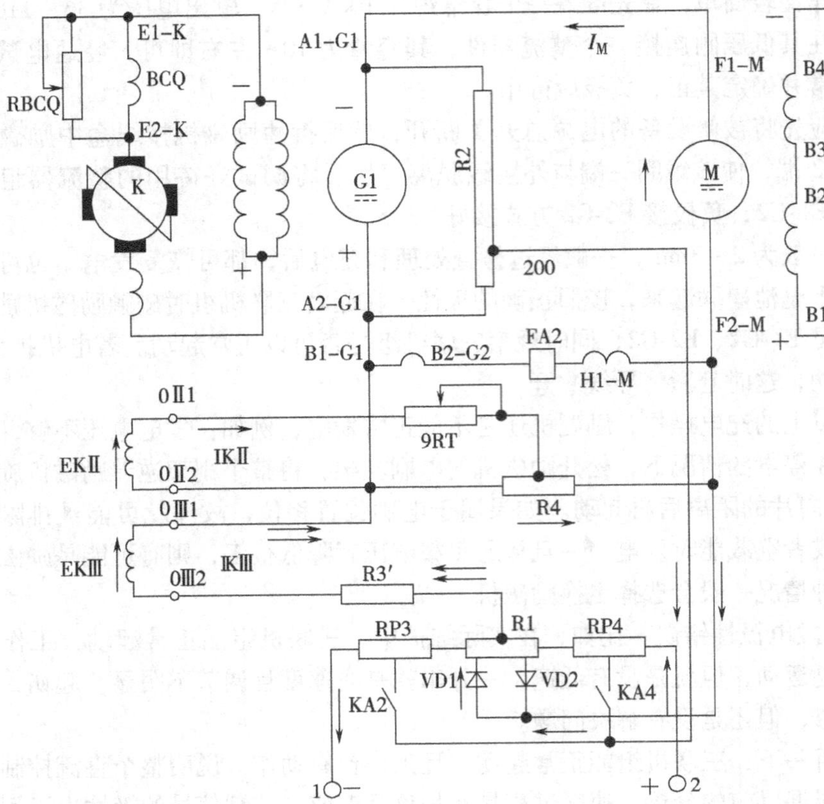

图4-12　励磁机反方向充电后的工作情况

处理这种故障时，可以对励磁机重新进行充电，也可以用改变接线方式使系统恢复正常。而改变接线时，不能只改变一个地方，这一点需要注意。

其实，现场维修人员在前期维修中，也曾测量过励磁机的输出电压，但并未发现问题，这是因为维护人员在现场操作时会经常犯的一个错误，那就是测量时只注意幅值，不注意方向。测量时要先校表，然后按照测量要求选好挡位，再进行测量。不能一看到表针反打，就忙着调换表笔，而不注意测量的极性问题。

（2）电机扩大机常见的故障

1）扩大机无输出电压。扩大机是整个调控系统的信号放大器，在系统三联机组起动完成后，电机扩大机也随后起动。但正常情况下，在没有给定信号的情况下，扩大机是不应当有输出的，但在起动了工作台之后无论是自动还是步进状态下，扩大机都应当有与给定对应的电压输出，从而使电动机按给定速度运行，而这时没有输出电压就属于故障。

造成放大机没有输出电压故障的原因主要有三个：

第一，可能是整个KⅢ绕组的控制回路中有接线松动或开关触头接触不良的情况，从而造成电路不通无法驱动。

第二，可能是由于交轴电刷与换向器接触不良。

第三，可能是由于电机扩大机本身绝缘受到了损坏，使扩大机不能发电。

对于前两种原因，应详细检查给定绕组回路中每一个元件的情况，是否有端子松脱或触头接触不良的现象。处理完接线或触头故障后，在现场可使用量程为0～300mA的直流电流表串接入给定绕组KⅢ回路中，对扩大机的性能进行测试。起动三联机组并按下前进或后退按钮，观察电流表中是否有电流通过。若有电流，说明控制回路已经连通。然后再进一步观察其电流的大小，应能随着调节RP3或RP4而出现均匀平滑的变化。同时，放大机输出电压也应有平滑地变化，则扩大机的故障可能已经排除。

如果在上述电流测量中，回路中电流正常，但扩大机输出电压却没有，在排除了电刷接触不良的原因后，则认定为扩大机绝缘故障。对于这种故障，则要进行拆机大修或更新。

2）扩大机的剩磁故障。作为铁磁元件组成的发电机，是不可能没有剩磁的。龙门刨床在正常运行时，其扩大机的剩磁电压是比较低的，一般在5%以下。这个剩磁电压造成的影响要靠发电机G1产生的剩磁电压对扩大机控制绕组的反向驱动来消除其影响。但是，当电机扩大机发生过电压故障后，产生的剩磁就相当高，有时高达数百伏，使系统无法正常工作，进而使正常的消磁电路消除不掉，从而造成工作台在未加给定的情况下，出现工作台“爬行”，严重时，可造成三联机组一起动，工作台就较快移动，且失控。

处理这种故障时，可以使用交流去磁的方法，其操作方法是：在扩大机的任意一个控制绕组上串接一只交流电流表，并将该绕组接到一只准备好的自耦变压器的输出端上，如图4-13所示，并事先将自耦变压器的输出调到零。起动扩大机的拖动电动机，逐渐升高自耦变压器的输出电压，绕组中的电流逐渐加大，但不要超过绕组允许电流的额定值，比如，目前常用的ZKK12J的控制绕组KⅢ的长期允许电流值为430mA。同时观察接在扩大机输出端的电压表的读数，随着自耦变压器输出电压的升高，扩大机输出端的剩磁电压逐渐下降，直到调节到剩磁电压降为额定电压的5%以下，自耦变压器的电压就不必再升高了。记下自耦变压器此时的输出电压的指示值，接着将自耦变压器的输出电压慢慢向下调，然后再慢慢上调到刚才的电压值。如此反复进行数次，且每次使自耦变压器的输出电压值均比前一次低，最后，将自耦变压器调到零，至此去磁操作结束。

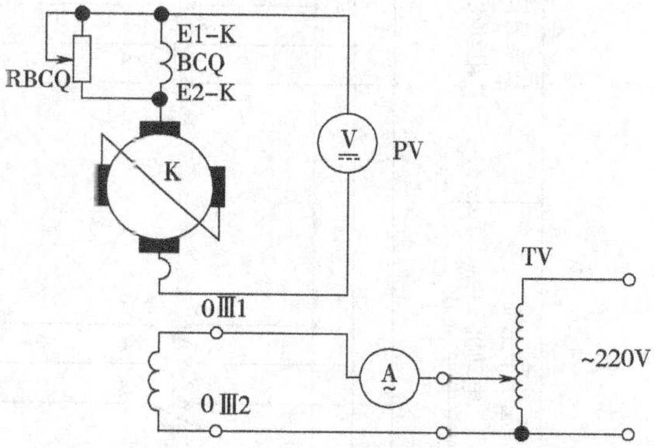

图4-13　交流去磁电路接线情况

二、XN2010A型龙门铣床电气控制电路故障检修

XN2010A型龙门铣床的电气控制电路如图4-14所示。

龙门铣床的结构与龙门刨床相似，也有一个龙门结构的框架，所不同的是，龙门铣床的横梁与立柱上安装的不是刨刀，而是铣刀的主轴箱。但是，由于龙门铣床的基本控制动作比龙门刨床复杂，所以其电气控制系统的联锁和状态控制也均比龙门刨床复杂，而且其直流调速电路采用的是晶闸管移相调速系统，其调控电路还具有弱电控制部分。

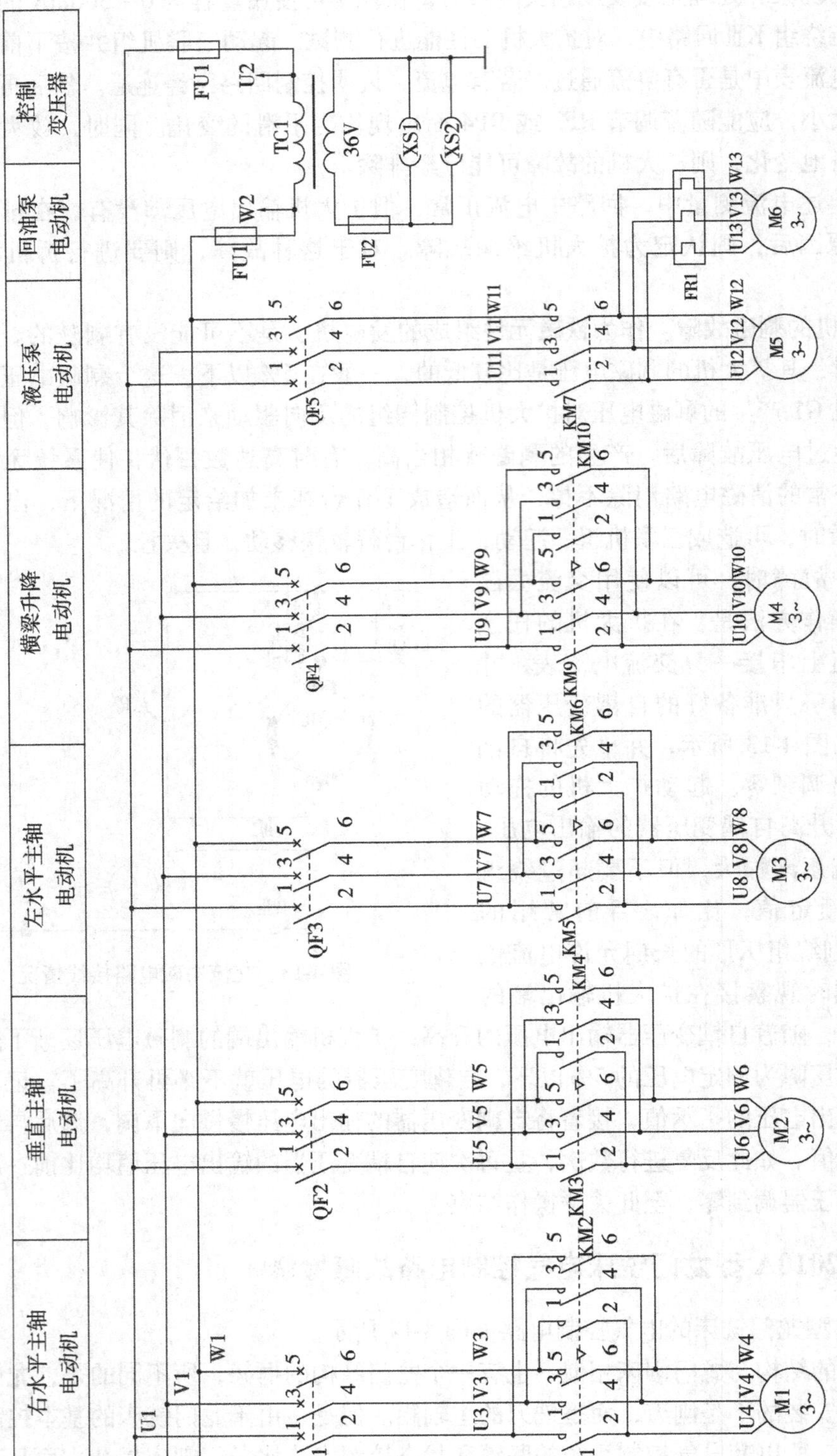
电源总开关
右水平主轴电动机
垂直主轴电动机
左水平主轴电动机
横梁升降电动机
液压泵电动机
回油泵电动机
控制变压器

a)

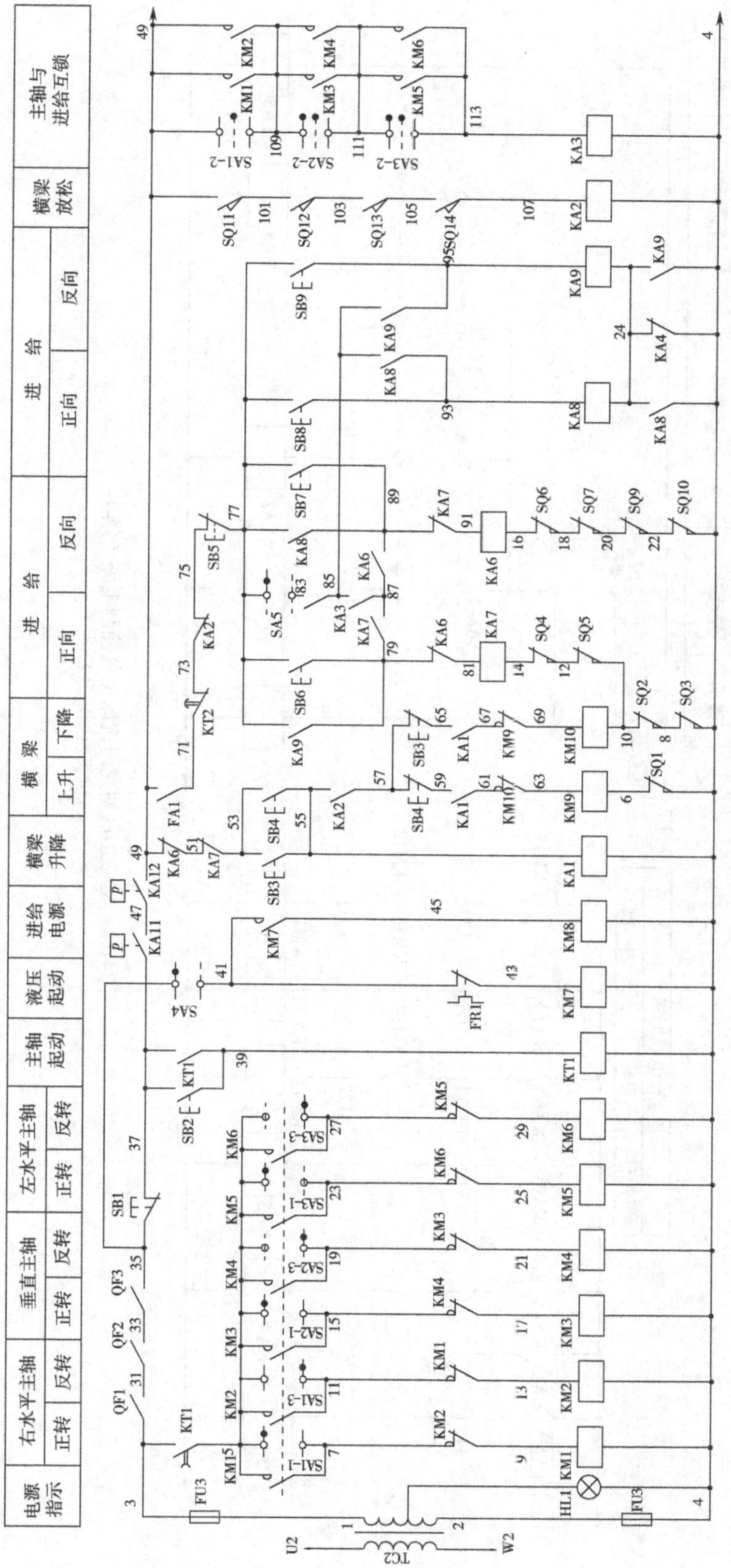

b）

图4-14　XN2010A型龙门铣床电气控制电路
a）交流主电路　b）交流控制电路1

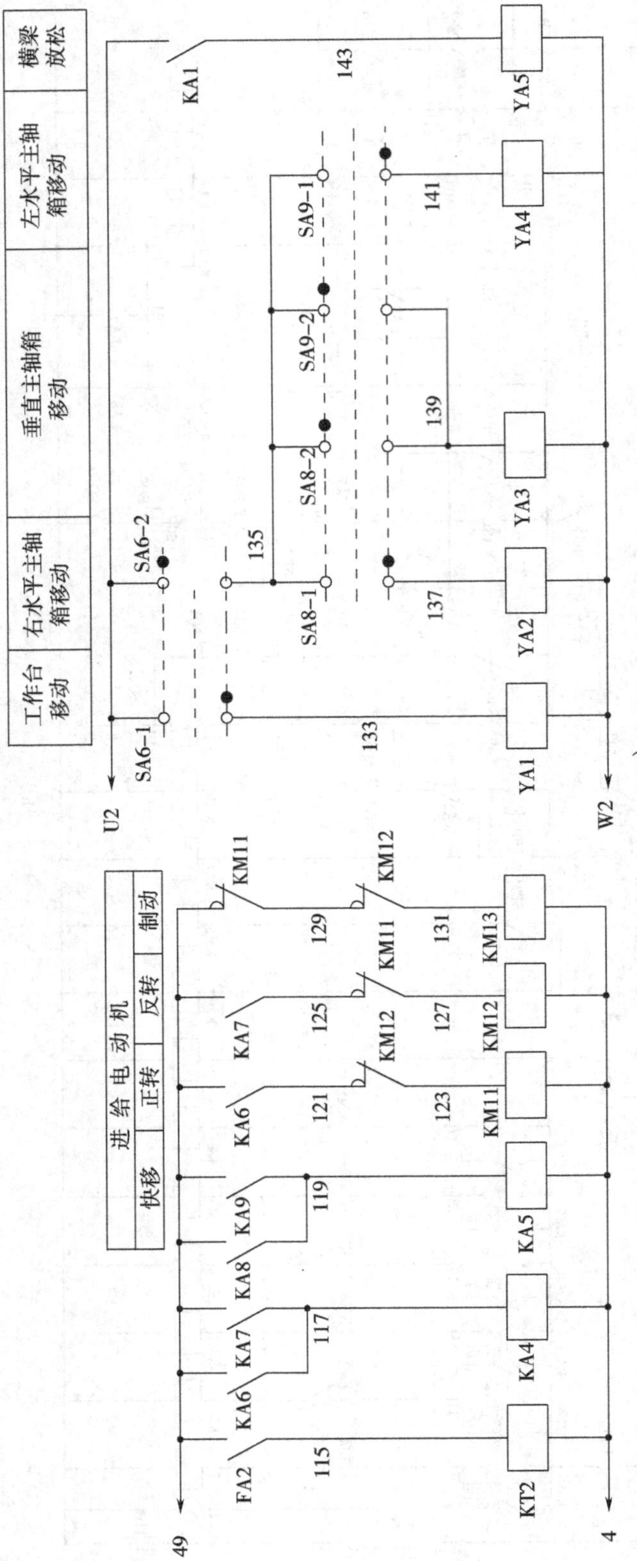

c)

图4-14 XN2010A型龙门铣床电气控制电路（续）

c）交流控制电路2

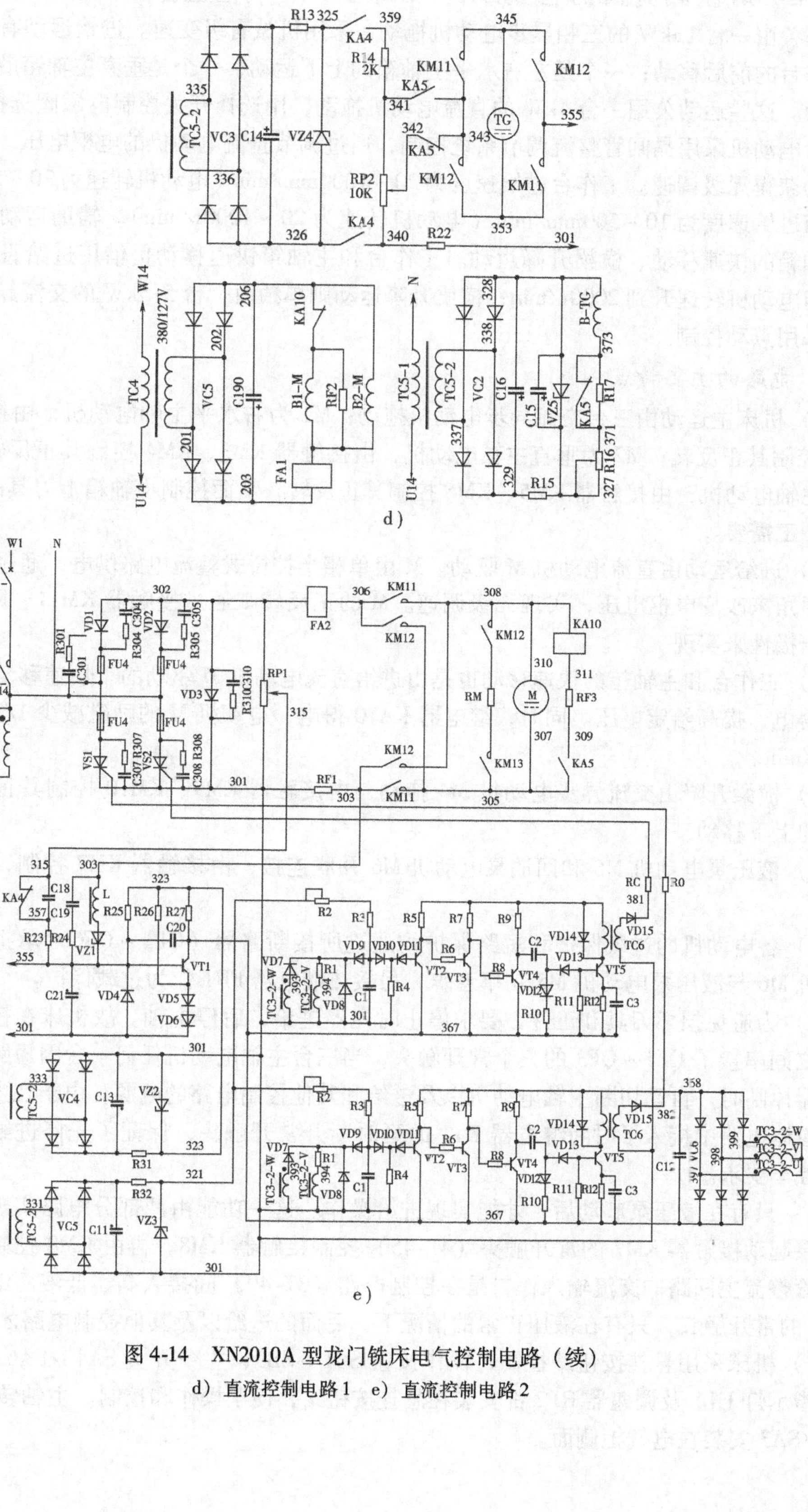

图 4-14　XN2010A 型龙门铣床电气控制电路（续）

d）直流控制电路 1　e）直流控制电路 2

XN2010A 型龙门铣床的主运动为两个水平主轴和一个垂直主轴箱铣刀的旋转运动，每个铣头各由一台 13kW 的三相异步电动机拖动，采用机械有级变速。进给运动有三个：一个是工作台的前后移动；一个是左右水平主轴箱的上下运动；一个是垂直主轴箱沿着横梁的左右运动。这些运动公用一台 4kW 的直流电动机拖动，用选择开关控制电磁阀选择驱动目标。该进给电动机采用晶闸管整流调节系统控制，通过调节直流电动机的电枢电压，使各方向进给运动获得无级调速。工作台进给速度为 20 ~ 1000mm/min（电动机转速为 20 ~ 1000r/min），主轴箱进给速度为 10 ~ 500mm/min（电动机转速为 20 ~ 1000r/min）。辅助运动包括工作台和主轴箱的快速移动、横梁升降运动。工作台和主轴箱快速移动仍借用进给直流电动机驱动，但电动机转速升到 2000r/min；横梁升降运动则单独由一台 5.5kW 的交流异步电动机驱动，采用点动控制。

1. 电路的主要特点

1）机床主运动由三台交流异步电动机拖动：M1 为右水平主轴电动机，由接触器 KM1、KM2 控制其正反转；M2 为垂直主轴电动机，由接触器 KM3、KM4 控制其正反转；M3 为左水平主轴电动机，由接触器 KM5、KM6 控制其正反转，从而控制主轴箱上刀具的旋转方向，满足加工需要。

2）进给运动由直流电动机 M 驱动。M 由单相半控桥式整流电路供电，通过改变晶闸管的导通角来改变电枢电压，实现无级调速。M 的正反转则通过接触器 KM11、KM12 改变电枢电压极性来实现。

3）工作台和主轴箱的快速移动也是由进给直流电动机 M 驱动的。快速移动时，继电器 KA5 得电，提高给定电压。同时，继电器 KA10 得电，电动机 M 的励磁减少 1/2，转速升到 2000r/min。

4）横梁升降由交流异步电动机 M4 拖动，由接触器 KM9、KM10 控制其正反转，实现横梁的上下移动。

5）液压泵电动机 M5 和回油泵电动机 M6 并联连接，由接触器 KM7 控制，实现单向旋转。

6）各电动机的过载保护和短路保护均通过所接断路器（QF1 ~ QF6）承担。因回油泵电动机 M6 与液压泵电动机 M5 功率悬殊，另接热继电器 FR1 作为过载保护。

7）为避免损坏刀具和工件，要求停止时先停进给，后停主轴。故机床在控制电路（3-35）之间串接了 QF1 ~ QF3 的三个常开触头，当三台主轴电动机任何一台因短路或过载而使断路器掉闸时，自动切断主轴电动机以及进给和其他控制电路的电源。由于在主轴电动机的起动控制电路中接入了时间继电器 KT1 的延时断开常开触头，保证了先停进给、后停主轴这一停车要求。

8）只有在液压泵起动后，才能实现进给操作。这一功能由两部分电路实现：一是通过液压泵起动接触器 KM7 的常开触头（41-45）控制接触器 KM8，再由 KM8 控制进给电动机晶闸管整流主回路的交流输入；二是在控制电路（37-49）间接入高、低液压继电器 KA11、KA12 的常开触头，只有在液压正常的情况下，后面的进给以及其他控制电路才能工作。

9）机床采用悬挂按钮站控制，操作按钮 SB1 ~ SB9，主令开关 SA4 ~ SA6、SA8、SA9、电源指示灯 HL1 及调速器 RP2 都安装在悬挂按钮站，便于操作和控制。主轴转换开关 SA1、SA2、SA3 安装在电气柜侧面。

2. 电路的工作原理

（1）主轴的起动与停车　首先应将电源开关 QS、断路器 QF1、QF3 合上。根据各主轴的铣削要求，扳动主轴转换开关 SA1～SA3，选择好旋转方向，各主轴转换开关的工作状态见表 4-1。然后，按下主轴起动按钮 SB2，时间继电器 KT1 得电并自锁，KT1 的延时断开常开触头（3-5）闭合，接通三主轴的起动接触器，各主轴电动机按预定转向起动。以右水平主轴电动机为例，如果需要逆铣，则将转换开关 SA1 处于反转位，SA1-1 断开，SA1-3 接通，这时，接触器 KM2 得电并自锁，右水平主轴电动机 M1 反向起动旋转。停车时，按下停止按钮 SB1，继电器 KT1 断电。经一定延时后，其常开触头（3-5）断开，控制各主轴电动机的接触器释放，主轴电动机自动停车。

SB1 是机床的总停按钮。按下 SB1 后，机床的所有运动均停止。

表 4-1　主轴转换开关 SA1、SA2、SA3 的工作状态

功能指示 \ 操作手柄 \ 电路符号		SA1 SA2-1 SA3	SA1 SA2-2 SA3	SA1 SA2-3 SA3
正转	左行	+	−	−
零位	上升	−	+	−
反转	右行	−	−	+

注：1. “+”表示开关触头接通。
2. “−”表示开关触头断开。

（2）工作台的进给运动　进给运动是在液压泵起动的前提下进行的，而液压泵的起动受转换开关 SA4 的控制。工作台的进给运动为工作台的前后运动，受“工作台与主轴箱进给选择”开关 SA6 的控制。当工作台进给时，SA6-1 接通，电磁铁 YA1 得电，SA6-2 断开，使左右水平、垂直主轴箱的进给不能发生。以工作台的正向进给运动为例，按下正向进给按钮 SB7，正向进给继电器 KA6 得电，其常开触头（49-117）闭合，中间继电器 KA4 得电吸合，接通调速电路中的给定电压。同时，KA6 的常开触头（49-121）闭合，接触器 KM11 得电吸合，进给电动机 M 正转，带动工作台正向进给。反向进给时，按下反向进给按钮 SB6，反向进给继电器 KA7 得电，继电器 KA4 和接触器 KM12 得电吸合，进给电动机 M 反转，带动工作台反向进给。

需要停止进给时，按下进给停止按钮 SB5，继电器 KA6（或 KA7）断电，继电器 KA4 和接触器 KM11（或 KM12）相继断电释放，进给电动机 M 断电停转。与此同时，接触器 KM13 得电，在进给电动机 M 的电枢绕组上并联电阻 RM，进行能耗制动。

正反向进给是“自动”还是“点动”，由转换开关 SA5 控制。SA5 断开时，工作台只能点动进给，松开按钮 SB7（或 SB6），进给电动机即能耗制动停车。

（3）主轴箱的进给运动　主轴箱的进给包括左右水平、垂直主轴箱的进给。当“工作台与主轴箱进给选择”开关 SA6 扳到主轴箱位置时，SA6-1 断开，SA6-2 接通，此时工作台不能进给。三个主轴箱是同时进给，还是一个或两个进给则由转换开关 SA8、SA9 进行控制。例如，当转换开关 SA8、SA9 都扳到右边时，电磁铁 YA2、YA4 得电，这时，按下正向进给按钮 SB7 或反向进给按钮 SB6，进给电动机 M 正转或反转，带动右、左两个水平主轴箱沿立柱向下或向上作进给运动。若将 SA8、SA9 都扳到左边，电磁铁 YA3 得电，这时，按下 SB7 或 SB6，进给电动机 M 就会正转或反转，带动垂直主轴箱沿横梁向右或向左作进给运动。

主轴箱的进给运动和工作台一样，也有“自动”和“点动”两种方式，由转换开关 SA5 控制。

（4）工作台和主轴箱的快速移动　工作台和主轴箱的快速移动，也是在液压泵起动的前提下进行的。以正向快速移动为例，按下正向快移按钮 SB8，正向快速继电器 KA8 得电并自锁，接通正向进给继电器 KA6 和进给电动机快速移动继电器 KA5 以及中间继电器 KA4 和进给电动机正转接触器 KM11。KA5 吸合后，产生三个作用：一是 KA5 的常闭触头（342-343）断开，常开触头（341-343）闭合，使给定电压为最大值，放大器输入信号亦为最大值，因而触发器脉冲大大前移，可控整流器输出电压达到最大值，电动机转速迅速上升；二是 KA5 常开触头（305-309）闭合，接通电压继电器 KA10 回路。由于可控整流输出电压已达最大值，电压继电器 KA10 动作，其常闭触头（206-208）断开，使直流电动机励磁绕组减少 1/2，转速上升到 2000r/min 左右；三是 KA5 常闭触头（371-373）断开，使测速发电机 TG 励磁绕组串入电阻 R17，保证直流电动机转速为 2000r/min 时，测速发电机输出电压仍为 100V 左右（正常进给时的额定转速为 1000r/min）。这样，快移时一方面提高整流输出电压，一方面减弱直流电动机磁场，使直流电动机转速迅速上升到 2000r/min 左右，满足了快速移动的要求。

反向快速移动的工作过程与正向相似，但此时参与控制的电器元件是反向快移按钮 SB9、反向快移继电器 KA9、反向进给继电器 KA7、中间继电器 KA4、进给电动机快移继电器 KA5 以及进给电动机反转接触器 KM12。

工作台和主轴箱的快移不能同时进行，由“工作台与主轴箱进给选择”开关 SA6 控制。

工作台和主轴箱不能从正常进给直接转换为快速进给。当工作台或主轴箱正常进给时，中间继电器 KA4 得电，其常闭触头（24-4）断开，此时，不论按正向快移按钮 SB8 还是按反向快移按钮 SB9 均不起作用。只有在 KA4 断电的情况下，按下 SB8 或 SB9 才有效。工作台和主轴箱的正向快速和反向快速运动也有“自动”和“点动”之分，由转换开关 SA5 控制。当 SA5 断开时，KA8 或 KA9 不能自锁，处于“点动”工作状态。

（5）横梁升降运动　横梁的升降运动，也是在液压泵起动的前提下进行的。以横梁上升为例，按上升按钮 SB3，横梁升降中间继电器 KA1 得电，常开触头（U2-143）闭合，电磁铁 YA5 通电动作，横梁开始放松。当横梁完全松开时，行程开关 SQ11～SQ14 受压闭合，横梁放松中间继电器 KA2 得电，其常开触头（55-57）闭合，接触器 KM9 得电，横梁升降电动机 M4 起动正转，带动横梁上升。当横梁上升至预定位置时，松开上升按钮 SB3，KA1、YA5、KM9 均断电释放，电动机 M4 停转，横梁自动夹紧。当横梁夹紧以后，行程开关 SQ11～S014 复位，继电器 KA2 断电，为下一次升降移动做好准备。横梁下降工作过程与上升相似，但参与控制的电器元件是下降按钮 SB4，横梁升降中间继电器 KA1、电磁铁 YA5、横梁放松中间继电器 KA2、接触器 KM10。

在横梁升降控制电路中串接了正向进给继电器 KA6 的常闭触头（49-51）、反向进给继电器 KA7 的常闭触头（51-53），当工作台或主轴箱正常进给或快速进给时，KA6 或 KA7 的常闭触头断开，切断了横梁升降控制电路，保证横梁升降移动与工作台或主轴箱的进给不会同时发生。

（6）控制电路的联锁与保护　龙门铣床的运动形式比较多，控制电路复杂，为保证安全可靠地工作，在电气上采取了一些联锁和保护措施。

1）液压泵起动与进给及横梁升降操作的联锁。电路通过接触器 KM8 控制进给调速系统电源，通过高、低液压继电器 KA11、KA12 控制进给和横梁升降控制电路的电源，保证必须先有润滑才能有进给。

2）工作台与主轴箱进给的联锁。由“工作台与主轴箱进给选择”开关 SA6 实现，当开关拨到“工作台进给”时，SA6-1 接通，SA6-2 断开；拨到“主轴箱进给”时，SA6-1 断开，SA6-2 接通，保证工作台与主轴箱的进给不会同时发生。

3）工作台或主轴箱进给与横梁升降的联锁。本机床要求工作台或主轴箱的进给运动不能和横梁升降运动同时发生。为此，在横梁升降控制电路中接入正向进给继电器 KA6 和反向进给继电器 KA7 的常闭触头，在工作台或主轴箱进给控制电路中接入横梁放松中间继电器 KA2 的常闭触头，只要一方工作，另一方的运动就不能进行。

4）横梁充分放松后才能移动，移动后自动夹紧。横梁的夹紧与放松采用电气—液压—机械结构相结合，电气为控制系统，液压为夹紧动力，机械为执行机构。当横梁运动完成，横梁夹紧后，横梁放松中间继电器 KA2 释放，才能接通进给运动控制电路。

5）在主轴电动机控制电路上接入时间继电器 KT1 的延时断开触头，保证了主轴停止时，先停进给，后停主轴。

6）在各进给方向的机械极限位置设置行程开关保护，各行程开关的作用见表 4-2。

表 4-2　行程开关的作用

符号	作　用	符号	作　用
SQ1	横梁上升限位	SQ6	工作台前进限位开关
SQ2	防止左水平铣头与横梁相碰	SQ7	左水平铣头下降限位开关
SQ3	防止右水平铣头与横梁相碰	SQ9	垂直铣头右行限位开关
SQ4	工作台后退限位开关	SQ10	右水平铣头下降限位开关
SQ5	垂直铣头左行限位开关	SQ11 ~ SQ14	横梁放松限位开关

7）为了防止进给电动机失去励磁后造成“飞车”，在励磁绕组回路中串入电流继电器 FA1。当励磁电流达到一定数值时，FA1 吸合，串接在工作台或主轴箱进给控制电路上的常开触头（49-71）闭合，电动机 M 的控制回路才能接通。

8）在直流电动机 M 电枢回路中串入过电流继电器 FA2。当电枢电流达到 1.2 倍额定电流时，FA2 动作，接通时间继电器 KT2，其延时断开触头（73-75）切断工作台或主轴箱进给控制电路，使电动机 M 得到过载保护。

（7）进给直流电动机晶闸管调速系统　XN2010A 型龙门铣床的进给拖动系统采用集中传动，因而一台进给电动机可分别驱动几个部件的进给。系统调速范围 $D=50:1$；最大负载转动下的转速误差不大于 15%；过渡过程要求高速起动时间在 1s 左右；过渡过程要求为非周期无超调特性。

1）进给调速系统组成框图。如图 4-15 所示，给定信号（即调速信号）与速度负反馈信号、电压和电流反馈信号进行比较后，送到 PI（比例、积分）放大器放大，再输往移相触发器，产生触发脉冲，对晶闸管进行控制。晶闸管整流输出的可调直流电压，使直流电动机运转。

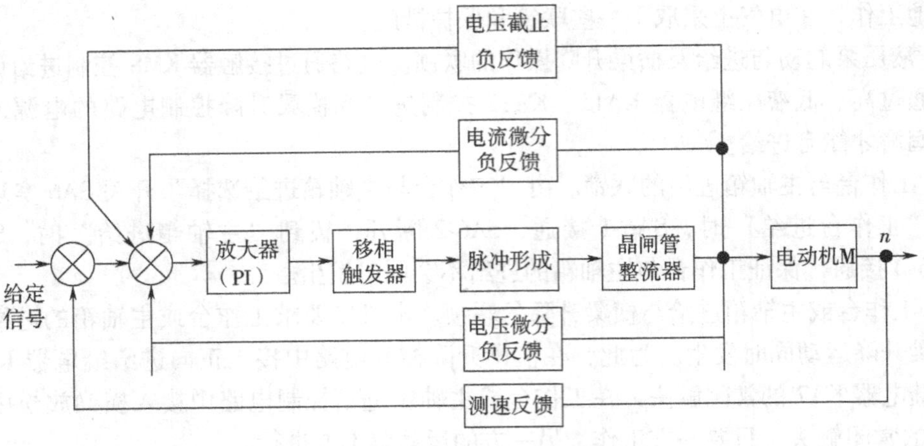

图 4-15　进给调速系统组成框图

2）晶闸管调速系统的主回路。如图 4-14d、e 所示，由于电动机正、反向工作不频繁，功率又较小，因此采用单相半控桥式整流电路，主回路采用接触器触头控制方向。考虑龙门铣床进给制动次数不多，故采用能耗制动。主回路未接滤波电抗器，虽然使主回路电流断续，对电动机换向不利，系统机械特性变软，但电动机输出轴至负载传动比大，对系统工作影响不显著。

电路中，二极管 VD1、VD2，晶闸管 VS1、VS2 组成单相半控桥式整流电路。R301、C301、R304、C304、R305、C305、R307、C307、R308、C308 是阻容吸收元件，用于吸收电网或其他因素可能产生的浪涌峰值电压，对晶闸管等整流器件进行保护。FU4 是快速熔断器，主要是作晶闸管的短路保护用。VD3 是续流二极管，RP1 是电压负反馈信号取样分压电阻，用来调节电压负反馈信号的强度。RF1 是电流反馈信号取样电阻。FA2 是过电流继电器，当直流电动机 M 过载时，FA2 动作，切断主回路交流电源，起到过载保护作用。KA10 是电压继电器，RF3 为其分压电阻，用作电动机 M 的弱磁调速。KA5 是快移控制继电器，当工作台或主轴箱需要快速运行时，KA5 常开触头闭合，KA10 得电吸合，将电动机 M 的励磁线圈断开 1/2，从而使电动机转速从 1000r/min 上升至 2000r/min。RM 是能耗制动电阻，KM13 是电动机制动接触器。KM11、KM12 分别为电动机 M 的正反转接触器。

3）移相脉冲触发器。XN2010A 型龙门铣床采用锯齿波叠加直流控制电压 U_y 的垂直控制晶闸管触发电路，如图 4-16 所示。整个电路由锯齿波形成、脉冲形成和移相控制等部分组成。特点是调整灵活，控制电压与导通角线性度好，抗干扰能力强，脉冲前沿陡峭度好。

① 锯齿波形成环节。在图 4-16 中，u_1 和 u_2 是同步电压，它的频率与晶闸管阳极电压频率相同。为了扩大移相范围，u_2 滞后于 u_1 $\pi/3$。为了灵活调节和增加线性度，u_1 超前晶闸管阳极 $\pi/6$。触发器各主要点的电压、电流波形如图 4-17 所示。

由图 4-17a 可见，在 $0 \sim \omega t$ 区间，二极管 VD9 处于反向截止状态，直流电源 E_W 经电阻 R2、R3 对电容器 C1 充电，充电时间常数 $T_C = (R2 + R3) \times C1$，C1 的充电电压 U_{C1} 按指数规律增长。当 $\omega t = \omega t_1$ 时，虽然 $u_{C1} = u_2$，但由于 VD9 正向压降关系，C1 继续充电至 $\omega t = \omega t_2$。在 $\omega t_2 = \omega t_3$ 区间，电容器 C1 通过 VD9、R1 和 u_2 线圈放电，放电时间常数 $T_F = R1 \times C1$。由于 $R1 << R2 + R3$，所以放电迅速结束。在 $\omega t_3 \sim 2\pi$ 区间，由于二极管 VD8 的旁路，C1 不会反向充电，U_{C1} 为 VD8 的正向压降，约 0.6V。上述充放电过程就形成了锯齿波。

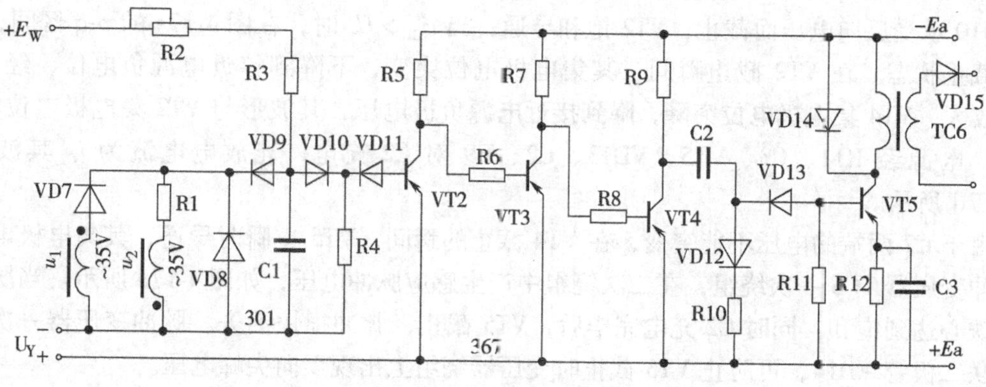

图 4-16　脉冲形成和触发电路

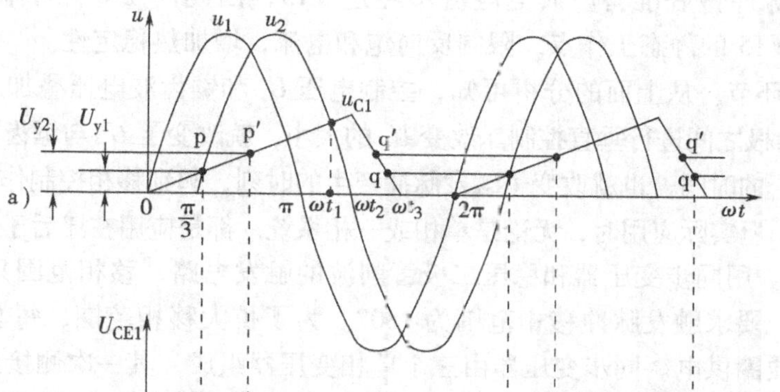

图 4-17　触发器波形图

a）锯齿波波形　b）VT2、VT4 集电极电位变化波形

c）VT5 管压降变化波形　d）C2 充放电波形　e）触发脉冲波形

② 脉冲形成环节。在这个环节中，电路将 u_{C1} 与控制信号 U_y 进行比较，然后控制晶体管 VT2 的通断。当 U_y 在 R4 上的压降大于 C1 上的电压 u_{C1} 时，即图 4-17a 的 0-p 区间，二极

管VD10承受反向电压而截止，VT2饱和导通；当$u_{C1} > U_y$时，在图4-17a的p-q区间，VT2处于截止状态。在VT2截止瞬间，其集电极电位突变，下降到接近电源负电位，经VT3、VT4放大，VT4集电极电位突降，降到接近电源负极电压，其波形与VT2集电极电位相同。这时，电源经R11、C3、VT5、VD13、C2、R9对C2充电，充放电电流为i_{C2}其波形如图4-17d所示。

由于C2两端的电压不能突变，在VT4截止的瞬间，VT5也瞬时导通，其集电极电流流经脉冲变压器TC6一次绕组，在二次绕组中产生感应脉冲电压，如图4-17e所示。当脉冲变压器铁心达到饱和，同时C2充电完毕后，VT5截止，脉冲很快消失。脉冲变压器一次绕组上并联二极管VD14，可防止VT5截止时变压器绕组上出现反向尖峰电压。

在VT2、VT4由截止转为导通状态时，C2经VD12、R10、VT4进行放电，从而为下一个周期充电产生脉冲做好准备。放电电流不经过VT5，因此，在q点不输出脉冲。R11、R12、C3可稳定VT5的静态工作点，限制反向饱和电流，增加热稳定性。

③ 移相控制环节。从上面的分析可知，控制电压U_y和锯齿波电压叠加后，加到晶体管VT2的基极和发射极之间进行垂直控制。改变U_y的大小，就改变了U_y与锯齿波的交点，控制了VT2导通与截止的时间，也就改变了触发脉冲产生的时刻，起到移相控制作用。本电路最大移相范围是240°，但实际应用时，无论是单相或三相系统，都是应用在滞后于u_1 30°。

④ 同步问题。用同步变压器和稳压二极管削波的触发电路，移相范围只能达到160°左右。在本机床中，要求触发脉冲移相范围为180°。为了扩大移相范围，每套触发电路由同步变压器的两个线圈供电。同步变压器由三个单相变压器组成，其一次侧接成△联结，二次侧接成Y联结，如图4-18所示。在二次侧可得到12个相位上彼此相差30°的电压，如图

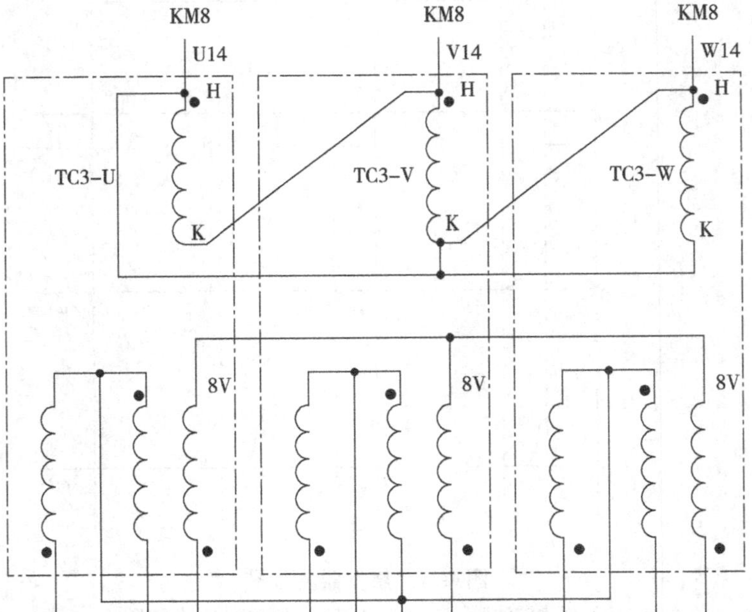

图4-18 同步变压器接线

4-19a所示。由此可决定任何一相晶闸管的触发脉冲的同步信号电压。

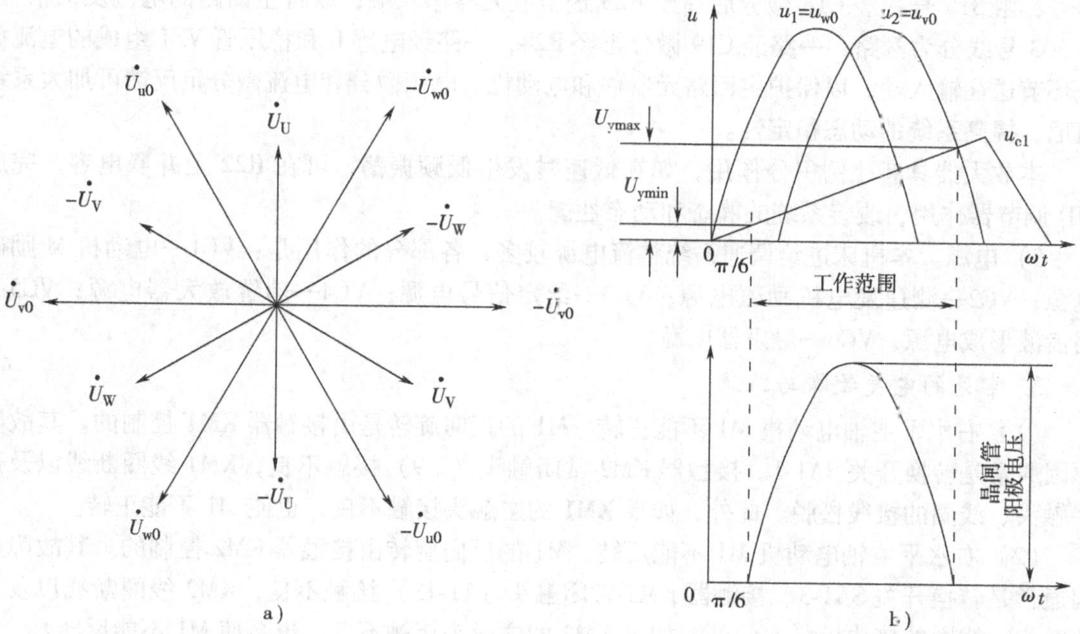

图4-19 晶闸管阳极电压与同步电压的相位关系

a）矢量图 b）波形图

4）给定、反馈与前置放大环节。从前面的分析知道，触发电路的移相是通过改变 U_y 的大小实现的，这个电压由前置放大器输出，如图4-20所示。

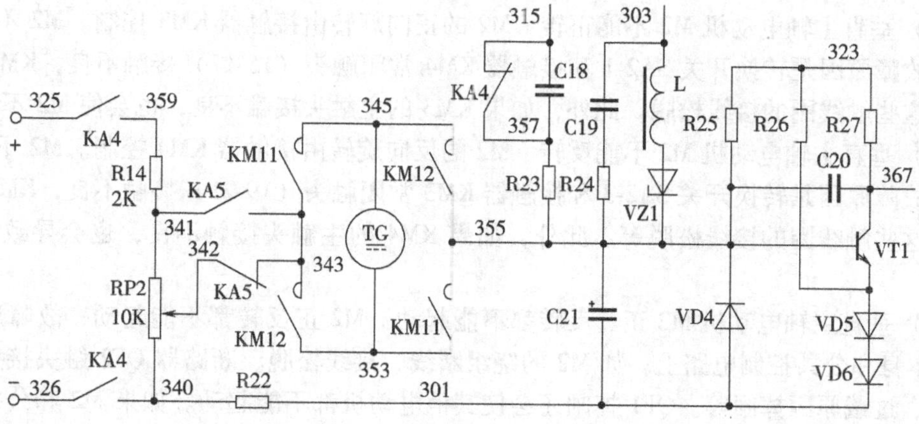

图4-20 给定、反馈与前置放大环节

前置放大电路采用单管放大电路，信号电压从VT1基极输入，放大后由其集电极输出到触发电路作为给定控制电压进行移相控制。R25是偏流调节电阻，R26与VD5、VD6用来提高信号幅值的最小值（约2V），C20是微分负反馈电容，C20、C21都是用来吸收高频信号和增加系统稳定性的。该放大器的作用是增加系统放大倍数，提高调速系统的精度。

放大电路的给定信号由调速器RP2调节，经接触器KM11、KM12触头组成的桥路，与测速发电机获得的速度负反馈信号进行比较，送往放大器输入端；取自主回路的电压负反馈信号，由315号线经C18微分后并经R23送至放大器输入端；取自主回路的电流反馈信号，从303号线分为两路：一路经C19微分再经R24，一路经电感L和稳压管VZ1组成的电流截止环节送往输入端，以保护主回路元器件和电动机。电压微分和电流微分负反馈可加大系统阻尼，提高系统的动态稳定性。

本放大器具有比例积分作用，如在低速时发生低频振荡，可在R22上并联电容，完成PID调节器作用，改善系统的静态和动态性能。

5）电源。本机床进给调速系统整流电源较多，各部分的作用是：VC1—电动机M励磁电源；VC2—测速发电机励磁电源；VC3—给定信号电源；VC4—前置放大器电源；VC5—锯齿波形成电源；VC6—触发器电源。

3. 常见的电气故障与维修

（1）右水平主轴电动机M1不能正转　M1的正向旋转是由接触器KM1控制的。其故障原因通常是转换开关SA1-1、接触器KM2常闭触头（7-9）接触不良，KM1线圈断线以及这些触头、线圈的接线松脱。此外，如果KM1的主触头接触不良，也使M1不能正转。

（2）右水平主轴电动机M1不能反转　M1的反向旋转由接触器KM2控制的。其故障原因通常是转换开关SA1-3、接触器KM1常闭触头（11-13）接触不良，KM2线圈断线以及这些触头、线圈的接线松脱。此外，如果KM2的主触头接触不良，也会使M1不能反转。

（3）右水平主轴电动机M1正反转都不能起动　M1正反转都不能起动，这种故障通常发生在M1本身和公共控制电路上。如M1绕组断线、接线松脱、断路器QF1触头接触不良或者掉闸等。由于QF1还有一个触头（3-31）接在控制电路中，QF1掉闸并不只是M1正反转不能起动，其他电动机电都起动不了。如果M1和公共控制电路都正常，则应按照M1不能正转和不能反转的检修方法到正反转控制电路中寻找故障。

（4）垂直主轴电动机M2不能正转　M2的正向旋转由接触器KM3控制。M2不能正转，常见的故障原因是转换开关SA2-1和接触器KM4常闭触头（15-17）接触不良，KM3线圈断线以及这些触线圈的接线松脱。此外，如果KM3的主触头接触不良，也会使M2不能正转。

（5）垂直主轴电动机M2不能反转　M2的反向旋转由接触器KM4控制。M2不能反转，常见的故障原因是转换开关SA2-3和接触器KM3常闭触头（19-21）接触不良，KM4线圈断线以及这些触线圈的接线松脱等。此外，如果KM4的主触头接触不良，也会导致M2不能反转。

（6）垂直主轴电动机M2正、反转都不能起动　M2正反转都不能起动，故障通常发生在M2本身和公共控制电路上。如M2的绕组断线、接线松脱、断路器QF2触头接触不良或因短路、过载原因掉闸等。QF1掉闸还会使其他电动机都不能起动。如果M2和公共控制电路完好，则应分别检查M2正转与反转控制电路。

（7）左水平主轴电动机M3不能正转　M3的正转由接触器KM5控制。M3不能正转的故障原因有：转换开关SA3-1和接触器KM6常闭触头（23-25）接触不良、KM5线圈断线以及这些触头、线圈的接线松脱等。此外，如果KM5的主触头接触不良，也会导致M3不能正转。

（8）左水平主轴电动机M3不能反转　M3的反转由接触器KM6控制。M3不能反转的故障原因通常是换开关SA3-3和接触器KM5常闭触头（27-29）接触不良，KM6线圈断线以及这些触头、线圈的接线松脱等。此外，如果 KM6 的主触头接触不良，也会导致 M3 不能反转。

(9) 左水平主轴电动机 M3 正、反转均不能起动　M3 正反转均不能起动，故障通常发生在 M3 本身和公共控制电路上。如 M3 绕组断线、接线松动脱落、断路器 QF3 触头接触不良或因短路、过载原因掉闸等。QF3 掉闸还会导致其他电动机都不能起动。如果 M3 和公共控制电路完好，则应分别检查 M3 正转与反转控制电路。

(10) 左右水平、垂直主轴电动机 M1 ~ M3 都不能起动　首先应检查电源是否正常。电源指示灯 HL1 亮，表示三相交流电源和控制电路电源基本正常。在这种情况下，可检查液压泵电动机 M5 能否起动。如果液压泵电动机 M5 能起动，则故障发生在与时间继电器 KT1 有关的主轴起动控制电路上。如主轴起动按钮 SB2、停止按钮 SB1 是否接触不良，KT1 线圈是否断线，接线是否松脱，KT1 瞬动常开触头（37-39）、延时断开的常开触头（3-5）是否接触不良等；如果液压泵电动机 M5 也不能起动，则应检查熔断器 FU3 是否熔断，断路器 QF1、QF2、QF3 中的某一个是否因短路、过载等原因掉闸，QF1 常开触头（3-31）、QF2 常开触头（31-33）、QF3 常开触头（33-35）中的某一个接触不良。若是 QF1、QF2、QF3 中的一个掉闸，应对所控制的电动机仔细检查，找出短路、过载原因，及时排除。此外，还应检查三相电源中间一相 L2 是否断相，电源开关 QS 中间触头是否接触不良等。

(11) 液压泵电动机 M5 不能起动　在主轴电动机能够起动的情况下，M5 不能起动，故障原因可能是：一是转换开关 SA4 接触不良；二是热继电器 FR1 触头（41-43）接触不良或者回油泵电动机 M6 过载使 FR1 保护动作；三是接触器 KM7 线圈断线或接线松脱或其主触头接触不良；四是断路器 QF5 触头接触不良或保护动作。如果回油泵电动机 M6 能起动，而 M5 不能起动，则是 M5 本身的故障，应检查 M5 绕组是否断线、接线是否松脱等。

(12) 横梁不能上升　横梁的上升是由接触器 KM9 控制横梁升降电动机 M4 正转来实现的。横梁能下降，不能上升，说明横梁升降电动机 M4 和公共控制电路正常，故障发生在横梁上升的专用控制电路上。常见的故障原因有：上升按钮 SB3 常开触头（53-55）、下降按钮 SB4 常闭触头（57-59）、横梁升降中间继电器 KA1 常开触头（59-61）、接触器 KM10 常闭触头（61-63）、横梁向上限位开关 SQ1 常闭触头（6-4）等接触不良或接线松动脱落。KM9 线圈断线或其主触头接触不良，都会使 M4 不能正转，横梁不能上升。

(13) 横梁不能下降　横梁下降是由接触器 KM10 控制横梁升降电动机 M4 反转来实现的。横梁能上升，不能下降，说明 M4 和公共控制电路正常，故障发生在横梁下降的专用控制电路上。常见故障原因是：下降按钮 SB4 常开触头（53-55）、上升按钮 SB3 常闭触头（57-65）、横梁升降中间继电器 KA1 常开触头（65-67）、接触器 KM9 常闭触头（67-69）以及防止左水平铣头与横梁相碰行程开关 SQ2、防止右水平铣头与横梁相碰行程开关 SQ3 触头接触不良或接线松动脱落。KM10 线圈断线或其主触头接触不良，都会使 M4 不能反转，横梁不能下降。

(14) 横梁不能升降　横梁的升降运动是通过接触器 KM9、KM10 控制升降电动机 M4 正反转实现的。横梁既不能上升，也不能下降，说明故障发生在横梁升降的公共控制电路上。常见故障原因有：一是液压泵未起动，或者虽已起动，但工作不正常，致使高、低液压继电器 KA11、KA12 不工作，或者 KA11、KA12 虽动作，但触头接触不良，使得横梁升降控制电路无电源；二是工作台或主轴箱正在进给或快移，继电器 KA6 或 KA7 得电动作，串在横梁升降控制电路中的常闭触头断开，联锁电路起保护作用。只要将工作台或主轴箱的进给或快移运动停止，即可作横梁升、降运动；三是横梁放松控制电路有故障，致使按下升、降按钮时，横梁不能放松，行程开关 SQ11 ~ SQ14 未闭合好，横梁放松中间继电器 KA2 不动作，串在横梁升降控制电路中的 KA2 常开触头（55-57）未闭合，使升降电动机 M4 不能起动；四是横梁升降中间继电器 KA1 线圈断线或接线松脱，其常开触头（59-61）、（65-67）不能闭合，切断了横梁升降控制电路。同时，KA1 的另一个常开触头（U2-143）不闭合，电磁铁 YA5 不能动作；五是主电路出故障，如断路器 QF4 触头接触不良或者掉闸，升降电动机 M4 本身绕组断线或接线松脱等。

（15）工作台不能正向进给　工作台不能正向进给，但反向进给正常，说明进给电动机和公共控制电路是好的，故障发生在正向进给的专用控制电路上。常见的故障原因有：正向进给按钮 SB7、继电器 KA7 常闭触头（89-91）、行程开关 SQ6、SQ7、SQ9、SQ10 接触不良或接线松动脱落；继电器 KA6 线圈断线或接线松脱；KA6 常开触头（49-117）接触不良，致使工作台正向进给时继电器 KA4 不工作，晶闸管触发电路无给定电压；KA6 常开触头（49-121）、进给电动机反转接触器 KM12 常闭触头（121-123）接触不良，致使进给电动机正转接触器 KM11 不工作；KM11 本身线圈断线或接线松脱，或者控制进给电动机 M 电枢电压极性的常开触头（303-305）、（306-308）接触不良，或者控制速度反馈电压极性的常开触头（343-345）、（353-355）接触不良，都会使工作台的正向进给不能进行；KA6 还有一个常开触头（87-89）放在正向进给的自锁电路中，如果正向进给能点动，不能自动，通常是这个触头接触不良或接线松脱所致。

（16）工作台不能反向进给　工作台正向进给正常，不能反向进给，说明进给电动机和公共控制电路正常，故障发生在反向进给的专用控制电路上。常见故障原因有；反向进给按钮 SB6、继电器 KA6 常闭触头（79-81）、行程开关 SQ4、SQ5、SQ2、SQ3 接触不良或接线松脱；继电器 KA7 线圈断线或接线松脱；KA7 常开触头（49-117）接触不良，致使工作台反向进给时 KA4 不工作，晶闸管触发电路无给定电压；KA7 常开触头（49-125）、进给电动机正转接触器 KM11 常闭触头（125-127）接触不良，进给电动机反转接触器 KM12 线圈断线、接线松脱，KM12 控制进给电动机电枢电压极性的常开触头（303-308）、（306-305）接触不良，控制速度反馈电压极性的常开触头（343-353）、（345-355）接触不良，都会使工作台的反向进给不能进行。KA7 有一个常开触头（79-87）放在反向进给的自锁电路中，如果反向进给点动正常，不能自动，应检查该触头是否接触不良或接线松脱。

（17）工作台正、反向进给均不能进行　由于工作台正、反向进给和正、反向快移大部分控制电路是共用的，首先应检查工作台正、反向快移是否正常。若快移正常，故障发生在正、反向进给的专用控制电路上。常见故障是调速器 RP2 滑动臂接触不良，进给电动机快移中间继电器 KA5 常闭触头（342-343）接触不良或接线松脱，致使工作台正、反向进给时无给定电压。若工作台正、反向进给和正、反向快移都不能进行，在液压泵已起动的情况下，故障一般发生在进给电动机和公共控制电路上。常见故障原因来自几方面：一是横梁正在作升降运动，横梁放松中间继电器 KA2 工作，其常闭触头（73-75）断开，切断了正、反向进给控制电路；二是进给电动机励磁电源整流器 VC1 中的整流二极管损坏或滤波电容 C190 击穿或严重漏电，使弱磁继电器 FA1 不工作，其常开触头（49-71）切断了正、反向进给控制电路；三是接触器 KM7 常开触头（41-45）接触不良或接线松脱，接触器 KM8 线圈断线或其主触头接触不良，致使晶闸管调速电路无交流电源输入；四是工作台与主轴箱进给选择开关 SA6-1 接触不良或电磁铁 YA1 不工作；五是继电器 KA4 线圈断线、接线松脱或其常开触头（325-359）、（326-340）接触不良，致使晶闸管触发电路无给定电压；六是晶闸管调速电路中某个器件损坏，致使进给电动机无电枢电压。例如半控桥式整流电路中的晶闸管 VS1、VS2 烧坏。晶闸管调速电路元器件很多，故障形式一般也比较复杂，要根据电路结构，对各点电压数据、波形综合分析，才能快速有效地确定故障点。

（18）右水平主轴箱不能移动 工作台和主轴箱的进给或快移共用一套电路控制，共用进给电动机。由于工作台和主轴箱不能同时移动，采用一个“工作台或主轴箱进给选择开关”SA6 进行转换。在工作台和其他主轴箱都能正常进给和快移的情况下，右水平主轴箱不能移动，故障只能是转换开关 SA8-1 接触不良，电磁铁 YA2 线圈断线、接线松脱等。

（19）垂直主轴箱不能移动 由于工作台和主轴箱的进给或快移控制电路基本相同，不同点仅仅是“工作台或主轴箱进给选择开关”SA6 以后的电路。在工作台和其他主轴箱都能正常进给和快移的情况下，垂直主轴箱不能移动，故障只能是转换开关 SA8-2、SA9-2 接触不良、电磁铁 YA3 线圈断线、接线松脱等。

（20）左水平主轴箱不能移动 和以上两例故障情况类似，在工作台和其他主轴箱都能正常进给和快移的情况下，左水平主轴箱不能移动，故障只能是转换开关 SA9-1 接触不良、电磁铁 YA4 线圈断线、接线松脱等所致。

（21）工作台和主轴箱均不能正向快移 在工作台和主轴箱反向快移正常，正向进给也正常的情况下，仅仅是正向快移不能进行，故障只能是发生在正向快移控制电路上。常见的故障原因有：正向快移按钮 SB8 接触不良，继电器 KA8 线圈断线或接线松脱，KA8 常开触头（24-4）接触不良；KA8 常开触头（77-89）接触不良或接线松脱，不能接通正向进给控制电路；KA8 常开触头（49-119）接触不良或接线松脱，不能接通进给电动机快移控制电路；KA8 常开触头（85-93）接触不良或接线松脱，就会使得正向快移只能点动进行，不能自动。

（22）工作台和主轴箱均不能反向快移 在工作台和主轴箱正向快移正常，反向进给也正常的情况下，仅仅是反向快移不行，故障只可能发生在反向快移控制电路上。常见的故障原因有：反向快移按钮 SB9 接触不良、继电器 KA9 线圈断线或接线松脱、KA9 常开触头（24-4）接触不良；KA9 常开触头（77-79）接触不良或接线松脱，不能接通反向进给控制电路；KA9 常开触头（49-119）接触不良或接线松脱，不能接通进给电动机快移控制电路；KA9 常开触头（85-95）接触不良或接线松脱，使反向快移只能点动进行，不能自动。

（23）工作台和主轴箱正、反向进给正常，但正、反向均不能快移 工作台和主轴箱正、反向进给正常，而正、反向快移不能进行，故障通常发生在正、反向快移的公共控制电路上。常见的故障原因有：一是继电器 KA4 常闭触头（24-4）接触不良或接线松脱，使得按下正向或反向快移按钮时不能接通正向快速继电器 KA8 或反向快速继电器 KA9 的控制电路；二是进给电动机快移控制继电器 KA5 常开触头（341-343）接触不良或接线松脱，致使晶闸管触发电路在快移时无给定电压；三是 KA5 常开触头（305-309）接触不良或接线松脱，或电阻 RF3 烧坏，致使电压继电器 KA10 在快移时不能动作，进给电动机转速达不到 2000r/min。如果 KA5 线圈断线或接线松脱，则后面的快移控制电路均不能工作，但工作台或主轴箱仍能按正常进给速度移动。

(24) 进给电动机停车无制动作用　进给电动机采用能耗制动，由制动接触器KM13控制制动电阻RM实现。进给电动机停车时无制动作用，常见的故障原因是：进给电动机正转接触器KM11常闭触头（49-129）、反转接触器KM12常闭触头（129-131）接触不良或接线松脱；制动接触器KM13线圈断线、KM13常开触头（308-310）、（305-307）接触不良或接线松脱；制动电阻RM烧坏等。

(25) 进给电动机正、反向均不能转动，而晶闸管整流电压满输出　进给电动机在起动或运行过程中，晶闸管整流电路输出电压突然满输出而电动机不转，且正、反向均不能转动。这种故障是由直流侧开路造成的。常见的故障原因有：进给电动机电枢断线或接线松脱，电刷与换向器未接触或接触严重不良等。由于直流侧开路时，电动机转速为零，速度负反馈等于零。因电枢电流为零，电流反馈也等于零。此时，前置放大器中晶体管VT1输入信号幅度最大，输出的直流控制电压U_y最小，触发脉冲前移使晶闸管VS1、VS2全导通，因而整流电压达到满输出。

(26) 进给电动机转速调不下来　进给电动机的转速在进给时很高，无论怎样调节调速电阻RP2都调不下来。常见的故障原因有以下几种情况：

1）前置放大电路中晶体管VT1的C-E极间击穿或管子穿透电流太大，使得输出直流控制电压U_y很小，触发脉冲前移使晶闸管VS1、VS2全导通，整流输出电压最大。由于VT1已损坏，失去放大作用，故调速电阻RP2不起调速作用，必须更换新的晶体管。

2）测速发电机励磁回路断开，致使测速发电机不发电；或测速发电机电枢绝缘损坏不能发电。

3）转速负反馈电压极性接反了，负反馈变成了正反馈，这种故障通常发生在经过修理的机床中，只要将测速发电机的两根引出线换接就可排除。

(27) 进给电动机转速调不上去　进给电动机起动后转速偏低，调节调速电阻RP2总是调不上去。常见的故障原因有：前置放大电路中VT1的偏置电阻R25阻值太大，或电容器C21严重漏电，使得前置放大器输出的直流控制电压U_y增大，触发脉冲后移，晶闸管VS1、VS2导通角减小，整流输出电压降低，电动机转速也就调整不上去。

(28) 进给电动机工作时转速突然降低　出现这种故障时，晶闸管整流输出电压降低，电动机有时还有异常响声。产生这种故障的原因通常在触发电路中：一是当触发器中某个元器件损坏，例如晶体管VT2烧坏时，导致无脉冲输出，就会使整流桥臂中有一组桥臂不导通，桥式整流变成了半波整流，输出电流波形不连续，使电动机转动时发出异常声响。二是应检查速度调节电路，可能出现的故障有：给定电压整流器VC3中某个二极管开路，使速度给定电压突然降低；稳压管VZ4稳压值变小；电阻R14阻值变大。三是测速发电机励磁电压突然升高，常见的故障是稳压管VZ5开路。

(29) 进给电动机工作时转速突然上升　造成进给电动机在运行中转速突然上升的故障原因通常有：一是速度给定电压突然增大，常见故障是稳压二极管VZ4开路；二是测速发电机励磁电压突然降低，常见故障有整流器VC2中某个二极管开路，电位器R16滑动臂接触不良，继电器KA5常闭触头（371-373）接触不良等；三是测速发电机励磁绕组部分短路；四是进给电动机励磁电压突然下降，常见故障是整流器VC1中某个二极管开路、滤波电容C190开路等；五是速度调节电路有问题。如前置放大电路中电容器C20击穿或严重漏电，就会使直流控制电压突然减小，触发脉冲前移，晶闸管整流输出电压突然升高，致使电动机转速突然上升。

（30）进给电动机调速不平滑　进给调速时，进给电动机的速度上升或下降应该是连续平滑的，但有时会出现速度跳跃的故障。引起这种故障的原因通常是：调速器 RP2 的滑动臂接触不良，可用四氯化碳或酒精清洗 RP2；给定电压滤波电容 C14 或速度反馈滤波电容 C21 极性接反，应根据整流电源极性或电路图上的标注进行调整；两个晶闸管整流器件所对应的触发器锯齿波斜率不一致，使晶闸管整流输出电压波形的幅值严重不一致，通常是电容器 C1 的漏电流太大所致，可换用漏电流小的钽电容。

（31）进给电动机起动后转速偏低，调节调速器 RP2 有作用，但调不到额定转速　产生这种故障的原因有：一是给定电压值偏低，或给定回路中电阻值太大，可以检查给定电压整流器 VC3 是否正常，有无二极管损坏，稳压管 VZ4 的稳压值是否有变化；二是转速负反馈太强，可以通过调节 R16 减小测速发电机 TG 的励磁电流来使其正常；三是电压或电流微分负反馈中的电容被击穿或电流截止负反馈中的稳压管 VZ1 反向击穿后未恢复正常，必须更换损坏的元器件，才能正常运行；四是晶闸管整流电路呈半波整流状态，可能是半个桥臂不工作，可检查熔断器 FU4 或检查两个晶闸管是否都有触发脉冲输入，如只有一个有脉冲，则将是半波整流，应检查触发脉冲产生电路是否工作正常。

（32）进给电动机转速可调，但其最高转速高于额定值　进给电动机正常进给时的转速为 20～1000r/min，其最高转速高于额定值。常见故障原因有：

1）给定电压太高，可检查稳压管 VZ4 的稳压值是否变化。如无异常，可调节电阻 R4 将给定电压降低。

2）转速负反馈太弱，应检查继电器 KA5 常闭触头（371-373）是否接触不良，稳压管 VZ5 稳压值是否变小等。如无异常，可调节 R16，增大测速发电机的励磁电流。

3）进给电动机处于半励磁状态，应检查其励磁回路。如继电器 KA10 常闭触头（206-208）是否接触不良，励磁绕组 B1-M、B2-M 是否有一组断线等。

（33）进给电动机低速爬行　所谓爬行，即振荡、不稳定。造成进给电动机低速爬行的原因较多，常见故障原因有：

1）电压微分负反馈失灵，应检查电压微分负反馈支路中有无断线、螺钉松动或虚焊点，电位器 RP1 是否断线，电容器 C18 是否开路等。

2）测速发电机低速时输出电压波纹太大，通常是由于稳压电源波纹引起的，可加大滤波电容，也可能是测速发电机的电枢电路有接地故障。

3）前置放大器工作不稳定，可能是晶体管 VT1 性能变坏，也可能是放大器本身的电压微分负反馈电容器 C20 变质所造成，只要更换晶体管或电容就可恢复正常。

4）晶闸管 VS1、VS2 穿透电流太大或失控，造成不稳。

5）初调时可能将触发信号接错了。

6）机械方面的故障也可能产生低速爬行，常见的原因是液压导轨的润滑油质量不佳。

（34）进给电动机正、反向运转时不对称　常见的故障原因有：

1）进给电动机或测速发电机的电刷位置移动，必须调整到物理中性线上。

2）正、反向给定电压不对称，主要是正转接触器 KM11 常开触头（343-345）、（353-355）与反转接触器 KM12 常开触头（343-353）、（345-355）闭合时的接触电阻不相等，这可通过调节接触器弹簧压力和用砂纸打磨触头上的锈斑来消除。

(35) 进给电动机停车时有滑车现象　这种故障通常是制动力不足引起的。进给电动机采用能耗制动，要增大制动力，就必须减小制动电阻RM。一般要求制动电流最大值不超过额定电流的两倍。

(36) 触发电路输出管VT5和发射极电阻R12经常发热，甚至烧毁　VT5是触发脉冲输出管，工作电流较大，发射极电阻值小，且电阻功率也小，长时间工作，容易发热烧坏。可以加大电阻R11和R12，减小基极电流。R12应选用功率较大的电阻。另外，电容器C2值太大，也会使V15射极电流过大。

复习思考题

1. 简述高级电气维护人员应当具备的基本素质。
2. 根据自身的专业经历，谈谈作为电气维护人员，特别是高级电气维护人员为何要树立终身学习的信念。
3. 简述在电气维护工作中，继电器、接触器控制系统的分析方法。
4. 简述处理复杂设备电气故障时一般的检查和处理方式和主要步骤。
5. 在A系列龙门刨床的电气控制系统中，励磁机的作用是什么？其发电电压的极性为何不可出现错误？
6. 简述A系列龙门刨床的电气控制系统中电机扩大机的作用。
7. 在A系列龙门刨床的电气控制系统中是怎样消除剩磁电压的不利影响的？如果在实际维护中，电机扩大机出现较严重的剩磁磁动势，该怎样消除？
8. 简述电机扩大机中KⅠ、KⅡ、KⅢ绕组的作用。
9. 简述A系列龙门刨床的电气控制系统中的电压负反馈的作用。
10. A系列龙门刨床的电气控制系统中电流正反馈的作用是什么？
11. 在A系列龙门刨床的电气控制系统中为何要设置电流截至负反馈？
12. 简述XN2010A型龙门铣床进给运动直流调速系统的移相控制原理。
13. XN2010A型龙门铣床直流调速系统中的控制电压 U_y 是由哪些因素决定的？
14. 对照XN2010A型龙门铣床的电气控制原理图，分析造成进给电动机不旋转的原因和处理方法。

第五章

新技术应用

培训学习目标 了解数控系统的组成，掌握数控机床电气控制系统安装要求，掌握调试及维护方法；了解计算机网络体系结构的组成，理解各个部件的功能，掌握IP地址的设置方法；了解典型现场总线技术的特点，掌握现场总线PROFIBUS的基本功能、协议结构和传输技术；了解自动化设备及生产线的组成，理解各个部分元件的功能，掌握维护和调试方法；掌握电气抗干扰技术。

随着科学技术的迅速发展，各行各业产品的更新换代日趋频繁，特别是微电子、计算机技术的发展，使电气技术更是日新月异。作为高级电气维护人员，应及时熟悉和掌握电气技术领域中的新技术、新工艺、新动态，并能够用来指导自己的工作，以便使工作能更加得心应手。本章从简单的基础知识入手，介绍了数控技术、计算机网络技术、现场总线技术、自动化设备及生产线技术、电气抗干扰技术等，作为入门引导，希望能起到抛砖引玉的作用，能为今后的学习打下一个良好的开端。

第一节 数控系统技术

一、数控机床电气控制系统概述

对于一台典型的数控机床，其典型的电气控制系统组成如图5-1所示。

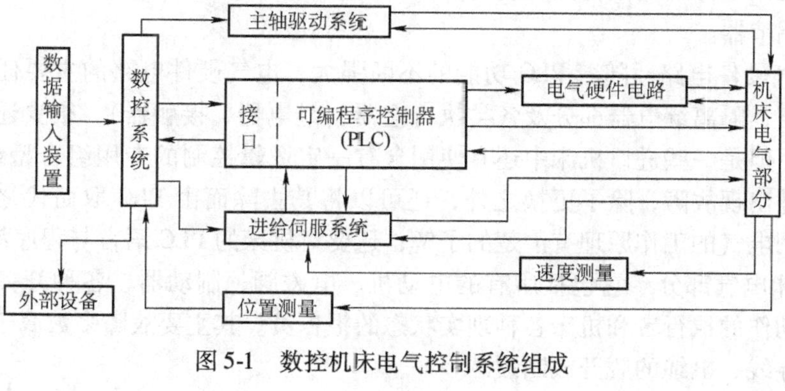

图5-1 数控机床电气控制系统组成

（1）数据输入装置　数据输入装置是将指令信息和各种应用数据输入数控系统的必要装置。它可以是穿孔带阅读机、3.5in软盘驱动器、CNC键盘、数控系统配备的硬盘及驱动装置、磁带机和计算机等。

（2）数控系统　数据系统是数控机床的中枢，它将接到的全部功能指令进行解码、运算，然后有序地发出各种需要的运动指令和各种机床功能的控制指令，直至运动和功能结束。

数控系统都有很完善的自诊断能力，日常使用中要严格按照相关规定进行操作，而日常维护则主要是对硬件使用环境的保护和防止系统软件的破坏。

（3）可编程序控制器　它是机床各项功能的逻辑控制中心，可以将来自CNC的各种运动及功能指令进行逻辑排序，使它们能够准确地、协调有序地安全运行；同时将来自机床的各种信息及工作状态传送给CNC，使CNC能及时准确地发出进一步的控制指令，以实现对整个机床的控制。

目前，多数可编程序控制器（PLC）集成于数控系统中，这主要是指控制软件的集成化，而PLC硬件则在规模较大的系统中往往采取分布式结构。PLC与CNC的集成是采取软件接口实现的，一般系统都是将两者间各种通信信息分别指定其固定的存放地址，由系统对所有地址的信息状态进行实时监控，根据各接口信号的现时状态加以分析判断，据此，作出进一步的控制命令，完成对运动或功能的控制。

（4）主轴驱动系统　主轴驱动系统接收来自CNC的驱动指令，经速度与转矩（功率）调节输出驱动信号驱动主轴电动机转动，同时接收速度反馈信号，以实施速度闭环控制。它还通过PLC将主轴的各种现实工作状态通告CNC用以完成对主轴的各项功能控制。

主轴驱动系统自身有许多参数设定，这些参数直接影响主轴的转动特性，其中有些是不可丢失或改变的，例如指示电动机规格的参数等，有些是可根据运行状态加以调整的，例如零漂等。通常CNC中也设有与主轴相关的机床数据，并且与主轴驱动系统的参数作用相同，因此，要注意两者取一，切勿冲突。

（5）进给伺服系统　进给伺服系统接收来自CNC对每个运动坐标轴分别提供的速度指令，经速度与电流（转矩）调节输出驱动信号驱动伺服电动机转动，实现机床坐标轴运动，同时接收速度反馈信号，以实施速度闭环控制。它也通过PLC与CNC通信，通报现时工作状态并接受CNC的控制。

进给伺服系统速度调节器的正确调节是最重要的，应该在位置开环的条件下进行最佳化调节。它受机床坐标轴机械特性的制约，一旦导轨和机械传动链的状态发生变化，就需要重调整速度环调节器。

（6）电气硬件电路　随着PLC功能的不断强大，电气硬件电路的主要任务是电源的生成与控制电路、隔离继电器部分及各类执行电器（继电器、接触器），很少还有继电器逻辑电路的存在。但是一些进口机床中还有使用含有一定逻辑控制的专用组合型继电器的情况，一旦这类元件出现故障，除了更换之外，还可以将其去除而由PLC取而代之，但是这不仅需要对该专用电气的工作原理有清楚的了解，还要对机床的PLC语言与程序深入掌握才行。

（7）机床电气部分　它包括所有的电动机、电磁阀、制动器、各种开关等。它们是实现机床各种动作的执行者和机床各种现实状态的报告员。其主要故障多数属于元器件自身的损坏和连接导线、电缆的脱开或断裂。

（8）速度测量　速度测量通常由集装于主轴和进给电动机中的测速发电机来完成。它将电动机实际转速转换成电压值并送回伺服驱动系统作为速度反馈信号，与指令速度电压值进行比较，从而实现速度的精确控制。应注意测速反馈电压的匹配连接，并且不要拆卸测速发电机。由此引起的速度失控多是由于测速反馈线接反或者断线所致。

（9）位置测量　较早期的机床使用直线或圆形同步感应器或者旋转变压器进行位置测量，而现代机床多采用光栅尺和数字脉冲编码器作为位置测量元件。它们对机床坐标轴在运行中的实际位置进行直接或间接的测量，将测量值反馈到 CNC 并与指令位移相比较直至坐标轴到达指令位置，从而实现对位置的精确控制。

（10）外部设备　一般指计算机、打印机等输出设备，多数不属于机床的基本配置。使用中的主要问题与输入装置一样，是匹配问题。

二、数控系统的安装

1. 数控装置安装环境要求

数控装置在以下环境中能正常工作：

（1）环境温度　0～45°C。

（2）相对湿度　通常≤75%，短时一个月内≤95%。

（3）大气压强　86～106kPa。

2. 数控电气控制柜的要求

1）在数控装置的背面与电气控制柜壁之间应留有不少于 100mm 的间隙，以便于连接与数控装置相连的电缆，也有利于电气控制柜内空气的流通和散热。

2）电气控制柜的结构必须达到 IP54 防护等级以上。

3）在电气控制柜门等接缝处，应粘贴密封条，并密封所有缝隙。

4）电缆入口处应加以密封，且在现场容易打开。

5）采用风扇或热交换器等对电气控制柜进行散热，使空气形成对流，如采用风扇散热，在进风、出风口必须使用空气过滤网。

6）电气控制柜应安装在易于调试、维修的地方。

3. 数控系统接地技术

在工业环境下工作的数控机床系统接地一般分为保护接地、工作接地、屏蔽接地。

（1）保护接地

1）接地排的使用。数控系统控制柜内应安装有接地排（可采用厚度不小于 3mm 的铜板），将其与大地相接，接地电阻应小于 4Ω。系统内各电气设备的保护接地端子用尽量粗和短的黄绿双色线连接到接地排上，如图 5-2 所示。

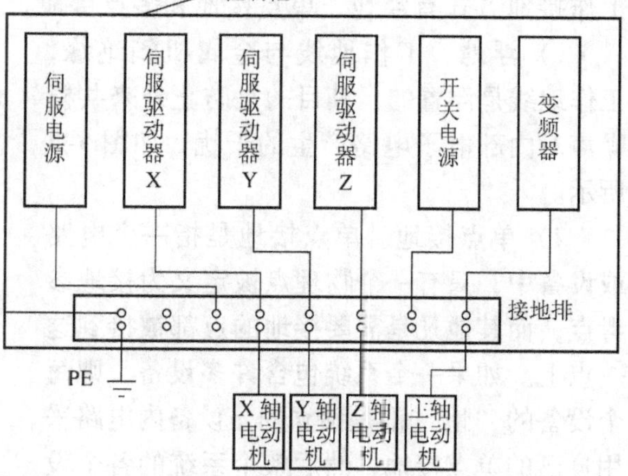

图 5-2　数控系统控制柜内接地排的使用

2）保护接地线不要构成环路，如图5-3所示。

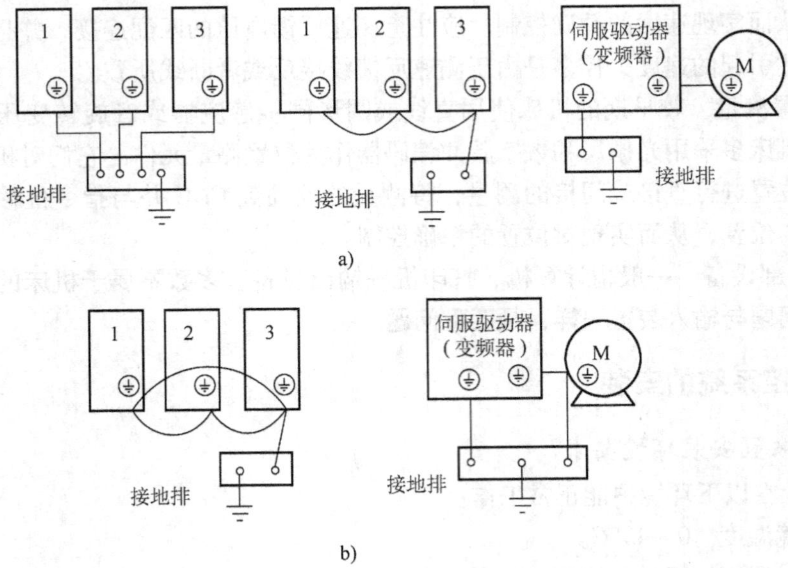

图5-3　保护接地线的接法

a）正确接法　b）不正确接法

3）设备金属外壳（或机箱）良好接地（大地），是抑制静电放电干扰的最主要措施。一旦发生静电放电，放电电流可以由机箱外层流入大地，不会影响内部电路的正常工作。

4）设备外壳接大地可以起到屏蔽作用，减少与其他设备的相互电磁干扰。

（2）工作接地　为了保证设备的正常工作，如直流电源常需要有一接地极，作为参考零电位。信号传输也常需要有一根接地线，作为基准电位，传输信号的大小与该基准电位相比较。这类地线称为工作地线，在系统中一定要注意工作地线的正确接法，否则不但起不到保护作用反而可能产生干扰，如共地线阻抗干扰、地环路干扰、共模电流辐射等。工作接地方式有浮地、单点接地和多点接地。

1）浮地。工作地线与金属机箱绝缘，工作地线是浮置的，其目的是防止外来共模噪声对内部电子电路产生的干扰，如图5-4所示。

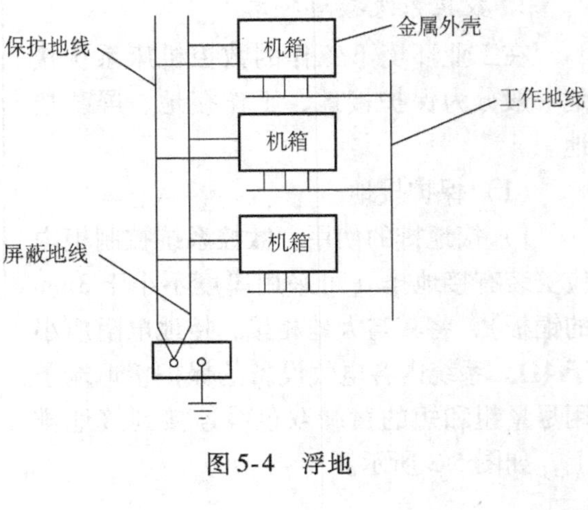

图5-4　浮地

2）单点接地。单点接地是指一个电路或设备中，只有一个物理点被定义为接地参考点，而其他凡是需要接地的点都被接到这一点上。如果一个系统包含许多设备，则每个设备的“地”都是独立的，设备内电路采用自己的单点接地，然后整个系统的各个设备的“地”都连到系统唯一指定的参考点上，如图 5-5 所示。

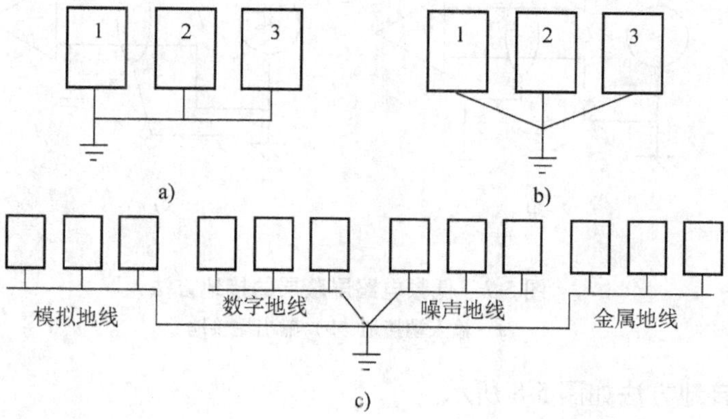

图 5-5 单点接地

a）单点串联接地方式 b）单点并联接地方式 c）单点串联和并联混合接地方式

3）多点接地。如图 5-6 所示，多点接地是指设备（或系统）中的各个接地点都直接接到距它最近的接地平面上，以便使接地线的长度为最短，接地平面可以是设备的底板、专用接地线，甚至是设备的框架。

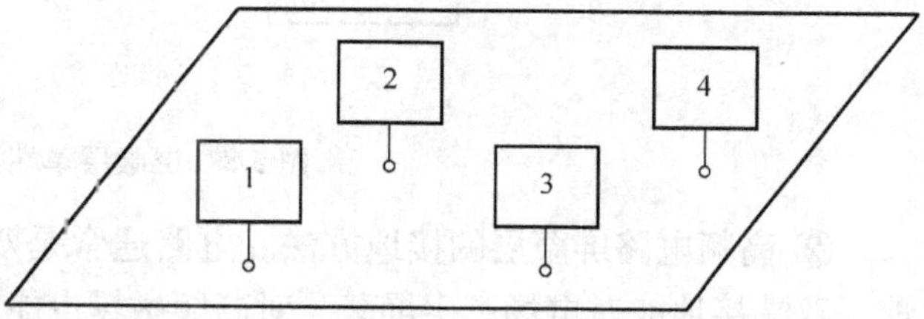

图 5-6 多点接地

（3）屏蔽接地　为了抑制噪声，电缆、变压器等的屏蔽层需要接地，相应的地线称为屏蔽地线。屏蔽电缆的种类很多，一般可分为普通屏蔽线、双绞屏蔽线、同轴电缆等几种。普通带编织层的多芯电缆具有电场屏蔽作用，屏蔽双绞线其总屏蔽层可以抑制电场干扰，双绞线可以抑制磁场干扰。

1）普通屏蔽线。它适用于工作频率在 30kHz 以下，特殊情况可用到几百千赫。普通屏蔽线用于输入/输出信号线、模拟信号线、脉冲式接口驱动器控制信号线（线长≤2m）、计算机串行通信线（线长≤2m）、电源线、电动机电源线。

2）双绞线和屏蔽双绞线。适用于工作频率在 100kHz 以下，特殊情况可用到几百千赫。其中，双绞线具有较好的磁场屏蔽性能，主要用于直流电源线、小功率交流电源线（＜1kW）。屏蔽双绞线用于编码器信号线、高频信号线、脉冲接口式驱动器控制信号线（线长＞2m），计算机串行通信线（线长＞2m）。

3）同轴电缆。适用于工作频率 1000MHz 以下。

4）双重屏蔽电缆。在系统中，如果采用一根电缆同时传输模拟信号和高频数字信号，则必须采用各自屏蔽线外再包一层总屏蔽的双重屏蔽电缆，这种电缆能防止电缆内部信号线间的干扰。

屏蔽层的接地方法如下：

① 低频电路屏蔽层的接地方法，如图 5-7 所示。

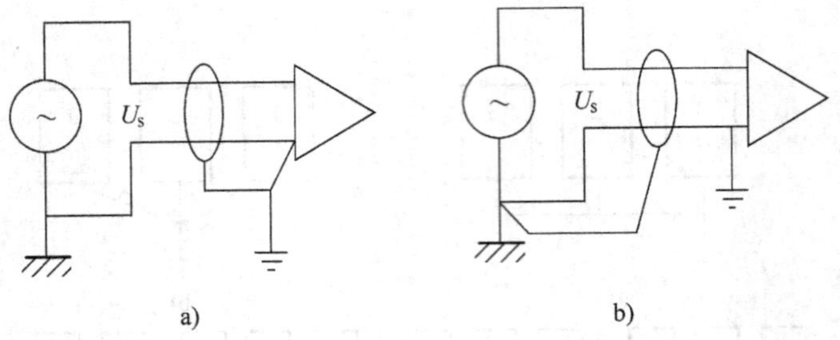

图 5-7　低频电路屏蔽层的接地方法

a）输入端接地　b）输出端接地

屏蔽层单端接地方法如图 5-8 所示。

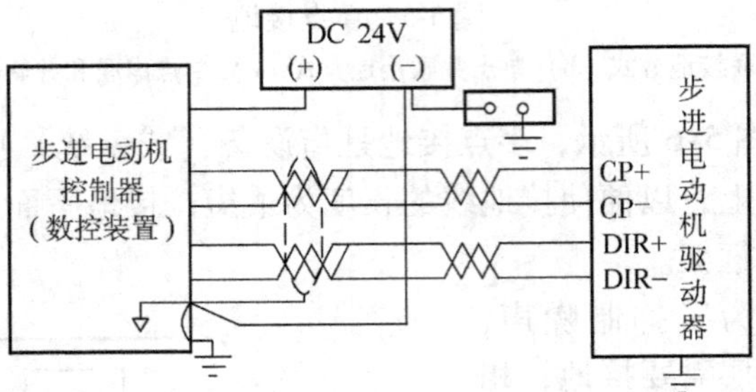

图 5-8　屏蔽层单端接地方法

② 高频电路屏蔽层的接地方法。电路通常是双端接地，屏蔽电缆的屏蔽层也应双端接地，双端接地能对电场产生屏蔽，对高频磁场也能产生屏蔽作用。变频器电动机电缆屏蔽层双端接地，如图 5-9 所示。编码器电缆双端接地如图 5-10 所示。

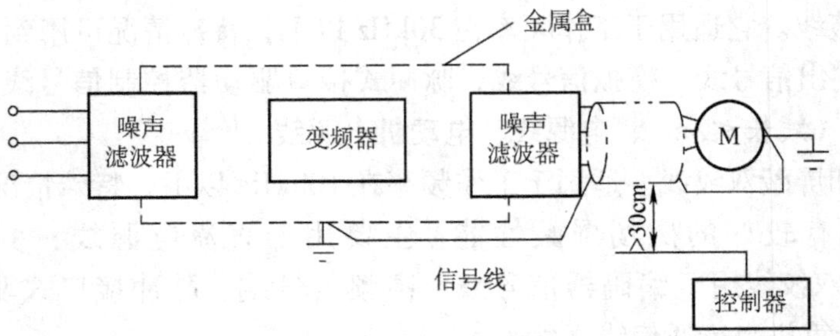

图 5-9　变频器电动机电缆屏蔽层双端接地

4. 信号线的干扰抑制技术

数控系统中，各种信号线最容易受到干扰，而引起设备工作不正常。通常采用绝缘隔离、阻抗匹配、平衡传输、屏蔽与接地、合理布线等措施来抑制干扰，而信号线采取滤波是抗干扰的另一重要措施。

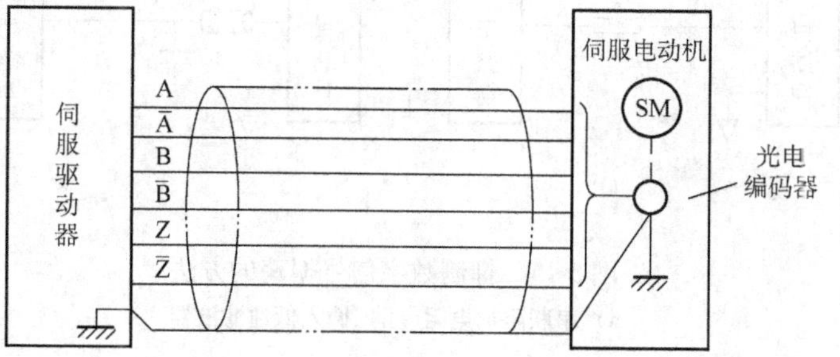

图 5-10　编码器电缆双端接地

（1）模拟信号线干扰抑制

1）模拟信号线特别容易受到外部干扰的影响，因此，所用配线应尽可能短，并应使用屏蔽线，如图 5-11 所示。

2）伺服驱动器或变频器连接模拟信号输出设备（数控装置）时，有时会由于模拟信号输出设备或由伺服驱动器或变频器产生的干扰引起误动作，发生这种情况时，可在外部模拟信号输出设备连接电容器、铁氧体磁环，如图 5-12 所示。

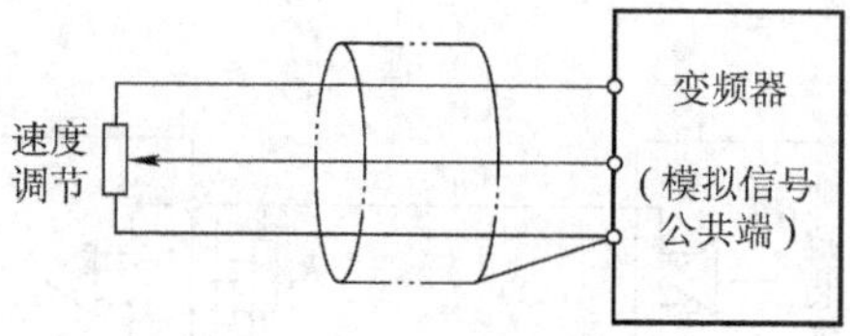

图 5-11　变频器速度调节模拟信号线的应用

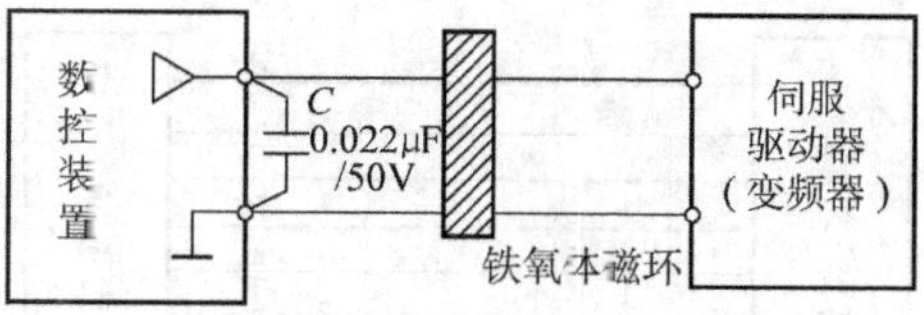

图 5-12　模拟信号线外接滤波电容器和铁氧体磁环

3）对变化缓慢的模拟信号可以采用 *RC* 低通滤波，如图 5-13 所示。

4）用电流传输代替电压在传输线上传输，然后通过长线终端的并联电阻，再变成电压信号，此时传输线一定要屏蔽并“单端接地”，如图 5-14 所示。

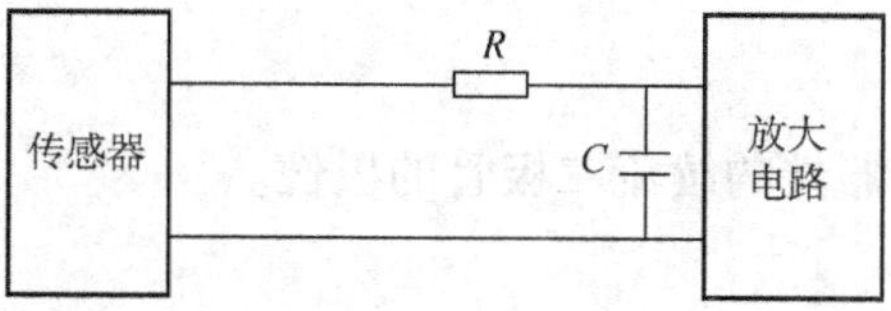

图 5-13　采用 *RC* 低通滤波抑制干扰

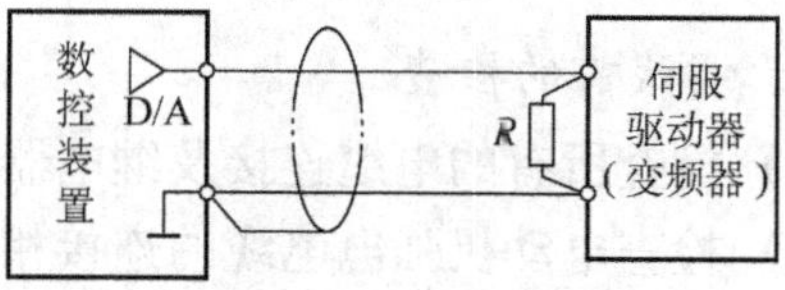

图 5-14　模拟信号电流传输

（2）数字信号线干扰抑制

1）由于布线不当，信号环路面积较大时将引起数字信号波形振荡，可采取串联阻尼电阻或插入低通滤波器来抑制，如图 5-15 所示。

2）输入/输出传输线在连接器端口处应加高频去耦电容。通常输入/输出信号的频率要低于时钟频率，高频去耦电容的选择应能保证输入/输出信号正常传输，而滤除高频时钟频率及其谐波。高频去耦电容应接在输入/输出线和地线之间。

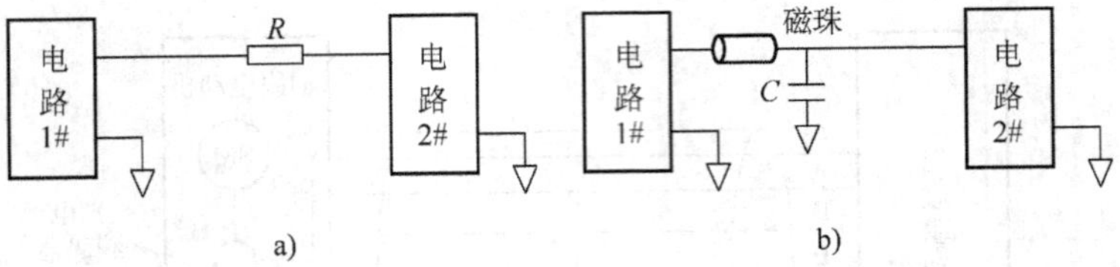

图5-15　抑制数字信号振荡的方法

a）串联阻尼电阻　b）插入低通滤波器

3）在信号线上，安装数据线滤波器，有效抑制高频共模干扰，数据线滤波器由铁氧体磁环或穿心电容构成，例如：在靠近连接处，将铁氧体磁环套住输入电缆，最好的办法是直接带滤波器的连接器，这种连接器的插座上每个引脚带有铁氧体磁珠和穿心电容组成的滤波器。

4）光电编码器、手摇脉冲发生器、光栅尺等输出信号在接收端并联电容可以有效抑制高频干扰，如图5-16所示。

5）降低敏感线路的输入阻抗，如在CMOS电路的入口端对地并联一个电容或一个阻值较低的电阻，可以降低因静电容而引入的干扰；对差动传输的数字信号，在信号输入端并接电阻和电容，提高干扰抑制能力，如图5-17所示。

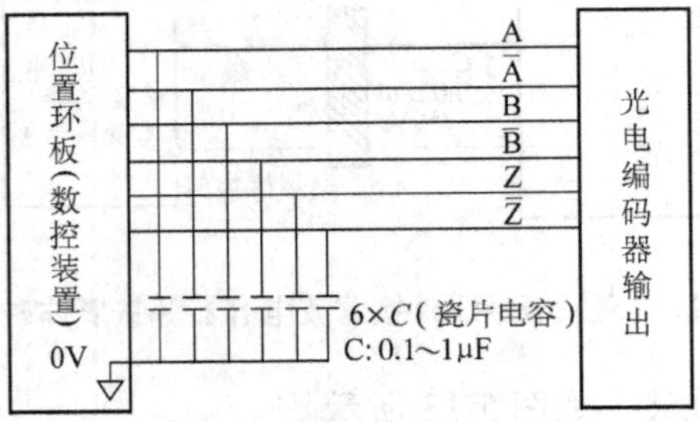

图5-16　信号接收端并联电容抑制高频干扰

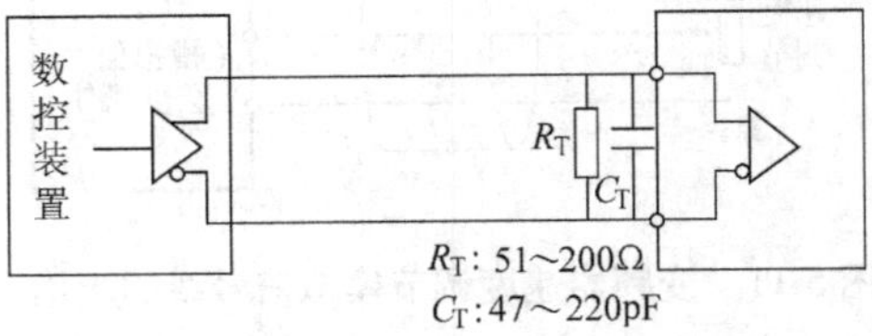

图5-17　降低输入阻抗和容抗抑制干扰

三、数控系统的调试

1. 调试前的检查

1）检查所有的电缆连接及继电器、电磁阀等器件的续流二极管的极性。

2）检查电动机强电电缆的连接相序。

3）交流伺服进给装置的位置控制电缆、码盘反馈电缆、电动机电源电缆的一一对应关系。

4）确认主轴单元接收的模拟电压指令的类型。

5）确认所有地线都可靠连接。

6）确认急停按钮与急停电路的有效性。在保证急停按钮按下或急停电路断开后，能够断开进给驱动装置、主轴驱动装置等运动部件的动力电源。

7）确保电路中各部分电源的电压规格正确，极性连接正确。

8）确保电路中各部分变压器的规格和进出方向正确。确保电路中各断路器等器件的电源进出线方向正确。

2. 系统通电

1）按下急停按钮，确保系统中所有断路器已断开。

2）合上电气柜主电源断路器。

3）接通控制直流 24V 的断路器或熔断器，检查 DC 24V 电源是否正常。

4）检查其他部分电源是否正常。

5）给数控装置通电。

3. 系统参数设定

根据系统使用手册，进行控制参数、速度参数和驱动器参数等的设定。

4. PLC 调试

有的数控系统内置了 PLC，可根据机床电气控制原理图进行调试。

1）操作数控装置，进入输入/输出开关量显示状态，检查 PLC 输入/输出点的连接和逻辑关系是否正确。

2）在 PLC 状态中检查所需的输入/输出开关量是否正确，若没有则检查外部电路的连线或 PLC 源程序编写是否正确。

3）检查由继电器控制的接触器、电磁阀等开关是否动作，若动作不正常或没有动作，则检查外部电路的连线是否正确。

5. 机床调试

数控装置与机床正确连接安装后，可按以下步骤进行调试：

1）确认机床超程限位开关有效后，才可以连接机床并进行调试。

2）在急停情况下，按动机床上的超程限位开关，检查所对应的开关量输入状态的变化，并检查超程限位开关是否接线正确。

3）在手动或手摇方式情况下，控制电动机慢速转动，然后控制电动机快速转动。

4）根据具体情况调整快移加减速时间常数等相关的伺服参数。

5）检查机床移动方向和移动距离是否与数控装置所发出的位移方向和位移指令相一致，否则修改系统相关参数。

6）手动或手摇状态下，慢速移动各坐标轴，检查各轴超程限位开关的有效性及报警显示的正确性、超程解除按钮的有效性。

7）检查并正确设置各坐标轴的最高快移速度、最高加工速度、回参考点快移速度、回参考点定位速度。

8）检查各坐标轴的有效行程范围，并正确设置坐标轴参数中的正、负软限位。

四、数控系统的维护

每台数控系统在运行一定时间之后，某些元器件或机械部件难免出现一些损坏或故障现象，问题在于对这种高精度、高效益且又昂贵的设备，如何延长元器件的寿命和零部件的磨损周期，预防各种事故，特别是将恶性事故消灭在萌芽状态，从而提高系统的平均无故障工作时间和使用寿命，一个重要方面是要做好日常维护。

（1）严格遵循操作规程　按机床和系统使用说明书的要求正确合理地使用，应尽量避免因操作不当引起的故障。通常情况下，在使用的第一年内，有 1/3 以上的系统故障是由于操作不当引起的。

（2）对纸带阅读机或磁盘阅读机的定期维护　纸带阅读机读带部分有污物会使读入的纸带信息出现错误。所以操作者每天应对阅读头、纸带压板、纸带通道表面进行检查，用纱布蘸酒精擦净污物。

（3）防止数控装置过热　定期清理数控装置的散热通风系统。经常检查数控装置上各冷却风扇工作是否正常。视车间环境状况，每半年或一个季度检查清扫一次。由于环境温度过高，造成数控装置内温度超过55～60℃时应及时加装空调装置。

（4）经常监视数控系统的电网电压　通常，数控系统允许的电网电压范围在额定值的-15%～+10%，如果超出此范围，轻则使数控系统不能稳定工作，重则会造成重要电子元器件的损坏。因此，要经常注意电网电压的波动。对于电网质量比较恶劣的地区，应及时配置数控系统专用的交流稳压电源装置，这将使故障率有比较明显的降低。

（5）定期检查和更换直流电动机电刷　目前一些老的数控机床上使用的大部分是直流电动机。这种电动机电刷的过度磨损会影响其性能甚至损坏。所以，必须定期检查电刷。

（6）防止尘埃进入数控装置内部　除了进行检修外，应尽量减少打开电气柜门的次数；一些已受外部尘埃、油雾污染的电路板和接插件可采用专用电子清洁剂喷洗。

（7）存储器用电池定期检查和更换　通常，数控系统中部分CMOS存储器中的存储内容在断电时靠电池供电保持。一般采用锂电池或可充电的镍镉电池。当电池电压下降至一定值就会造成参数丢失。因此，要定期检查电池电压，当该电压下降至限定值或出现电池电压报警时，应及时更换电池。更换电池时一般要在数控系统通电状态下进行，这样才不会造成存储的参数丢失。一旦参数丢失，在调换新电池后，可重新将参数输入。

（8）数控系统长期不用时的维护　当数控机床长期闲置不用时，也应定期对数控系统进行维护和保养。首先，应经常给数控系统通电，在机床锁住不动的情况下，让其空载运行。

第二节　工业控制技术

一、计算机网络技术

1. 计算机网络的定义

把分布在不同地理位置上具有独立功能的多台计算机、终端及其附属设备在物理上互联，按照网络协议相互通信，以共享硬件、软件和数据资源为目标的系统称作计算机网络。

2. 计算机网络的功能

（1）数据通信　数据通信即数据传送，是计算机网络的最基本功能之一。从通信角度看，计算机网络其实是一种计算机通信系统。作为计算机通信系统，能实现传输文件和使用电子邮件（E-mail）。

（2）资源共享　资源共享包括硬件、软件和数据资源的共享，它是计算机网络最有吸引力的功能。资源共享指的是网上用户能够部分或全部地使用计算机网络资源，使计算机网络中的资源互通有无、分工协作，从而大大地提高各种硬件、软件和数据资源的利用率。

（3）计算机系统可靠性和可用性的提高　计算机系统可靠性的提高主要表现在计算机网络中每台计算机都可以依赖计算机网络相互为后备机，一旦某台计算机出现故障，其他计算机可以立即承担起原先由故障机所担负的任务，避免了系统的瘫痪，使计算机的可靠性得到了大大的提高。计算机可用性的提高是指当计算机网络中某一台计算机负载过重时，计算机网络能够进行智能判断，并将新任务转交给计算机网络中较空闲的计算机去完成，这样就能均衡每一台计算机的负载，提高了每一台计算机的可用性。

（4）易于进行分布处理　在计算机网络中，每个用户可根据情况合理选择计算机网络内的资源，以就近原则快速进行处理。对于较大型的综合问题，通过一定的算法将任务分交给不同的计算机，从而达到均衡网络资源，实现分布处理的目的。

3. 计算机网络的类型

（1）按地域来分　分为局域网和广域网。

（2）按建设计算机网络的属性来分　分为公用网和专用网。

（3）按网络的拓扑结构来分　分为星形、总线型、环形、树形、全互联型和不规则形。

（4）按信息的交换方式来分　分为电路交换、报文交换和报文分组交换。

4. 计算机网络的模式

计算机网络的模式主要有两种，它们分别是：对等网络模式和客户机/服务器网络模式。

（1）对等网络模式　在对等网络模式中，相连的机器之间彼此处于同等地位，没有主从之分故又称为对等网络（Peer to Peer network）。它们能够相互共享资源，每台计算机都能以同样方式作用于对方。

（2）客户机/服务器网络模式　客户机/服务器网络是一种基于服务器的网络，与对等网络相比，基于服务器的网络提供了更好的运行性能并且可靠性也有所提高。在基于服务器的网络中，不必将工作站计算机的硬盘与他人共享。实际上，如果想与某个人共享一份文件，就必须先将文件复制到服务器的硬盘上（或者一开始就在服务器上生成该文件），这样别人才能访问这份文件。共享数据全部都集中存放在服务器上。客户机/服务器的一个典型应用就是数据库的应用。

5. 计算机网络基础知识

（1）数据通信的基本概念

1）数据。数据定义为有意义的实体，是表征事物的形式，例如文字、声音和图像等。数据可分为模拟数据和数字数据两类。

2）信号。信号是数据的电磁或电子编码，在通信系统中可分为模拟信号和数字信号。

3）信道。信道是用来表示向某一个方向传送信息的媒体。一般来说，一条通信线路至少包含两条信道，一条用于发送的信道和一条用于接收的信道。

（2）模拟数据与数字数据的传输形式

1）模拟数据在模拟信道上传输。典型的例子是语音信号在普通电话系统中的传输。一般情况下，人的语音频率范围是300～3400Hz，为了进行传输，在线路上给它分配一定的带宽，国际标准取4kHz为一个标准话路所占用的频带宽度。在这个传输过程中：语音信号以300～3400Hz频率输入，发送方的电话机把这个语音信号转变成模拟信号，这个模拟信号经过一个频分多路复用器进行变化，使得线路上可以同时传输多路模拟信号，当到达接收端以后再经过一个解频的过程把它恢复到原来的频率范围的模拟信号，再由接收方电话机把模拟信号转换成声音信号。

2）数字数据在模拟信道上传输。计算机和终端设备都是数字设备，它们只能接收和发送数字数据，而电话系统只能传输模拟信号，所以这个数字数据要进入到模拟信道以前要有一个转换器进行数字信号到模拟信号的转换，以便它能在模拟信道上传输，这样的一个转换过程叫做调制（注意：这个调制过程并不改变数据的内容，仅是把数据的表示形式进行了改变）。这个变换器又叫做调制器。而当调制后的模拟信号传送到接收端以后，在接收端也有一个转换器再对这个信号进行反转换，即又把它变回数字信号，这样的一个转换过程叫解调。这个转换器又叫解调器。由于计算机和终端设备之间的数据通信一般是双向的，因此在数据通信的双方既有用于发送信号的调制器，又有用于接收信号的解调器，所以把这两个设备合在一起形成我们通常所说的调制解调器（Modem）。调制解调器就是使用一条标准话路（3.1kHz 的标准话路带宽）提供全双工的数字信道。

3）模拟数据在数字信道上传输。用数字信道传输模拟数据时，需要对模拟数据进行脉冲编码调制（PCM）。PCM 是将模拟电话信号转变为数字信号，所以首先要对电话信号进行取样。根据取样定理，只要取样频率不低于电话信号最高频率的 2 倍，就可以从取样的脉冲信号中无失真地恢复出原来的电话信号。标准的电话信号的最高频率为 3.4kHz，为方便起见，取最高频率为 4kHz，那么取样频率就是 8kHz，相当于取样周期为 125μs，即每秒钟采样 8000 次。下一步是进行编码，在我国使用的 PCM 体制中，电话信号是采用 8bit 编码，也就是说，将取样后的模拟电话信号量化为 256 个不同等级中的一个。

4）数字数据在数字信道上传输。这种方式最典型的例子是在两个装有 Windows 98 操作系统的计算机上，利用 Windows 98 中自带的“直接电缆连接”功能把两个计算机通过串行口或并行口直接相连。在这种情况下通信的双方发出的数据和接收的数据以及在信道上所传输的全部都是数字信号。

（3）多路复用

1）频分多路复用（FDM）。FDM 是利用传输介质的可用带宽超过给定信号所需的带宽这一优点，把每个要传输的信号以不同的载波频率进行调制，而且各个载波频率是完全独立的，即信号的带宽不会相互重叠，然后在传输介质上进行传输，这样在传输介质上就可以同时传输许多路信号。

2）时分多路复用（TDM）。TDM 是利用每个信号在时间上交叉，可以在一个传输通路上传输多个数字信号，这种交叉可以是位一级的，也可以是由字节组成的块或更大量的信息。与频分多路复用类似，专门用于一个信号源的时间片序列被称为是一条通道时间片的一个周期（每个信号源一个），称之为一帧。TDM 不仅用于传输数字信号，模拟信号也可以同时交叉传输。另外，对于模拟信号，TDM 和 FDM 结合起来使用也是可能的。一个传输系统可以频分许多条通道，每条通道再用时分多路复用来细分。

6. 计算机网络的体系结构

（1）OSI 网络协议体系结构　这种体系结构的参考模型，如图 5-18 所示。

1）物理层。物理层传输数据的单位是比特。物理层不是指连接计算机的具体的物理设备或具体的传输媒体是什么，物理层主要关心的是在连接各种计算机的传输媒体上传输数据的比特流。

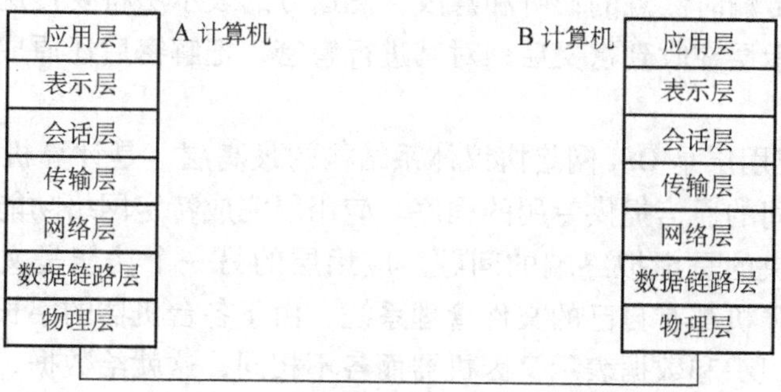

图 5-18　OSI 体系结构参考模型

2）数据链路层。数据链路层传输数据的单位是帧，数据帧的帧格式中包括的信息有：地址信息部分、控制信息部分、数据部分、校验信息部分。数据链路层的主要作用是通过数据链路层协议（即链路控制规程），在不太可靠的物理链路上实现可靠的数据传输。

3）网络层。网络层传送的数据单位是报文分组或包。在计算机网络中进行通信的两个计算机之间可能要经过许多个节点和链路，也可能还要经过好几个路由器所连接的通信子网。网络层的任务就是要选择最佳的路由，使发送站的运输层所传下来的报文能够正确无误地按照目的地址找到目的站，并交付给目的站的传输层。这就是网络层的路由选择功能。

4）传输层。传输层信息的传送单位是报文。传输层的基本功能是从会话层接收数据报文，并且在当所发送的报文较长时，在运输层先要把它分割成若干个报文分组，然后再交给它的下一层（即网络层）进行传输。另外，这一层还负责报文错误的确认和恢复，以确保信息的可靠传递。通常情况下，互联网所采用的 TCP/IP 中的 TCP（传输控制协议）就是属于传输层。

5）会话层。会话层允许不同机器上的用户建立会话关系，目的是完成正常的数据交换，并提供了对某些应用的增强服务会话，也可被用于远程登录到分时系统或在两个机器间传递文件。会话层对高层提供的服务主要是“管理会话”。一般情况下，两个用户要进行会话，首先双方必须接受对方，以保证双方有权参加会话；其次是会话双方要确定通信方式，即会话允许信息同时双向传输或任一时刻仅能单向传输，若是后者，会话层将记录此刻由哪一个用户进程来发送数据，为了保证单向传输的正确性，即在某一个时刻仅能一方发送，会话层提供了令牌管理，令牌可以在双方之间交换，只有持有令牌的一方才可以执行发送报文这样的操作。会话层提供的另一种服务叫“同步服务”。综上所述，会话层的主要功能归结为：允许在不同主机上的各种进程间进行会话。

6）表示层。在计算机与计算机的用户之间进行数据交换时，并非是随机的交换数据比特流，而是交换一些有具体意义的数据信息，这些数据信息有一定的表示格式，例如表示人名用字符型数据，表示货币数量用浮点数数据等等。那么，不同的计算机可能采用不同的编码方法来表示这些数据类型和数据结构，为让采用不同编码方法的计算机能够进行交互通信，能相互理解所交换数据的值，可以采用抽象的标准法来定义数据结构，并采用标准的编码形式。表示层管理这些抽象数据结构，并且在计算机内部表示和网络的标准表示法之间进行转换，也即表示层关心的是数据传送的语义和语法两个方面的内容。但其仅完成语法的处理，而语义的处理是由应用层来完成的。表示层的另一功能是数据的加密和解密，为了防止数据在通信子网中传输时敌意的窃听和篡改，发送方的表示层将要传送的报文进行加密后再传输，接收方的表示层在收到密文后，对其进行解密，把解密后还原成的原始报文传送给应用层。

7）应用层。应用层是OSI网络协议体系结构的最高层，是计算机网络与最终用户的界面，为网络用户之间的通信提供专用的程序。应用层完成特定网络功能服务所需要的各种应用协议。应用层解决的是虚拟终端的问题。应用层的另一个功能是文件传输协议（FTP）。计算机网络中各计算机都有自己的文件管理系统，由于各台机器的字长、字符集、编码等存在着差异，文件的组织和数据表示又因机器而各不相同，这就给数据、文件在计算机之间的传送带来不便，有必要在全网范围内建立一个公用的文件传送规则，即文件传输协议。应用层还有电子邮件的功能，电子邮件系统是用电子方式代替邮局进行传递信件的系统。

（2）TCP/IP网络协议体系结构　TCP/IP网络协议体系结构共分成4个层次，即网络接口层、网络层、传输层和应用层，如图5-19所示。

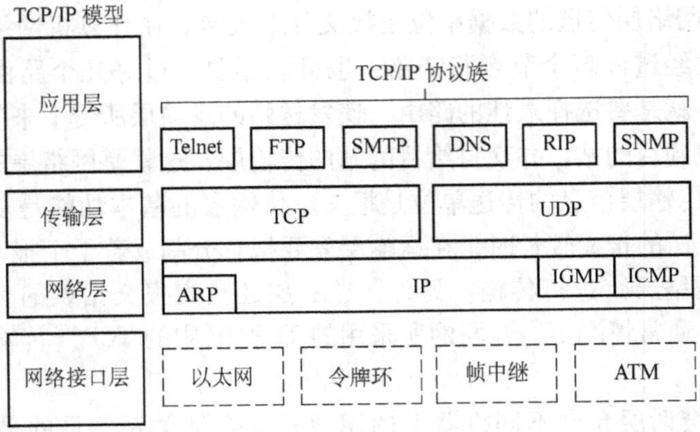

图5-19　TCP/IP体系结构的参考模型

1）网络接口层。网络接口层与OSI参考模型的数据链路层和物理层相对应，它不是TCP/IP的一部分，但它是TCP/IP赖以存在的与各种通信网之间的接口，所以，TCP/IP对网络接口层并没有给出具体的规定。

2）网络层。网络层有4个主要的协议：网际协议（IP）、互联网控制报文协议（ICMP）、地址解析协议（ARP）和逆地址解析协议（RARP）。网络层的主要功能是使主机可以把分组发往任何网络并使分组独立地传向目标（可能经由不同的网络）。这些分组到达的顺序和发送的顺序可能不同，因此如果需要按顺序发送及接收时，高层必须对分组排序。另外，网络层的网际协议（IP）的基本功能是：无连接的数据报传送和数据报的路由选择，即IP提供主机间不可靠的、无连接数据报传送。互联网控制报文协议ICMP提供的服务有：测试目的地的可达性和状态、报文不可达的目的地、数据报的流量控制、路由器路由改变请求等。地址解析协议（ARP）的任务是查找与给定IP地址相对应主机的网络物理地址。逆地址解析协议RARP主要解决物理网络地址到IP地址的转换。

3）传输层。TCP/IP的传输层提供了两个主要的协议，即传输控制协议（TCP）和用户数据报协议（UDP），它的功能是使源主机和目的主机的对等实体之间可以进行会话。其中

TCP 是面向连接的协议。所谓连接，就是两个对等实体为进行数据通信而进行的一种结合。面向连接服务是在数据交换之前，必须先建立连接。当数据交换结束后，则应终止这个连接。面向连接服务具有连接建立、数据传输和连接释放这三个阶段。在传送数据时是按序传送的。用户数据协议是无连接的服务。在无连接服务的情况下，两个实体之间的通信不需要先建立好一个连接，因此其下层的有关资源不需要事先进行预定保留。这些资源将在数据传输时动态地进行分配。无连接服务的另一特征就是它不需要通信的两个实体同时是活跃的（即处于激活态）。当发送端的实体正在进行发送时，它才必须是活跃的。无连接服务的优点是灵活方便和比较迅速。但无连接服务不能防止报文的丢失、重复或失序。无连接服务特别适合于传送少量零星的报文。

4）应用层。在 TCP/IP 体系结构中并没有 OSI 的会话层和表示层，TCP/IP 把它都归结到应用层。所以，应用层包含所有的高层协议，如虚拟终端协议（TELNET）、文件传输协议（FTP）、简单邮件传送协议（SMTP）和域名服务（DNS）等。

7. 数据的传输媒体

（1）双绞线　组建局域网络所用的双绞线是一种由 4 对线（即 8 根线）组成的，其中每根线的材质有铜线和铜包的钢线两类。一般来说，双绞线电缆中的 8 根线是成对使用的，而且每一对都相互绞合在一起，绞合的目的是为了减少对相邻线的电磁干扰。双绞线分为屏蔽双绞线（STP）和非屏蔽双绞线（UTP）。

目前，在局域网中常用到的双绞线是非屏蔽双绞线（UTP），它又分：3 类、4 类、5 类、超 5 类、6 类和 7 类。双绞线的这 8 根线的引脚定义见表 5-1。

表 5-1　双绞线的引脚定义

线路线号	1	2	3	4	5	6	7	8
线路色标	白橙	橙	白绿	蓝	白蓝	绿	白棕	棕
引脚定义	Tx +	Tx −	Rx +			Rx −		

在局域网中，双绞线主要是用来连接计算机网卡到集线器或通过集线器之间级联口的级联，有时也可直接用于两个网卡之间的连接或不通过集线器级联口之间的级联，但它们的接线方式各有不同。

（2）同轴电缆　如图 5-20 所示，同轴电缆中央是铜质芯线（单股的实心线或多股绞合线），铜质芯线外包着一层绝缘层，绝缘层外是一层网状编织的金属丝作外导体屏蔽层（可以是单股的），屏蔽层把电线很好地包起来，再往外就是外包皮的塑料保护层了。

目前经常用于局域网的同轴电缆有两种：一种是专门用在符合 IEEE802. 3 标准以太网环境中，阻抗为 50Ω 的电缆，只用于数字信号发送，称为基带同轴电缆；另一种是用于频分多路复用 FDM 的模拟信号发送，阻抗为 75Ω 的电缆，称为宽带同轴电缆。

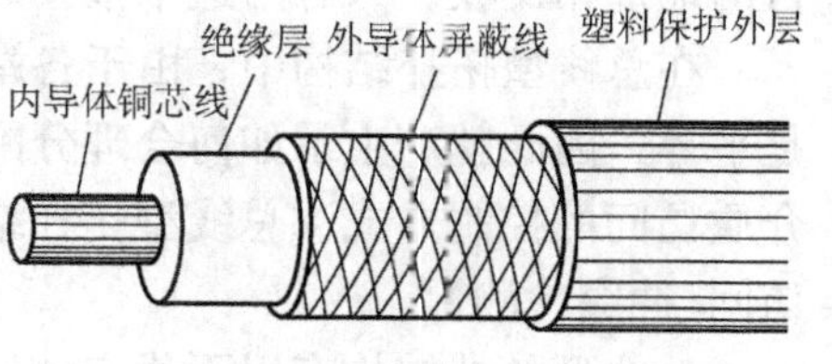

图 5-20　同轴电缆

（3）光纤　光纤是一种细小、柔韧并能传输光信号的介质，一根光缆中包含有多条光纤。光纤上是利用有光脉冲信号表示 1，没有光脉冲来表示 0。光纤通信系统是由光端机、光纤（光缆）和光纤中继器组成。光端机又分成光发送机和光接收机。而光纤中继器用来延伸光纤或光缆的长度，防止光信号衰减。光发送机将电信号调制成光信号，利用光发送机内的光源将调制好的光波导入光纤，经光纤传送到光接收机。光接收机将光信号变换为电信号，经放大、均衡判决等处理后送给接收方。

8. 网络的拓扑结构

（1）星形拓扑结构　如图5-21所示，星形拓扑结构是由中心节点和通过点对点链路连接到中心节点的各站点组成。星形拓扑结构的中心节点是主节点，它接收各分散站点的信息再转发给相应的站点。目前这种星形拓扑结构几乎是Ethernet双绞线网络专用的。这种星形拓扑结构的中心节点是由集线器或者是交换机来承担的。

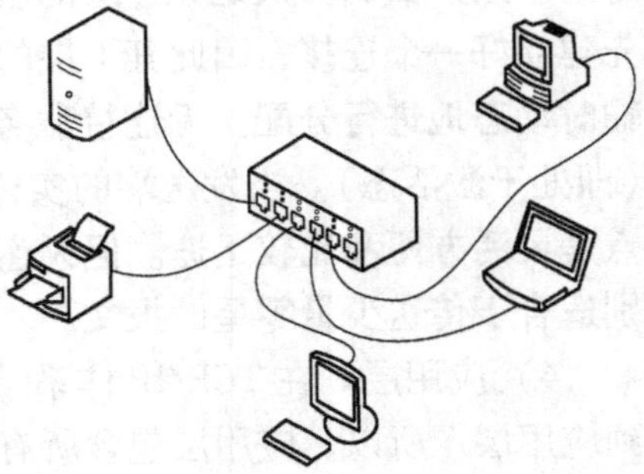

图5-21　星形拓扑结构

星形拓扑结构有以下优点：

1）由于每个设备都用一根线路和中心节点相连，如果这根线路损坏，或与之相连的工作站出现故障时，在星形拓扑结构中，不会对整个网络造成大的影响，而仅会影响该工作站。

2）网络的扩展容易。

3）控制和诊断方便。

4）访问协议简单。

星形拓扑结构也存在着一定的缺点：过分依赖中心节点和成本较高。

（2）总线型拓扑结构　如图5-22所示，总线型拓扑结构采用单根传输线作为传输介质，所有的站点（包括工作站和文件服务器）均通过相应的硬件接口直接连接到传输介质或称总线上，各工作站地位平等，无中心节点控制。

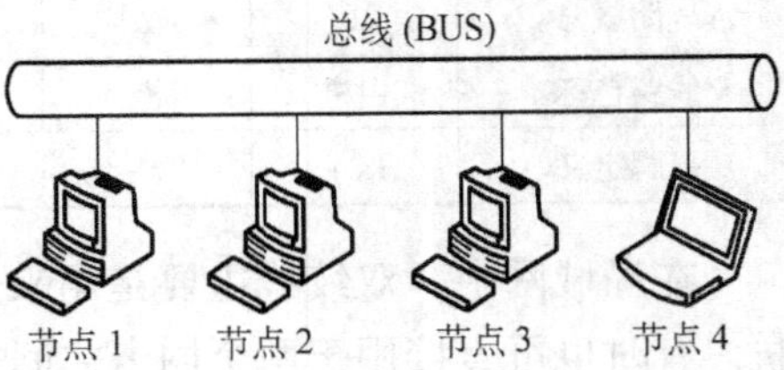

图5-22　总线型拓扑结构

总线型拓扑结构的总线大都采用同轴电缆。总线上的信息多以基带信号型式串行传送。某个站点发送报文（把要发送的信息叫报文），其传送的方向总是从发送站点开始向两端扩散，如同广播电台发射的信息一样，又称为广播式计算机网络，在总线网络上的所有站点都能接收到这个报文，但并不是所有的都接收，而是每个站点都会把自己的地址与这个报文的目的地址相比较，只有与这个报文的目的地址相同的工作站才会接收报文。

在总线型拓扑结构中，由于各站点通过总线来传输信息，并且各站点对于总线的使用权是平等，因此就产生了如何合理分配信道的问题，这种合理解决信道分配问题的控制方法叫介质访问的控制方式。总线型拓扑结构的介质访问控制方式是叫CSMA/CD（载波监听多路访问/冲突检测）。

总线型拓扑结构有以下优点：

1）从硬件观点来看总线型拓扑结构可靠性高。因为总线型拓扑结构简单，而且又是无源元件。

2）易于扩充，增加新的站点容易。如要增加新站点，仅需在总线的相应接入点将工作站接入即可。

3）使用电缆较少，且安装容易。

4）使用的设备相对简单，可靠性高。

（3）环形拓扑结构　如图5-23所示，环形拓扑结构是由网络中若干中继器通过点到点的链路首尾相连形成一个闭合的环。

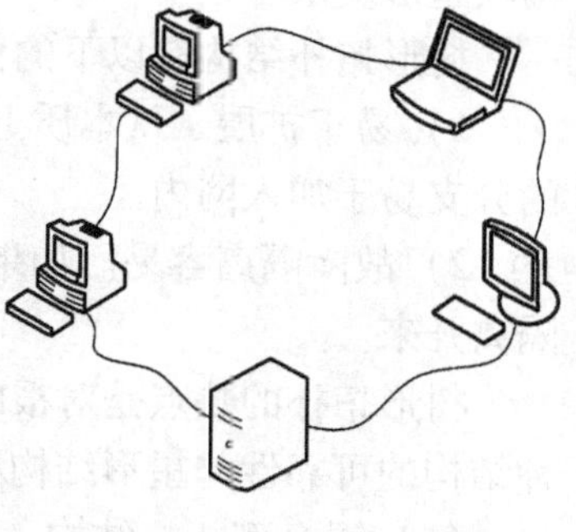

图5-23　环形拓扑结构

这种环形拓扑结构是公共使用电缆形成环形连接。每个中继器与两条链路相连，由于环形拓扑的数据在环路上沿着一个方向在各节点间传输，这样中继器能够接收一条链路上来的数据，并以同样的速度串行地把数据送到另一条链路上，而不在中继器中缓冲。每个站对环的使用权是平等的，所以它也存在着一个对于环形线路的“争用”和“冲突”的问题。在环路上发送和接收数据的过程大致如下：

发送报文的工作站（简称发送站）将报文分成报文分组，每个报文分组包括一段数据再加上某些控制信息，在控制信息中含有目的地址。发送站依次把每个报文分组送到环路上，然后通过其他中继器进行循环，每个中继器都对报文分组的目的地址进行判断，看其是否与本地工作站的地址相同，仅有地址相同工作站才接收该报文分组，并将分组复制下来，当该报文分组在环路上绕行一周重新回到发送站时，由发送站把这些分组从环路上摘除。由此可以看出，若环路上某一节点发生故障，它将不能正常地传送信息。

环形拓扑结构有以下优点：

1）路由选择控制简单。因为信息流是沿着固定的一个方向流动的，两个站点仅有一条通路。

2）电缆长度短。环形拓扑所需电缆长度和总线型拓扑结构相似，但比星形拓扑要短。

3）适用于光纤。光纤传输速度高，而环形拓扑是单方向传输，十分适用于光纤这种传输介质。

环形网络的缺点：

1）节点故障引起整个网络瘫痪。在环路上数据传输是通过环上的每一个站点进行转发的，如果环路上的一个站点出现故障，则该站点的中继器不能进行转发，相当于环在故障结点处断掉，造成整个网络都不能进行工作。

2）诊断故障困难。因为某一节点故障会使整个网络都不能工作，但具体确定是哪一个节点出现故障非常困难，需要对每个节点进行检测。

（4）树形拓扑　如图5-24所示，树形拓扑是从总线型拓扑演变过来的，形状像一棵倒置的树，顶端有一个带有分支的根，每个分支还可延伸出子分支。

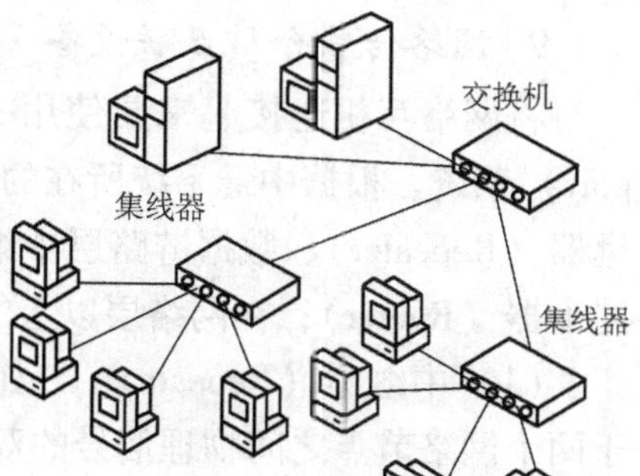

图5-24　树形拓扑结构

树形拓扑是一种分层的结构，适用于分级管理和控制系统。这种拓扑与其他拓扑的主要区别在于其根的存在。当下面的分支节点发送数据时，根接收该信号，然后再重新广播发送到全网。这种结构不需要中继器。与星形拓扑相比，由于通信线路总长度较短，故它的成本低，易推广，但结构较星形复杂。

树形拓扑结构有以下的优点：

1）易于扩展。从本质上看这种结构可以延伸出很多分支和子分支，因此新的节点和新的分支易于加入网内。

2）故障隔离容易。如果某一分支的节点或线路发生故障，很容易将这分支和整个系统隔离开来。

树形拓扑的缺点是对根的依赖性太大，如果根发生故障，则全网不能正常工作，因此这种结构的可靠性与星形结构相似。

（5）混合型拓扑结构　如图5-25所示，混合方式比较常见的有星形/总线型拓扑和星形环拓扑。

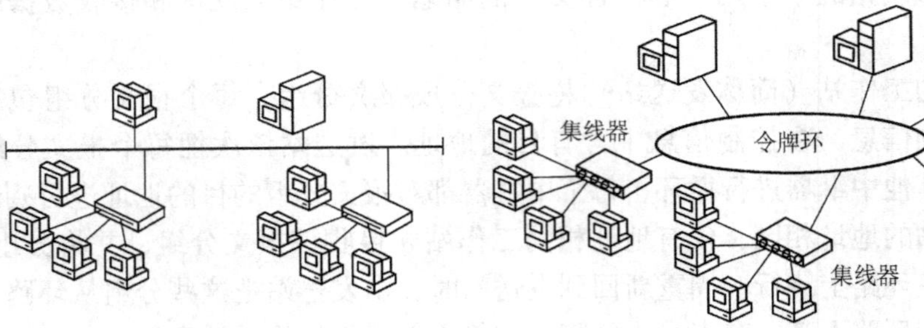

图5-25　混合型拓扑结构

星形/总线型拓扑是综合星形拓扑和总线型拓扑的优点，它用一条或多条总线把多组设备连接起来，而这相连的每组设备本身又呈星形分布。对于星形/总线型拓扑，用户很容易配置和重新配置网络设备。

星形环拓扑试图取这两种拓扑的优点于一体。这种星形环拓扑主要用于IEEE802.5的令牌网。从电路上看，星形环结构完全和一般的环形结构相同，只是物理走线安排成星形连接，星形环拓扑的优点：故障诊断方便而且隔离容易；网络扩展简便；电缆安装方便。

9. 网络传输介质互联设备

将网络互相连接起来要使用一些中间设备（或中间系统），ISO术语称之为中继（replay）系统。根据中继系统所在的层次，可以有以下4种中继系统：物理层中继系统，即中继器（Repeater）；数据链路层中继系统，即网桥或桥接器（Bridge）；网络层中继系统，即路由器（Router）；在网络层以上的中继系统，即网关（Gateway）。

（1）中继器（Repeater）　如图5-26所示，中继器是连接网络线路的一种装置，常用于两个网络节点之间物理信号的双向转发工作。中继器是最简单的网络互联设备，主要完成物理层的功能，负责在两个节点的物理层上按位传递信息，完成信号的复制、调整和放大功能，以此来延长网络的长度。由于存在损耗，在线路上传输的信号功率会逐渐衰减，衰减到一定程度时将造成信号失真，因此会导致接收错误。中继器就是为解决这一问题而设计的。

它完成物理线路的连接，对衰减的信号进行放大，保持与原数据相同。

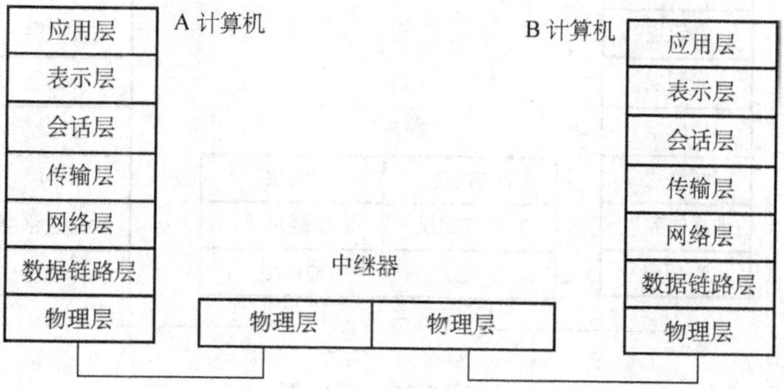

图 5-26 中继器

（2）集线器（HUB） 集线器是对网络进行集中管理的最小单元，像树的主干一样，它是各分枝的汇集点。HUB 是一个共享设备，其实质是一个中继器，而中继器的主要功能是对接收到的信号进行再生放大，以扩大网络的传输距离。正是因为 HUB 只是一个信号放大和中转的设备，所以它不具备自动寻址能力，即不具备交换作用。所有传到 HUB 的数据均被广播到之相连的各个端口，容易形成数据堵塞。

（3）网桥（Bridge） 如图 5-27 所示，网桥是一个局域网与另一个局域网之间建立连接的桥梁。网桥的作用是扩展网络和通信手段，在各种传输介质中转发数据信号，扩展网络的距离，同时又有选择地将有地址的信号从一个传输介质发送到另一个传输介质，并能有效地限制两个介质系统中无关紧要的通信。例如把分布在两层楼上的网络分成每层一个网络段，用网桥连接。网桥同时起隔离作用，一个网络段上的故障不会影响另一个网络段，从而提高了网络的可靠性。

图 5-27 网桥

（4）路由器（Router） 如图 5-28 所示，路由器是工作在 ISO/OSI 参考模型的网络层的设备。路由器是用于连接多个逻辑上分开的网络，而逻辑网络是指一个单独的网络或一个子网。当数据从一个子网传输到另一个子网时，路由器检查网络地址并决定数据是应在本网络中传输还是应传输至其他的网络，并能选择从源网络到目的网络之间的一系列数据链路中的最佳路由。它还能在多网络互联环境下建立灵活的连接，可用完全不同的数据分组和介质访问方法连接各种子网。一般说，异种网络互联或多个网络互联都应采用路由器。

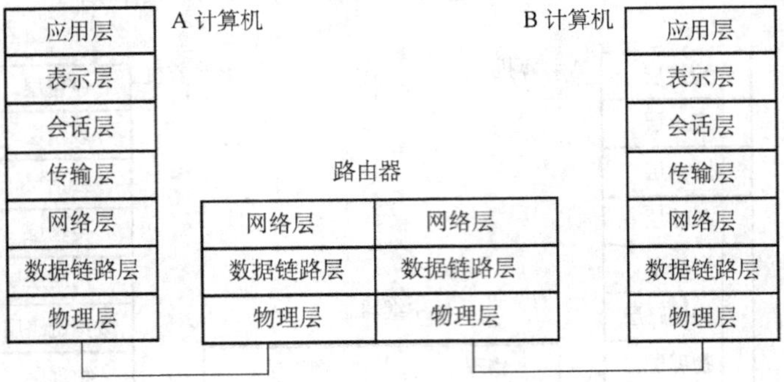

图5-28 路由器

路由器的功能如下：

1）网络地址的使用。

2）多路径传输和路由控制。

3）流量控制。

4）帧的分段。

（5）网关（Gateway） 在一个计算机网络中，当连接不同类型而协议差别又比较大的网络的时候，需要选用网关设备。网关，又叫协议转换器，可以支持不同协议之间的转换，实现不同协议网络之间的互联。网关的功能体现在OSI模型的高层，它将协议进行转换，将数据重新分组，以便在两个不同类型的网络系统之间通信。由于协议转换比较复杂，一般地，网关只进行一对一转换，或少数几种特定应用协议的转换，很难实现通用的协议转换。主要有三类网关：协议网关、应用网关和安全网关。

（6）交换机 交换机是一个具有简化、低价、高性能和高端口密集特点的交换产品，体现了桥接技术的复杂交换技术在OSI参考模型的第二层操作。与网桥一样，交换机按每一个包中的MAC地址相对简单地决策信息转发。而这种转发决策一般不考虑包中隐藏的更深的其他信息。与网桥不同的是，交换机转发延迟很小，操作接近单个局域网性能，远远超过了网桥之间的转发性能。交换机允许共享型和专用型的局域网段进行带宽调整，以减轻局域网之间信息流通出现的瓶颈问题。现在已有以太网、快速以太网、FDDI和ATM技术的交换产品。类似传统的网桥，交换机提供了许多网络互联功能。交换机能经济地将网络分成小的冲突网域，为每个工作站提供更高的带宽。协议的透明性使得交换机在软件配置简单的情况下直接安装在多协议网络中；交换机使用现有的电缆、中继器、集线器和工作站的网卡，不必作高层的硬件升级；交换机对工作站是透明的，这样管理开销低廉，简化了网络节点的增加、移动和网络变化的操作。利用专门设计的集成电路可使交换机以线路速率在所有的端口并行转发信息，提供了比传统网桥高得多的操作性能。

交换机常用的3种交换技术：端口交换、帧交换和信元交换。

10. 构成局域网络的组件

一个局域网（LAN）通常由4部分组成，它们分别是：服务器、工作站、通信设备和通信协议。在局域网中所有的通信处理功能是由网卡来实现的，但在物理上却不明显。有时为了扩展局域网络的范围还要引入路由器、网桥、网关和通信服务器等网络部件。

（1）服务器　服务器是整个网络系统的核心，它为网络用户提供服务并管理整个网络，在其上运行的操作系统是网络操作系统。随着局域网络功能的不断增强，根据服务器在网络中所承担的任务和所提供的功能不同把服务器分为：文件服务器、打印服务器和通信服务器。其中文件服务器能将大量的磁盘存储区划分给网络上的合法用户使用，接收客户机提出的数据处理和文件存取请求；打印服务器接收客户机提出的打印要求，及时完成相应的打印服务；通信服务器负责局域网与局域网之间的通信连接功能。一般在局域网中最常用的是文件服务器。在整个网络中，服务器的工作量通常是普通工作站的几倍甚至几十倍。

（2）客户机　客户机又称工作站。客户机是指当一台计算机连接到局域网上时，这台计算机就成为局域网的一个客户机。客户机与服务器不同，服务器是为网络上许多网络用户提供服务以共享它的资源，而客户机仅对操作该客户机的用户提供服务。客户机是用户和网络的接口设备，用户通过它可以与网络交换信息，共享网络资源。客户机通过网卡、通信介质以及通信设备连接到网络服务器。例如有些被称为无盘工作站的计算机没有它自己的磁盘驱动器，这样的客户机必须完全依赖于局域网来获得文件。客户机只是一个接入网络的设备，它的接入和离开对网络不会产生多大的影响，它不像服务器那样一旦失效，可能会造成网络的部分功能无法使用，那么正在使用这一功能的网络都会受到影响。现在的客户机都用具有一定处理能力的 PC（个人计算机）来承担。

（3）网络通信设备

1）网络适配器。网络适配器（Network Interface Card，NIC）也就是俗称的网卡。网卡是构成计算机局域网络系统中最基本的、最重要的和必不可少的连接设备，计算机主要通过网卡接入局域网络。网卡除了起到物理接口作用外，还有控制数据传送的功能，网卡一方面负责接收网络上传过来的数据包，解包后，将数据通过主板上的总线传输给本地计算机；另一方面它将本地计算机上的数据打包后送入网络。网卡一般插在每台工作站和文件服务器主机板的扩展槽里。另外，由于计算机内部的数据是并行数据，而一般在网上传输的是串行比特流信息，故网卡还有串—并转换功能。为防止数据在传输中出现丢失的情况，在网卡上还需要有数据缓冲器，以实现不同设备间的缓冲。在网卡的 ROM 上固化有控制通信软件，用来实现上述功能。

2）集线器。集线器又称为集中器，也就是俗称的 HUB。集线器是一种特殊的中继器，而中继器的主要作用是对接收到的信号进行再生放大，以扩大网络的传输距离。集线器是把来自不同的计算机网络设备的电缆集中配置于一体，它是多个网络电缆的中间转接设备，像树的主干一样，集线器是各分枝的汇集点，是对网络进行集中管理的主要设备。在传统的总线型网络中如果使用了 HUB，那么这个网络就变成了混合型网络。集线器有利于故障的检测和提高网络的可靠性。另外，集线器能自动指示有故障的工作站，并切除其与网络的通信。

（4）通信协议　为了完成两个计算机系统之间的数据交换而必须遵守的一系列规则和约定称为通信协议。在局域网络中一般使用的通信协议有：NetBEUI（用户扩展接口）协议、IPX/SPX（网际交换/顺序包交换）协议和 TCP/IP（传输控制协议/网际协议）。

在当今 Internet 网络，TCP/IP 已经得到了广泛的应用，如果计算机要上互联网，或局域网要使用 Internet 技术就必须安装 TCP/IP。TCP/IP 已经成为目前网络的协议代名词。在局域网络操作系统中，最早使用 TCP/IP 是 Unix 操作系统，现在几乎所有的网络厂商和操作系统都开始支持它，否则该产品在市场上是没有生命力的。TCP/IP 有很强的灵活性、可支持任意规模的网络，但正是由于其灵活性使得使用 TCP/IP 带来了很多的不方便。例如，在使用 NetBEUI 协议和 IPX/SPX 协议都不需要进行什么设置，仅安装即可。而 TCP/IP 在安装完成后，为使其能够正常工作之前，还需要进行一系列复杂的设置，这对于计算机网络的初学者来说是非常困难的，而且要求对计算机网络的工作方式有一定的了解才能设置正确。例如：在每个节点至少要设置“IP 地址”、“子网掩码”、“默认网关”、“主机名” 和 “DNS” 等。不过在 Windows NT 网络操作系统中提供了一种称为动态配置协议（DHCP）的工具，当客户机登录到服务器时，服务器为该用户自动分配这些信息，减轻了网络管理员的负担。

11. 网络 IP 地址

每一个 TCP/IP 主机通过一个合理的 IP 地址来识别。这个地址对于使用 TCP/IP 通信的每一台主机来说是唯一的。如同我们用路牌号定位某幢房子，在网络上同样可以使用 32 位的 IP 地址来定位某台主机。

（1）网络 IP 地址的划分　分为两部分——网络 ID 和主机 ID。

1）网络 ID，又称作网络地址，用来标识互联网中的某个网段。同一个网络内的所有系统的 IP 地址中都包含同一个网络 ID，这个 ID 用来唯一标识互联网中的每一个网络。

2）主机 ID，也就是主机地址，用来标识每个网络内的 TCP/IP 节点（如工作站，服务器，路由器或者其他 TCP/IP 设备）。每个设备的主机 ID 在其网络内唯一性的标识该设备。如同门牌号码，标识一条路上的某个建筑，具有唯一性。

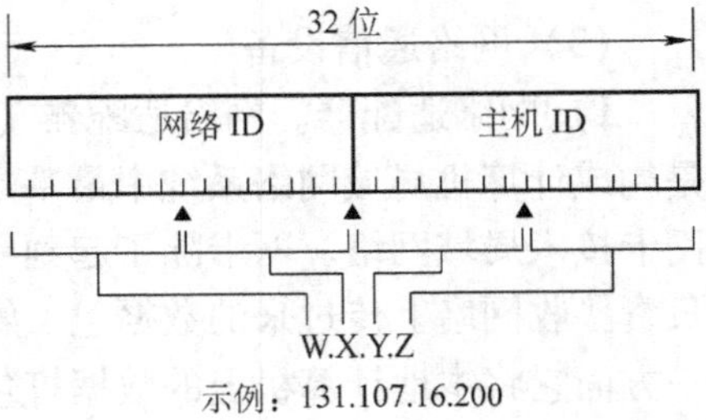

图 5-29　IP 地址结构

（2）IP 地址的表示方法　一般采用点分十进制（dotted decimal notation）来表示：网络 ID 部分为前两个数字部分（131. 107），主机 ID 部分为后两个数字部分（16. 200），如图 5-29 所示。

注意：一个 IP 地址只能赋予一个物理设备，不能赋予多个设备；大多数计算机只装有一个网络适配器，所以只需要一个 IP 地址就可以，如果装有多个网卡，那么就需要多个 IP 地址，每个网卡有一个 IP 地址。

（3）IP 地址分类　Internet 协会定义了五类 IP 地址，其中 A、B 和 C 类用于分配给 TCP/IP节点。地址类定义了 IP 地址 32 位中哪几位用于网络 ID，哪几位用于主机 ID。地址类也定义了每类有多少网络以及每个网络内有多少台主机。用 w. x. y. z 来表示 4 个八位组，见表 5-2。

表 5-2　IP 地址分类

类	W 值	网络 ID	主机 ID	网络数	每个网络内的主机数量
A	1 ~ 126	w	x. y. z	126	16777214
B	128 ~ 191	w. x	y. z	16384	65534
C	192 ~ 223	w. x. y	z	2097152	254
D	224 ~ 239	为多点广播保留			
E	240 ~ 254	实验用			

（4）子网掩码　一个网络 IP 地址包含了两部分：网络 ID 和主机 ID。那么，通过什么来区分这两部分呢？这个主要是靠子网掩码来区分。子网掩码是一个 32 位的数字，该数字由连续的 1（标识网络 ID）和连续的 0（标识主机 ID）组成。如 131. 107. 16. 200 使用下面的子网掩码：

11111111 11111111 00000000 00000000

子网掩码中的位值定义如下：所有对应网络 ID 部分的位都设为 1，所有对应主机 ID 部分的位都设为 0。

同 IP 地址一样，把子网掩码也分成 4 个 8 位组，换算成十进制，并以英文圆点分隔。如果某个网络属于 A、B、C 三大类，且没有划分成子网，那么可以使用默认的子网掩码表 5-3 列出了点分十进制表示默认子网掩码。

表 5-3　子网掩码

地址类	子网掩码（二进制）	点分十进制
A	11111111 00000000 00000000 00000000	255. 0. 0. 0
B	11111111 11111111 00000000 00000000	255. 255. 0. 0
C	11111111 11111111 11111111 00000000	255. 255. 255. 0

（5）子网划分　已知一个网络 ID 为 192. 168. 0. 0/16，将其划分成 16 个子网，如图 5-30所示。

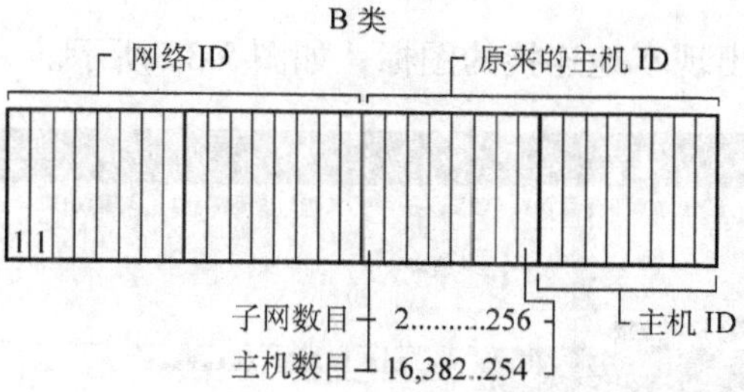

图 5-30　子网的划分

网络 ID 部分是从左到右连续的 1，主机 ID 部分是剩余的连续的 0。如果要划分子网，只要把主机 ID 部分内的左边的几位设为 1 就可以了，那么，应该把几位设置成 1 呢？由于网络 ID 的值可以从全 0 到全 1，所以，每把 1 位划归网络 ID 部分，就把原来的一个网络划分成两个子网。现将第三个 8 位组部分划归网络 ID 部分，则子网数目的值从 2 ~ 256，也就是说，可以得到 2^n 个子网。

由此可以得出 16 个子网需要把本来属于主机 ID 部分的 4 位（2 的 4 次方等于 16）划归网络 ID 部分，因此子网掩码就增加到了 20 位，这 16 个子网分别为

192. 168. 16. 0/20

192. 168. 32. 0/20

192. 168. 48. 0/20

…

192. 168. 240. 0/20

12. Windows 下的 TCP/IP 配置

以 Windows XP 为例配置 TCP/IP 属性。

1）单击开始菜单，找到控制面板下的网络连接，出现网络连接窗口，如图 5-31 所示。

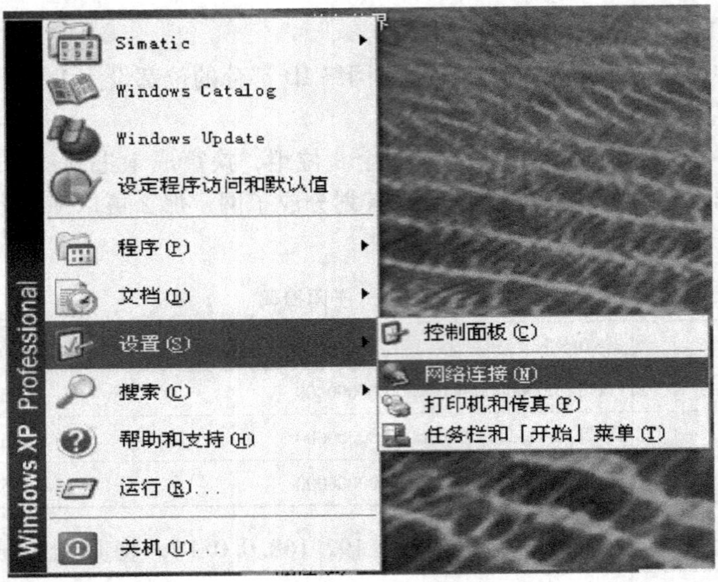

图 5-31　网络连接

2）单击网络连接，出现本地连接的图标，如图 5-32 所示。

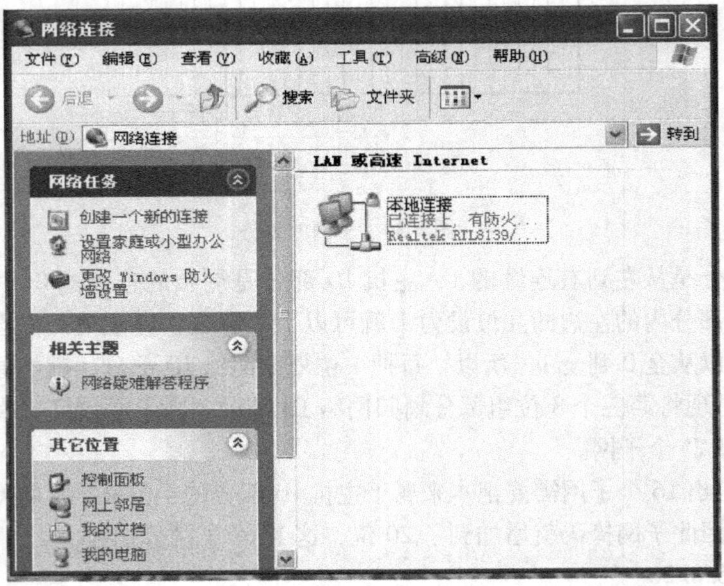

图 5-32　本地连接对话框

3）在默认情况下，应该存在本地连接的图标，用右键单击该图标，选择属性，出现本地连接属性对话框，如图 5-33 所示。

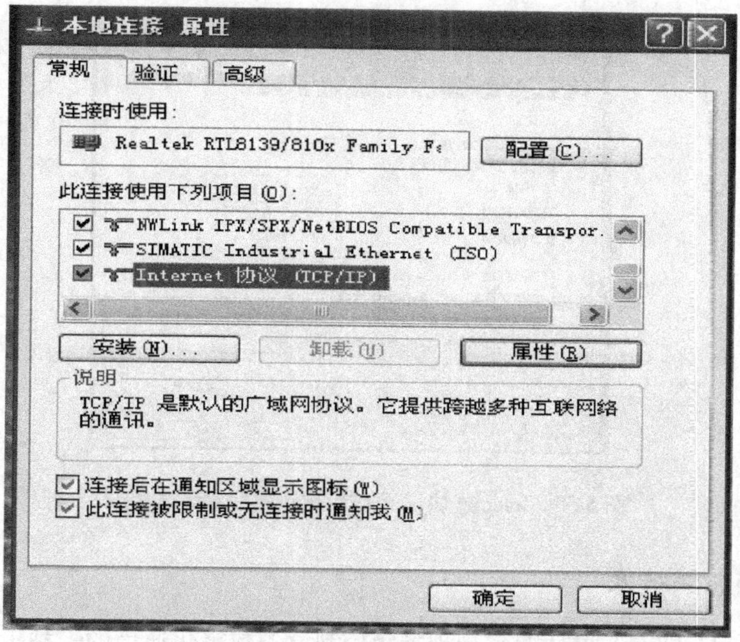

图 5-33　本地连接属性对话框

4）选择 Internet 协议（TCP/IP），并单击属性按钮，出现 Internet 协议（TCP/IP）属性对话框，如图 5-34 所示。

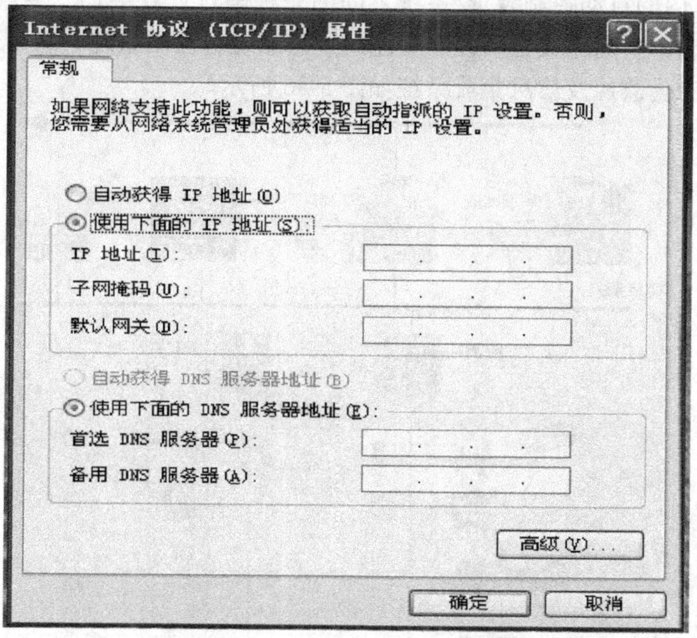

图 5-34　Internet 协议（TCP/IP）属性对话框（一）

5）选择使用下面的 IP 地址，并输入相应的 IP 地址、子网掩码和默认网关，以及 DNS 服务器，如图 5-35 所示。

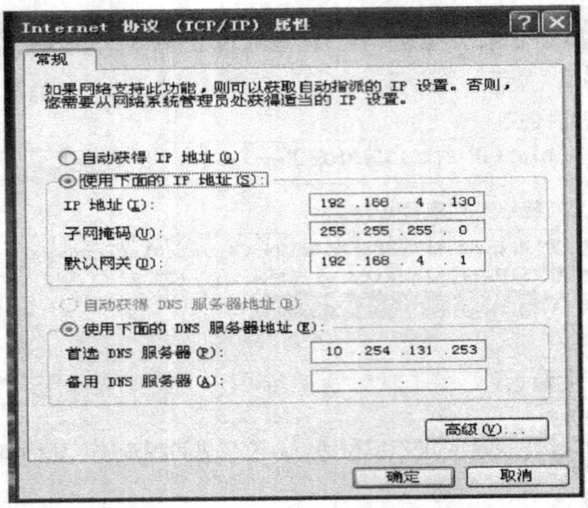

图 5-35　Internet 协议（TCP/IP）属性对话框（二）

二、现场总线技术

现场总线（Fieldbus）技术是实现现场级控制设备数字化通信的一种工业现场层网络通信技术。现场总线技术可使用一条通信电缆将现场设备（智能化、带有通信接口）连接，用数字化通信代替 DC4 ~20mA/24V 信号，完成现场设备控制、监测、远程参数化等功能。

目前，公认的现场总线技术概念描述如下：现场总线是安装在生产过程区域的现场设备/仪表与控制室内的自动控制装置/系统之间的一种串行、数字式、多点通信的数据总线，实现相互交换信息，共同完成自动控制功能的网络系统与控制系统。基于现场总线技术的现场级与车间级自动化监控及信息集成系统如图 5-36 所示。

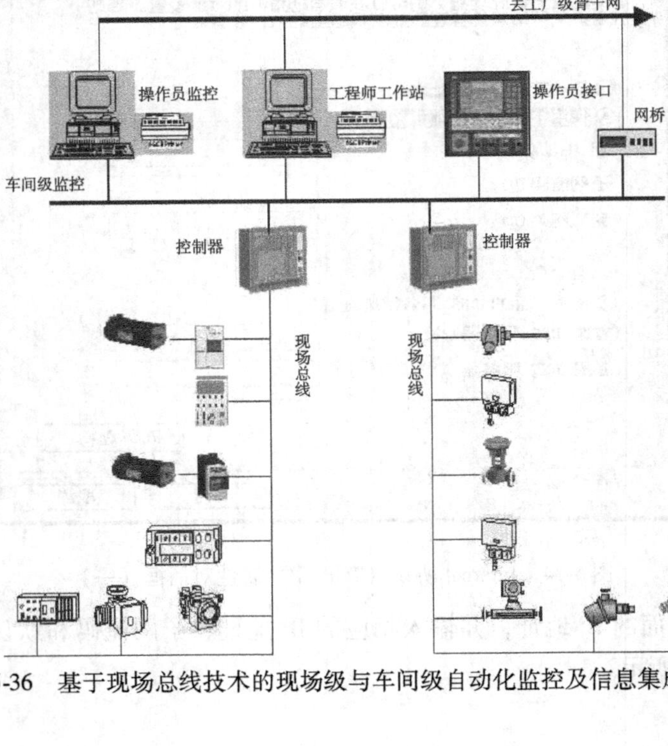

图 5-36　基于现场总线技术的现场级与车间级自动化监控及信息集成系统

1. 典型现场总线简介

（1）基金会现场总线　基金会现场总线，即 Foudation Fieldbus，简称 FF，这是在过程自动化领域得到广泛支持和具有良好发展前景的技术。它以 ISO/OSI 开放系统互联模型为基础，取其物理层、数据链路层、应用层为 FF 通信模型的相应层次，并在应用层上增加了用户层。

基金会现场总线分低速 H1 和高速 H2 两种通信速率。H1 的传输速率为 3125kB/s，通信距离可达 1900m（可加中继器延长），可支持总线供电，支持本质安全防爆环境。H2 的传输速率为 1MB/s 和 2.5MB/s 两种，其通信距离为 750m 和 500m。物理传输介质可支持双绞线、光缆和无线发射，协议符合 IEC1158-2 标准。其物理媒介的传输信号采用曼彻斯特编码，每位发送数据的中心位置或是正跳变，或是负跳变。正跳变代表 0，负跳变代表 1，从而使串行数据位流中具有足够的定位信息，以保持发送双方的时间同步。接收方既可根据跳变的极性来判断数据的“1”、“0”状态，也可根据数据的中心位置精确定位。

（2）LonWorks 现场总线　LonWorks 是又一具有强劲实力的现场总线技术，它采用了 ISO/OSI 模型的全部七层通信协议，采用了面向对象的设计方法，通过网络变量把网络通信设计简化为参数设置，其通信速率从 300B/s ~ 15MB/s 不等，直接通信距离可达到 2700m（78kB/s，双绞线），支持双绞线、同轴电缆、光纤、射频、红外线、电源线等多种通信介质。

LonWorks 技术所采用的 LonTalk 协议被封装在称之为 Neuron 的芯片中并得以实现。集成芯片中有 3 个 8 位 CPU：一个用于完成开放互联模型中第 1 ~ 2 层的功能，称为媒体访问控制处理器，实现介质访问的控制与处理；第二个用于完成第 3 ~ 6 层的功能，称为网络处理器，进行网络变量处理的寻址、处理、背景诊断、函数路径选择、软件计量时、网络管理，并负责网络通信控制、收发数据包等；第三个是应用处理器，执行操作系统服务与用户代码。芯片中还具有存储信息缓冲区，以实现 CPU 之间的信息传递，并作为网络缓冲区和应用缓冲区。

它被广泛应用在楼宇自动化、家庭自动化、保安系统、办公设备、运输设备、工业过程控制等行业。

（3）PROFIBUS 现场总线　PROFIBUS 是作为德国国家标准 DIN 19245 和欧洲标准 prEN 50170的现场总线。ISO/OSI 模型也是它的参考模型。由 PROFIBUS-DP、PROFIBUS-FMS、PROFIBUS-PA组成了 PROFIBUS 系列。它采用了 OSI 模型的物理层、数据链路层，由这两部分形成了其标准第一部分的子集，DP 型隐去了第 3 ~ 7 层，而增加了直接数据连接拟合作为用户接口，FMS 型只隐去第 3 ~ 6 层，采用了应用层，作为标准的第二部分。PA 型的标准目前还处于制定过程之中，其传输技术遵从 IEC1158-2（1）标准，可实现总线供电与本质安全防爆。

PROFIBUS 支持主—从系统、纯主站系统、多主多从混合系统等几种传输方式。主站具有对总线的控制权，可主动发送信息。对多主站系统来说，主站之间采用令牌方式传递信息，得到令牌的站点可在一个事先规定的时间内拥有总线控制权，应事先规定好令牌在各主站中循环一周的最长时间。按 PROFIBUS 的通信规范，令牌在主站之间按地址编号顺序，沿上行方向进行传递。主站在得到控制权时，可以按主—从方式，向从站发送或索取信息，实现点对点通信。主站可采取对所有站点广播（不要求应答），或有选择地向一组站点广播。PROFIBUS的传输速率为 9.6KB ~ 12MB/s，在 12KB/s 时最大传输距离为 1000m。其传输介质可以是双绞线，也可以是光缆，最多可挂接127个站点。

（4）CAN现场总线　CAN是控制网络Control Area Network的简称，最早由德国BOSCH公司推出，用于汽车内部测量与执行部件之间的数据通信。其总线规范现已被ISO国际标准组织制订为国际标准，得到了Motorola、Intel、Philips、Siemens、NEC等公司的支持，已广泛应用在离散控制领域。CAN协议也是建立在国际标准组织的开放系统互联模型基础上的，不过，其模型结构只有3层，只取OSI底层的物理层、数据链路层和顶上层的应用层。其信号传输介质为双绞线，通信速率最高可达1MB/s，通信距离可达40m，直接传输距离最远可达10km/KB/s，可挂接设备最多可达110个。

CAN的信号传输采用短帧结构，每一帧的有效字节数为8个，因而传输时间短，受干扰的概率低。当节点严重错误时，具有自动关闭的功能以切断该节点与总线的联系，使总线上的其他节点及其通信不受影响，具有较强的抗干扰能力。CAN支持多种工作方式，网络上任何节点均在任意时刻主动向其他节点发送信息，支持点对点、一点对多点和全局广播方式接收/发送数据。它采用总线仲裁技术，当出现几个节点同时在网络上传输信息时，优先级高的节点可继续传输数据，而优先级低的节点则主动停止发送，从而避免了总线冲突。已有多家公司开发生产了符合CAN协议的通信芯片，如Intel公司的82527，Motorola公司的MC68HC05X4，Philips公司的82C250等。还有插在PC上的CAN总线接口卡，具有接口简单、编程方便、开发系统价格便宜等优点。

（5）HART现场总线　HART是Highway Addressable Remote Transduer的缩写。最早由Rosemout公司开发并得到80多家著名仪表公司的支持，于1993年成立了HART通信基金会。这种被称为可寻址远程传感高速通道的开放通信协议，其特点是现有模拟信号传输线上实现数字通信，属于模拟系统向数字系统转变过程中工业过程控制的过渡性产品，因而在当前的过渡时期具有较强的市场竞争能力，得到了较好的发展。

HART通信模型由3层组成：物理层、数据链路层和应用层。物理层采用FSK（Frequency Shift Keying）技术在4～20mA模拟信号上叠加一个频率信号，频率信号采用Bell202国际标准；数据传输速率为1200B/s，逻辑“0”的信号频率为2200Hz，逻辑“1”的信号传输频率为1200Hz。数据链路层用于按HART通信协议规则建立HART信息格式。其信息构成包括开头码、显示终端与现场设备地址、字节数、现场设备状态与通信状态、数据、奇偶校验等。其数据字节结构为1个起始位，8个数据位，1个奇偶校验位，1个终止位。应用层的作用在于使HART指令付诸实现，即把通信状态转换成相应的信息。它规定了一系列命令；按命令方式工作，它有3类命令：第一类称为通用命令，这是所有设备理解、执行的命令；第二类称为一般行为命令，它所提供的功能可以在许多现场设备（尽管不是全部）中实现，这类命令包括最常用的现场设备的功能库；第三类称为特殊设备命令，以便在某些设备中实现特殊功能，这类命令既可以在基金会中开放使用，又可以为开发此命令的公司所独有。在一个现场设备中通常可发现同时存在这3类命令。HART支持点对点、主从应答方式和多点广播方式。按应答方式工作时的数据更新速率为2～3次/s，按广播方式工作时的数据更新速率为3～4次/s，它还可以支持两个通信主设备。总线上可挂设备数多达15个，每个现场设备可有256个变量，每个信息最大可包含4个变量，最大传输距离3000m。HART采用统一的设备描述语言DDL。现场设备开发商采用这种标准语言来描述设备特性，由HART基金会负责登记管理这些设备描述并把它们编为设备描述字典，主设备运用DDL

技术，来理解这些设备的特性参数而不必为这些设备开发专用接口。但由于这种模拟数字混信号制，导致难以开发出一种能满足各公司要求的通信接口芯片。HART 能利用总线供电，可满足保安防爆要求。

（6）RS-485 尽管 RS-485 不能称为现场总线，但是作为现场总线的“鼻祖”，还有许多设备继续沿用这种通信协议。采用 RS-485 通信具有设备简单、低成本等优势，仍有一定的生命力。以 RS-485 为基础的 OPTO-22 命令集等也在许多系统中得到了广泛的应用。

2. PROFIBUS 现场总线

PROFIBUS 是一种用于工厂自动化车间级监控和现场设备层数据通信与控制的现场总线技术。可实现现场设备层到车间级监控的分散式数字控制和现场通信网络，从而为实现工厂综合自动化和现场设备智能化提供了可行的解决方案。

（1）PROFIBUS 概貌

1）PROFIBUS 是一种国际化、开放式、不依赖于设备生产商的现场总线标准。广泛适用于制造业自动化、流程工业自动化和楼宇、交通、电力等其他自动化领域。

2）PROFIBUS 由三个兼容部分组成，即 PROFIBUS-DP（Decentralized Periphery）、PROFIBUS-PA（Process Automation）、PROFIBUS-FMS（Fieldbus Message Specification）。

3）PROFIBUS-DP 是一种高速低成本通信，用于设备级控制系统与分散式 I/O 的通信。使用 PROFIBUS-DP 可取代办 DC 24V 或 4～20mA 信号传输。

4）PROFIBUS-PA 是专为过程自动化设计的，可使传感器和执行机构连在一根总线上，并有本征安全规范。

5）PROFIBUS-FMS 用于车间级监控网络，是一个令牌结构、实时多主网络。

（2）PRFIBUS 基本特性

1）PROFIBUS 协议结构。PROFIBUS 协议结构是根据 ISO7498 国际标准，以开放式系统互联网络（Open System Interconnection-SIO）作为参考模型的。该模型共有 7 层，如图 5-37 所示。

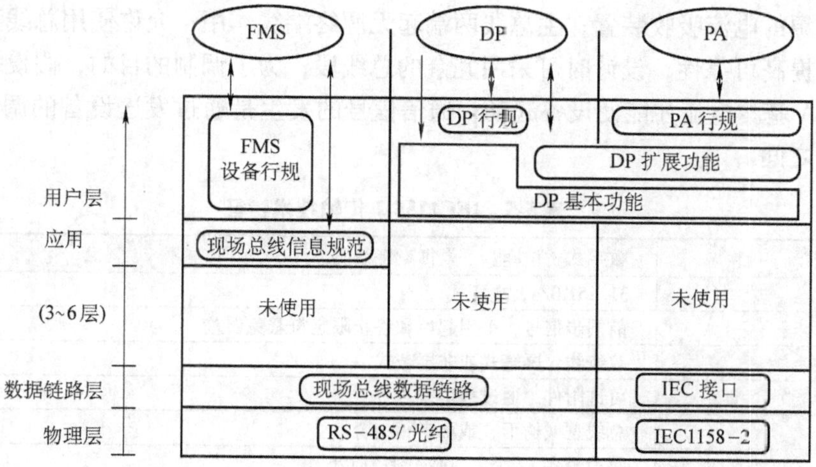

图 5-37 PROFIBUS 协议结构

① PROFIBUS-DP：定义了第一、二层和用户接口。第三到七层未加描述。用户接口规定了用户及系统以及不同设备可调用的应用功能，并详细说明了各种不同PROFIBUS-DP设备的设备行为。

② PROFIBUS-FMS：定义了第一、二、七层，应用层包括现场总线信息规范（Fieldbus Message Specification-FMS）和低层接口（Lower Layer Interface-LLI）。FMS包括了应用协议并向用户提供了可广泛选用的强有力的通信服务。LLI协调不同的通信关系并提供不依赖设备的第二层访问接口。

③ PROFIBUS-PA：PA的数据传输采用扩展的PROFIBUS-DP协议。另外，PA还描述了现场设备行为的PA行规。根据IEC1158-2标准，PA传输技术可确保其本征安全性，而且可通过总线给现场设备供电。使用连接器可在DP上扩展PA网络。

2）PROFIBUS传输技术。PROFIBUS提供了三种数据传输类型：用于DP和FMS的RS-485传输，用于PA的IEC1158-2传输和光纤。

① 用于DP/FMS的RS-485传输技术。RS-485传输是PROFIBUS最常用的一种传输技术。这种技术通常称之为H2。采用的电缆是屏蔽双绞铜线。RS-485传输技术基本特征见表5-4。

表5-4　RS-485传输技术基本特征

网络拓扑	线性总线，两端有有源总线终端电阻
传输速率	9.6kB/s～12MB/s
介质	屏蔽双绞电缆，也可取消屏蔽，取决于环境条件（EMC）
站点数	每分段32个站（不带中继器），可多到127个站（带中继器）
插头连接	最好使用9针D形插头

② 用于PA的IEC1158-2传输技术。数据IEC1158-2的传输技术用于PROFIBUS-PA，能满足化工和石油化工业的要求。它可保持其本征安全性，并通过总线对现场设备供电。IEC1158-2是一种位同步协议，通常称为H1，其技术特征见表5-5。

IEC1158-2技术用于PROFIBUS-PA，其传输依据为：每段只有一个电源作为供电装置；当站收发信息时，不向总线供电；每站现场设备所消耗的为常量稳态基本电流；现场设备的作用如同无源的电流吸收装置；主总线两端起无源终端线作用；允许使用总线型、树形和星形网络；为提高可靠性，设计时可采用冗余的总线段；为了调制的目的，假设每个总线站至少需用10mA基本电流才能使设备起动；通信信号的发生是通过发送设备的调制，从±9mA到基本电流之间。

表5-5　IEC1158-2传输技术特征

数据传输	数字式、位同步、曼彻斯特编码
传输速率	31.25KB/s，电压式
数据可靠性	前同步信号，采用起始和终止限定符避免误差
电缆	双绞线，屏蔽式或非屏蔽式
远程电源供电	可选附件，通过数据线
拓扑	总线型或树形，或两者相结合
站数	每段最多32个，总数最多为126个
中继器	最多可扩展至4台
防爆型	能进行本征及非本征安全操作

③ 光纤传输技术。PROFIBUS 系统在电磁干扰很大的环境下应用时，可使用光纤导体，以增加高速传输的距离。可使用两种光纤导体：一是价格低廉的塑料纤维导体，供距离小于 50m 情况下使用；另一种是玻璃纤维导体，供距离大于 1km 情况下使用。许多厂商提供专用总线插头可将 RS-485 信号转换成光纤导体信号或将光纤导体信号转换成 RS-485 信号。

3）PROFIBUS 总线存取协议。

① 三种 PROFIBUS（DP、FMS、PA）均使用一致的总线存取协议。该协议是通过 OSI 参考模型第二层（数据链路层）来实现的。它包括了保证数据可靠性技术及传输协议和报文处理。

② 在 PROFIBUS 中，第二层称为现场总线数据链路层（Fieldbus Data Link，FDL）。介质存取控制（Medium Access Control，MAC）具体控制数据传输的程序，MAC 必须确保在任何一个时刻只有一个站点发送数据。

③ PROFIBUS 协议的设计要满足介质存取控制的两个基本要求：在复杂的自动化系统（主站）间的通信，必须保证在确切限定的时间间隔中，任何一个站点要有足够的时间来完成通信任务；在复杂的程序控制器和简单的 I/O 设备（从站）间通信，应尽可能快速又简单地完成数据的实时传输。

因此，PROFIBUS 总线存取协议，主站之间采用令牌传送方式，主站与从站之间采用主从方式。

④ 令牌传递程序保证每个主站在一个确切规定的时间内得到总线存取权（令牌）。在 PROFIBUS 中，令牌传递仅在各主站之间进行。

⑤ 主站得到总线存取令牌时可与从站通信。每个主站均可向从站发送或读取信息。因此，可能有以下三种系统配置：纯主-从系统、纯主-主系统和混合系统。

⑥ 在总线系统初建时，主站介质存取控制（MAC）的任务是制定总线上的站点分配并建立逻辑环。在总线运行期间，断电或损坏的主站必须从环中排除，新上电的主站必须加入逻辑环。

⑦ 第二层的另一重要工作任务是保证数据的可靠性。PROFIBUS 第二层的数据结构格式可以保证数据的高度完整性。

⑧ PROFIBUS 第二层按照非连接的模式操作，除提供点对点逻辑数据传输外，还提供多点通信，其中包括广播及有选择广播功能。

3. PROFIBUS-DP

PROFIBUS-DP 用于现场层的高速数据传送。主站周期地读取从站的输入信息并周期地向从站发送输出信息。总线循环时间必须要比主站（PLC）程序循环时间短。除周期性用户数据传输外，PROFIBUS-DP 还提供智能化现场设备所需的非周期性通信以进行组态、诊断和报警处理。

（1）PROFIBUS-DP 的基本功能（见表 5-6）

表 5-6 PROFIBUS-DP 的基本功能

项　目	基 本 功 能
传输技术	RS-485 双绞线、双线电缆或光缆，波特率从 9.6KB/s～12MB/s
总线存取	各主站间令牌传递，主站与从站间为主-从传送。支持单主或多主系统。总线上最多站点（主-从设备）数为 126

（续）

项　目	基本功能
通信	点对点（用户数据传送）或广播（控制指令）。循环主-从用户数据传送和非循环主-主数据传送
运行模式	运行、清除、停止
同步	控制指令允许输入和输出同步。同步模式：输出同步；锁定模式：输入同步
功能	DP主站和DP从站间的循环用户数据传送。各DP从站的动态激活和可激活。DP从站组态的检查。强大的诊断功能，三级诊断信息。输入或输出的同步。通过总线给DP从站赋予地址。通过总线对DP主站（DPM1）进行配置。每DP从站的输入和输出数据最大为256B
可靠性和保护机制	所有信息的传输按HD＝4进行。DP从站带看门狗定时器（Watchdog Timer）。对DP从站的输入/输出进行存取保护。DP主站上带可变定时器的用户数据传送监视
设备类型	第二类DP主站（DPM2）是可进行编程、组态、诊断的设备。第一类DP主站（DPM1）是中央可编程序控制器，如PLC、PC等。DP从站是带二进制值或模拟量输入输出的驱动器、阀门等

（2）PROFIBUS-DP基本特征（见表5-7）

表5-7　PROFIBUS-DP基本特征

项　目	基本特征
速率	在一个有着32个站点的分布系统中，PROFIBUS-DP对所有站点传送512MB/s输入和512MB/s输出
诊断功能	经过扩展的PROFIBUS-DP诊断能能对故障进行快速定位。诊断信息在总线上传输并由主站采集。诊断信息分三级： ① 本站诊断操作：本站设备的一般操作状态，如温度过高、压力过低 ② 模块诊断操作：一个站点的某具体I/O模块故障 ③ 通道诊断操作：一个单独输入/输出位的故障

（3）PROFIBUS-DP系统配置　PROFIBUS-DP允许构成单主站或多主站系统。在同一总线上最多可连接126个站点。系统配置的描述包括：站数、站地址、输入/输出地址、输入/输出数据格式、诊断信息格式及所使用的总线参数。每个PROFIBUS-DP系统可包括以下三种不同类型设备：

1）一级DP主站（DPM1）：一级DP主站是中央控制器，它在预定的信息周期内与分散的站（如DP从站）交换信息。典型的DPM1如PLC或PC。

2）二级DP主站（DPM2）：二级DP主站是编程器、组态设备或操作面板，在DP系统组态操作时使用，完成系统操作和监视目的。

3）DP从站：DP从站是进行输入和输出信息采集和发送的外围设备（I/O设备、驱动器、HMI、阀门等）。

4）单主站系统：在总线系统的运行阶段，只有一个活动主站。

5）多主站系统：总线上连有多个主站。这些主站与各自从站构成相互独立的子系统。每个子系统包括一个DPM1、指定的若干从站及可能的DPM2设备。任何一个主站均可读取DP从站的输入/输出映像，但只有一个DP主站允许对DP从站写入数据。

（4）PROFIBUS-DP行规　PROFIBUS-DP协议明确规定了用户数据怎样在总线各站之间

传递，但用户数据的含义是在 PROFIBUS 行规中具体说明的。另外，行规还具体规定了 PROFIBUS-DP 如何用于应用领域。使用行规可使不同厂商所生产的不同设备互换使用，而工厂操作人员无需关心两者之间的差异，因为与应用有关的参数含义在行规中均作了精确的规定和说明。下面是 PROFIBUS-DP 行规：NC/RC 行规（3.052）、编码器行规（3.062）、变速传动行规（3.071）和操作员控制和过程监视行规（HMI）。

4. PROFIBUS-PA

PROFIBUS-PA 适用于 PROFIBUS 的过程自动化。PA 将自动化系统和过程控制系统与压力、温度和液位变送器等现场设备连接起来，PA 可用来替代 4～20mA 的模拟技术。

（1）PROFIBUS-PA 的基本特性

1）适合过程自动化应用的行规使不同厂家生产的现场设备具有互换性。

2）增加和去除总线站点，即使在本征安全地区也不会影响到其他站。

3）在过程自动化的 PROFIBUS-PA 段与制造业自动化的 PROFIBUS-DP 总线段之间通过耦合器连接，并可实现两段间的透明通信。

4）使用与 IEC1158-2 技术相同的双绞线完成远程供电和数据传送。

5）在潜在的爆炸危险区可使用防爆型“本征安全”或“非本征安全”。

（2）PROFIBUS-PA 传输协议　PROFIBUS-PA 采用PROFIBUS-DP的基本功能来传送测量值和状态。并用扩展的 PROFIBUS-DP 功能来制订现场设备的参数和进行设备操作。PROFIBUS-PA第一层采用 IEC1158-2 技术，第二层和第一层之间的接口在 DIN19245 系列标准的第四部分作出了规定。

（3）PROFIBUS-PA 设备行规　PROFIBUS-PA 行规保证了不同厂商所生产的现场设备的互换性和互操作性，它是 PROFIBUS-PA 的一个组成部分。PA 行规的任务是选用各种类型现场设备真正需要通信的功能，并提供这些设备功能和设备行为的一切必要规格。

目前，PA 行规已对所有通用的测量变送器和其他选择的一些设备类型作了具体规定，这些设备包括：测量压力、液位、温度和流量的变送器；数字量输入和输出；模拟量输入和输出；阀门；定位器等。

5. PROFIBUS-FMS

PROFIBUS-FMS 的设计旨在解决车间监控级通信。在这一层，可编程序控制器（如 PLC、PC 等）之间需要比现场层更大量的数据传送，但通信的实时性要求低于现场层。

（1）PROFIBUS-FMS 应用层　应用层提供了供用户使用的通信服务。这些服务包括访问变量、程序传递、事件控制等。PROFIBUS-FMS 应用层包括下列两部分：

1）现场总线信息规范（Fieldbus Message Specification-FMS）：描述了通信对象和应用服务。

2）低层接口（Lower Layer Interface，LLI）：FMS 服务到第二层的接口。

（2）PROFIBUS-FMS 通信模型　PROFIBUS-FMS 利用通信关系将分散的应用过程统一到一个共用的过程中。在应用过程中，可用来通信的那部分现场设备称为虚拟设备（Virtual field Device，VFD）。在实际现场设备与 VFD 之间应设立一个通信关系表。通信关系表是 VFD 通信变量的集合，如零件数、故障率、停机时间等。VFD 通过通信关系表完成对实际现场设备的通信。

（3）通信对象与通信字典（OD）

1）FMS面向对象通信，它确认5种静态通信对象：简单变量、数组、记录、域和事件，还确认2种动态通信对象：程序调用和变量表。

2）每个FMS设备的所有通信对象都填入对象字典（OD）。对简单设备，OD可以予以定义；对复杂设备，OD可以本地或远程通过组态加到设备中去。静态通信对象进入静态对象字典，动态通信对象进入动态通信字典。每个对象均有一个唯一的索引，为避免非授权存取，每个通信对象可选用存取保护。

（4）PROFIBUS-FMS服务　FMS服务项目是ISO 9506制造信息规范（Manufacturing Message Specification，MMS）服务项目的子集。这些服务项目在现场总线应用中已被优化，而且还加上了通信对象的管理和网络管理。

PROFIBUS-FMS提供大量的管理和服务，满足了不同设备对通信提出的广泛需求，服务项目的选用取决于特定的应用，具体的应用领域在FMS行规中规定。

（5）低层接口（LLI）　第七层到第二层服务的映射由LLI来解决，其主要任务包括数据流控制和连接监视。用户通过称之为通信关系的逻辑通道与其他应用过程进行通信。FMS设备的全部通信关系都列入通信关系表（Communication Relationship List，CRL）。每个通信关系通过通信索引（CREF）来查找，CRL中包含了CREF和第二层及LLI地址间的关系。

（6）网络管理　FMS还提供网络管理功能，有由现场总线管理层第七层来实现。其主要功能有：上、下关系管理、配置管理、故障管理等。

（7）PROFIBUS-FMS行规　FMS提供了范围广泛的功能来保证它的普遍应用。在不同的应用领域中，具体需要的功能范围必须与具体应用要求相适应。设备的功能必须结合应用来定义。这些适应性定义称之为行规。行规提供了设备的可互换性，保证不同厂商生产的设备具有相同的通信功能。FMS对行规做了如下规定（括号中的数字是文件编号）：控制间的通信（3.002）、楼宇自动化（3.011）和低压开关设备（3.032）。

三、自动化设备及生产线技术

自动化设备及生产线是一项以机械、电子、仪表、电气、信息处理、计算机、自动控制技术等众多技术的复合运用。自动化设备及生产线不论它的体积是大还是小，不论它的结构是复杂还是简单，也不论它的功能是多还是少，它们都是由机械零件和电子元器件等组成的有机整体，都是一个完整的系统。因此，从系统的角度来认识和理解自动化设备及生产线是十分重要的。

1. 自动化设备及生产线的组成

一般来说，自动化设备及生产线是由以下五部分构成的：

（1）机械本体部分　机械本体在自动化设备及生产线中，机械本体是被自动化的对象，也是完成给定工作的主体，是机电一体化技术的载体。可以认为，自动化设备及生产线就是在原来老式机械产品或机械结构的基础之上，添加了电子元器件等而构成的。一般来说，机械产品经过与电子技术结合之后，它的性能、技术水平和功能都有明显的提高。

机械本体包括机壳、机架、机械传动部件以及各种连杆机构、凸轮机构、联轴器、离合器等。其功能包括：

1）连接固定的功能，如数控机床的床身和壳体。

2）实现特定的功能，如数控机床可加工机械零件。其性能的好坏直接影响自动化设备及生产线的性能。

由于自动化设备及生产线具有高速、高精度和高生产率等优点，因此，其机械本体应稳定、精密、可靠、轻巧、实用和美观。

（2）检测及传感器部分　检测及传感器部分的作用是获取信息。自动化设备及生产线在运行过程中必须及时了解与运行有关的各种情况，充分而又及时掌握各种有关信息，系统才能正常运行。各种检测元件及传感器，就是用来检测各种信号，把检测到的信号经过放大、变换，然后传送到控制部分，进行分析和处理。

通常检测及传感器部分还包括信息转换、显示、记录等部分。检测部分使用的工作原理涉及光、电、气压、液压、机械传动等。

（3）控制部分　控制部分的作用是处理各种信息并做出相应的判断、决策和指令。装在自动化设备及生产线上的各种检测元件，将检测到的信号传送到其控制部分。在自动控制系统中，控制器是系统的指挥中心，它将这些信号与要求的值进行比较，经过分析、判断之后，发出执行命令，驱使执行机构动作。

控制器具有信息处理和控制的功能。目前随着计算机技术（特别是工业控制计算机）的进步和普及，与其应用密切相关的机电一体化技术的进一步发展，计算机已成为控制器的主体，用以进一步提高信息处理的速度和可靠性，减小体积、提高抗干扰性等。

（4）执行机构部分　执行机构部分的作用是执行各种指令、完成预期的动作。它由传动机构和执行元件组成，能实现给定的运动，能传递足够的动力，并具有良好的传动性能，可完成上料、下料、定量和传送等功能。当控制部分发出的控制信号传到执行部分之后，驱动伺服电动机等作正转、反转等。

执行部分有伺服电动机、调速电动机、步进电动机、变频器、电磁阀或气动阀门体内的阀芯、接触器等。

（5）动力源部分　动力源部分的作用是向自动化设备及生产线供应能量，以驱动它们进行各种运动和操作。

常用的有电力源及其他动力源，如液压源、气压源，以及用于激光加工的大功率激光发生器等。

2. 自动化生产线实例简介

产品传送与分拣是企业生产过程中经常用到的自动化生产线之一。它可以根据各种产品加工的需要，按照预定的控制程序动作，实现对不同的产品进行分类，完成自动化生产的控制要求。图 5-38 所示为某工件的传送与分拣自动化生产线的结构示意图。

从工作过程的角度看，它可分为两大部分：第一部分是产品的搬运过程；第二部分是产品的分拣过程。产品的搬运过程由两个机械手和两个气缸组成，其中一个是门架型气动机械手，由直线驱动模块（作 Z 轴方向提升/放下手臂功能动作）、两个基础部件（作门架型的立柱）与一个无杆气缸（具有脚的功能）组成一个门框架结构，它的手指采用真空吸盘，靠吸力吸持住被搬运的工件。另一个是立柱型气动机械子，它由两个直线驱动模块（X 轴作进给/退回，Z 轴作放下/提升两个功能动作）和基础部件，摆动气缸（作腕关节功能）及手指气缸（作手指握紧功能）组成，完成抓取→提升→旋转→退回→放下的循环动作。两个直缸用来把工件推送到传送带上。在产品的分拣过程中，通过一个电容传感器检查是否为铁磁性物质，两个光敏传感器，把工件按高低进行分类，并且通过三个气缸分别推送到不同的产品箱中，以实现对产品的分类。另外，传送带由一台电动机拖动，并由继电器进行电路控制。

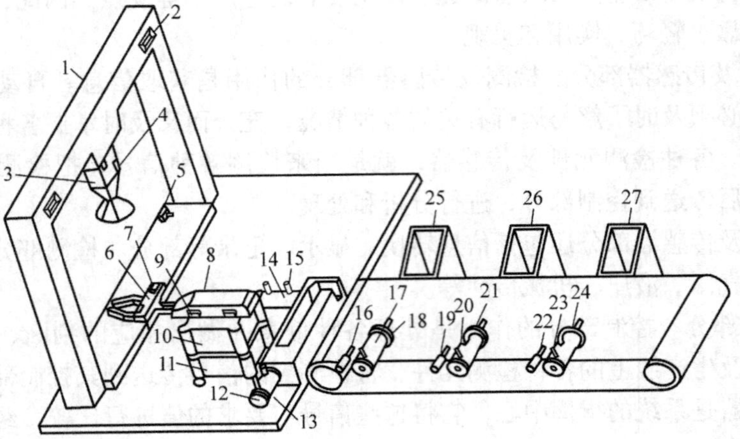

图5-38 某工件的传送与分拣自动化生产线的结构示意图

1—无杆气缸 2、4、7、9、13、15、18、20、23—限位开关 3—吸盘升降缸 5、16、19、22—光敏传感器 6—夹紧缸 8—手臂缸 10、11—手臂升降缸 12、14、17、21、24—推送缸 25、26、27—工件箱

（1）系统的控制要求

1）工件搬运过程：

① 按下起动按钮，此时系统处于工作状态。由光敏传感器检测到有工件，门架机械手向下运动，到达预定位置后停止。真空吸盘开始吸持工件，经一定时间吸牢。

② 门架机械手向上运动，到达顶端为止。门架机械手向前运动，到达最前端。

③ 立柱机械手向上运动，到达与被夹持工件同样的高度。立柱机械手向前伸开手臂，准备夹工件。

④ 机械手夹紧工件。

⑤ 真空吸盘松开工件。

⑥ 真空吸盘回退到初始位置等待下一次工作。同时，立柱机械手顺时针转动，直到预定位置。

⑦ 机械手向下运动，到达工作台指定位置，机械手手臂回缩。

⑧ 机械手逆时针转动回到初始位置，等待下一次工作。

⑨ 气缸1直推送工件，使之与传送带在一条直线上。

⑩ 气缸2推送工件到传送带上。

2）工件分拣过程：

① 电容传感器检测是否为铁磁性工件，若是，推送到相应的产品箱1中。

② 光敏传感器1检测高度是否为H1的工件，若是，推送到相应的产品箱2中；否则推送到产品箱3中。

若随时按下停止按钮，可立即使系统停下来。关于本系统的手动部分在此不予叙述，若读者需要可查阅相关资料。

（2）系统分析　本系统采用5个DNC型气缸分别作为门架机械手的升降缸、前后移动缸、立柱机械手升降缸、手臂伸缩缸和夹紧缸，它们由双电控电磁阀控制。还有5个DNC型气缸作为推料缸，它们由单电控电磁阀控制。摆动气缸选用 DRQ 型，其控制选用双电控电磁阀。真空吸盘选用 VASB 系列波纹吸盘，其控制选用双电控电磁阀，要求采用弹性密封结构，能用于真空系统，如 MFH、MVH 及 ISO 阀等。一般电磁阀可选用紧凑型 CPV10 阀。

（3）PLC 程序设计

1）地址分配：由系统的控制要求，可确定输入、输出的个数，它们的输入输出信号见表 5-8。

表 5-8 输入输出信号

输入信号	输出信号	输入信号	输出信号
起动信号 SB1	吸盘向下电磁阀 YV0	气缸 2 前限位开关 SQ11	气缸 1 电磁阀 YV12
停止按钮 SB2	吸盘向上电磁阀 YV1	气缸 2 后限位开关 SQ12	气缸 2 电磁阀 YV13
吸盘前限位开关 SQ1	吸盘吸持工件电磁阀 YV2	电容传感器 BC	气缸 3 电磁阀 YV14
吸盘后限位开关 SQ2	吸盘松开工件电磁阀 YV3	气缸 3 前限位开关 SQ13	气缸 4 电磁阀 YV15
吸盘下限位开关 SQ3	吸盘前行电磁阀 YV4	气缸 3 后限位开关 SQ14	气缸 5 电磁阀 YV16
吸盘上限位开关 SQ4	吸盘回退电磁阀 YV5	气缸 4 前限位开关 SQ15	摆缸顺摆电磁阀 YV17
摆缸臂伸限位开关 SQ5	摆缸伸臂电磁阀 YV6	气缸 4 后限位开关 SQ16	摆缸逆摆电磁阀 YV18
摆缸臂缩限位开关 SQ6	摆缸缩臂电磁阀 YV7	光敏开关 HK2	
摆缸上限位开关 SQ7	摆缸向上电磁阀 YV8	气缸 5 前限位开关 SQ17	
摆缸下限位开关 SQ8	摆缸向下电磁阀 YV9	气缸 5 后限位开关 SQ18	
气缸 1 前限位开关 SQ9	机械手夹紧电磁阀 YV10	光敏开关 HK3	
气缸 1 后限位开关 SQ10	机械手松开电磁阀 YV11	光敏开关 HK1	

2）功能图：按照给出的控制要求和实际工作过程，可画出工件传送与分拣系统的功能图。

① 气缸送工件到传送带上的功能图如图 5-39 所示。

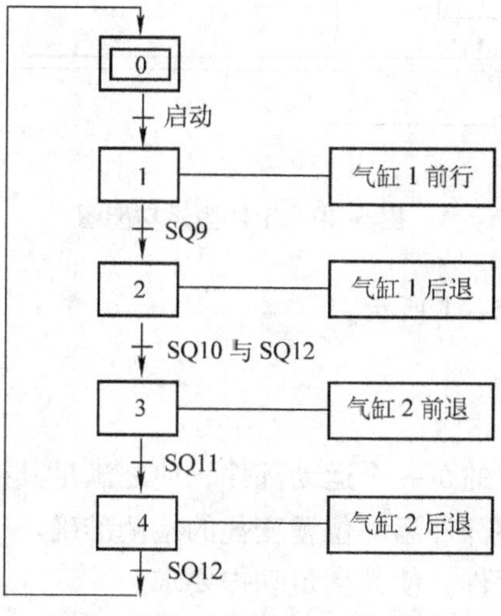

图 5-39 气缸送工件到传送带上的功能图

② 工件搬运功能图如图 5-40 所示。

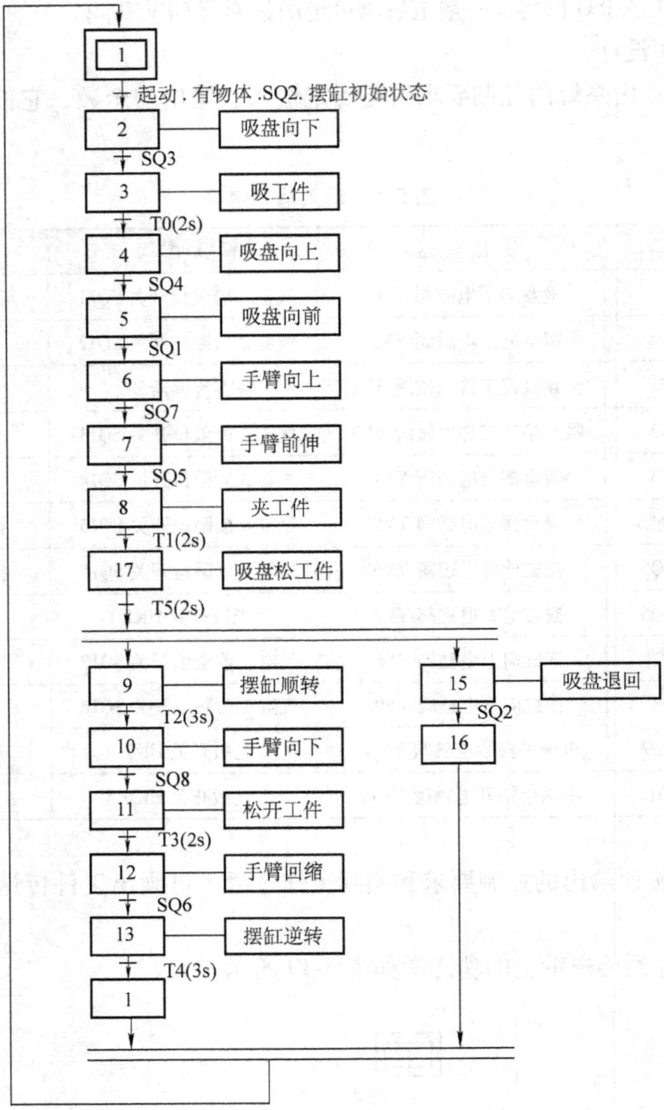

图 5-40　工件搬运功能图

③工件分拣功能图如图 5-41 所示。

3）程序略。

3. 调试步骤

1）调整自动化生产线中的每一个运动部件，使之满足其控制要求。

2）调整检测装置，使各部件运动位置变化的检测准确。

3）调整各联锁及互锁元件，使其满足动作要求。

4）调整全局的动作情况，使整个动作满足局部服从全局、全局满足局部的动作要求。

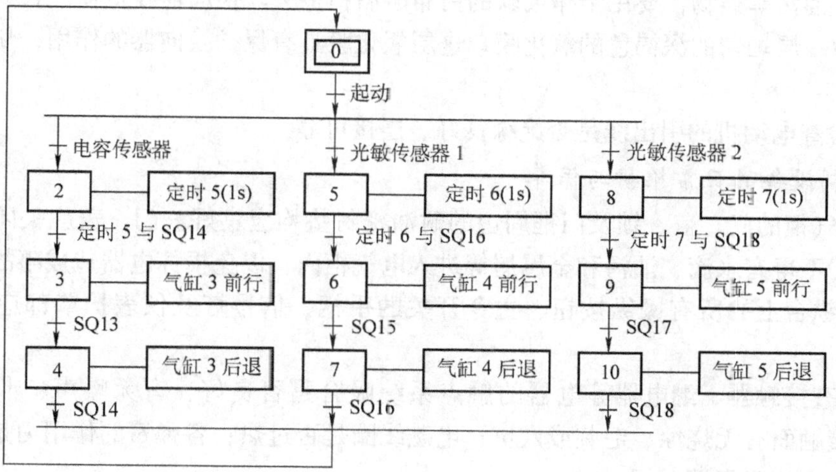

图 5-41 工件分拣功能图

第三节 电气检修与诊断技术

一、电气设备的日常维护与保养

电气设备的日常维护与保养包括电动机和控制设备的日常维护与保养。

1. 电动机的日常维护与保养

1）电动机应保持表面清洁，进、出风口必须保持畅通，不允许水滴、油污或金属屑等异物掉入电动机的内部。

2）经常检查运行中的电动机负载电流是否正常，用钳形电流表查看三相电流是否平衡，三相电流中的任何一相与其三相平均值相差不允许超过10%。

3）对工作在正常环境条件下的电动机，应定期用绝缘电阻表检查其绝缘电阻；对工作在潮湿、多尘及含有腐蚀性气体等环境条件的电动机，更应该经常检查其绝缘电阻，其绝缘电阻至少为0.5MΩ。对于高压电动机，其定子绕组绝缘电阻为1MΩ/kV，转子绝缘电阻至少为0.5MΩ。

4）经常检查电动机的接地装置，确保牢固可靠。

5）经常检查电动机的温升是否正常。

6）经常检查电动机的振动、噪声是否正常，有无异常气味、冒烟、起动困难等现象，一旦发现，应立即停车检修。

7）经常检查电动机轴承是否有过热、润滑脂不足或磨损等现象。轴承应定期清洗检查，定期补充或更换轴承润滑脂。

8）对于绕线转子异步电动机，应检查电刷与集电环之间的接触压力、磨损及火花情况，发现有不正常的火花时，需进一步检查电刷或清理集电环表面，并校正电刷弹簧压力。

9）对于直流电动机，应检查换向器表面是否光滑圆整，有无机械损伤或火花灼伤。若沾有碳粉、油污等杂物，要用干净柔软的白布蘸酒精擦去。换向器在负荷下长期运行后，其表面会产生一层均匀的深褐色的氧化膜，这层氧化膜具有保护换向器的作用，切忌用砂布磨去。

10）检查电动机的引出线是否绝缘良好、连接可靠。

2. 控制设备的日常维护与保养

1）电气柜的门、盖、锁及门框周边的耐油密封垫均应良好。门、盖应关闭严密，柜内保持清洁，不得有水滴、油污和金属屑等进入电气柜内，以免损坏电器造成事故。

2）操纵台上的所有操纵按钮、主令开关的手柄、信号灯及仪表护罩都应保持清洁完好。

3）检查接触器、继电器等电器的触点系统吸合是否良好，有无噪声、卡住或迟滞现象，触点接触面有无烧蚀、毛刺或穴坑；电磁线圈是否过热；各弹簧的作用力是否适当；灭弧装置是否完好无损等。

4）试验位置开关能否起到位置保护作用。

5）检查各电器的操作机构是否灵活可靠，有关整定值是否符合要求。

6）检查各线路接头与端子板的连接是否牢靠，各部件之间的连接导线、电缆或保护导线的软管，不得被冷却液、油污等腐蚀，管接头处不得产生脱落或散头等现象。

7）检查电气柜及导线通道的散热情况是否良好。

8）检查各类指示信号装置和照明装置是否完好。

9）检查电气设备和工业机械上所有裸露导体件是否接到保护接地专用端子上，是否达到了保护电路连续性的要求。

二、电气设备检修的基本方法

在测试及检修电气设备时，有多种测试检修方法可供选用。通常，不仅仅是根据具体设备的某一种故障现象，选择一种适合的测试检修方法，往往是一种故障，需要交叉组合地选择几种方法进行。下面介绍几种基本测试检修方法，可供在进行设备测试检修工作时选用。

1. 直觉检查法

直觉检查法是指在不采用任何仪器设备、不拆焊任何电路元器件的情况下，凭检修人员的直觉，如视觉、嗅觉、听觉和触觉来检查待修电路设备故障的一种方法。直觉检查法是最简单的一种查找设备故障的方法。该方法又可以分为通电（开机）检查法和不通电（不开机）检查法两种。

采用不通电检查法对设备进行检查时，首先要打开设备外壳（仪器箱板），观察检查设备内部元器件的情况。通过视觉可以发现熔丝的熔断、元器件的脱焊、电阻器的烧坏（烧焦、烧断）、变压器的烧焦等。用直觉检查法观察到故障元器件后，一般需要进一步分析才能找出故障根源，并采取相应措施予以排除。

如果采用不通电检查法未能发现故障，那么继而进行通电检查法。即在设备通电工作情况下进行直觉检查。通过视觉可以发现元器件（电阻器等）有没有烧焦现象；通过嗅觉可以发现变压器、电阻器等发出的焦味。通过听觉可以发现导线和导线之间打火现象等。一旦发现了上述不正常的现象，应该立即切断电源，进一步分析找出故障根源，并采取措施予以排除。

2. 信号寻迹法

在设备测试检修过程中，经常采用比较符合逻辑的、“从输入到输出”检查顺序的信号寻迹法。信号寻迹法适用于测试检修具有同一信号的电路（如多级放大电路等）。该方法是在被检电路处于动态工作情况下进行的。

信号寻迹法使用单一的测试信号，借助测试仪器（如示波器、电压表等），由前向后逐级进行检查（寻迹）。该方法能深入地定量检查各级电路，能迅速地确定发生故障的部位。

3. 信号注入法

在设备测试检修过程中，经常采用比较符合逻辑的、“从输出到输入”检查顺序的信号注入法。该方法适用于有指示器（如电表、扬声器、显示屏幕等）的设备。

信号注入法是使用外部信号源的不同输出信号作为已知测试信号，并利用被检设备的终端指示器表明测试结果。检查时，把已知的、不同测试信号分别注入至各电路输入中，同时观察被检设备终端指示器的反应是否正常，以此作为确定故障存在的部位和分析故障发生原因的依据。

4. 同类比对法

同类比对法是指将待检修的设备与同类型号的、能正常工作的设备进行比较、对照的一种方法。通常是通过对有疑问的相关电路的电压、波形、对地电阻、元器件参数等进行比较对照，从对比的数值差别之中找出故障。

5. 波形观察法

波形观察法是一种对设备的动态测试法。它借助示波器，观察设备故障部位或相关部位的波形，并根据测试得到的波形形状、幅度参数、时间参数与设备正常波形参数的差异，分析故障原因，找出故障部位所在。

设备的故障症状和波形有一定的关系，电路完全损坏时，通常会导致无输出波形，电路性能变差时，会导致输出波形幅值减小或波形失真。波形观察法是一种十分重要的、能定量地测试故障的一种检修方法。

6. 参数测试法

参数测试法就是运用仪器仪表，测试设备电路中的电压值、电流值、元件数值、器件参数等的一种设备故障检查方法。通常，在不通电（不开机）的情况下测量电阻值（包括对地电阻值）；在通电（开机）的情况下测量电压值、电流值；或拆下元器件测量其相关的参数。

（1）电压测试　电压测试可将实际测得的电压值与正常值相比较，通过比较，能帮助找到有故障电路的位置。在不具备被检设备技术资料的情况下，亦可通过原理分析和估算，知道该电路或元器件正常工作状态下的数值（如晶体管各管脚的相对电压值等）。

注意：对设备进行实际测试获得的电压值，可能与该设备技术资料提供的数值存在一定差异。但是对于普通的设备而言，只要电压误差在20%（甚至30%）以内，该设备的电路工作状态一般均属正常。

（2）电流测试　电流测试可将实际测得的电流值与正常值相比较。通过比较，能帮助找到有故障电路的位置。

(3) 电阻测试　进行电阻测试时，可将实际测试得到的电阻值与正常值相比较。在测试某点对地电阻值时，宜与被检设备技术资料给定的数据比较对照。通过对电阻的测试，或对可疑支路的点与点之间的电阻测试，能发现有故障的元器件。

7. 分隔测试法

分隔测试法又称为电路分割法，就是把设备内与故障相关的电路，合理地、一部分一部分地分隔开来，以便明确故障所在电路范围的一种故障检查方法。该方法是通过多次的分隔检查，肯定一部分电路，否定一部分电路，这样一步一步地缩小故障可能发生电路范围，直至找到故障位置。

8. 更新替换法

更新替换法是一种将正常的元器件或部件，去替换被检设备系统或电路中的相关元器件或部件，以确定被检设备故障元器件或部件的一种方法。注意：在替换元器件、部件时，应在设备断电的情况下进行。

9. 短接法

短接法适用于低电压、小电流回路中，将怀疑断路点处用导线短接进行试验的一种检查方法。应注意，确定短接时不要造成电路短路；一旦设备工作时不会造成危害。

10. 分析判断法

这是根据系统的工作原理、控制环节的动作程序以及它们之间的逻辑关系，结合故障现象，进行分析、判断，减少测量、检查等环节，迅速地判断出故障可能发生的范围。

例如，数条电路共用一个电源，只要有一条电路正常工作，就说明其他电路的电源正常；多地控制电路中，有一处控制正常，则说明电源、负载及公共电路一定没有问题。通过分析进行判断，能减少检测环节、缩小故障范围、提高排除故障的速度。

三、电气设备检修的一般步骤

1. 充分了解故障发生时的具体情况

1）详细询问操作者。

2）通过看、听、闻、摸等，是否发现如破裂、杂声、异味、过热等特殊现象。

3）在确定无危险的情况下，通电试车。

通过以上了解，准确地确定故障现象。这是分析检修故障的基础，如果故障现象不明确，就会造成分析故障的误判断，以致出现偏差。

2. 根据故障的现象，分析故障，确定故障的大致范围

根据故障现象，结合设备的工作原理及控制特点进行分析，确定故障发生在什么范围内，是电气故障，还是机械故障？是直流回路，还是交流回路？是主电路，还是控制电路？是电源部分，还是负载部分？等等。

3. 利用仪器仪表进行检测，找出故障点

通过用仪器仪表的检测，逐步缩小故障范围，直至找出故障点。在检修故障的过程中，应遵循以下原则：

(1) 先动脑、后动手　从故障现象的确定，分析、检测和判断，都要保持清醒的头，正确的分析，可以起到事半功倍的效果。不要一遇到故障，就拿起仪表就测；拿起工具就

拆。要养成良好的分析、判断的好习惯，要做到每次测量均有明确目的，即测量的结果能说明什么问题。

（2）检测顺序　一般情况下，以设备的动作顺序为检测故障的顺序如下：

1）先检查电源，再检查电路和负载。

2）先检查公共回路，再检查各分支回路。

3）先检查控制电路，再检查主电路。

4）先检查容易测量的部分（电气箱内），再检查不容易检测的部分（设备上的器件）。

例如，B2012A 型龙门刨床，刨床工作台不能“前进”也不能“步进”。

分析：出现这种现象，说明电机扩大机、直流发电机、直流电动机及励磁机均工作正常；电机组工作正常；交流控制电源正常；刨床工作台自动循环中交流回路、直流回路的公共部分正常；刨床工作台步进、步退直流回路的公共部分正常。

故障范围应在：

① 交流回路，刨床工作台步进、前进控制回路。

② 直流回路，刨床工作台步进和前进两条支路（不含步退和后退的公共支路）。

5）测量某一支路时，可从电源向负载方向逐步测量检查；也可以从负载向电源方向逐步测量和检查；还可以直接从电路中间向两侧（电源和负载）进行检测。

（3）特殊故障，要特殊处理　没有必要按部就班的检查一遍。如 B2012A 型龙门刨床，刨床工作台起动后，每当后退变前进都自动停止在原始位置。

分析：刨床工作台在由后退变前进时，有两处电路与之有关：一处是电机组 Y—Δ 起动控制电路中，热继电器常闭触点，另一处是刨床工作台自动循环交流回路，润滑压力继电器触点。故障现象与这两处支路有直接的联系，所以就可以先检测这两部分。

4. 检测出故障点后，予以修复处理

当找出电气设备的故障点后，就要着手进行修复、试运转、记录等，然后交付使用，但必须注意如下事项：

1）在找出故障点和修复故障时，对故障点的修复处理要合理、可靠，要根除故障，切忌“头疼医头，脚疼医脚”。应注意不能把找出的故障点作为寻找故障的终点，还必须进一步分析查明产生故障的根本原因。例如：在处理某台电动机因过载烧毁的事故时，决不能认为将烧毁的电动机重新修复或换上一台同型号的新电动机就算完事，而应进一步查明电动机过载的原因，到底是因负载过重，还是电动机选择不当、功率过小所致，因为两者都将导致电动机过载。所以在处理故障时，修复故障应在找出故障原因并排除之后进行。

2）找出故障点后，一定要针对不同故障情况和部位相应采取正确的修复方法，不要轻易采用更换电器元件和补线等方法，更不允许轻易改动电路或更换规格不同的电器元件，以防止产生人为故障。

3）在故障点的修理工作中，一般情况下应尽量做到复原。但是，有时为了尽快恢复机械的正常运行，根据实际情况也允许采取一些适当的应急措施，但绝不可凑合行事。

4）电气故障修复完毕，需要通电试运行时，应和操作者配合，并向操作人员说明应注意的问题，避免出现新的故障。

5）每次排除故障后，应及时总结经验，并做好维修记录。

第四节 电气抗干扰技术

干扰问题是电气系统设计和使用过程中必须考虑的重要问题。在电气系统的工作环境中，如图5-42所示，存在大量的电磁信号，如电网的波动、强电设备的起停、高压设备和开关的电磁辐射等，当它们在系统中产生电磁感应和干扰冲击时，往往会扰乱系统的正常运行，轻者造成系统的不稳定，重者会引起控制系统死机或误动作造成设备损坏或人身伤亡。

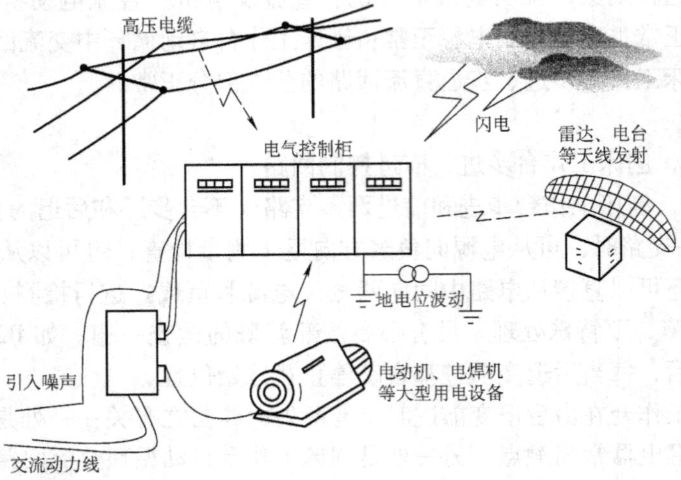

图5-42 电气系统干扰示意图

一、干扰的基本知识

1. 干扰的来源

(1) 外部干扰 来自系统的外部，如电网的波动、大型用电设备的起停、电磁辐射等。

(2) 内部干扰 来自系统的内部，如系统的软件干扰、分布电容、多点接地等。

2. 干扰的作用途径

(1) 传导耦合 干扰从导线进入电路。

(2) 静电耦合 干扰信号通过分布电容进行传递。

(3) 电磁耦合 在空间磁场中电路之间的互感耦合。

(4) 公共阻抗耦合 多个电路的电流流经同一公共阻抗时所产生的相互影响。

3. 干扰的作用形式

(1) 共模干扰 在电路输入端相对公共接地点同时出现的干扰。

(2) 串模干扰 串联叠加在工作信号上的干扰。

4. 电磁干扰的种类

(1) 静电干扰 大量物体表面都存在有静电电荷，特别是含有电气控制的相关设备。静电电荷会在系统中形成静电电场，静电电场会引起电路的电位发生变化，会通过电容耦合产生干扰。

（2）磁场耦合干扰　磁场耦合干扰是指大电流周围磁场对电气设备回路耦合形成的干扰。动力线、电动机、发电机、电源变压器和继电器等都会产生这种磁场。

（3）漏电耦合干扰　漏电耦合干扰是因绝缘电阻降低而由漏电流引起的干扰，多发生于工作条件比较恶劣的环境或器件性能退化、本身老化等情况下。

（4）共阻抗干扰　共阻抗干扰是指电路各部分公共导线阻抗、地阻抗和电源内阻压降相互耦合形成的干扰。图5-43所示为串联接地方式。

由于接地电阻的存在，三个电路的接地电位明显不同，当 I_1（或 I_2、I_3）随接地电位不同发生变化，导致各电路均不稳定。

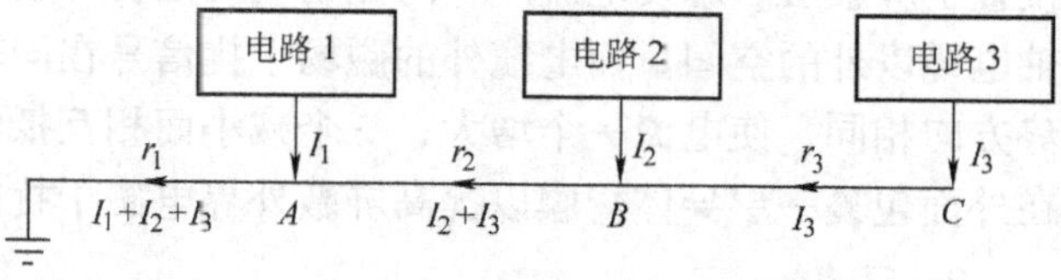

图5-43　串联接地方式

（5）电磁辐射干扰　由各种大功率高频、中频发生装置，各种电火花以及电台、电视台等产生的高频电磁波向周围空间辐射，形成电磁辐射干扰。雷电和宇宙空间也会有电磁波干扰信号。

二、抑制干扰的措施

提高抗干扰能力的措施中，最理想的方法是抑制干扰源，使其不向外产生干扰或将其干扰影响限制在允许的范围之内。在产品开发和应用中，除了对一些重要的干扰源，主要是对被直接控制的对象上的一些干扰源进行抑制外，更多的则是在产品内设法抑制外来干扰的影响，以保证系统可靠地工作。抑制干扰的措施很多，主要包括屏蔽、隔离、滤波、接地和软件滤波等方法。

1. 屏蔽

屏蔽是指利用导电或导磁材料制成的盒状或壳状屏蔽体，将干扰源或干扰对象包围起来，从而割断或削弱干扰场的空间耦合通道，阻止其电磁能量的传输。按照需要屏蔽的干扰场的性质不同，可分为电场屏蔽、磁场屏蔽和电磁场屏蔽。

（1）电场屏蔽　电场屏蔽是抑制噪声源和敏感设备之间由于存在电场耦合而产生的干扰。通常用铜和铝等导电性能良好的金属材料作为屏蔽体。屏蔽体的结构应尽量完整、严密并保持良好的接地。良好接地是金属板产生电场屏蔽的先决条件，如不接地或接地不良，则可能产生比没有金属板时更严重的干扰。

（2）磁场屏蔽　为了消除或抑制由于磁场耦合引起的干扰，对静磁场及低频交变磁场，可用高磁导率的材料作为屏蔽体，并保证磁路畅通；对高频交变磁场，主要靠屏蔽体壳体上感生涡流所产生的反磁场起排斥原磁场的作用。屏蔽体选用的材料是良导体，如铝等。变压器的磁场屏蔽如图5-44所示。

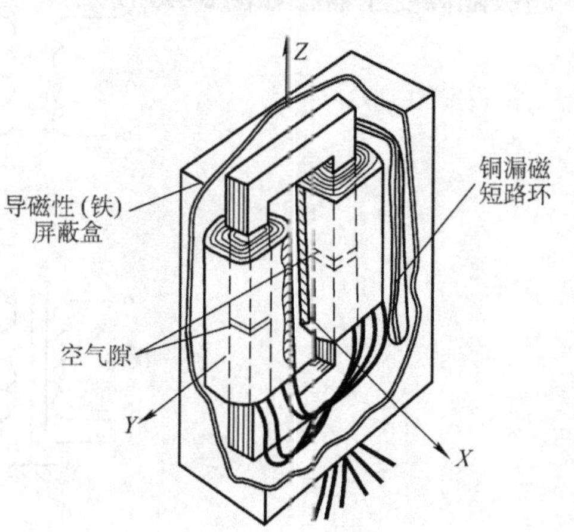

图5-44　变压器的磁场屏蔽

在变压器绕组线包的外面包一层铜皮作为漏磁短路环。当漏磁通穿过短路环时，在铜环中感生涡流，因此会产生反磁通以抵消部分漏磁通，使变压器外的磁通减弱。屏蔽的效果与屏蔽层的数量和每层的厚度有关。

(3) 电磁场屏蔽　电磁场屏蔽用于抑制噪声源和敏感设备距离较远时通过电磁场耦合产生的干扰。电磁场屏蔽必须同时屏蔽电场和磁场，通常采用电阻率小的良导体材料。空间电磁波在入射到金属体表面时会产生反射和吸收，电磁能量被大大衰减，从而起到屏蔽作用。

在如图5-20所示的同轴电缆中，为防止信号在传输过程中受到电磁干扰，在电缆线中设置了屏蔽层。芯线电流产生的磁场被局限在外层导体和芯线之间的空间中，不会传播到同轴电缆以外的空间。而电缆外的磁场干扰信号在同轴电缆的芯线和外层导体中产生的干扰电势方向相同，使电流一个增大、一个减小而相互抵消，总的电流增量为零。许多通信电缆还在外面包裹一层导体薄膜以提高屏蔽外界电磁干扰的作用。

2. 隔离

隔离是指把干扰源与接收系统隔离开来，使有用信号正常传输，而干扰耦合通道被切断，以达到抑制干扰的目的。常见的隔离方法有光电隔离、变压器隔离和继电器隔离等。

(1) 光电隔离　光电隔离是以光作为媒介在隔离的两端之间进行信号传输的，所用的器件是光耦合器。由于光耦合器在传输信息时，不是将其输入和输出的电信号进行直接耦合，而是借助于光作为媒介物进行耦合的，因而具有较强的隔离和抗干扰能力，如图5-45所示。

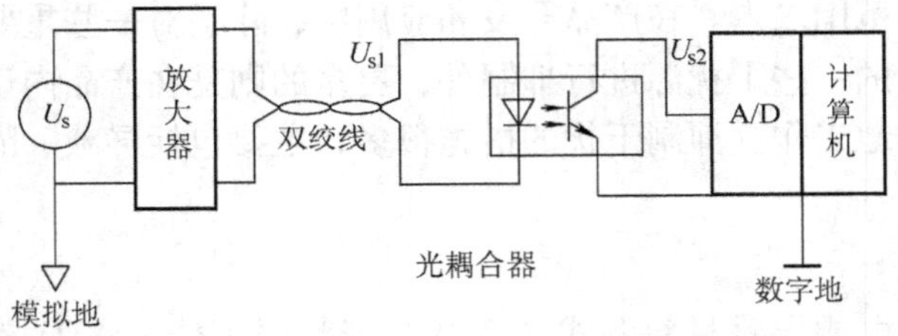

图5-45　光电隔离

(2) 变压器隔离　隔离变压器的类型有简单的隔离变压器、带屏蔽层的隔离变压器、超级隔离变压器，如图5-46所示。

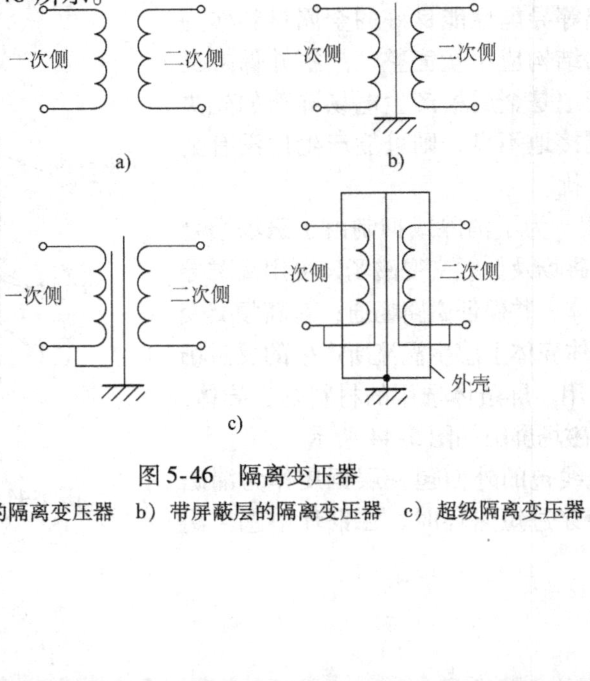

图5-46　隔离变压器

a) 简单的隔离变压器　b) 带屏蔽层的隔离变压器　c) 超级隔离变压器

对于交流信号的传输，一般使用变压器隔离干扰信号的办法，如图 5-47 所示。

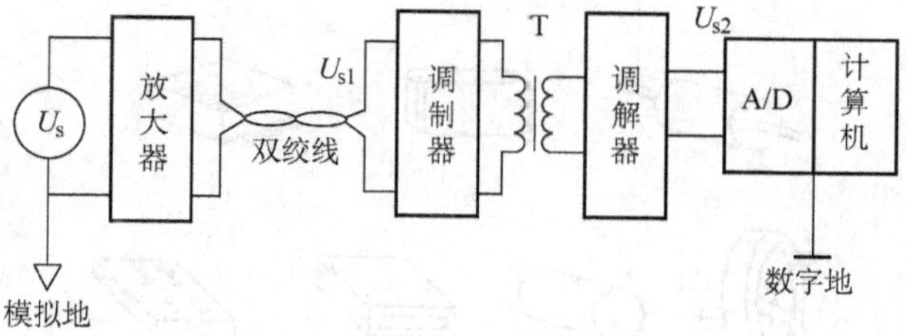

图 5-47　变压器隔离干扰信号

隔离变压器也是常用的隔离部件，用来阻断交流信号中的直流干扰和抑制低频干扰信号的强度。隔离变压器把各种模拟负载和数字信号源隔离开来，也就是把模拟地和数字地断开。传输信号通过变压器获得通路，而共模干扰由于不形成回路而被抑制。

（3）继电器隔离　继电器线圈和触点仅有机械上的联系，而没有直接的电的联系，因此可利用继电器线圈接收电信号，而利用其触点控制和传输电信号，从而可实现强电和弱电的隔离，如图 5-48 所示。由于继电器触点较多，且其触点能承受较大的负载电流，因此应用非常广泛。

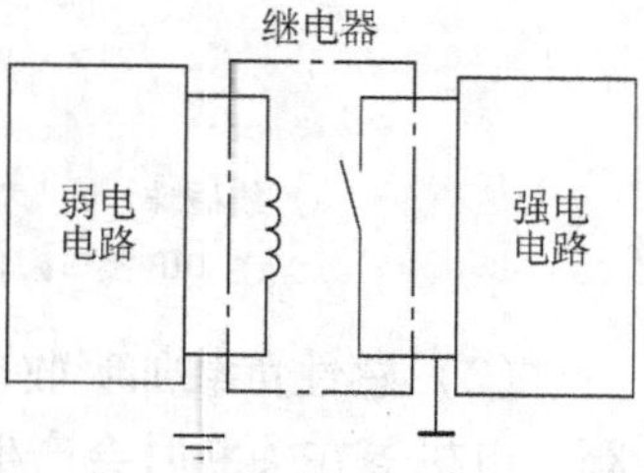

图 5-48　继电器隔离

实际使用中，继电器隔离只适合于开关量信号的传输。系统控制中，常用弱电开关信号控制继电器线圈，使继电器触点闭合或断开，而对应于线圈的触点则用于传递强电回路的某些信号。隔离用的继电器主要是一般小型电磁继电器或干簧继电器。

3. 滤波

滤波技术用来抑制沿导线传输的传导干扰，主要用于电源干扰和信号线干扰抑制。滤波器是由电感、电容、电阻或铁氧体器件构成的频率选择性网络，可以插入传输线中，抑制不需要的频率进行传播。

（1）电源干扰抑制

1）采用电源滤波器抑制电源线传输电磁干扰。电源滤波器的作用是双向的，它不仅可以阻止电网中的噪声进入设备，也可以抑制设备产生的噪声污染电网。典型的电源线滤波器如图 5-49 所示。

电感 L_1 和电感 L_2 同时绕在一个磁心上，这两个电感在电流的通过上是互补的，用来衰减共模干扰；电容 C_X 被用来衰减差模干扰；电容 C_Y 被用来衰减共模干扰。

2）采用吸收型滤波器抑制电源线中的快速瞬变脉冲串干扰。用于电磁噪声抑制的铁氧体是一种磁性材料，由铁、镍、锌氧化物混合而成，铁氧体一般做成中空形，导线穿过其中，当导线中的电流穿过铁氧体时低频电流几乎可无衰减地通过，但高频电流却会受到很大的损耗，转变成热量散发，所以铁氧体和穿过其中的导线即成为吸收型低通滤波器，能有效抑制快速瞬变脉冲

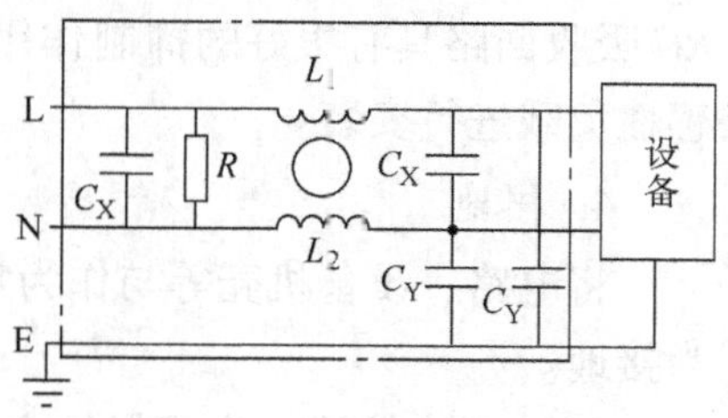

图 5-49　电源线滤波器

串干扰。根据不同的使用场合，铁氧体滤波器可以做成多种形式，图5-50列出了常用的10种形式。

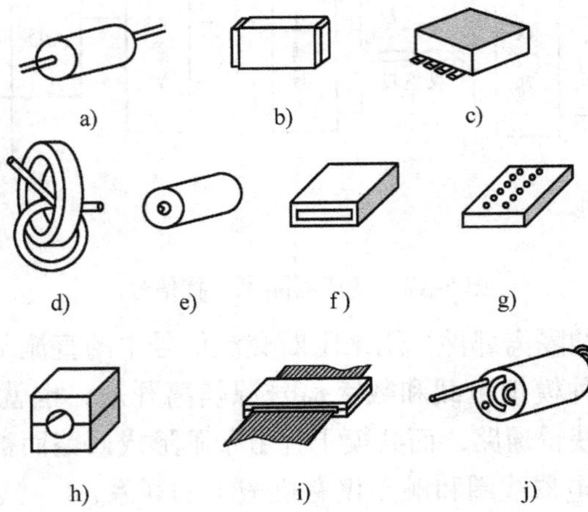

图5-50 各种铁氧体磁环

a）线磁珠 b）表面安装磁珠 c）多线磁珠 d）圆磁环 e）柱形磁环 f）矩形磁环 g）DIP接口磁板 h）分裂式圆电缆磁环 i）分裂式扁平电缆磁环 j）穿孔磁环

（2）感性负载加吸收电路抑制瞬态噪声 系统中的感性负载如继电器、接触器、电磁阀、电机等在关断时会产生强烈的脉冲噪声，影响其他电路的正常工作，必须在感性负载处加吸收电路抑制瞬态噪声，其吸收电路的接线方法如图5-51所示。

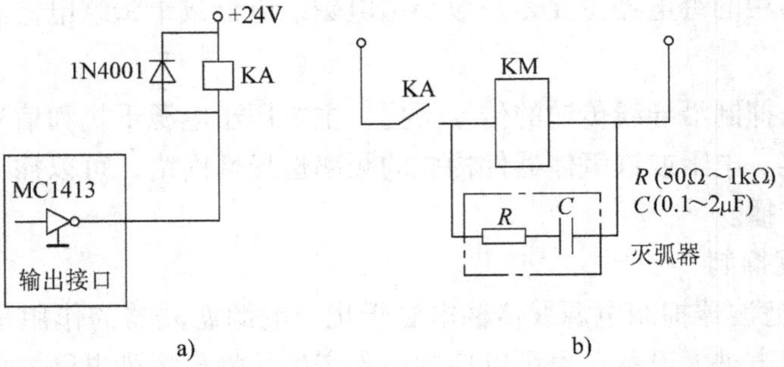

图5-51 感性负载并联吸收器件

a）直流继电器线圈并联二极管 b）交流继电器、接触器、电磁阀等线圈并联*RC*（灭弧器）

根据不同要求，感性负载两端也可并联电阻、压敏电阻、稳压二极管等吸收回路，但*RC*吸收回路具有很好的抑制作用，推荐采用*RC*（灭弧器）进行吸收，灭弧器应尽量靠近感性负载进行安装。

4. 接地

将电路、设备机壳等与作为零电位的一个公共参考点（大地）实现低阻抗的连接，称为接地。

（1）安全接地 为了保护人身和设备的安全，免遭雷击、漏电、静电等危害，把电气设备的机壳、机座等与大地相接，当设备中漏电时，不致影响人身安全，这种接地称为安全接地。安全接地有“TT”、“TN-S”和“TN-C”接地型式，如图 5-52 ~ 图 5-54 所示。

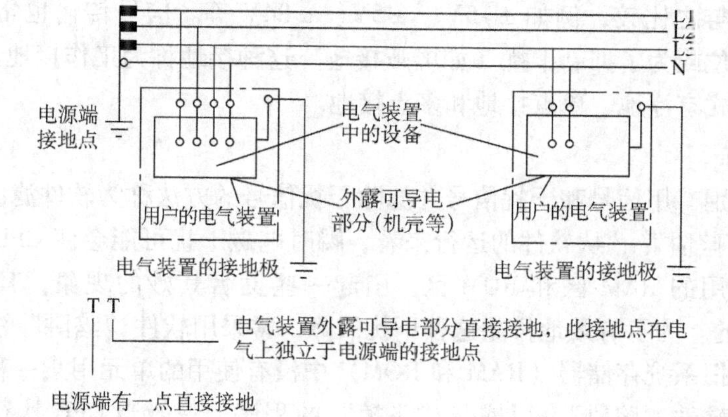

图 5-52　TT 系统

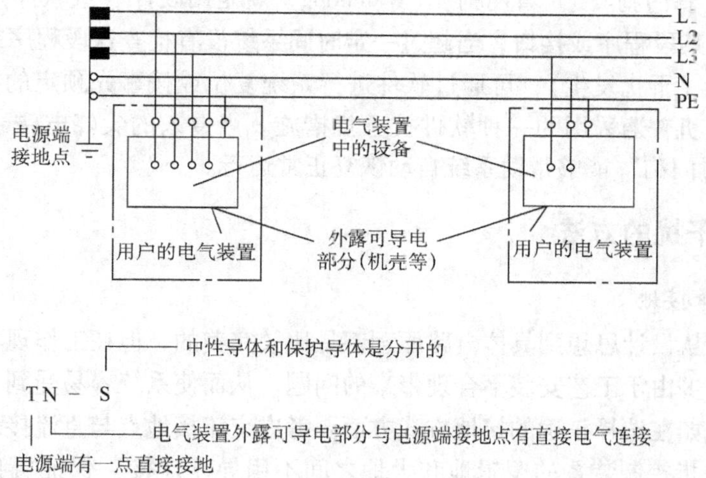

图 5-53　TN-S 系统

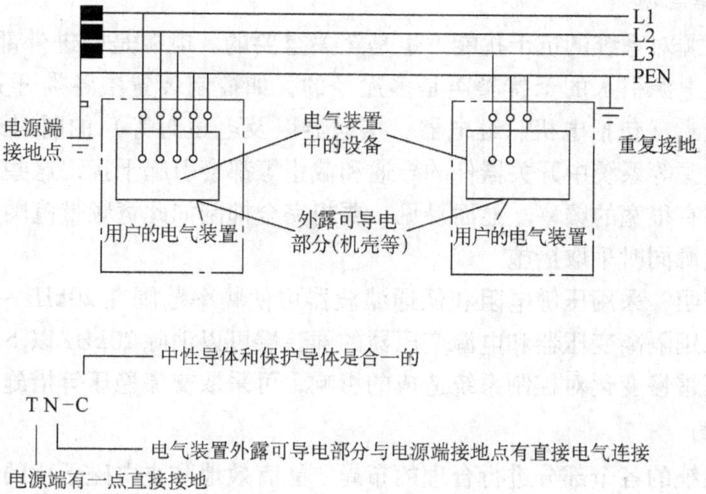

图 5-54　TN-C 系统

（2）工作接地　为了保证设备的正常工作，如直流电源常需要有一极接地，作为参考零电位，其他极与之比较，例如±15V、±5V、±24V等。信号传输也常需要有一根线接地，作为基准电位或为了抑制干扰（如屏蔽接地）这种接地称为工作接地。

工作接地方式有浮地、单点接地和多点接地。

5. 软件滤波

用软件来识别有用信号和干扰信号并滤除干扰信号的方法称为软件滤波。

（1）软件“陷阱”　从软件的运行来看，瞬时电磁干扰可能会使CPU偏离预定的程序指针，进入未使用的RAM区和ROM区，引起一些莫名其妙的现象，其中死循环和程序“飞掉”是常见的。为了有效地排除这种干扰故障，常采用软件“陷阱”法。这种方法的基本指导思想是，把系统存储器（RAM和ROM）中没有使用的单元用某一种重新启动的代码指令填满，作为软件“陷阱”，以捕获“飞掉”的程序。一般当CPU执行该条指令时，程序就自动转到某一起始地址，使系统重新投入正常运行。

（2）软件“看门狗”　“看门狗”（Watchdog）就是用硬件（或软件）的办法使用监控定时器定时检查某段程序或接口，当超过一定时间系统没有检查这段程序或接口时，可以认定系统运行出错（干扰发生），可通过软件进行系统复位或按事先预定的方式运行。“看门狗”是工业控制机普遍采用的一种软件抗干扰措施。当侵入的尖峰电磁干扰使计算机程序“飞掉”时，“看门狗”能够帮助系统自动恢复正常运行。

三、消除干扰的方法

1. 合理选择接地

许多产品，从设计思想到具体电路原理都是比较完美的，但在工作现场却经常无法正常工作，暴露出许多由于工艺安装不合理带来的问题，从而使系统容易受到干扰。对此必须引起足够的重视，如在选择正确的接地方式方面要考虑交流接地点与直流接地点的分离，保证逻辑地浮空（是指控制装置的逻辑地和大地之间不用导体连接）保证机身、机柜的安全地的接地质量，甚至分离模拟电路的接地和数字电路的接地等。

2. 合理选择电源

合理选择电源对系统的抗干扰能力也是至关重要的。电源是引进外部干扰的重要因素。实践证明，通过电源引入的干扰噪声是多途径的，如控制装置中各类开关的频繁闭合或断开，各类电感线圈（包括电机、继电器、接触器以及电磁阀等）的瞬时通断，晶闸管电源及高频、中频电源等系统中开关器件的导通和截止等都会引起干扰，这些干扰幅值可达瞬时千伏级，而且占有很宽的频率。显而易见，要想完全抑制如此宽频带范围的干扰，必须对交流电源和直流电源同时采取措施。

大量实践表明，采用压敏电阻和低通滤波器可使频率范围在20kHz～100MHz之间的干扰大大衰减；采用隔离变压器和电源变压器的屏蔽层可以消除20kHz以下的干扰；而为了消除交流电网电压缓慢变化对控制系统造成的影响，可采取交流稳压等措施。

3. 合理布局

对设备及系统的各个部分进行合理的布局，能有效地防止电磁干扰的危害。合理布局的基本原则是使干扰源与干扰对象尽可能远离，输入和输出端口妥善分离，高电平电缆及脉冲引线与低电平电缆分别敷设等。

在企业环境的各设备之间也存在合理布局的问题。不同设备对环境的干扰类型、干扰强度不同，抗干扰能力和精度也不同，因此，在设备位置布置上要考虑设备分类和环境处理。如精密检测仪器应放置在恒温环境并远离有机械冲击的场所，弱电仪器应考率工作环境的电磁干扰强度等。

一般来说，除了上述方案以外，还应在安装、布线等方面采取严格的工艺措施，如布线上注意整个系统导线的分类布置、接插件的可靠安装与良好接触，注意焊接质量等。

复习思考题

1. 数控机床主要由哪几部分组成？
2. 对数控电气控制柜安装有哪些要求？
3. 对光电编码器、手摇脉冲发生器、光栅尺等输出信号在接收电路端怎样抑制高频干扰？
4. TCP/IP 参考模型体系结构有几个层次？每一层的功能是什么？
5. 在局域网中常用到的双绞线分几类？双绞线 8 根线的引脚是如何定义的？
6. 网络传输介质互联设备有哪些？每一个设备所起的功能是什么？
7. 网络 IP 地址分为哪几部分？每一部分的作用是什么？
8. RS-485 传输技术基本特征有哪些？
9. PROFIBUS-DP 的基本特征和基本功能是什么？
10. PROFIBUS-DP 系统配置内容有哪些？
11. 自动化设备及生产线的一般组成有哪些？
12. 控制设备的日常维护保养内容有哪些？
13. 电磁干扰的种类有哪些？
14. 抗干扰的措施有哪些？

第六章

电气设备的计划管理及大修工艺编制

培训学习目标 电气设备是企业形成生产能力的物质基础，为最大限度地发挥设备在生产和生活中的重要作用，在实际运行中，应遵循预防为主，使用、维护和计划检修相结合；修理、改造和更新相结合；技术管理和经济管理相结合；专业管理与分散管理相结合的原则做好电气设备的计划管理。本章将重点学习和掌握电气设备计划检修的基本规定和实施方法。

第一节 电气设备的计划管理

一、计划预修制度

1）电气设备的计划预修制度是贯彻坚持以预防为主，维护保养和计划检修并重的方针，有计划地组织好电气设备的维修工作。这是保证电气设备经常处于良好的技术状态的一项有效的技术措施。

2）电气设备的计划预修必须坚持服务于生产的原则，在实施中应充分考虑到各类设备的使用频率和生产、运行需要，制定计划应根据设备实际运行中所出现的问题和要求，综合考虑各种因素，要做到合理、及时、有效。

3）计划预修是变被动维修为主动维修，发现设备潜在隐患和缺陷的有效手段。

二、计划预修的类别

电气设备的计划预修分为设备保养和设备维修两个方面，设备保养可分为设备的例保、一级保养、二级保养；设备维修又可分为大修、项修和小修，即简称“三修”。对于电气部分，一般不独立安排大修计划，而是随着本设备大修计划一并执行；当设备的电气部分出现严重损坏和缺陷而影响到设备的使用功能和运行安全时，应及时安排电气设备的大修。

1. 设备保养

例保周期为一星期一次；一级保养周期为一月一次；二级保养周期为三年一次。

（1）例保内容

1）向操作者了解电气设备的运行情况。

2）查看电气设备运行情况，看有没有影响设备不安全的因素。

3）听听开关及交、直流电机有无异常声响。

4）查看交、直流电机和导线及开关有无过热现象。

5）查看继电器、接触器是否运行正常，应无异常声响和异常温升。

（2）一级保养的内容

1）检查电器及线路是否有老化及绝缘损伤的地方。

2）清扫电器及线路上的灰尘和油污。

3）拧紧各接线端接触点的螺钉，要求具有良好的电气连接。

4）更换有缺陷的元器件。

5）擦净位置开关内的油污和灰尘及伤痕，要求工作可靠、接触良好。

6）拧紧各主令开关手柄螺钉，检查手柄动作是否灵敏可靠。

7）检查制动装置、硅整流器件、变压器、电阻等是否完好并清扫干净。

8）检查电器动作保护装置是否灵敏可靠。

（3）二级保养的内容

1）进行一级保养的全部项目。

2）重新整定热继电器与过电流继电器的数据。

3）消除和更换损伤的元器件、电线管、金属软管及塑料管等。

4）测量电动机、电器及线路的绝缘电阻，确保状态良好。

5）更换直流电机的电刷并将其磨合良好。

6）根据运行速度的不同，更换交、直流电动机的轴承润滑油，对磨损严重的轴承予以更换。

7）轻擦弱电控制部分的电路板及电气连接装置，更换接触不良的插座与插排。对功率器件检查散热装置的工作状况，并检查电气连接和散热连接是否可靠。

8）完善各种电气标识和控制功能标识，做到准确、醒目。

2. 设备维修

（1）大修内容

1）一般配合设备大修时进行，将电气控制部分全部解体，将电气控制板拆下，原则上使用全新的元器件和导线进行重新装配。

2）更换所有的位置开关和老化的导线，更换所有操作台与按钮站的操作开关和指示装置。更换时，在保证功能的情况下，应尽量考虑使用新型器件，以保证今后的维修来源。

3）对过时与淘汰技术和控制方式，应考虑结合大修进行必要的技术改造。比如采用PLC技术、单片机技术、智能仪表、功能模块等。

（2）项修内容　对精、大、稀、重设备由于受财力与生产条件等限制不能安排设备大修时，此时有重点地对某一项和几项内容安排的修理称为项修。这种修理既不影响生产，又能在有限的时间和有限的财力、物力条件下，完成有效的修理。在实际操作中，要注意查看修理记录和做好技术分析，避免同一部分重复修理。项修的工作标准和内容，应参考大修的基本要求来实施。

（3）小修内容　有针对性地拆卸部分零部件并进行局部的保养与修理。

三、修理计划的编制

设备修理计划的编制是一项细致的工作，在调查设备维修记录和使用状况的基础上，按照企业的生产状况、资金安排和技术水平进行综合分析。必要时，还要安排必要的考察和进行技术力量的引进。首先是确定设备修理的类型，然后制定年度计划、季度计划和月份计划。

（一）编制依据

1）设备的运转周期。

2）检修间隔期。

3）设备年度技术状况普查和维修情况资料。

4）生产工艺及产品质量对设备精度和控制、安全等方面的要求。

（二）编制程序

根据编制计划的各项依据，由生产车间的设备分管领导和设备维修人员共同提出，一般于当年的10月份左右，上报本单位资产管理部门。由资产管理部门会同相关部门，比如生产、计划、销售等，综合各方面意见和信息后，编制修理计划。修理计划编制完成后，应报请本单位分管领导审批，方可实施。对于精、大、稀、重设备，修理计划还要报请上一级主管领导批准并备案。

（三）编制步骤

1. 分析设备调查资料，提出年度修理计划的编制意见

（1）生产设备的现状分析。

1）性能好的设备状况。

2）待修理的设备状况。

3）不能满足产品质量要求和安全要求的设备状况。

4）待修理设备的修理类别与修理项目。

（2）生产设备技术改造的分析　由于新技术的出现，对原有设备的技术落后，电器元件、控制方式、设备的更新换代等，要提出技术改造方案。

（3）生产设备的质量要求分析　对被修理设备的质量要求进行分析，结合修理，经过采取必要的技术措施和手段对设备进行改造，以适应新的生产要求。

2. 分析待修理设备的资料，提出资料方面的意见

（1）待修设备的资料分析　对待修设备的技术资料进行分析，了解其资料的完整性，包括图样、性能数据、元器件目录表等，以便提前做好技术准备。

（2）分析待修设备元器件的市场供应　对已经淘汰的元器件，应考虑用新型元器件替代，并做好安装尺寸和控制容量等方面的技术准备。对某些元器件，如有必要，可根据修理计划时间要求考虑向生产厂家订货。

3. 技术力量分析

1）对本企业工程技术人员与技术工人的人员状况和技术状况进行分析。

2）对本企业设备技术力量进行分析。

通过以上分析，了解人员与设备技术力量的现状与缺口，考虑人员的调配和生产能力的

协作要求。

4. 编制年度修理计划的准备工作

在上述分析工作的基础上，由资产管理部门牵头负责组织相关部门和人员共同完成修理计划的编制工作。在综合了各项分析数据和资料的情况下，结合本企业的实际要求和需要，从关键设备、关键工序的角度，从企业生产节奏的需要等方面提出初步修理安排意见。再依据初步意见进行修理工作量的平衡和核算，尽可能做到逐季、逐月的修理工作量的相对平衡，以利于充分发挥人力与设备能力的作用。既要减少窝工与停工待料现象，又要避免过度紧张，加班加点，而引起修理质量降低和人员伤亡事故。

5. 编制年度修理计划草案

年度修理计划草案包括大修计划、项修计划、小修计划、设备保养计划等的初稿，按季度、月份的修理项目和进度要求的初步规划。全年修理总台数、任务工时、费用预算等的匡算，执行计划存在的问题和可采取的对策。此草案制定后，分发各有关部门和车间进行充分讨论。

6. 编制年度修理计划

在各有关部门和车间进行充分讨论和分析的基础上，汇总各方面的意见，对草案进行必要的修改和补充，编制正式的年度修理计划。年度修理计划包括修理类别、修理台数；季度与月份修理计划的划分和修理内容、修理进度的制定；修理计划和修理过程中可能存在的问题以及解决的措施和执行计划的意见。

7. 年度修理计划的执行

年度修理计划编制完成后，由资产管理部门与车间会签，报本企业主管领导审批。再根据情况，报请上级主管部门审批或备案。

大修计划和项修计划，由企业资产管理部门负责组织实施，小修、保养由设备使用部门组织实施。实施过程中，资产管理部门应加强技术指导和质量监督。

（四）季度修理计划的编制

在年度修理计划的基础上，由资产管理部门按照计划中关于季度与月份修理计划的内容与修理进度，结合实际情况进行调整与补充，制定出每个季度的修理计划。本计划由资产管理部门在前一季度制定。

季度修理计划的编制原则如下：

1）在年度修理计划的基础上，结合设备修理前的图样、资料、技术、电器元件的准备状况、生产任务的调整等因素，进行计划调整。

2）临时任务或协作任务与原修理计划相矛盾时，要分清轻重缓急，进行排队，统筹安排。对影响全局、急需、关键的设备要优先修理。

3）第一季度的修理计划，原则上与年度计划一致，不做大的修改和调整。

4）第四季度的修理任务安排得要尽量少，以便于下一年度修理准备工作的进行。

5）制定季度修理计划时，应征求相关车间的意见，制定后上报主管领导审批，与季度前下达。

（五）月份修理计划的编制

月份修理计划是具体执行计划，由计划员按照季度修理计划，听取车间意见，结合车间实际情况制定。月份修理计划编制原则如下：

1）了解与检查设备修理前的准备工作是否能够完成及完成日期。

2）临时修理任务对原计划的影响，原修理项目、日期的变更。

3）修理的项目与类别、修理时间、停工与修复投产日期。

4）月份计划要仔细核实与落实，因为它直接关系到设备修理的具体实施。

5）月份计划应在前一个月下达给有关车间。

6）月份计划执行时，要考核设备修理进度、修理完的设备与台数与修理类别。完成工时、完成修理复杂系数、实际修理费用、安全、质量等指标。

（六）修订计划的原则

计划在具体执行时，由于种种不定因素，出现的临时修理任务与事故修理，都要对原计划进行修订，可按以下原则处理：

1）生产设备在修理的过程中，由于原来调查不足，出现的问题较多，不能按原定修理日程完工时，根据实际情况，由相关各方共同协商，修改完工日期。

2）生产设备在修理的过程中，发现原定修理类别不当，可调整修理类别。

3）原定修理日期之前，生产设备已出现故障与性能下降，直接影响生产的，可将修理日期提前。

4）原定修理日期的生产设备仍正常运转，并能生产出合格产品的，可将修理日期延后，安排急修设备进行修理。

5）修订计划的申请有时间限制，申请修订年度计划，要在3个月前提出；申请修订季度计划的，要在一个月前提出；申请修订月份计划的，要在10天前提出。对于精、大、希、关键设备和重要设备由于审批原因，应分别于6个月、3个月和一个月前提出申请。

四、设备事故处理

设备事故是企业所管理的所有的设备，因违反操作规程或维修质量不高等非正常原因造成设备损坏、停产，甚至人身伤亡的事故。要分清事故性质，然后采取有效措施，加以认真解决。属于电气范围的事故，电气操作、管理人员应注意分析和发现产生事故的原因、责任，并提出改进意见和措施，总结教训。结论形成后要填写事故报告单，上报并存档备案。

（一）设备事故的分类

1. 责任事故

责任事故是指由于操作者违反操作规程、擅自离岗、平时维护不到位、电气和机械维护人员对设备修理质量不高、设备失修带病工作等原因造成的。这类事故是危害性非常大的事故。

2. 质量事故

质量事故是指由于设备安装不当或自身设计缺陷所引起的事故。若存在设计缺陷，应通知设备制造厂注意改进，必要时提出经济赔偿要求。

3. 自然事故

自然事故是由于自然原因造成的。

4. 其他事故

上述三类事故以外的事故。

（二）设备事故的划分

出现设备事故后，要根据事故造成的危害，进行分析，科学地界定其危害程度，划分事故等级。

1. 一般事故

有以下情况之一者，可划为一般事故：

1）生产中断4h以上，供电中断20min；厂区照明中断2h以上。

2）修理费用为500～10000元（精、大、希、关键设备1000～30000元），或由各企业根据自身情况自行制定。

3）化工企业出现设备事故，影响成品（半成品）产量大于日产量的10%，修理费用2000元以上的。或由各企业根据自身情况自行制定。

4）小容量的电力变压器、电动机、线路、电缆、开关等损坏、爆炸或烧毁。

2. 重大事故

有下列情况之一者，可划为重大事故：

1）生产中断24h以上，供电中断40min；厂区照明中断4h以上。

2）修理费用在10000元以上。

3）化工企业出现设备事故，影响成品（或半成品）产量大于日产量50%，修理费用10000元以上。

4）大容量的电力变压器、电动机、线路、电缆、开关等损坏、爆炸或烧毁。

电气设备事故等级的界定与划分见表6-1。

表6-1　电气设备事故等级的界定与划分

序号	事故情况	重大事故	一般事故
1	电力供应： 1）110kV变电站供电中断 2）各专业厂10kV配电所供电中断 3）一个电力变压器干线供电中断 4）一个厂房内电力线路供电中断 5）专业厂厂区照明停电 6）10kV供电电压较额定值变动±10%持续	 10min以上 20min以上 40min以上 40min以上 4h以上 2h以上	 5min以上 10min以上 20min以上 20min以上 2h以上 1h以上
2	电机损失需要大修： 1）笼型电机 2）直流电机及其他电机	 20kW以上 16kW以上	 4kW以上 2kW以上
3	专业厂装配线由于设备损坏而停产	1h以上	30min以上
4	精、大、希、关键设备损坏，使生产间断	24h以上	4h以上
5	通信： 1）电话站通信中断 2）各专业厂电话总机、调度台通信中断	 4h以上 2h以上	 30min以上 1h以上

（续）

序号	事故情况	重大事故	一般事故
6	蒸汽供应： 1）全厂蒸汽中断 2）一个车间蒸汽中断 3）重油库用蒸汽中断	 30min 以上 1h 以上 1h 以上	 15min 以上 20min 以上 20min 以上
7	压缩空气、上水、冷却循环水、各种排水： 1）水厂供水中断，污水处理总厂运行中断 2）专业厂供水中断，空压站供气中断，污水处理站中断 3）动能供应参数较额定值变动 20% 持续	 20min 以上 30min 以上 1h 以上	 10min 以上 20min 以上 30min 以上
8	氧气站、乙炔站供应中断	8h 以上	4h 以上

（三）设备事故的处理

当事故发生后，操作者与电气维护人员应立即停止该设备的运行，防止事故进一步扩大，保护现场，并立即报告有关领导。由职能部门召集有关人员对事故的性质和危害进行认定，然后迅速组织力量进行处理。填写事故报告单，将处理结果向上级主管领导汇报。

1）事故责任者要将事故发生的全过程真实反映，必要时要有书面陈述。

2）组织对事故原因的分析。领导要根据事故大小，及时组织工程技术人员、维修人员、车间领导等人员进行事故原因分析，找出事故原因、事故性质、提出防范措施和处理意见。

3）填写设备事故报告单。设备事故报告单按规定内容填写一式三份，由设备所在车间、部门领导签署意见，上报企业分管领导。

4）设备故障的处理。设备故障是指设备因故障不能正常运行，因而造成的物质和时间损失少于一般事故。在排除故障后，由维修人员和操作者共同填写“临时故障停歇登记单”双方各保存一份，作为故障分析和提高技术的参考。

第二节　电气设备大修方案的制定

大修方案的制定涉及技术改造与引进、技术力量、设备能力、资金、生产计划等方面，要求方案既科学又经济。在下面的叙述中，将以大型冷加工设备 A 系列龙门刨床为例进行电气设备大修的展开。

一、龙门刨床简介

1. 功能与结构

龙门刨床主要用于加工大型或重型零件上的各种平面、沟槽和导轨，由于其床身较长，亦可以在床身上一次装夹数个零件进行多零件加工。

龙门刨床刨削加工的主运动是固定在工作台上的工件随工作台作往复直线运动。当工件随工作台向刀具正向运动时，刀具切入工件进行切削；当工件随工作台反向运行返回时，不进行切削，且刨刀抬起让刀。

龙门刨床的基本结构如图6-1所示，其外形如图6-2所示。

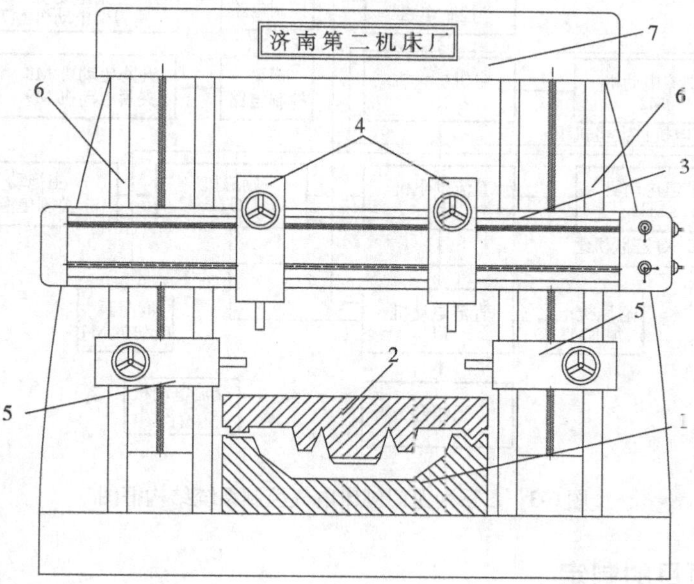

图6-1　龙门刨床的基本结构

1—床身　2—工作台　3—横梁　4—垂直刀架

5—水平刀架　6—立柱　7—龙门顶

图6-2　龙门刨床的外形

1—床身　2—工作台　3—左立柱　4—左垂直刀架　5—横梁

6—右垂直刀架　7—右立柱　8—右水平刀架　9—操作按钮站

2. A系列龙门刨床的主要电气设备

图6-3所示为A系列龙门刨床电气控制系统结构框图。

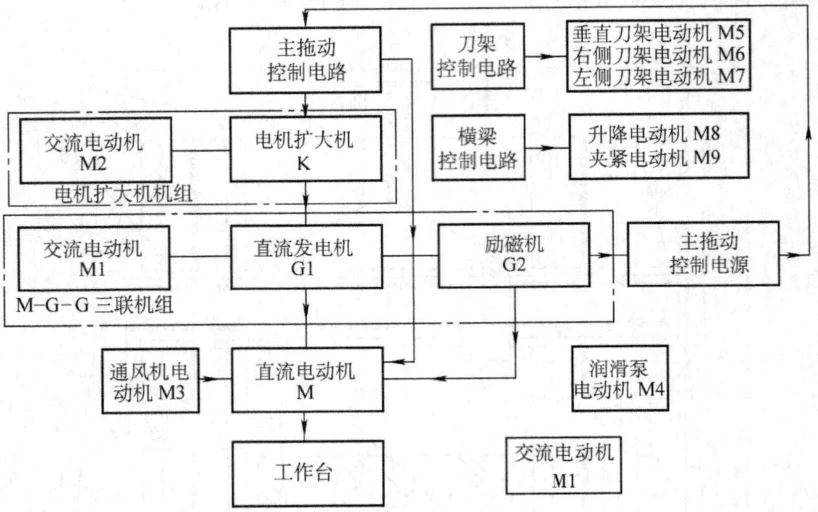

图 6-3　A 系列龙门刨床电气控制系统结构框图

二、大修项目的制定

（一）大修项目

根据设备的实际情况来确定大修项目，例如：龙门刨床的 M—G—G 三联机组，应根据其损坏的程度和部位来决定是否大修。下面列举一些常见的大修项目：

1）配电箱的大修。

2）配电箱至设备端的穿管线路的线管与导线的更换。

3）电动机大修。

4）控制电机经性能测试，决定是否大修或更换。

5）各种检测装置定位检查和元件测试。

6）液压与气动传动中各电气功能元件的测试。

7）整机调试（含计算机控制系统和 PLC 控制系统）。

8）电力变压器的大修。

9）高压断路器的大修。

10）高压隔离开关的大修。

（二）引进设备的大修项目

对引进设备涉及下列内容：

1）当外方只提供框图或部分电气图样时，对照设备进行电气原理图的测绘。

2）外方不提供弱电控制电路图样，以及集成电路无标识时所进行的替代设计。

3）特殊项目和功能的调试。

4）根据我方生产工艺和产品质量的实际需要所进行的技术改造设计。

（三）技术改造项目

由于电气控制技术的不断进步，或生产工艺的要求对设备的动作和功能有所改变时，可以结合大修进行技术改造，常见的技术改造项目列举如下：

1）采用功率晶体管技术代替发电机组。

2）采用 PLC 控制技术改造传统继电器控制系统。

3）采用单片机技术、功能模块、智能仪表替代原控制系统。

4）加装电子监测装置，进行过程、数量、时间的检测。

5）将传统机械式有级变速箱改为交流电动机变频调速。

6）将传统机械传动改为液压、气动传动。

7）淘汰高耗能、不环保的传动和控制方式。

8）对危险工序和设备加装电子安全检测和报警装置。

9）以人为本，结合大修对设备操作工位和设施进行改造，使操作者更舒适、安全、方便，操作环境更环保。

（四）编写技术准备工作的初表

根据资料、大修意向、大修项目的初定，编写技术准备工作的初表，步骤如下：

(1) 资料阅读与分析　主要是设备出厂说明书和图样，设备技术档案，大修项目初定意见等。

(2) 了解情况　到设备现场了解维修人员和操作人员提出的设备缺陷和存在的问题。

(3) 设备检查　空载和满载运行时，设备的性能数据反映出来的缺陷和故障。检查电器元件的损坏情况和型号规格。

(4) 局部解体　对故障的部件必要时予以解体，以更精确地确定修理项目和修理程度。

(5) 提出大修项目意见　经上述步骤检查，提出大修的项目和改进意见。

三、大修方案的制定

经过设备技术资料分析、生产设备现状调查、大修项目分析，下一步要进行大修方案的制定。

（一）大修项目分析表

为了便于大修方案的制定，先填写大修项目分析表，表中列出各个大修前的情况和大修项目。大修项目可提出几个方案供选择，以龙门刨床作为实例，其分析表见表 6-2。

表 6-2　某机床厂 B2012A 型龙门刨床大修项目分析表

设备名称		B2012A 型龙门刨床	生产厂家	××××机床厂
出厂日期		×年×月×日	拖动方式	M—G—G 三联机组
序号	项目	大修前情况	大修方案（一）	大修方案（二）
1	配电箱	电器元件陈旧，导线老化	原则上全部更换，且用新型号	原则上全部更换，且用新型号
2	地下管线	导线老化	更换	更换
3	拖动方式	M—G—G 三联机组	M—G—G 大修	用交流电动机变频调速改造
4	电磁离合器	非标准、常损坏	更换标准件	更换标准件
5	控制电路	系统因控制电路落后而不可靠	部分重新设计	全部重新设计
6	电器	多种继电器型号陈旧且损坏	选用新型号继电器	用 PLC 处理逻辑

（续）

设备名称		B2012A 型龙门刨床	生产厂家	××××机床厂
出厂日期		×年×月×日	拖动方式	M—G—G 三联机组
序号	项目	大修前情况	大修方案（一）	大修方案（二）
7	发电机组	发电机换向器磨损严重，换向火花大	大修	—
8	直流电机	绝缘老化，天气潮湿时有时出现接地	大修	—
9	电气接头	修理中质量不高，已经烧蚀严重	全部重新压接	全部重新压接
10	横梁运行	加紧放松环节不可靠	大修	大修
11	床身导轨	出现过度磨损、起刺、不平	导轨大修	改静压导轨
12	床身限位	经反复修理，已经严重位置不准易变	用无触头开关改造	用无触头开关改造
13	机械调试		全过程	全过程
14	电气调试		全过程	全过程

（二）大修方案的制定

由项目负责人、技术人员、维修工、操作者一起讨论，提出大修方案，最后由分管领导签发。制作大修方案时要考虑到以下几个方面的可行性：

（1）大修后设备的投产启用　研究设备大修完成启用后的技术水平对产品数量和质量的影响。

（2）电器市场状况分析　对大修所需的电器、电子产品和零配件的市场供应的可靠性和价格分析。

（3）大修费用分析　对大修费用的经济性和体现的价值进行分析，并多个方案比较。

（4）大修期限　设备大修期间对生产的影响程度，论证制定缩短修理周期的措施和必要性。

（5）大修技术力量的配备　大修时，根据任务情况，将维修电工技师、高级维修电工、一般维修电工依合理的比例和搭配配置，并由主任修理工程师指导。

（6）大修过程中的安全措施　设备大修时，电气安全方面的工作尤为重要，在每个环节都要制定稳妥的安全措施，以确保人身和设备的安全。

四、大修方案的执行

大修方案确定后，接下来是下达大修任务书，进行技术设计和大修组织。

（一）编制和审定设备大修任务书

编制时，应注意以下事项：

1）设备存在的主要故障，故障的原因和设备状态。

2）大修的项目与要求（含改造的部件和改造后的预期技术指标）。

3）大修后（含技术改造）预期技术指标和经济效益分析。

4）费用预算。

5）大修时间（停产时间、竣工验收时间和投产时间）。

（二）进行技术设计

需要修改的图样、技术改造新设计图样、引进设备补缺图样、引进设备替代图样等均需进行技术设计，按新设计后的图样出正式图。

技术设计通常由资产管理部门的技术人员进行，也可以同使用单位一同完成设计。

（三）大修计划书

大修计划书的主要内容有：

（1）工时定额计算与修理人员配置　考虑到修理工时的不确定性，工时定额计算要合理、公正，并留有一定余量。维修电工技术等级的配备和分工尽量做到合理、人性化，以利于工作的配合。

（2）电器元器件、电线电缆、电机、电子产品、标准件以及耗材的清单，非标器件的加工、外购件的采购和入库日期。

（3）大修进度计划　一般当技术准备和生产准备率（指大修前）达到90%时，即可确定停机日期和大修开工日期。以此为起点，制订出停机大修的分阶段计划。

（四）大修施工安排

由资产管理部门组织，大修期间注意和技术、工艺、计划、供应、计量等部门的密切合作与协调，相互配合。

1. 停机编制复表

设备停机后立即安排主修人员、技术人员、操作人员等对机器设备进行一次复查，根据设备状态提出在准备大修过程中的新损坏元器件和漏提的补充元器件。

2. 施工安排准备

电气设备大修要按大修项目类别和施工的前后次序进行分工，要逐项有人负责。例如，龙门刨床大修工作可以分为床身与管路、配电箱、电动机等几个组。根据大修内容和本企业工时定额来确定劳动工时定额，以及配备劳动力等计划。

（五）试车调试试运行

大修后的试车与调试及试运行工作，是检验修理效果和确保修理质量的关键步骤，一定要认真履行，不得敷衍。尤其是操作者更应当认真对待。

1. 校核电路

按设计图样校核电路的编号、接线、元器件位置等的正确性。

2. 分段划块试车

分段时，应将相邻的主电路断开（去除熔断器或将断路器分断）。各分断试车正常后，再进行整机联动试车。此时，可先将拖动电机与机械传动部分脱开，先进行电气动作的调试，动作正常后，再逐一联动调试。比如，可先起动三联机组和电机扩大机回路，可先将刨台变速箱离合器脱开，并将控制回路的熔断器拿开，起动后查看电机扩大机和直流发电机发电是否正常。查看机组起动后，直流电动机是否慢慢爬行，以进行电气参数的调整。

3. 性能测试

按设备出厂的技术性能或编写的初表方案来确定被修设备技术性能并通过调试和运行测试来检验修理成果。比如在按照“M—G—G 大修”来确定修理任务时，就此方案的技术要求进行性能测试；如果按照交流电动机变频调速方式来确定修理方案时，则按大修改造设计时所制定的性能要求来进行性能测试。

（六）大修验收工作

设备大修、调试、试运行结束后，要进行质量验收，可按方案所确定的质量标准和要求进行验收。

验收工作通常由资产管理部门、大修部门、质量管理部门和使用部门共同验收，验收后在相关验收项目单上签字。

1）修理技术小结，由主修人员以书面形式作出。

2）整理上交在大修、试车、调试过程中改动的图样资料。整理上交各种调试、实验的技术数据，归档入该设备的资料袋。

3）填写最终验收单。此项验收单应在设备验收后，经过三个月至半年的使用期后填写。

4）填写设备增值表。

5）填写企业规定的各种报表。

第三节　电气设备大修的工艺编制

我国过去的大中型企业主要执行以计划预修制度为基础的定期预修方式，这种方式会存在一些非必要维修，经济性较差。而小型企业采取事后维修，即出了故障再安排停机修理。这对企业的生产计划影响很大，修理强度也高，同时也不利于设备资产的增值保值。目前各企业均倾向于大修、项修的展开，以设备的状态为基准，然后确定修理方式。而日常的设备保养与点检等则按计划预修制度安排维修时间间隔。

电气设备的大修工艺编制以A系列龙门刨床为例进行展开。

一、确定修理项目

首先作业如下假设分析：

1）上次大修至今已间隔8年，按照该设备大修间隔为4～6年来核算，修理周期已过，并且使用部门也已经提出大修申请。

2）从上次大修小结得知，电气控制元件未全部更换。

3）从一、二级保养记录和点检记录可以看到，刨台换向行程开关经多年频繁维修已经成为修理维护的重点，需经常维修且间隔越来越短；励磁机经常出现发电不正常而在工作中停机现象；板式电阻已经出现多个断线。

4）目前状态：控制电路经过长期维修致使线路比较混乱，床身内导线由于受机油的侵蚀已经变硬变脆，绝缘电阻降低；接触器、继电器、按钮、主令开关已显示出陈旧状态，有时动作不可靠；线路编号、功能标识模糊不清；M—G—G三联机组中的励磁机、发电机、直流电机换向器磨损严重，尤其是励磁机磨损最严重；部分电器元件，比如行程开关、继电器等已经淘汰。

根据上述描述的情况，该设备的电气部分应当考虑安排大修，由设备使用部门相关责任人提出并填写大修申请表，见表6-3。

表 6-3　某机床厂 B2012A 型龙门刨床大修申请表

设备编号	072-006	设备名称	龙门刨床	型号规格	B2012A
制造单位	××××机床厂	复杂系数	机 27，电 56	设备类别	大型设备
主要状态描述	1. 上次大修至今已经超过 6 年，按本设备的修理周期已经超期服役，应当安排大修 2. 自 1976 年购买，当年投运，至今已经 30 年，其电空装置陈旧、落后，且上次大修未彻底改造 3. 电气控制箱内部器件老化、陈旧，线路编号模糊不清，导线老化严重 4. 换向控制采用的行程开关已经淘汰，平时维修量较大 5. 直流系统故障频繁，有时出现意外停机，已经影响到产品质量和安全 6. 床身导轨及横梁导轨磨损严重，已经影响加工精度 7. 悬挂按钮站已陈旧，维修率较高					
需要改装或补充附件	1. 配合本次大修，三联机组整体大修；换向控制部分进行弱电控制改造，电机扩大机经检查失去大修价值，本次更新 2. 电控装置中的所有元器件原则上全部更换，配电箱重新配线；床身管线抽出重新穿线					
申请部门				日　期	
生产班组长		设备工程师		主管	年　月　日
资产管理部门复查意见					
同意设备使用部门的检查结果与申请					
鉴定结论					
电气设备更新大修，机械恢复精度					
技术设计组	动力组	设备组	计划组	修理工段	分管领导

二、编制修理要求

1）阅读 B2012A 型龙门刨床使用说明书和图册，查阅该设备的修理技术档案、大修申请表以及设备维修记录。

2）起动机床，对照检修重点进行修前性能了解，测试各种动作性能状况，比如：

① M—G—G 三联机组起动情况，是否能正常起动，起动运行中电刷与换向器火花的情况，此时查看刨台在无给定时是否有爬行现象，并记录参数。

② 刨台作往复运行时，查看换向性能和越位情况，并记录参数。

③ 全面检查控制柜及床身的电气部分，取得第一手资料，并详细记录。

3）停电，对主要部件和重点修理项目的电气部分进行拆下、解体，分析换向器和电刷的磨损情况；分析接触器、继电器的损坏情况；查看导线的老化状况，并测量被拆、解体部件的绝缘电阻。

4）对龙门刨床修理方案的初步处理意见如下：

① 对控制箱全部电气主件均进行更换，更换部分损坏的板式电阻。

② 使用新的绝缘导线进行配电箱的重新装配。

图 6-4 所示为 A 系列龙门刨床控制箱的外形，它生产于 20 世纪 70 年代，属于淘汰型的产品，图 6-5 所示为其内部结构，也可以看出，其使用的元器件多属于淘汰型号。对于这种状况，一般在大修时建议进行重新装配或更新。

图6-4　A系列龙门刨床控制箱的外形

图6-5　A系列龙门刨床控制箱的内部结构

③ 床身导线全部进行更换，对老化的绝缘护管进行更换，撤出床身线管内的旧导线后，用钢丝引线拴上棉丝进行拉动清理，擦净管内的残油。

④ 通过分解查看三联机组部分换向器磨损情况，决定将转子拆下车削换向器并清理换向片间隔；刷架绝缘电阻降低，需拆下清理涂绝缘涂料并烘干。电刷全部换新。图6-6所示为经过大修后正在运行的三联机组。

图6-6　经过大修后的三联机组

⑤ 电机扩大机已失去大修价值，本次大修进行更换。图 6-7 所示为待修的电机扩大机。

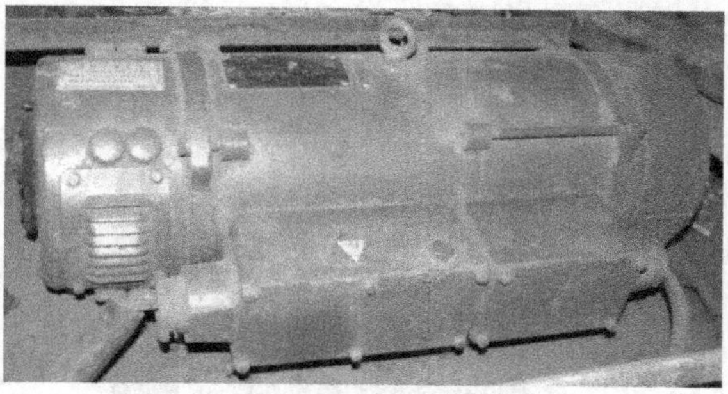

图 6-7　待修的电机扩大机

⑥ 对换向控制部分进行弱电控制改造，初步方案为用小型 PLC 加接近开关的方案进行设计改造。图 6-8 所示为待修的行程开关换向控制方式。

图 6-8　待修的行程开关换向控制方式

从现场情况来看，首先其使用的行程开关属于淘汰型产品，给将来的维修带来不便；其次，它经过长期的过度修理，整体结构上也无法保证运行的可靠性，带来较高的故障率，所以应当配合大修进行改造。改造的方案确定为目前较为先进的小型 PLC 与接近开关的控制方式。图 6-9 和图 6-10 所示为经过改造后正在运行的改造实例。

图 6-9 所示为用接近开关替代原行程开关的情况；图 6-10 所示为安装在控制柜内的电气控制部分。

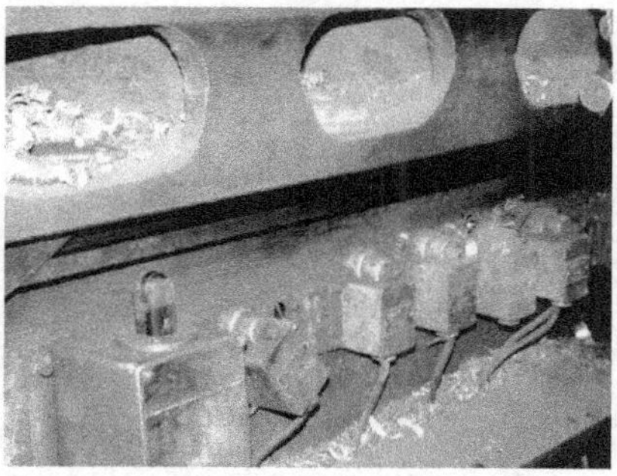

图 6-9　用接近开关替代原行程开关

图 6-10　安装在控制柜内的电气控制部分

⑦ 按钮站属易修理的简单装置，可原型号更换，但其内部元件均应为新型。图6-11所示为待修按钮站。

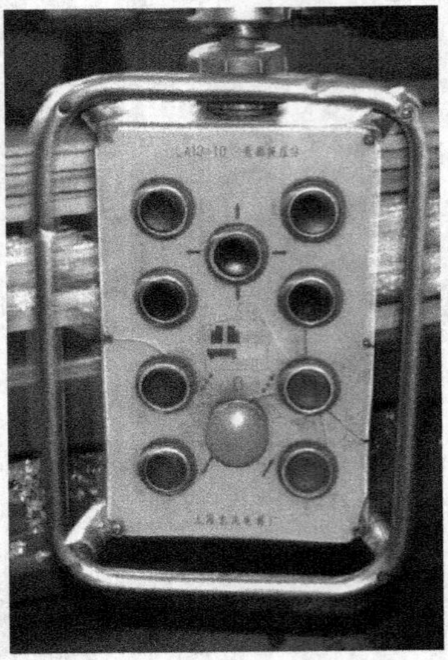

图6-11　待修按钮站

完成上述工作后，应填写设备修前技术性能测定及修理要求，见表6-4。同时相应确定停机时间和工时定额。

表6-4　设备修前技术性能测定及修理要求

设备编号：072-006　　　型号：B2012A型龙门刨床　　　电气复杂系数：65

技术性能测定记录

序号	检查项目	原设计标准	实测数据
1	电控箱导线老化，编号脱落，绝缘电阻对地0.3MΩ	绝缘电阻>0.5MΩ	
2	电控箱内元件修理过度，老化，破损		
3	M—G—G三联机组换向器磨损严重，电刷架绝缘电阻降低		<0.8MΩ
4	机床管线污损老化，导线长期浸油硬化，绝缘电阻降低		<0.5MΩ
5	换向控制行程开关经过度修理已经无法修复		
6	悬挂按钮站组件破损，陈旧		
7	电机扩大机换向器磨损严重，绝缘电阻不稳定	绝缘电阻>1MΩ	<0.5MΩ

工作号：　　　工时定额：　1. 工时：640

2. 停歇时间：30工作日

1. 原电控箱整体重新装配，主要电器元件更换
2. M—G—G三联机组大修
3. 电机扩大机更新
4. 按钮站更新
5. 换向控制进行弱电控制改造
6. 所有电动机全部进行拆卸、清洁、烘烤，更换轴承，更换润滑油脂
7. 床身管线进行线管清污，重新穿线，线管整修

检查员：＿＿＿＿＿＿技术员：＿＿＿＿＿＿　　　年　　月　　日

三、大修准备工作

根据修理方案，设计、绘制图样，编制修理缺损明细表，见表6-5。选择更换电器元件时，应具有一定前瞻性，应达到修后三年内不过时、淘汰，以便满足今后运行的可靠性和便于维修。

表6-5　（电气）缺损明细表

设备编号：072-006　　　设备型号名称：B2012A型龙门刨床　　　年　月　日

部位	序号	图号 备件	零件名称	数量	制造方法						备注
					修理	新制	外购	库存	铸	锻	
电气	1		悬挂按钮站LA13－10	1			√				
	2		电机扩大机ZKK12F4－12	1			√				
			14点PLC	1			√				
			接近开关24V，200mA，NPN	4			√				

主修技术员________　　　设备技术员________

四、修理施工安排

对于龙门刨床的修理，为缩短停机时间，应分类、分头负责，齐头并进，相互协调。龙门刨床整机电气复杂系数为65，其中，电控箱部分为20；旋转电机部分为40；管线部分为5。根据各项修理内容和根企业的修理工时定额来制定分块工作的工时定额，然后合理配置劳动力。

五、试车与完工验收

龙门刨床调试、试车工作按前述内容进行，完工验收后填写验收单，见表6-6；最后着重写好修后小结，见表6-7。

表6-6　电气设备大修质量验收单

<table>
<tr><td colspan="2">设备来源：</td><td>设备型号：</td></tr>
<tr><td colspan="2">设备名称：</td><td>规格：</td></tr>
<tr><td rowspan="2">设备编号：</td><td colspan="2">制造厂：</td></tr>
<tr><td>本企业：　　　使用单位：</td><td>安装位置：</td></tr>
<tr><td colspan="2">电气图样图号：</td><td>图册编号：</td></tr>
<tr><td>序号</td><td>检查项目</td><td>检查意见</td></tr>
<tr><td></td><td></td><td></td></tr>
<tr><td></td><td></td><td></td></tr>
<tr><td></td><td></td><td></td></tr>
</table>

(续)

序号	检查项目	检查意见

其他更换记录:

结论:

车间验收　　　　　　　　　责任技术员:　　　　　　　　　　检验员

　　　　　　年　　月　　日

说明:本表一式三份,检查一份,资产管理部门一份,使用车间一份,各方责任人签字后生效

表6-7　设备修后小结(机、电)

设备编号:072-006　　　　　　　设备型号名称:B2012A型龙门刨床　　　　　　　年　　月　　日

修理小结简单表述:

072-006龙门刨床于　　年　月随本机床大修电气部分按大修方案已经全面修复,并经调试、性能测试与两个月的试运行状况良好

主要整修内容:

1. 修理内容及要求主要有1~7项,现已全面按计划进行,已经达到预期要求

2. 修理中,发现抬刀电磁线圈接地,现已经更换

3. 主要部分实测数据:

1) 励磁机直流电压为220V时,其励磁电流为0.45A;刨台以90m/min速度运行时,扩大机KⅢ绕组励磁电流为87.5mA。

2) 刨台以90m/min运转时,其换向越位≤280mm

3) 刨台无爬行

4) 横梁夹紧正常,夹紧电动机电流为2.5A

5) 各项控制动作正常、有效

主修人员:　　　　　　　　　　　主修技术员:

复习思考题

1. 什么是计划预修制度?
2. 计划修理的类别有哪些?
3. 设备保养的方式与内容是怎样规定的?
4. 电气设备的二级保养有哪些主要内容?
5. 设备事故是怎样分类的?

第七章

论文答辩及培训指导

培训学习目标 熟悉维修电工技师和高级技师编写专业技术论文的一般方法；掌握论文答辩的要领和技术要求；掌握培训与指导不同技术等级人员的方法和技术。

◈◈◈ 第一节 论文编写与答辩

一、论文编写的目的和要求

编写论文的过程是实现技师培养目标要求的重要阶段，是学员素质与工程实践能力培养效果的全面检验；也是学员职业资格认证的重要依据。

1. 编写论文的目的与作用

论文应由学员独立完成，也可在教师指导下完成。指导教师可以是教师，也可以是厂、院、所的高级技师（或高级工程技术人员）、设计人员及科研人员等。

论文的课题应力求来源于实际，具有丰富的工作内涵，可以遇到较为复杂的环境、涉及诸多因素，有利于学员深入生产实际与科研实际，促进理论与实践的结合，从而使基础理论知识得以深化，技术科学知识得以扩展以及专业技能得以延伸。

论文的编写可表达作者在生产实践工作中取得的新成果和新见解；在解决实际问题的过程中，学习的新知识、获取的新信息等。

2. 维修电工类专业论文的主要内容和基本要求

维修电工类专业论文的选题，可选择应用基础型，也可选择工程技术研究型，但均以解决工程问题为核心。基本要求如下：

（1）对于一个给定的工程问题，要得到有充分科学依据的解决办法，需要有丰富的工程科学知识　工程问题的解决，需要回答五个基本问题，即能不能做、会不会做、值不值得做、允不允许做，以及是复现还是创新。因此，在编写论文时，必须充分了解工程问题的特点及解决工程问题的基本要求。

（2）论文选题的内容　包括国内外现状及电气技术发展趋势，方案选择及技术经济比较，环境防护与环境保护等。

(3) 编写论文的典型举例　其内容应覆盖电力系统及其自动化、电机电器及其控制、电气技术、电子技术及工业自动化等领域。

(4) 编写设计型课题时应遵循的原则　“方案上可靠、经济上合理、技术上先进、系统上优良”。

二、论文编写的一般方法

论文编写的一般方法是：确定选题；调研并收集资料；开题；技术分析（或设计）；编写论文。

1. 确定选题

选好课题是编写论文的关键，对充分发挥学员的主观能动性和创造性有着十分重要的作用。确定选题时需注意以下几点：

1）应与从事的工作相结合。

2）应与自己的专业兴趣相结合。专业兴趣是指学员对某专业或专业中某个方向特别爱好。例如，机械设备操作不便、运行状况不佳需要改进；电气设备的智能化控制；控制程序的优化等。兴趣能形成求知欲，产生热情与动力，更有利于完成论文（或设计）。

3）应与可能性相结合。完成论文（或设计）除了需要自己的能力以外，还需要一定的客观条件，如参考资料、图样、设备、工作单位和经费，以及工作量与时间等。

维修电工专业编写论文（或设计）推荐选题：工厂供配电系统的安装与维修，发电厂控制系统的安装与维修，可编程序控制器的应用及维护，变流技术的应用及维修，单片机控制技术及其应用，自动检测技术及其应用，微型计算机控制技术应用及维护，交直流调速技术应用及其维修，楼宇自动化技术应用及其维修，电子设备、测量仪器及仪表的使用与维修，电子应用与维修技术，数控技术应用及其维修，机电控制技术应用及其维修，工艺编制及电控工艺装备技术，机械结构设计和改造，液压和气动控制装置应用与维修技术等。

2. 调研并收集资料

调研的任务是对设计目标及实现目标所要解决的各种问题，进行深入和全面的了解，分析需求的性质与特点，分析解决问题的途径及技术关键，并对获取的信息进行加工和整理，以确定设计时需努力的重点和方向。调研可以去与课题有关的企事业单位、研究部门、生产单位去了解、察看，弄清课题的来龙去脉以及各种影响制约的因素，再将直观的感受提高到理论的高度来分析，找到解决问题的关键所在。

调研也可以到与课题有关的展览会、展销会去考察，会上提供的往往是先进的设备与技术，从中可以了解科技发展的新动向及发展水平，对课题的研究提供最新的启迪和帮助，开阔思路。例如，在电梯的控制系统改造（或设计）中所做的调研工作应主要包括：可通过多种资料查寻方式了解目前电梯控制系统的类型、调速技术、尖端检测技术的应用等，也可到电梯生产厂家或是电梯应用现场获得第一手资料。

在设计中必须严格遵守设计规范，即国家制定的相关法令、规定和规划，统称为设计规范。例如，机电类电气专业论文需用的有关规范资料有：电气设备方面的国家相关标准，安全技术的要求和规定，国家制图标准，建筑物电气装置标准及相关规定汇编，供配电系统设计规范，10kV及以下变电所设计规范，低压配电设计规范，机械标准目录总览，中国机械工业标准汇编，技术制图与机械制图标准规定汇编等。

3. 开题

题目一经选定，学员根据题目的要求进行开题，经开题报告检查后方可进入编写论文（或设计）工作。开题内容应包括：

1）根据任务书的要求进行资料的搜集、查阅有关文献资料，阐明所选课题在其所属领域的发展现状、对其进行研究开发的价值和意义，并说明本课题的重点、难点和特色。

2）根据任务书的要求，编写论文的主要提纲，以及拟提交的成果形式。

3）根据论文的主要提纲，填充实现编写目的涉及的理论基础及拟采用的方案。

4）对分阶段完成的任务进行合理的时间分配，定出阶段成果形式，以便于指导教师的指导与检查。

4. 技术分析（或设计）

1）先要构思出系统的框图来，对这部分的考虑必须做到逻辑清楚、思维缜密。要根据原技术指标的要求，分析输入与输出信号之间的关系。注意在初步设想完成后，一定要从头至尾仔细地审查一遍，还需要作哪些补充、完善和修改。

2）根据对每个部分的技术指标要求选择，并计算电路中所用元器件的参数，确定其规格型号。在选择具体电路的过程中，除了一些必须自行设计的以外，多数电路可以用“拿来主义”的方法从参考书和文献中找到。不过应当注意的是不能生搬硬套，一定要经过自己头脑的思考，把人家的东西真正弄懂吃透，才能为己所用。特别是电路的适用性如何、经济性怎样，原电路中用到的元件能否找到，找不到能否代用等，都要充分地加以考虑。

为了圆满完成技术分析（或设计）工作，应注意以下几点：

① 抓住关键。技术分析（或设计）是一个系统工程，内容多，涉及面广，在分析（或设计）过程中，应抓住关键问题，分层次地去解决，就会头绪清楚，条理井然。

② 掌握方法。方法正确，就会少走弯路，顺利地完成设计，迅速地得到结果。

③ 联系实际。结合现场实际的设计，要进行方案校验，应该经得起实践的检验。能否方便地操作？能否可靠地运行？能否达到设计指标等都会受到实践的检验。

5. 编写论文

编写论文的过程是将技术分析（或设计）工作进行分析、整理、归纳、加工的过程。

论文编写的基本步骤如下：

（1）构建论文框架　编写论文首先应构建整个论文的框架。论文划分为哪几个部分，每个部分大概安排什么内容；安排几章几节，哪些内容安排在哪些章节中阐述；论文有几个议题，分别使用哪些素材，都应该有个整体考虑。

根据课题的要求和完成情况，拟订出编写提纲，包括粗提纲和细提纲。同时，在与指导教师充分讨论的基础上，边写边思索边修改，力求获得较满意的方案。

（2）初稿写作　论文整体构架确定后，就应及时开始写作初稿工作。论文初稿的写作是重要的阶段，必须按照提纲的既定框架，尽可能地把自己要说的内容写进去。初稿的内容应尽量丰富，以便为修改定稿提供便利，但也要防止一味地堆砌、罗列材料。

初稿一开始就应注意概念正确，叙述完整，条理分明，措辞恰当，力求论述全面，客观地描述自己的工作成果。

初稿要合乎文体，文句力求精练简明，深入浅出，通顺易读。避免采用不符合语法的口头语言，也要避免采用科技新闻报道式的文体。

引用的参考文献也应该在初稿中给出标注，以避免在今后修改定稿时再来回忆、查找，而浪费时间。

(3) 修改定稿　一篇好的论文一般都要经过反复推敲、多次修改，才能获得满意的结果。对于初次编写论文的学员来说，就更应当重视对论文的修改、充实工作了。

修改论文涉及内容和形式两个方面：

1）从内容上，看看全文的概念是否正确，基本观点以及说明它的若干从属论点是否片面或阐述得不够准确，论据是否充分，说明是否透彻。论文的总结有无深度或新意，怎样论述更能突出自己的与众不同之处。还可以通过对基本素材、材料的增加、删节和调整，使论文内容安排更加合理，阐述更加清晰，说服力更强。

2）从表示形式上，可以根据论文的中心论点和各章节的论点需要，对整篇论文的结构作适当调整，既要避免相同的观点多次阐述，又要突出重点作适当的强调和重复。

(4) 撰写技术论文的一般要求

1）论点明确。论述中的正确性意见及支持意见的理由要充分。

2）数据可靠。必须是经过反复验证，确定证明正确、准确可用的数据。

3）引证有力。证明论题判断的论据在引进时要充分，要有说服力，经得起推敲，经得起验证。

4）论证严密。引用论据或个人了解、理解证明时要严密，使读者口服心服。

5）判断准确。结论对事物做出的总结性判断要准确，有科学性、概括性、严密性、总结性。

6）有一定的学术水平。撰写论文时，要注意论文的学术水平。

7）实事求是。文字陈述简练，不夸张臆造，不弄虚作假，全文的长短根据内容的需要而定。

论文是学术性的文章，尽可能用学术用语，主要是要进行论述。行文要求准确、精练、流畅。

总之，编写论文的要求是整洁、完备、内容正确、概念清楚、数据可靠、文字通顺、图样齐全、符合规范等。

6. 论文的书写规范和编写格式

1）毕业设计论文统一使用A4纸撰写，单面使用，背面不得书写正文或绘制图表。版芯统一为：39行×40字。

2）论文可以利用计算机编辑、打印，也可以用手工抄写。若用手工抄写，同一篇论文只能用一种墨水书写（包括文字和图表），绘制图表必须使用直尺或三角板等工具。

3）全篇论文应分章节编写，各章内容应安排得当，不宜太少。一般每一章至少应安排两节，每节内容一般不少于两页。全篇论文的字数要求为：技师不少于3000字；高级技师不少于5000字。

4）论文编排格式为：每章标题以三号黑体居中书写；“章”下空两行为“节”，以四号黑体左起书写；“节”下另一行为“小节”，以小四号黑体左起书写。换行后空两格书写论文正文。正文采用小四号宋体。

编排格式说明如下：

第一章　××××（三号黑体居中书写）

1.1　××××　（四号黑体、左起书写）

1.1.1　××××　（小四号黑体、左起书写）

1. ××××　（小四号宋体、空两格书写）

××××　（正文、采用小四号宋体）

2. ××××

××××

1.1.2　××××

1.2　××××

1.2.1　××××

5）论文中的图、表、公式一律采用阿拉伯数字分章编号，如：图1-4、表2-5、式(3-6)等。

论文中所有的图都必须有图号和图名。图号、图名居中置于图的下方，图号在前，图名在后，两者间空一格，末位不加标点。图中的术语、符号、单位等应与正文的表述一致。

论文中所有的表都必须有表号和表名。表号、表名居中置于表的上方，表号在前，表名在后，两者间空一格，末位不加标点。表中的参数应标明量和单位的符号。

图号、图名、表号、表名一律采用五号楷体字。公式应另起一行并居中书写，公式的编号用括号括起来，写在右边行末，其间不加虚线。图、表、公式等与正文之间要有一定的距离。

6）“参考文献”四字居中用三号黑体字，空一行左起按顺序依次列出。

7. 工程图的绘制

技术分析（或设计）的结果，除了用文字说明外，还必须用工程图表达。技术分析（或设计）中，要绘制2～5幅工程图。工程图的绘制，一定要符合规范，例如，技术制图的比例要遵循中华人民共和国国家标准GB/T 14690—1993，而字体要遵循GB/T 1491—1993。没有国家标准的，应符合部颁标准或行业规范。

三、论文评阅和答辩

1. 论文评阅

（1）指导教师评阅　编写论文结束后，学员要将论文（或论文复印件）、调研报告等材料分别装订成册，交给鉴定机构（或指导教师）。

指导教师在收到学员交来的论文后，要认真予以批阅，对存在的问题和错误应明确指出，并写出批改意见。若发现论文存在典型问题（在内容、概念上，或是在写作格式、写作行文上），都必须要求学员限期改正，否则不予通过。

（2）论文评阅人评阅　论文评阅人要根据学员和指导教师所提供的材料，着重审查论文的文本质量（包括选题是否符合要求、内容是否正确等），并对编写（或设计）思路、理论观点、知识应用能力、创新能力及文本图样的规范性、文字表达能力，其他附件的质量、水平等，客观地给出评语和评阅成绩。

2. 论文答辩

答辩是编写专业论文（或设计）工作的最后一个环节，培训单位（或鉴定机构）要组织专家、高级考评员和专业教授对学员的论文（或设计）进行审核并进行答辩。

论文答辩是衡量学员编写论文和学习质量的重要手段。通过学员的口述及对答辩委员所提问题作出的答复，对学员的专业素质和工作能力、口头表达能力及应变能力进行综合考核，对学员知识面的宽窄及对所掌握技能的熟练程度作出判断。

每个专业应成立答辩委员会，审查学员的答辩资格，组织学员进行答辩，研究确定答辩意见和论文（或设计）成绩等。

毕业设计答辩工作的整个程序和要求如下：

（1）答辩资格审查　对未完成论文编写或编写的论文严重不符合要求者，一律取消答辩资格。

综合考虑前期培训学习和后期准备的情况，对严重不符合要求者，也不能获得答辩资格。

（2）进行答辩工作　每个答辩组一般由2~4名专家组成，成员需是教授、高级考评员、高级技师或高级工程师等。答辩组的职责是：审阅学员论文、对学员的答辩资格给予审定、组织并主持答辩、讨论并确定最后成绩及评语。

1）学员自述。学员自述内容的时间一般不少于10min，学员可以使用挂图、投影仪等设备，自述论文（或设计）课题的目的、要求、设计思想、设计方案及主要特点，分析（或计算）的主要依据及结论，软、硬件设计调试的体会和改进意见等。

对于可演示的课题，答辩组可以要求学员在答辩前或答辩后，在计算机房（或实验室）对成果加以演示，时间一般不超过10min。

2）学员答辩。自述后，答辩组提出问题，学员回答。答辩组提出的问题，一般应围绕学员编写论文（或设计）和本专业的相关知识进行。

提出的问题不应过深过偏。对表现突出的学员，可适当地增加问题的难度以考察其水平；对个别基础较差、表现欠佳的学员，也可以进行适当的启发。因此，要求答辩组成员应了解本专业动态和发展状况。

答辩时的注意事项：

① 参加答辩的学员在答辩前应做好答辩准备工作，准备答辩提纲、挂图或绘制幻灯片等。

② 答辩过程中要求学员严肃认真，介绍内容时应阐述清楚，重点突出。回答问题准确、论据充分，切忌答非所问。

③ 对不知道的问题要实事求是地说明；对没有听明白的问题，可以请专家重述；当被误解时，一定要据理申辩，但应注意方式、方法。

④ 参加答辩的学员必须着装整洁，注意礼貌，尊重答辩组的专家。

3）答辩组记录成绩。答辩组成员在答辩过程中对每个学员的答辩情况应作必要的记录，以便评议成绩时作为依据。

答辩结束后，答辩组根据评阅人和指导教师的意见、学员在答辩会上的表现，经过充分讨论，给出评语及成绩。

3. 答辩成绩评定

论文的成绩一般采用五级计分制（优秀、良好、中等、及格和不及格）。

（1）优秀　按时圆满完成论文任务书所规定的全部任务，能熟练地综合运用所学理论和专业知识，设计方案合理，立论准确，计算、分析、实验正确、严谨，综合分析问题、解决问题能力以及独立工作能力较强，表现出某些独特的见解或有创造性，水平较高。

论文编写完备，内容正确，概念清楚，数据可靠，分析透彻，文字通顺，书写工整，图样、资料齐全，并符合规范。

答辩时，思路清晰，阐述清楚，论点正确，能熟练、正确、深入地回答问题。

（2）良好　按时独立地完成论文任务书所规定的全部任务，能较好地运用所学理论和专业知识，设计方案合理，立论准确，计算、分析、实验正确，工作能力强，具有较强的综合分析问题、解决问题能力，设计有一定的水平。

论文编写完备，内容正确，概念清楚，数据可靠，文字通顺，书写工整，图样、资料齐全，并符合规范。

答辩时，思路清晰，阐述清楚，论点基本正确，能正确地回答问题。

（3）中等　按时独立地完成论文所规定的任务，运用所学理论和专业知识基本正确，在非主要内容上有欠缺和不足，立论准确，计算、分析、实验正确，具有一定的分析问题、解决问题能力，论文水平一般。

论文编写内容正确，但论述有个别错误或表达不太清楚，文字基本通顺，书写不够工整，图样、资料齐全，但质量一般或有小的缺陷。

答辩时，阐述基本清楚，对主要问题的回答基本正确。

（4）及格　在指导教师的帮助下，能按时完成论文任务，独立工作能力较差，运用所学理论和专业知识基本正确，在非主要内容上有欠缺和不足，立论基本准确，计算、分析、实验基本正确，论文基本符合要求。

论文编写内容基本正确，但论述有个别错误或表达不太清楚，书写基本工整，图样、资料质量不高，个别错误明显。

答辩时，主要问题能答出，或经启发后能答出。

（5）不及格　未能完成论文任务，或基本概念和基本技能未能掌握。在运用所学理论和专业知识中出现不应有的原则性错误。在方案论证、计算、分析等工作中，表现能力较差。

论文编写概念不清，图样、资料不全，质量不高，有原则性错误。

答辩时，对论文的主要内容阐述不清，基本概念糊涂，对主要问题回答有错，有些问题经启发后仍不能正确回答。

四、维修电工技师论文范例

（一）设备管理方面的论文

数控设备管理与预防性维修实践

摘要： 数控机床的拥有是企业实力的体现，最大限度地利用数控设备，对企业效益是十分有益的。企业不能只注意设备的利用率和最佳功能，还必须重视设备的保养与维修，它是企业生产的“先行官”，直接影响数控设备能否长期正常运转的关键。

1. 数控设备的管理

(1) 数控设备的管理模式　数控设备的使用情况直接影响着企业的生产效率和经济效益，而管理方式又直接决定着数控设备的使用，可见数控设备的管理是十分重要的。在数控设备使用初期，由于数控设备少，类型单一，并且集中在一两个单位，因此，各有关单位自身形成数控设备管理、使用、维修三位一体的封闭型管理模式。随着生产发展，越来越多的设备使用了数控技术，使得数控设备难以集中在一个单位，许多生产车间，都有了数控设备。因此，上述的管理模式就难以适用了。如若采用上述模式，每个单位均要建立维修机构及人员，必然造成人力、物力和财力的极大浪费，现实的条件也是不允许的。所以，目前采用了数控设备使用及数控工艺归车间负责，管理和维修归机动部门负责的现代化管理模式。

(2) 数控设备的基础管理和技术管理　对于企业来说，数控机床的拥有是企业的实力体现，最大限度地利用数控设备，对企业效益是十分有益的。企业不能只注意设备的利用率和最佳功能，还必须重视设备的保养与维修，它是企业生产的“先行官”，直接影响数控设备能否长期正常运转的关键。为保持数设备完好技术状态，使其充分发挥效用，在设备基础管理和技术管理工作上应着重抓好以下几方面：

① 健全维修机构。机动部门设置数控设备维修室，承担全厂数控设备的管理和维修工作。他们是由具有丰富经验的老技师和具有很强专业化知识、责任心并有一定实际工作能力的机械、电气工程师组成。设备使用单位设置数控设备维修员，专门负责本单位数控设备的日常维护工作。

② 制定和健全规章制度。针对数控机床的特点，逐步制定相应的管理制度，例如数控设备管理制度、数控设备的安全操作规程、数控设备的操作使用规程、数控设备的维修制度、数控设备的技术管理办法、数控设备的维修保养规程、数控设备的电器、机械维修技术人员的职责范围、数控设备电气和机械维修工人的职责范围等，要使设备管理更加规范化和系统化。

③ 建立完善的维修档案。建立数控设备维护档案及交接班记录，将数控设备的运行情况及故障情况详细记录，特别是对设备发生故障的时间、部位、原因、解决方法和解决过程予以详细的记录和存档，以便在今后的操作、维修工作中参考、借鉴。

④ 建立基础管理信息库。建立数控设备信息库，详细描述数控设备的基本特征，提供设备能力的基础数据，以作为今后数控设备的管理、应用、产品加工、设备调整和维修的参考依据。

⑤ 加强数控设备的验收。为确保新设备的质量，应加强设备安装调试和验收工作，尤其是设备验收这一环节，应制定严格的把关措施，对照合同、技术协议、国际和国内有关标准及验收大纲规定的项目逐项检查。验收内容包括：出厂时的验收（在制造厂组装质量监检），设备开箱前的包装检查、开箱后零部件外观和数量的检查，对配套的各种资料、使用手册、维修手册、附件说明书、系统软件及说明书等仔细核对妥善保管，特别对系统软件要予以备份。这样，对今后设备附加功能的开发和机床的保养和维修带来方便。机床调试完成后，利用 RS-232 接口对机床参数进行数据传输作为备用，以防机床文件（参数）丢失。

⑥ 加强维修队伍建设。数控设备是集机、电、液（气）、光于一身的高技术产品，技术含量高，操作和维修难度大。所以，必须建立一支高素质的维修队伍以适应设备维修的需要。可以采取多种形式进行培训，一是利用设备安装调试，让生产厂家对操作、维修、编程、管理人员进行现场培训；二是走出去、请进来，学习、参观、实践；三是采用内部办学习班的方法进行培训，以便尽快掌握设备操作技术和维修保养技术。

⑦ 建立数控设备协作网。由于数控设备千差万别，它们的硬件、软件配套不尽相同，这样给维修工作带来了很多困难。为此，应该与使用同类型数控设备的单位建立友好联系，经常就管理和维修方面的经验进行交流，互通信息，这样对数控机床的使用起到了一定的推动作用。

2. 数控设备的预防性维修

所谓预防性维修，就是要把有可能造成设备故障和出了故障后难以解决的因素排除在故障发生之前。一般来说应包含：设备的选型、设备的正确使用和运行中的巡回检查。

（1）从维修角度看数控设备的选型　在设备的选型调研中，除了设备的可用性参数外，其可维修性参数应包含：设备的先进性、可靠性、可维修性技术指标。先进性是指设备必须具备时代发展水平的技术含量；可靠性是指设备的平均无故障时间、平均故障率，尤其是控制系统是否通过国家权威机构的质检考核等；可维修性是指其是否便于维修，是否有较好的备件市场购买空间，各种维修的技术资料是否齐全，是否有良好的售后服务、维修技术能力是否具备和设备性能价格比是否合理等。这里特别要注意图样资料的完整性、备份系统盘、PLC 程序软件、系统传输软件、传送手段、操作口令等，缺一不可。对使用方的技术培训不能走过场，这些都必须在定货合同中加以注明和认真实施，否则将对以后的工作带来后患。

另外，如果不是特殊情况，尽量选用同一家的同一系列的数控系统，这样，对备件、图样、资料、编程、操作都有好处，同时也有利于设备的管理和维修。

（2）坚持设备的正确使用　数控设备的正确使用是减少设备故障、延长使用寿命的关键，它在预防性维修中占有很重要的地位。据统计，有 1/3 的故障是人为造成的，而且一般性维护（如注油、清洗、检查等）是由操作者进行的，解决的方法是：强调设备管理、使用和维护意识，加强业务、技术培训，提高操作人员素质，使他们尽快掌握机床性能，严格执行设备操作规程和维护保养规程，保证设备运行在合理的工作状态之中。

（3）坚持设备运行中的巡回检查　根据数控设备的先进性、复杂性和智能化高的特点，使得它的维护、保养工作比普通设备复杂且要求高得多。维修人员应通过经常性的巡回检查，如 CNC 系统的排风扇运行情况，机柜、电机是否发热，是否有异常声音或有异味，压力表指示是否正常，各管路及接头有无泄漏、润滑状况是否良好等，积极做好故障和事故预防，若发现异常应及时解决，这样做才有可能把故障消灭在萌芽状态之中，从而可以减少一切可避免的损失。

3. 数控设备维修实例

（1）数控系统的故障诊断

① 系统自诊断。一般 CNC 系统都有较为完备的自诊断系统，上电初始化时或运行中均能对自身或接口做出有限的自诊断。维修人员应熟悉系统自诊断各种报警信息。根据说明书进行分析以确定故障范围。定位故障元器件，对于进口的数控系统一般只能定位到板级。

② 数控系统的软故障。数控系统的软故障是指控制系统的系统软件和PLC程序。有的系统把它们写在EPROM中插在主机板上，有的驻留在硬盘上。一旦这些软件出现问题，系统将造成全部或局部混乱，当分析到确定是软件故障时，应当使用备用软件或备用EPROM换上，严格按操作步骤经初始化后试运行。这类故障只要有备份文件一般不难恢复。其难度在于备份软件不完备或专用传送设备不具备或生产厂家操作手段中设置口令保密等因素造成无法恢复。

③ 利用PLC程序定位机床与CNC系统接口故障。现在一般CNC控制系统均带有PLC控制器，大多为内置式PLC控制。维修人员应根据梯形图对机床控制电器进行分析，在CRT上直观地看出CNC系统I/O的状态。通过PLC程序的逻辑分析，方便地检查出问题存在部位。如FANUC—OT系统中自诊断页面，FANUC—7M系统中的T指令等。

(2) 故障排除步骤

① 询问操作者故障发生的原因。当故障发生后，维修人员一般不要急于动手，要仔细询问故障发生时机床处在什么工作状态、表现形式、产生的后果、是否是误操作、故障能否再现等。

② 表面与基本供电检查。主要观察设备有无异常情况，如机械卡住、电机烧坏、熔丝熔断等。首先检查AC\DC电源是否正常，尽可能地缩小故障范围。

③ 分析图样，确定故障部位。根据图样PLC梯形图进行分析，以确定故障部位是机械、电气、液压还是气动故障。

④ 扩大思路，根据经验分析。根据经验分析，一定要扩大思路，不局限于维修说明书上的内容。维修资料只提供一个思路，有时局限性很大。如本单位有一台FANUC—OT数控车床，开机后CRT无画面，电源模块报警指示灯亮，根据维修说明书所讲，发现CRT和I/O接口公用的DC 24V电源，正端与直流地之间仅有1~2Ω电阻，而同类设备应有155Ω电阻，按资料上讲，这类故障一般在主板，只能送到厂家去修，而我们扩大思路，先拔掉M18电缆插头，故障仍在，后拔掉C—Sl4插头上有短路现象，排除后，机床恢复正常。

(3) 故障排除举例

① 某XH716数控加工中心，系统为FANUC-OM系统，一次出现故障408报警，经查为伺服系统报警，意为反馈信息不良，经测量电缆信号线正常，但插上去后，该脉冲编码器+5V电源没有，检查伺服系统上+5V电源正常，插上去后没有，后怀疑其电缆插头与伺服上的电缆插座接触不良，排除后，机床恢复正常。这台机床在加工中经常出现过载报警，报警号为434，表现形式为主轴电动机电流过大，电动机发热，停上40min左右报警消失，接着再工作一段时间，又出现同类报警。经检查分析，认为电气伺服系统无故障，估计是负载过重带不动造成。为了区分是电气故障不再出现，由此确认为机械丝杠或运动部位过紧造成。调整主轴丝杠防松螺母后，效果不明显，后来又调整主轴导轨斜铁，机床负载明显减轻，该故障排除。

② 某单位改造一台C6140A型数控车床，系统为台湾产HUST，开机后，经调整却找不到零点。经分析，回零原理是，回零过程中压零位开关后减速，反方向移动，找脉冲编码器的栅格零脉冲后应停住，前面执行动作均正常，但减速返回时找不到零点，估计无脉冲编码器零脉冲或该信号线断开，后换一个脉冲编码器，机床恢复正常工作。

③ SAJO HMC630—P型卧式加工中心，数控系统为西门子840C，一次开机后B轴不能

运动，经检查，B 轴电磁阀已动作，但 PLC 显示 B 轴未放松。判断压力开关有问题，拆下后经检查，发现该开关触头损坏，更换一个压力开关后该故障被排除。

4. 数控设备管理和维修工作的几点体会

1）数控设备作为一种高精尖的机械加工设备，综合了机械、电子、计算机等多门学科，因此对数控设备的专业管理要求越来越高，目前数控设备的主要问题可归结为：管理、维修和提高。即实行科学的管理方法，发挥数控设备的最佳效能：加强维修力量，建立一支机械、电气、动力、计算机软硬件等专业维修队伍，提高维修人员的理论、技术水平，特别是要提高他们对故障的判别能力及排除故障的处理能力，同时也要提高操作、编程人员的技术水平。

2）数控设备维修实际上是一项很复杂、技术含量很高的一项工作，由于数控设备与普通设备有较大的差别，因而对维修人员技术水平要求也十分高，不但要在电气系统上下功夫，还要具备机械、液压、光学等方面的知识，因为数控设备是机电一体化的综合体，例如数控仿形头既有传感器、A/D 转换，也有机械位移装置，融合在一起，要知识面广才能够胜任工作，认真、仔细、大胆、负责及技术上要过得发硬是最基本的要求。

数控管理是一门十分丰富的综合工程学，既要有先进的设备，又要有好的设备维修，更要有科学的设备管理。根据数控设备的特点和工作经验，应进一步探索对数控设备新的管理模式，使其更好地为科研生产服务。

（二）检修工艺方面的论文

数控机床常见故障诊断及排除方法

摘要：本文阐述了数控机床常见故障的诊断原则、诊断技术，以及数控机床的常见故障分析及排除方法，并列举了部分故障实例。

数控机床是一种技术含量较高的机电一体化高效自动化设备，它综合了计算机技术、自动化技术、伺服驱动、精密测量和精密机械等各个领域的新的技术成果，是一门新兴的工业控制技术。不同的数控系统虽然在结构和性能上有所区别，但在故障诊断上有它们的共性，现结合工作实际谈一下数控机床故障分析和维修的一般方法。

数控机床故障维修通常按照：现场故障的诊断与分析、故障的测量维修与排除、数控系统的试车这三个步骤进行。

1. 数控机床故障诊断的原则

在故障诊断时应掌握以下原则：

（1）先外部后内部　现代数控系统的可靠性越来越高，数控系统本身的故障率越来越低，而大部分故障的发生则是非系统本身原因引起的。由于数控机床是集机械、液压、电气为一体的，其故障的发生也会由这三者综合反映出来。维修人员应先由外向内逐一进行排查。尽量避免随意地启封、拆卸，否则会扩大故障范围，使机床丧失精度、降低性能。系统外部的故障主要是由于检测开关、液压元件、气动元件、电气执行元件、机械装置等出现问题而引起的。

（2）先机械后电气　一般来说，机械故障较易发觉，而数控系统及电气故障的诊断难度较大。在故障检修之前，首先注意排除机械性故障。

(3) 先静态后动态 先在机床断电的静止状态下，通过了解、观察、测试、分析，确认通电后不会造成故障扩大、发生事故后，方可给机床通电。在运行状态下，进行动态的观察、检验和测试，查找故障。而对通电后会发生破坏性故障的，必须先排除危险后，方可通电。

(4) 先简单后复杂 当出现多种故障互相交织，一时无从下手时，应先解决容易的问题，后解决难度较大的问题。往往简单问题解决后，难度大的问题也可能变得容易一些。

2. 数控机床的故障诊断技术

数控机床是高技术密集型产品，要想迅速而正确地查明原因并确定其故障部位，要借助于一定的诊断技术。随着微处理器的不断发展，诊断技术也由简单的诊断朝着多功能的高级诊断或智能化方向发展。诊断能力的强弱也是评价 CNC 数控系统性能的一项重要指标。目前所使用的各种 CNC 系统诊断技术大致可分为以下几类：

(1) 起动诊断 起动诊断是指 CNC 系统每次从通电开始，系统内部诊断程序就自动执行诊断。诊断的内容为系统中最关键的硬件和系统控制软件，如 CPU、存储器、I/O 等单元模块，以及 MDI/CRT 单元、纸带阅读机、软盘单元等装置或外部设备。只有当全部项目都确认正确无误之后，整个系统才能进入正常运行的准备状态。否则，将在 CRT 画面或发光二极管用报警方式指示故障信息。此时起动诊断过程不能结束，系统无法投入运行。

(2) 在线诊断 在线诊断是指通过 CNC 系统的内装程序，在系统处于正常运行状态时对 CNC 系统本身及与 CNC 装置相连的各个伺服单元、伺服电动机、主轴伺服单元和主轴电动机以及外部设备等进行自动诊断、检查。只要系统不停电，在线诊断就不会停止。

在线诊断一般包括自诊断功能的状态显示有上千条，常以二进制的 0、1 来显示其状态。对正逻辑来说，0 表示断开状态，1 表示接通状态，借助状态显示可以判断出故障发生的部位。常用的有接口状态和内部状态显示，如利用 I/O 接口状态显示，再结合 PLC 梯形图和强电控制线路图，用推理法和排除法即可判断出故障点所在的真正位置。故障信息大都以报警号形式出现。一般可分为以下几大类：过热报警类、系统报警类、存储报警类、编程/设定类、伺服类、行程开关报警类和印制线路板间的连接故障类。

(3) 离线诊断 离线诊断是指数控系统出现故障后，数控系统制造厂家或专业维修中心利用专用的诊断软件和测试装置进行停机（或脱机）检查。力求把故障定位到尽可能小的范围内，如缩小到某个功能模块、某部分电路，甚至某个芯片或元件，这种故障定位更为精确。

(4) 现代诊断技术 随着电信技术的发展，IC 和微机性价比的提高，近年来国外已将一些新的概念和方法成功地引用到诊断领域。

1) 通信诊断：也称为远程诊断，即利用电话通信线把带故障的 CNC 系统和专业维修中心的专用通信诊断计算机连接进行测试诊断。如西门子公司在 CNC 系统诊断中采用了这种诊断功能，用户把 CNC 系统中专用的“通信接口”连接在普通电话线上，而西门子公司维修中心的专用通信诊断计算机的“数据电话”也连接到电话线路上，然后由计算机向 CNC 系统发送诊断程序，并将测试数据输回到计算机进行分析并得出结论，随后将诊断结论和处理办法通知用户。

通信诊断系统还可为用户作定期的预防性诊断，维修人员不必亲临现场，只需按预定的时间对机床作一系列运行检查，在维修中心分析诊断数据，可发现存在的故障和隐患，以便及早采取措施。当然，这类 CNC 系统必须具备远程诊断接口及联网功能。

2）自修复系统：就是在系统内设置有备用模块，在 CNC 系统的软件中装有自修复程序，当该软件在运行时一旦发现某个模块有故障时，系统一方面将故障信息显示在 CRT 上，同时自动寻找是否有备用模块，如有备用模块，则系统能自动使故障脱机，而接通备用模块使系统能较快地进入正常工作状态。这种方案适用于无人管理的自动化工作场合。

机床在实际使用中也有些故障既无报警，现象也不是很明显，对这种情况，处理起来就不那样简单了。另外有些设备出现故障后，不但无报警信息，而且缺乏有关维修所需的资料。对这类故障的诊断处理，必须根据具体情况仔细检查，从现象的微小之处进行分析，找出它的真正原因。要查清这类故障的原因，首先必须从各种表面现象中找出它的真实故障现象，再从确认的故障现象中找出发生的原因。

全面地分析一个故障现象是决定判断是否正确的重要因素。在查找故障原因前，首先必须了解以下情况：故障是在正常工作中出现的还是刚开机就出现的；出现的次数是第一次还是已多次发生；确认机床加工程序的正确性；是否有其他人员对该机床进行了修理或调整；故障发生时的现象与现场的情况是否有差别等。

3. 数控机床的常见故障与排除方法

由于数控机床故障比较复杂，同时数控系统自诊断能力还不能对系统的所有部件进行测试，往往是一个报警号指示出众多的故障原因，使人难以入手。以下介绍维修人员在生产实践中常用的故障排除方法。

（1）直观检查法　维修人员根据对故障发生时的各种光、声、味等异常现象的观察，确定故障范围，可将故障范围缩小到一个模块或一块电路板上，然后再进行排除。一般包括以下几方面：

1）询问：向故障现场人员仔细询问故障产生的过程、故障表象及故障后果等。

2）目视：总体查看机床各部分工作状态是否处于正常状态，各电控装置有无报警指示，局部查看有无熔丝烧断，元器件烧焦、开裂、电线电缆脱落，各操作元件位置正确与否等。

3）触摸：在整机断电条件下可以通过触摸各主要电路板的安装状况、各插头座的插接状况、各功率及信号导线的连接状况以及用手摸并轻摇元器件，尤其是大体积的阻容、半导体器件有无松动之感，以此可检查出一些断脚、虚焊、接触不良等故障。

4）通电：为了检查有无冒烟、打火，有无异常声音、气味以及触摸有无过热电动机和元件存在而通电，一旦发现立即断电分析。如果存在破坏性故障，必须排除后方可通电。

【故障现象】一台数控加工中心在运行一段时间后，CRT 显示器突然出现无显示故障，而机床还可继续运转；停机后再开又一切正常。

【分析和排除】观察发现，设备运转过程中，每当发生振动时故障就可能发生。初步判断是存在元器件接触不良现象。当检查显示板时，CRT 显示突然消失。检查发现有一晶振的两个引脚均虚焊松动。重新焊接后，故障消除。

（2）初始化复位法　一般情况下，由于瞬时故障引起的系统报警，可用硬件复位或开关系统电源依次来清除故障。若系统工作存储区由于掉电、拔插电路板或电池欠电压造成混乱，则必须对系统进行初始化清除，清除前应注意做好数据备份记录，若初始化后故障仍无法排除，则进行硬件诊断。

【故障现象】一台数控车床当按下自动运行键时，微机拒不执行加工程序，也不显示故障自检提示，显示屏幕处于复位状态（只显示菜单）。有时手动、编辑功能正常，检查用户程序、各种参数完全正确；有时因记忆电池失效，更换记忆电池等，系统显示某一方向尺寸超量或各方向的尺寸都超量（显示尺寸超过机床实际能加工的最大尺寸或超过系统能够认可的最大尺寸）。

【分析和排除】采用初始化复位法使系统清零复位（一般要用特殊组合键或密码）。

（3）自诊断法　数控系统已具备了较强的自诊断功能，并能随时监视数控系统的硬件和软件的工作状态。利用自诊断功能，能显示出系统与主机之间的接口信息的状态，从而判断出故障发生在机械部分还是电气部分，并显示出故障的大体部位（故障代码）。

1）硬件报警指示：是指包括数控系统、伺服系统在内的各电气装置上的各种状态和故障指示灯，结合指示灯状态和相应的功能说明便可获知指示内容及故障原因与排除方法。

2）软件报警指示：系统软件、PLC 程序与加工程序中的故障通常都设有报警显示，依据显示的报警号对照相应的诊断说明手册便可获知可能的故障原因及排除方法。

（4）功能程序测试法　将数控系统的 G、M、S、T、F 功能用编程法编成一个功能试验程序，并存储在相应的介质上，如纸带和磁带等。在故障诊断时运行这个程序，可快速判定故障发生的可能起因。功能程序测试法常应用于以下场合：

1）机床加工造成废品而一时无法确定是编程操作不当，还是数控系统故障引起。

2）数控系统出现随机性故障，一时难以区别是外来干扰，还是系统稳定性不好。

3）闲置时间较长的数控机床在投入使用前或对数控机床进行定期检修时。

【故障现象】一台 FANUC9 系统的立式铣床在自动加工某一曲线零件时出现爬行现象，表面粗糙度极差。

【分析和排除】在运行测试程序时，直线、圆弧插补时皆无爬行，由此确定原因在编程方面。对加工程序仔细检查后发现该曲线由很多小段圆弧组成，而编程时又使用了正确定位外检查 G61 指令。将程序中的 G61 指令取消，改用 G64 指令后，爬行现象消除。

（5）备件替换法　用完好的备件替换诊断出损坏的电路板，即在分析出故障大致起因的情况下，维修人员可以利用备用的印制电路板、集成电路芯片或元器件替换有疑点的部分，从而把故障范围缩小到印制电路板或芯片一级，并进行相应的初始化起动，使机床迅速投入正常运转。

对于现代数控系统的维修，越来越多的情况采用这种方法进行诊断，然后用备件替换损坏模块，使系统正常工作。尽最大可能缩短故障停机时间，使用这种方法在操作时注意一定要在停电状态下进行，还要仔细检查电路板的版本、型号、各种标记、跨接是否相同，若不一致则不能更换。拆线时应做好标识和记录。

一般不要轻易更换 CPU 电路板、存储器电路板及电池，否则有可能造成程序和机床参数的丢失，使故障范围扩大。

【故障现象】一台采用西门子 SINUMERIK SYSTEM 3 系统的数控机床，其 PLC 采用 S5-130W/B，一次发生故障时，通过 NC 系统 PC 功能输入的 R 参数，在加工中不起作用，不能更改加工程序中 R 参数的数值。

【分析和排除】通过对 NC 系统工作原理及故障现象的分析，认为 PLC 的主板有问题，与另一台机床的主板对换后，进一步确定为 PLC 主板的问题。经专业厂家维修，故障被排除。

(6) 交叉换位法 当发现故障电路板或者不能确定是否是故障板而又没有备件的情况下，可以将系统中相同或相兼容的两个电路板互换检查，例如将两个坐标的指令板或伺服板进行交换，从中判断故障板或故障部位。应特别注意的是，不仅要保证硬件接线的正确交换，还要将一系列相应的参数交换，否则不仅达不到目的，反而会产生新的故障造成思维混乱，一定要事先考虑周全，设计好软、硬件交换方案，准确无误再行交换检查。

【故障现象】一台数控车床出现 X 向进给正常，Z 向进给出现振动、噪声大、精度差，采用手动和手摇脉冲进给时也如此。

【分析和排除】观察各驱动板指示灯亮度及其变化基本正常，怀疑是 Z 轴步进电动机及其引线开路或 Z 轴机械故障。于是将 Z 轴电动机引线换到 X 轴电动机上，X 轴电动机运行正常，说明 Z 轴电动机引线正常；又将 X 轴电动机引线换到 Z 轴电动机上，故障依旧；可以断定是 Z 轴电动机故障或 Z 轴机械故障。测量电动机引线，发现一相开路。修复步进电动机，故障排除。

(7) 参数检查法 系统参数是确定系统功能的依据，参数设定错误就可能造成系统的故障或某项功能无效。发生故障时应及时核对系统参数，参数一般存放在磁泡存储器或存放在需由电池保持的 CMOS RAM 中，一旦电池电量不足或由于外界的干扰等因素，使个别参数丢失或变化，发生混乱，使机床无法正常工作。此时，可通过核对、修正参数，将故障排除。

【故障现象】一台数控车床数控刀架换刀突然出现故障，系统无法自动运行，在手动换刀时，总要过一段时间才能再次换刀。

【分析和排除】通过对刀补等参数进行检查，发现一个手册上没有说明的参数 P20 变为 20，经查有关资料 P20 是刀架换刀时间参数，将其清零，故障排除。

有时由于用户程序和参数错误也可能造成故障停机，对此可以采用系统的程序自诊断功能进行检查，改正所有错误，以确保其正常运行。

(8) 测量比较法 CNC 系统生产厂在设计印制电路板时，为了调整和维修方便，在印制电路板上设计了一些检测端子。维修人员通过测量这些检测端子的电压或波形，可检查有关电路的工作状态是否正常。但利用检测端子进行测量之前，应先熟悉这些检测端子的作用及有关部分的电路或逻辑关系。

(9) 敲击法 当系统故障表现为有时正常有时不正常时，基本可以断定为元器件接触不良或焊点开焊，利用敲击法检查时，当敲击到虚焊或接触不良的故障部位时，故障就会出现。

(10) 局部升温法 数控系统经过长期运行后元器件均要老化，性能变坏。当它们尚未完全损坏时，出现的故障就会时有时无。这时用电烙铁或电吹风对被怀疑的元器件进行局部加温，会使故障快速出现。操作时，要注意元器件的温度参数等，注意不要损坏好的元器件。

(11) 原理分析法 根据数控系统的组成原理，可从逻辑上分析各点的逻辑电平和特性参数，如电压值和波形，使用仪器仪表进行测量、分析、比较，从而确定故障部位。

除以上常用的故障检测方法之外，还可以采用拔插板法、电压拉偏法、开环检测法等。

总之，根据不同的故障现象，可以同时选用几个方法灵活应用、综合分析，才能逐步缩小故障范围，较快地排除故障。

4. 数控机床维修后的开机调试

在数控机床的故障排除后，通常分两步进行通电试车：

（1）自动状态试验　将机床锁住，用编制的程序进行空运转试验，验证程序的正确性，然后放开机床，分别将进给倍率开关、快速超调开关、主轴速度超调开关进行多种变化，使机床在上述各开关的多种变化的情况下进行充分的运行，最后将各超调开关置于100%处，使机床充分运行，观察整机的工作情况是否正常。

（2）正常加工试验　夹装好工件按正常程序进行加工，加工后检查工件的加工精度是否符合标准要求。

5. 数控机床维修调试后的技术处理

在现场维修调试结束后，应认真填写维修记录，列出有关必备的备件清单，建立用户档案。对于故障时间、现象、分析诊断方法，以及所采用的排除故障的方法，如果有遗留问题也应详尽记录，这样不仅使每次故障都有据可查，而且也可以不断积累维修经验。

第二节　理论培训与指导操作

技师和高级技师应具有对高级工及以下技术等级的工人进行培训与指导的能力。

一、培训与指导的方法和要求

培训与指导应根据学员的实际情况，合理使用科学的教学方法。

培训教学方法是指在培训与指导教学过程中经常运用的方法。主要有以下几种形式：

（1）讲解法　讲解法，是教师根据培训与指导教学课题的要求，运用准确而系统的语言向学员讲解教程，叙述事实，说明意义、任务和内容，并说明完成这些工作的操作要领等。在讲解中，语言应具有逻辑性、针对性和指示性。

（2）示范操作法　示范操作法，是直观性的教学形式，是实践教学中极为重要的教学手段。示范操作可以使学员直观、具体、形象、生动地进行学习。只讲解而不操作，学员是很难掌握好操作技能的。这样，不仅易于理解和接受，同时可以清晰地把观察过的示范操作形象地在头脑中重现，然后进行模仿训练。因此，示范操作法就成为操作技能教学中十分重要的、经常采用的方法。按其内容可分为操作演示、直观教具演示和产品（实物）展示等。

1）操作演示。演示动作一定要准确无误，可以分以下几种：

① 慢速演示：有时用通常速度演示不易看清演示的内容，可以慢速反复演示的方法，这样可以收到良好的效果。

② 分解演示：就是把完整的操作过程，划分为几个简单的动作进行分解演示。

③ 重点演示：对关键部分要重点演示，以便于学员理解、记忆和掌握。

④ 边演示边讲解：在演示的同时，还要讲清动作的特点和要点，以及如何防止发生事故。

⑤ 正常操作的演示：演示在开始和结束时，都要以正常速度，把几个不同的操作动作进行有机地衔接，形成一个完整的操作过程进行演示，以便使学员获得完整的操作过程的概念。

2）直观教具演示。直观教具是多种多样的，大体可分为实物和图表两种。实物教具有设备、材料、工具、量具、实习样品等。图表教具有图样、图画、技术卡片、表格等。

在培训教学中实物演示更为重要，要充分发挥它的作用。图表的演示，可以弥补实物演示的不足，便于教师讲解，也是培训时不可缺少的方法。培训指导教师必须说明在演示过程中要求学员观察什么，掌握什么，通过演示给学员以具体、生动的形象，从而掌握知识和技能。

3）产品（实物）展示。产品（实物）展示，主要是通过产品或实物的形象运动或操作给学员以实感，增加学员对产品（实物）的认识能力。也可以选择优良的产品进行展览，通过展品与学员自己的实习产品作比较，使学员学习到制作优质产品的经验，以进一步提高自己的操作技能。

（3）指导操作训练法　指导操作训练法，是指导学员应用专业理论知识进行反复地、多样性地实际操作的方法。此方法是培养学员掌握最基本的生产操作技能的主要方法，也是在操作技能教学中占用时间最多的方法。

在学员整个学习期间，操作训练是以基本操作训练、综合操作训练和独立操作训练这三个不同阶段、不同水平、不同要求、不同方式进行的。

基本操作训练，是根据培训要求，对操作基本功的练习，是练习基本功阶段，是把完整连续的操作过程分解为许多个单一的最简单的操作进行反复地、多次地、自觉地练习。使知识转化为技能、技巧，达到动作自如，接近自动化的程度。在这个阶段，必须使学员的每个动作姿势做得准确、协调，绝不能把不正确的动作，不文明的作风，让学员接受下来而形成习惯。

综合操作训练，是根据技能练习的要求，使学员在训练中动用已掌握的几个工序操作的技能和技巧，进行综合运用，以进一步巩固和提高所学的技能，使技能和技巧逐步达到训练程度，同时完成一定的任务。

无论哪个训练课题，都不应机械地重复操作，而是有目的、有步骤地实践活动。这些训练正是由低级到高级、由简单到复杂不断发展变化的。这种变化必然引起训练程度的不断变化。这就要求培训与指导都是加强指导，给学员创造有效的训练条件。

（4）电化教学法　在培训与指导过程中，利用现代科学技术，如电视、录像、多媒体教学设备、模拟设备等电教器材和有教学、教育内容的幻灯片、录像带、教学课件等电教教材，向学员传授知识的方法，总称为电化教学法。

电化教学是现代科学技术在教育、教学上的运用，它对加快教学进度、提高教学效果和教育质量有重要作用。

培训教学的直接目的，是把学员的专业知识转化为生产技能和技巧。而生产的技能和技巧是通过操作训练获得的。操作训练是学员形成准确要领的延续，是应用理论知识指导完成一定训练任务的实践活动。因此，指导操作训练法是使学员感觉技能、动作技能和技巧形成的基本方法，也是操作技能指导的最基本方法。有以下几点原因：

① 反复练习有助于形成技能、技巧。

② 多样化练习有利于形成复杂的技能、技巧。

③ 创造性练习可以促进学员迅速掌握技术，并做到熟能生巧。

此外还有：讨论交流法、现场参观法、观察法、阅读指导法等。

二、培训与指导教学的基本环节

教学的实践活动证明，课堂化教学是理论和操作技能培训的最佳组织形式。教学的正常进行，必须遵循教学规律，这主要体现在课前准备、授课、作业、辅导和考核五个教学步骤。

所谓教学环节，是指一节课（即一个课时）的组成部分，以及各部分进行的顺序，即阶段划分、时间分配、上课的开始和结束等。

1. 理论培训教学

理论培训的目的是通过课堂教学方式，使被培训者掌握维修电工相关等级的技术理论知识，并促进操作技能的提高。理论培训一般采用课堂讲授方法进行，主要内容如下：

第一，根据培训教材，编制出相应的教学计划，确定培训登记、内容、期限、场地等。

第二，做好学习的物质和心理准备，认真做好学员考勤记录，维持良好的教学环境和秩序。

第三，认真备课，不要脱离教材内容随意引申和发挥。

第四，教学过程中要有条理性和系统性，做到深入浅出、循序渐进，注意理论联系实际，培训学员解决实际工作的能力。

第五，做好定期复习、课堂提问、问题解答和成绩考核等工作。

（1）编写培训讲义

1）培训讲义的内容应由浅入深，并具有条理性和系统性。

2）结合本职业在生产技术质量方面存在的问题进行分析，并提出解决的方法。

3）结合本职业介绍一些新技术、新工艺、新材料、新设备应用方面的内容。

4）对于没有根据的内容不要写进培训讲义。

5）培训讲义的文字叙述应生动，能吸引学员的注意力。

（2）培训讲义编写的步骤

1）明确培训对象的等级、内容、目标和要求。

2）认真研究，理解培训内容和有关技术资料，确定培训的方法、时间、场地等。

3）根据培训内容和要求，编写培训讲义的教学顺序、内容以及所需的教具、工具、器材等。

（3）理论培训教学的方法　理论培训教学是对技师或高级技师提出的一项要求，其目的是考察学员是否具有较高的理论培训水平，它要求学员既要有牢固的理论知识，又要有一定的语言表达能力，以便能把自己的知识传授给学员。

理论培训与指导的内容包括培训计划的编写、备课和授课。

1）编写培训计划。培训计划的编写应注意以下几点：

① 充分了解学员的技术等级、专业知识的水平和技能操作熟练的程度，做到有的放矢和因材施教。

② 根据培训要求，确定培训时间。

③ 根据培训要求和教材，编写培训计划和教学大纲。

2）编写教案：

① 要明确教学目的和任务，充分理解教学大纲。

② 要科学地处理教材，根据学员的情况及培训任务，合理地选择教学方法。

③ 科学地进行板面设计。

④ 编写教案，可根据具体培训内容编写详案或简案进行选用。

3）授课。讲授时一般应注意以下几个方面：

① 授课内容的科学性和思想性。

② 讲授要有系统性、逻辑性，更要注意其中的重点、难点和关键点，使培训对象能透彻理解，融会贯通。

③ 讲授时要注意教学方法的多样性，特别是要有启发性。

④ 语言要通俗易懂，具体生动、有感染力，以表情和姿势帮助说话，注意运用语音的高低强弱和速度。

⑤ 板书要有计划，有条理，字迹要工整、正确清楚。

2. 技能培训与指导

操作技能课堂教学的典型结构，由组织教学、入门指导、巡回指导和结束指导四个环节所组成。

（1）组织教学　在教学过程中，组织教学是重要的一环。没有良好的教学环境和纪律，教学就不能顺利进行，教学任务就无法完成。在上课过程中，也要做好各项组织工作，使其有计划、有组织地进行。任何类型的培训与指导教学，都必须做好组织教学工作。

（2）入门指导　每个课题或分课题授课开始，教师根据教学大纲和教材的内容进行指导，是引导学员动用理论知识和讲解操作要求的过程。入门指导是一个课日的关键环节，其中包括：检查复习、讲解新课、示范操作、分配任务四部分。

1）检查复习。检查复习的目的，在于引导学员运用已学过的理论知识和操作技能，加强新旧知识的联系，用以指导新课程的实践。检查复习的方法有问答法、分析法和讲述法等。

2）讲解新课。教师讲解课题的目的在于使学员掌握新知识、新技能。首先明确课题的目的、任务、意义和要求，对图样的技术要求要进行必要的讲解；对使用的机器设备和材料、工具等的基本知识要介绍清楚；确定最合理的工艺方案及工艺过程，合理的操作方式、方法和如何防止操作中易出现的问题等。注意贯彻安全操作规程，检查设备的技术安全准备情况，说明可能发生的故障及如何防止的方法。

讲授新课阶段要求教师做到：目的明确、内容具体、方法正确、语言简练、重点突出、条理清楚。

3）示范操作。它的作用是使学员获得感性知识，加深对学习内容的印象，把理论知识和实际操作联系起来。示范操作是重要的直观教学形式，也是技能培训的重要步骤，可以使学员具体、生动、直接地感受到所学的动作技能和技巧是怎样形成的。在进行示范操作时，要组织好学员的观看位置，使每个学员都能看得清楚。示范操作时要严格按照教材的要求进行，边示范，边讲解，使讲解和操作严格一致。示范操作要求做到：步骤清晰可辨，动作准确无误。

4）分配任务。讲解和操作示范后，要给学员分配训练工位和训练工件，并要求学员对使用工具、材料、设备、图样等进行全面检查，做好操作前的准备。

(3) 巡回指导　巡回指导，是对课题讲解与示范的基础上，在学员进行训练操作的过程中，有计划、有目的地对学员的技能作全面的检查和指导。通过这种具体指导，使学员的操作技能和技巧不断提高。这个阶段的指导应根据不同层次、不同程度、不同学习内容分别进行。在这个阶段主要是检查指导学员的操作姿势和操作方法，安全文明操作及产品加工质量。

在指导中既注意共性的问题，又要注意个别差异，共性问题采取集中指导，个性问题作个别指导。

(4) 结束指导　结束指导是在培训指导教学结束时，由指导教师验收学员工件，检查学员在课程进行时，是否按规范要求操作，清扫现场。对于学员在整个训练过程中各方面的表现进行成绩考核和讲评，对学员起促进和鼓励作用。

以上这四个教学环节，虽有划分，但必须紧密联系，相辅相成。培训教师应根据每一课题类型的不同，分别选择不同的教学环节，正确合理地运用教学环节，对研究指导教学规律，提高培训质量是极为重要的。

三、培训与指导的注意事项

在培训工作中，面对的大部分对象是在职人员，具有初、中、高各种不同技术等级的、知识和技能水平不同的人员，在一次培训中，可能是同技术等级的人员，也可能是不同技术等级的人员；可能是需要全面的知识和技能培训，也可能是某种专业知识和技能的培训或指导，还可能是对个别知识和技能的指导，情况往往比较复杂。

培训与指导时应注意：

1）培训前应充分了解学员的技术等级和技能熟练程度以及所从事的工作。在人数较多时，应按技术等级或技能水平分批培训，人数较少时，培训与指导要有针对性。

2）应根据不同的培训性质，编写相应的教案，灵活运用各种教学方法。

3）培训与指导过程中，应注重理论与实践的结合、培训与实际工作的结合，注重引导学员用理论指导自己的操作。

4）加强安全文明操作规程的教育，培养学员良好的职业道德和工作作风。

复习思考题

1. 如何撰写技术论文？
2. 论文答辩前需做哪些准备工作？
3. 如何对低级别技工进行理论培训和指导？
4. 技能培训和指导的方法和步骤有哪些？培训中应注意哪些问题？

试　题　库

知识要求试题

一、判断题（对画√，错画×）

1. 无静差调速系统采用比例积分调节器，在任何情况下系统都是无差的。（　）
2. 电动机本身就是一个反馈系统。（　）
3. 不管环境怎么变化，补偿控制都能可靠地减少静差。（　）
4. 用变频器的目的只是为了节能。（　）
5. 异步电动机变频调速后的机械及动态特性可达到和直流电动机相媲美的调速性能。（　）
6. PWM 控制技术一直是变频技术的核心技术之一。（　）
7. 凡是不能输出负波形的电路，均不能实现有源逆变。（　）
8. 变频器在基频以下调速时既变频又变压，在基频以上调速时只变频不变压。（　）
9. 变频器输出波形采用 SPWM 方式。（　）
10. 变频器能够消除机械谐振。（　）
11. 变频器有过电流保护功能。（　）
12. 电压源型变频器适用于一台变频器给一台电动机供电的单电动机传动。（　）
13. 电流源型变频器适用于作为多台电动机同步运行时的供电电源且快速加减速的场合。（　）
14. 变频器输出的波形和载波频率有关，频率越高，越接近正弦波。（　）
15. 脉宽调制调速电路不能改变送变电路输出电压的大小。（　）
16. 变频器外接给定时，外接电位器的阻值可任意增大或减小。（　）
17. 在选择变频器容量时，最大负载电流可以超过变频器的额定电流。（　）
18. 被控对象要求有较高的动态、静态指标且低速时有较硬的机械特性，应选用 U/f 控制方式的变频器。（　）
19. 电源侧电磁接触器可以频繁地控制变频器的启动和停止。（　）
20. 若电动机的转向不正确，可以把变频器的三根电源进线中的任意两根互换。（　）

21. 变频器在安装时，无严格要求，可以垂直安装，也可以水平安装。（ ）

22. 多台变频器接地时，应将一台变频器的接地端和另一台变频器的接地端相接后再接地。（ ）

23. 用微机控制变频器时，如果用 RS-232 标准进行通信，通信距离可达 10km 以上。（ ）

24. 在使用矢量控制变频器时，如果生产工艺在动态性能方面无严格要求，最好不用速度反馈。（ ）

25. 感应同步器是一种精密速度检测敏感元件，可以用作各种机床的速度检测装置。（ ）

26. 旋转变压器一般用作坐标变换和三角函数运算，在随动系统中作角度数据传送和移相器使用。（ ）

27. PWM 调制调速的调速范围特别宽，可以达到 1:20000。（ ）

28. 直接转矩控制变频器有比矢量更优异的调速性能。（ ）

29. 对于高压变频器，为改善输出电压波形，减少转矩脉动，应采用增加直流侧电平的方法。（ ）

30. 变频器在设定上限频率参数时，不应设定在 50Hz 这个点上，根据实际需要可高于或低于 50Hz。（ ）

31. S7 系列 PLC 的编程均使用 STEP7 编程语言。（ ）

32. 西门子 S7 系列可编程序控制器分为 S7-400、S7-300、S7-200 三个系列，其中 S7-400是小型机。（ ）

33. CPU22X 主机的输入点为 24V 直流双向光耦合输入电路，输出有继电器和直流（MOS 型）两种类型。（ ）

34. 高速计数器可以用于捕捉比 CPU 扫描频率更快的脉冲信号。（ ）

35. CPU22X 主机的输入点有继电器和直流（MOS 型）两种类型。（ ）

36. PLC 中所有元件均为软继电器。（ ）

37. PLC 内部元素的触点和线圈的连接是由程序来实现的。（ ）

38. 可编程序控制器的表达方式只有梯形图。（ ）

39. 主机箱体外部的 RS-485 通信接口，用以连接编程器（手持式或 PC）。（ ）

40. 模拟电位器用来改变特殊寄存器（SM28，SM29）中的数值，以改变程序运行时的参数。（ ）

41. CPU 在 STOP 工作方式下，PLC 按照自己的工作方式运行用户程序。（ ）

42. 在程序编辑、上传、下载等处理过程中，必须把 CPU 置于 STOP 方式。（ ）

43. 标有 SF 的指示灯亮时表示系统故障，PLC 停止工作。（ ）

44. 把方式开切到 STOP 工作方式下，允许 STEP7-Micro/WIN32 软件设置 CPU 工作状态。（ ）

45. 如果工作方式开关设为 STOP，电源上电时，CPU 自动进入 STOP 工作状态。（ ）

46. 在程序中插入一个 STOP 指令，CPU 可由 RUN 方式进入 STOP 工作方式。（ ）

47. 扩展模块的数量受基本单元能带扩展模块的数量和电源承受扩展模块消耗 DC5V 总

线电流的能力约束。 ( )

48. 可编程序控制器的编址就是对PLC内部的元件进行编码，以便程序执行时可以唯一地识别每个元件。 ( )

49. 输出继电器是PLC用来接收用户设备输入信号的接口。 ( )

50. 计数器用于累计计数输入端接收到的由断开到接通的脉冲个数。 ( )

51. 梯形图程序设计语言（LAD）是最常用的一种程序设计语言。 ( )

52. 在用户程序中，每个线圈可以多次使用。 ( )

53. 定时器不同的时基标准，定时精度、定时范围和定时器刷新的方式不同。 ( )

54. 1ms定时器每隔1ms刷新一次与扫描周期和程序处理无关即采用中断刷新方式。 ( )

55. TOF是记忆型通电延时定时器指令。 ( )

56. 循环移位将移位数据存储单元的首尾相连，同时又与溢出标志SM1.1连接，SM1.1用来存放被移出的位。 ( )

57. 在SCR段中能使用JMP和LBL指令。 ( )

58. 程序应按自上而下，从左至右的顺序编写。 ( )

59. 良好的接地是抑制噪声干扰和电压冲击保证PLC可靠工作的重要条件。 ( )

60. 可编程序控制器具有很完善的自诊断功能可以不要保护电路。 ( )

61. 开环数控机床通常指的是未安装反馈装置的数控机床。 ( )

62. 数控机床所用的功率步进电动机带有光电编码器。 ( )

63. 数控车床属于轮廓控制型数控机床。 ( )

64. 常用的位移执行机构有步进电动机、直流伺服电动机和交流伺服电动机。 ( )

65. 半闭环控制数控机床的检测装置安装在丝杠或电机轴上，闭环控制数控机床的测量装置安装在工作台上。 ( )

66. 应用网关是在应用层实现网络互联的设备。 ( )

67. 路由器是属于数据链路层的互联设备。 ( )

68. 目前使用的广域网基本都采用网状拓扑结构。 ( )

69. 通常互联网所采用的TCP/IP协议中的TCP（传输控制协议）协议就是属于运输层。 ( )

70. PROFIBUS现场总线最多可挂接127个站点。 ( )

71. RS-485传输速率9.6KB/s~12MB/s。 ( )

72. PROFIBUS总线存取协议，主站之间采用主从方式，主站与从站之间采用令牌传送方式。 ( )

73. 电场屏蔽主要靠屏蔽体壳体上感生的涡流所产生的反磁场起排斥原磁场的作用。 ( )

74. 隔离变压器用来阻断交流信号中的直流干扰和抑制低频干扰信号的强度。 ( )

75. 一个IP地址只能赋予一个物理设备，不能赋予多个设备。 ( )

76. 浮地是利用屏蔽方法使信号的“模拟地”浮空，从而达到抑制共模干扰的目的。 ( )

77. 由于布线不当，信号环路面积较大引起数字信号波形振荡，可采取串电阻或插入一

低通滤波器来抑制。（ ）

78. 光电编码器、手摇脉冲发生器、光栅尺等输出信号在接收电路端并联电容可以有效抑制低频干扰。（ ）

79. 应经常检查数控装置上各冷却风扇工作是否正常。应视车间环境状况，每半年或一个季度检查清扫散热通风系统一次。（ ）

80. 电源滤波器的作用是双向的，它不仅可以阻止电网中的噪声进入设备，也可以抑制设备产生的噪声污染电网。（ ）

81. 采用压敏电阻和低通滤波器可使频率范围在20kHz～100MHz之间的干扰大大衰减。（ ）

82. 对普通设备进行实际测试获得的电压值，只要电压误差在20%（甚至30%）以内，该设备的电路工作状态一般均属正常。（ ）

83. PROFIBUS-DP可取代DC24V或4～20mA信号传输。（ ）

84. PROFIBUS-PA是专为过程自动化设计，可使传感器和执行机构联在一根总线上。（ ）

85. 现场总线（Fieldbus）技术是实现现场级控制设备数字化通信的一种工业现场层网络通信技术。（ ）

86. 子网掩码中的位值定义如下：所有对应网络ID部分的位都设为0，所有对应主机ID部分的位都设为1。（ ）

87. 一般说，异种网络互联或多个网络互联都应采用路由器。（ ）

88. 通常，数控系统允许的电网电压范围在额定值的－15%～＋10%内，如果超出此范围，轻则使数控系统不能稳定工作，重则会造成重要电子部件损坏。（ ）

89. 在数控系统中，数字脉冲编码器作为速度测量元件。（ ）

90. STP双绞线是非屏蔽双绞线。（ ）

91. 论文是学术性文章，主要是进行论述，行文要求准确、精练、流畅。（ ）

92. 技师论文答辩并不是衡量学员编写论文和学习质量的重要手段。（ ）

93. 操作技能的课堂教学，由组织教学、入门指导、巡回指导和结束指导四个环节所组成。（ ）

94. 编写论文的一般方法是：确定选题；调研、收集资料；开题；技术分析（或设计）；绘制图样；编写论文。（ ）

95. 调研的任务是对设计目标及实现目标所要解决的各种问题，进行深入和全面的了解，分析需求的性质与特点，分析解决问题的途径及技术关键，并对获取的信息进行加工和整理，以确定设计时需努力的重点和方向。（ ）

96. 要实现对一个结构复杂、控制动作复杂的机械设备进行有序、安全、准确的控制，并使它正常运行，在现阶段，一定是配置一个复杂的电气控制系统。（ ）

97. 我们所指的测绘，一般意义上是指电气设备硬线逻辑的测绘，主要用于指导设备的维护，我们一般不提倡对电气控制设备的软件部分进行测绘。（ ）

98. 等电位标号法是指在接线端子处只注明它所连接对象在二次回路中的回路编号，不具体指明所连接的设备，它是按等电位原则编制的。（ ）

99. 设备标有接线端子代号的，编制电气技术用文件时应采用设备标注的接线端子

代号。 ( )

100. 在电气测绘中，我们在进行原理图绘制工作时，一般应以主要控制电路为切入点进行展开。 ( )

101. 在满足控制要求的条件下，最简单的线路，往往是最可靠的线路。 ( )

102. 设计、制造可能是一时的事，但维护工作却经常是长期的。 ( )

103. 正确、清晰的分析，不是解决问题的先决条件。 ( )

104. 集成运算放大器输入级采用的是基本放大电路。 ( )

105. 555 精密定时器可以应用于脉冲位置调整。 ( )

106. 电视机、示波器等电子显示设备的基本波形为矩形波和锯齿波。 ( )

107. 电流互感器的二次回路中必须加熔断器。 ( )

108. 有静差调速系统中，扰动对输出量的影响能得到全部补偿。 ( )

109. 变频器的主电路，包括整流器、中间直流环节、逆变器、斩波器。 ( )

110. 数控系统的控制对象是伺服驱动装置。 ( )

111. 积分运算放大器输出端的电阻应该与电容并联。 ( )

112. 逻辑电路中的“与门”和“或门”是相对的，所谓“正与门”就是“负或门”，“正或门”就“负与门。” ( )

113. 示波器上观察到的波形是由加速极电压完成的。 ( )

114. 电压互感器的二次回路中，必须加熔断器。 ( )

115. 当电动机低于额定转速时，采用恒转速方式调速。 ( )

116. 开环自动控制系统出现偏差时，能自动调节。 ( )

117. 变频器故障跳闸后，欲使其恢复正常状态，应按 RESET 键。 ( )

118. 根据数控装置的组成，分析数控系统包括数控软件和硬件两部分。 ( )

119. 电容器的放电回路必须装设熔丝。 ( )

120. 基本积分运算放大器，由接到反相输入端的电阻和输出端到反相输入端之间的电容所组成。 ( )

121. 晶体管作开关使用时，应工作在放大状态。 ( )

122. 晶闸管逆变器是一种将交流电能转变为直流电能的装置。 ( )

123. 变频器的输出不允许接电感。 ( )

124. 突然停电将产生大量废品、大量减产，在经济上造成较大损失的用电负荷，为“二级负荷”。 ( )

125. 对于电气控制电路的分析和熟悉，仅仅是在处理故障时。 ( )

126. 对于重大故障，应协同设备的操作者共同写出事故报告单，从中要分析设备故障的原因与性质，提出防范措施，经上级领导批准后再进行故障处理。 ( )

127. 接线脱落或电刷接触不良是造成励磁机不发电的主要原因。 ( )

128. 在 XN2010 型龙门铣床电气控制系统中，其励磁绕组回路中串入电流继电器 FA1，其作用是为了防止进给电动机失去励磁后造成“飞车”。 ( )

129. 变频器的外部接口电路由多功能输入端子和输出接点、多功能模拟输入/输出信号接点、数字信号输入/输出接点、通信接口四部分组成。 ( )

130. 在生产信息自动推测与处理系统中，上位机要完成工作主要有：加工质量信息的

收集和存储，管理文件的形成，下级计算机动作的监视；控制质量的监视等。（　）

131. 用NOP指令取代已写入的指令，对原梯形图的构成没有影响。（　）

132. 串级调速可以将串入附加电动势而增加的转差功率回馈到电网或者电动机上，因此它属于转差功率回馈型调速方法。（　）

133. 空心杯形转子异步测速发电机的输出特性具有较高的精度，其转子转动惯量较小，可满足快速性要求。（　）

134. 为了获得更大的输出电流，可以将多个三端集成稳压器直接并联使用。（　）

135. 译码器、计数器、全加器和寄存器都是组合逻辑电路。（　）

136. 实际的运放在开环时，其输出很难调整到零电位，只有在闭环时才能调至零电位。（　）

137. 施密特触发器能把缓慢变化的模拟电压转换成阶段变化的数字信号。（　）

138. 额定电流为100A的双向晶闸管与额定电流为50A的两只反并联的普通晶闸管，两者的电流容量是相同的。（　）

139. 选择步进电动机时，通常应考虑的指标有：相数、步距角、精度（步距角误差）、起动频率、连续运行频率、最大静转矩和起动转矩等。（　）

140. 安装前熟悉电气原理图和PLC及有关资料，检查电动机、元器件，准备好仪器、仪表、工具和安装材料，并根据电气原理图安装电气管路。（　）

141. 交磁电机扩大机是一种具有很高放大倍数、较小惯性、高性能、特殊构造的直流发电机。（　）

142. 阳极不发射电子只吸收来自阴极的电子，管内抽成真空。（　）

143. 与整流装置并联的其他负载切断时，或整流装置直流侧快速开关跳闸时，电流上升率变化极大，因而整流变压器产生感应电动势并造成过电压。这种过电压是尖峰电压，常用阻容吸收电路加以保护。（　）

144. 晶闸管触发电路的触发信号可以是交流、直流信号，也可以是脉冲信号。（　）

145. 整流状态时整流器将交流电能变成直流电能供给电动机。（　）

146. 来自三块KC04触发器13号端子的触发脉冲信号，分别送入KC42的2、4、12端。V1、V2、V3构成与非门电路。只要任何一个触发器有输出，S点就是低电平，V4截止，使V5、V6、V8组成的环形振荡器停振。（　）

147. 典型工业控制系统是由一次设备部分和工业控制系统组成。一次设备通常由被控对象、变送器和执行机构组成。工业控制系统包括硬件系统和软件系统。（　）

148. 创新既不能墨守成规，也不能标新立异。（　）

149. 职业道德是指从事一定职业的人们，在长期职业活动中形成的操作技能。（　）

150. JK触发电路中，当J=1、K=1、Qn=1时，触发器的状态为置1。（　）

151. CW7805的$U_o=5V$，它的最大输出电流为1.5V。（　）

152. 在$R'=R_i$的状态下，无论从功率或效率的角度来看，都比较理想，故这种状态称为振荡器的最佳状态。（　）

153. 为防止中频电流在C_d产生较高的中频电压，影响逆变器的运行，C_d的容量要足够大，可认为整流器输出为一恒流源。（　）

154. 查阅设备档案，包括设备安装验收记录、故障修理记录，全面了解电气系统的技

术状况。 (　　)

155. 逻辑代数的基本公式和常用公式中同一律 A + 0 = A，A × 1 = A。 (　　)

156. 根据真空晶体管的特性曲线可以看出，改变栅极电流就可使阳极电流发生变化。 (　　)

157. 直线运动各轴的反向误差属于数控机床的定位精度检验。 (　　)

158. 由于各种原因所引起的故障报警时，报警指示灯亮。可进一步通过编程器查看报警信息。 (　　)

159. 根据梯形图分析和判断故障是诊断所控制设备故障的基本方法。 (　　)

160. 两电压叠加后产生脉冲前沿幅度很低，陡度很小的触发脉冲，从而大大提高了对晶闸管触发的可靠性。 (　　)

161. 带有辅助晶闸管换流电路的特点是，主晶闸管的关断是由 LC 串联谐振电路中电流反向来实现。 (　　)

162. 串联二极管式逆变器，在变频调速系统中应用广泛，VD1 ~ VD6 为隔离二极管，其作用是使换流回路与负载隔离，防止电容器的充电电压经负载放掉。 (　　)

163. 为了实现频率的自动跟踪，逆变触发电路采取自激工作方法，自激信号来自负载端。 (　　)

164. 三相六拍脉冲分配逻辑电路由 FF1、FF2、FF3 三位 JK 触发器组成。 (　　)

165. 数字式触发电路中 U/f 为电压—频率转换器，将控制电压 U_K 转换成频率与电压成反比的脉冲信号。 (　　)

166. 直流环流采用消除外，交流环流则采用回路中加入均衡电抗器的方法进行限制。 (　　)

167. 电流检测装置从交流侧检测到过电流信号超过一定值时，立即反馈到自动调节装置，将晶闸管触发脉冲后移，输出电压 U_d 减小致使 I_d 减小，从而达到限流的目的。(　　)

168. 变频器改造设备调速系统提高了调速性能，降低了电能消耗。 (　　)

169. 当电网电压过低或瞬间断电时，掉电保护是避免 CPU 失控，ROM 数据混乱丢失的重要措施。 (　　)

170. 在系统中加入了电压截止负反馈环节以后，不仅能使系统得到下垂的机械特性，而且也能加快过渡过程，改善系统的动态特性。 (　　)

二、选择题（将正确答案的序号填入括号内）

1. 在晶闸管应用电路中，为了防止误触发应将幅值限定在不触发区的信号是（　　）。

A. 干扰信号　B. 触发电压信号　C. 触发电流信号　D. 干扰信号和触发信号

2. 三相半波可控整流电路各相触发脉冲相位差（　　）。

A. 60°　B. 90°　C. 120°　D. 180°

3. 在无静差闭环调速系统中，转速调节器一般采用（　　）调节器。

A. 比例　B. 积分　C. 比例积分　D. 比例微分

4. 双闭环调速系统中，无论起动，堵转或稳定运行时，电流调节器始终处于（　　）状态。

A. 饱和　B. 不饱和　C. 开环　D. 不定

5. 转速负反馈调速系统在稳定运行过程中，转速反馈线突然断开，电动机的转速会（　　）。

A. 升高　　B. 降低　　C. 不变　　D. 不定

6. 在转速负反馈系统中，当开环放大倍数 K 增大时，转速降落 Δn 将（　　）。

A. 不变　　B. 不定　　C. 增大　　D. 减小

7. 在晶闸管—直流电动机调速系统中，当负载电流增加时，则电枢回路电压降（　　）。

A. 增加　　B. 减小　　C. 不变　　D. 不定

8. 双闭环调速系统比单闭环调速系统的起动时间（　　）。

A. 长　　B. 短　　C. 不快也不慢　　D. 不定

9. 当晶闸管—直流电动机无静差调速系统在稳定运行时，速度反馈电压（　　）速度给定电压。

A. 小于　　B. 大于　　C. 等于　　D. 不定

10. 当晶闸管—直流电动机转速负反馈调速系统中，当负载电流增加后晶闸管整流器输出电压将（　　）。

A. 增加　　B. 减小　　C. 不变　　D. 不定

11. 在调试晶闸管—直流电动机转速负反馈调速系统时，若把转速反馈信号减小，这时直流电动机的转速将（　　）。

A. 降低　　B. 升高　　C. 不变　　D. 不定

12. 转速负反馈调速系统机械特性的硬度比电压负反馈调速系统机械特性的硬度（　　）。

A. 硬　　B. 软　　C. 一样　　D. 不变

13. 晶闸管调速系统中，PI 调节器中的电容元件发生短路就会出现（　　）。

A. 调速性能下降　　B. 超速运行　　C. 无法调速　　D. 低速运行

14. 为了保护小容量调速系统中的晶闸管不受冲击电流的损坏，在系统中应采用（　　）。

A. 电压反馈　　B. 电流正反馈　　C. 转速负反馈　　D. 电流截止负反馈

15. 如果改变双闭环调速系统的速度，应该改变（　　）参数。

A. 给定电压　　B. 测速反馈电压

C. 速度调节器输出电压　　D. 速度调节器输出限幅电压

16. 双闭环调速系统在启动过程中调节作用主要靠（　　）的作用。

A. P 调节器　　B. I 调节器　　C. 速度调节器　　D. 电流调节器

17. 反馈控制只能使静差尽量减少，补偿控制（　　）。

A. 不能消除静差　　B. 有可能把静差完全消除

C. 只会使静差增大　　D. 不管环境如何变化，都能把静差完全消除

18. 电压负反馈调速系统通过稳定直流电动机电枢电压来达到稳定转速的目的，其原理是电枢电压的变化与（　　）。

A. 转速的变化成正比　　B. 转速的变化成反比

C. 转速变化的二次方成正比　　D. 转速变化的二次方成反比

19. 带有电流截止负反馈环节的调速系统，为了使电流截止负反馈参与调节后机械特性曲线下垂段更陡一些，应选择阻值（　　）的反馈取样电阻。

A. 大一些　　B. 小一些　　C. 接近无穷大　　D. 等于零

20. 调速系统中，当电流截止负反馈参与系统调节时，说明调速系统主电路电流（　　）。

A. 过大　　B. 过小　　C. 正常　　D. 发生了变化

21. 双闭环调速系统不加电流截止负反馈是因为（　　）。

A. 由电流环保证　　B. 由转速环保证

C. 由比例积分器保证　　D. 由触发装置保证

22. 自动控制系统中，反馈检测元件的精度对自动控制系统的精度（　　）。

A. 有影响但被闭环系统完全补偿了　　B. 有影响，无法补偿

C. 有影响但被闭环系统部分补偿了　　D. 无影响

23. 电压微分负反馈及电流微分负反馈是属于（　　）环节。

A. 反馈环节　　B. 稳定环节　　C. 放大环节　　D. 保护环节

24. 电流正反馈主要补偿（　　）上电压的损耗。

A. 电枢回路电阻　　B. 电源内阻　　C. 电枢电阻　　D. 电抗器电阻

25. 电动机在平衡状态时，电动机电枢电流的大小，主要取决于（　　）。

A. 机械负载　　B. 电枢电压和电枢内阻

C. 励磁磁通　　D. 机械摩擦

26. 无静差调速系统的调节原理是（　　）。

A. 依靠偏差的积累　　B. 依靠偏差对时间的积累

C. 依靠偏差对时间的记忆　　D. 用偏差进行调节

27. 交—交变频器仅适用于（　　）。

A. 高速小容量　　B. 低速小容量　　C. 低速大容量　　D. 高速大容量

28. 直线感应同步器定子绕组是（　　）。

A. 连续绕组　　B. 分段绕组　　C. 正弦绕组　　D. 余弦绕组

29. 由于变频器调速多应用于（　　）电动机的调速，所以这种调速装置得到越来越广泛的应用。

A. 直流　　B. 步进　　C. 笼型异步　　D. 绕线转子异步

30. 无源逆变器逆变的电压直接送给（　　）。

A. 交流电源　　B. 直流电源

C. 交流、直流电源均可　　D. 负载

31. 西门子 S7 系列可编程序控制器分为大、中、小型系统，以下（　　）型号是小型机。

A. S7-400　　B. S7-300　　C. S7-200　　D. S7-100

32. S7-200 系列可编程序控制器 CPU22X 系列提供了不同的基本型号，以下（　　）不是 CPU22X 系列基本型号。

A. CPU220　　B. CPU222　　C. CPU224　　D. CPU226

33. CPU22X 系列可编程序控制器具有 2 个 RS-485 通信口的是（　　）。

A. CPU221　　B. CPU222　　C. CPU224　　D. CPU226

34. S7-200 系列可编程序控制器 CPU22X 系列具有 1 个模拟电位器的是（　　）。

A. CPU221　　B. CPU224　　C. CPU226　　D. CPU226XM

35. CPU224 具有（　　）个输入点。

A. 8　　B. 10　　C. 12　　D. 14

36. CPU224 具有（　　）个输出点。

A. 8　　B. 10　　C. 12　　D. 14

37. PLC 内部在数据存储区为每一种元件分配一个存储区域，并用字母作为区域标志符，同时表示元件的类型。其中 T 表示（　　）。

A. 变量存储器　　B. 定时器　　C. 计数器　　D. 顺序控制存储器

38. 区域标志符 C 表示（　　）。

A. 变量存储器　　B. 定时器　　C. 计数器　　D. 顺序控制存储器

39. 可编程序控制器的编址就是对 PLC 内部的元件进行编码，字节编址中 1 个字节表示（　　）位。

A. 4　　B. 8　　C. 16　　D. 24

40. 关于 PLC，下列观点正确的是（　　）。

A. PLC 与变频器都可进行故障自诊断

B. PLC 的输入电路采用光耦合方式

C. PLC 的直流开关量输出模块又称为晶体管开关量输出模块，属无触点输出模块

D. 以上全正确

41. 在 PLC 中，可以通过编程器修改或增删的是（　　）。

A. 系统程序　　B. 用户程序　　C. 工作程序　　D. 任何程序

42. PLC 编程时，输出线圈（　　）。

A. 必须放在最左边　　B. 必须放在最右边

C. 可放在任意位置　　D. 可根据需要设置

43. 关于 PLC 的功能，下列观点正确的是（　　）。

A. PLC 具有强大的多种集成功能和实时特性

B. PLC 采用循环扫描工作方式

C. PLC 的抗干扰能力强，因此在工业控制中广泛采用

D. 以上全正确

44. S7-200 小型可编程序控制器的 CPU 在（　　）部分。

A. 主机　　B. I/O 扩展单元　　C. 功能单元　　D. 外部设备

45. CPU224 型 PLC 的主机包括（　　）。

A. 工作方式开关　　B. I/O 扩展接口　　C. 工作状态指示　　D. 以上都是

46. 在程序中插入一个（　　）指令，CPU 可由 RUN 方式进入 STOP 工作方式。

A. LD　　B. AN　　C. CUT　　D. STOP

47. S7-200 系列 PLC 的扩展单元没有（　　）。

A. CPU　　B. 输入接口　　C. 输出接口　　D. 状态指示

48. S7-200 的数字量输入写入输入映像寄存器的区标志符为（　　）。

A. V　　　　B. Q　　　　C. I　　　　D. T

49. S7-200 的数字量输出写入输出映像寄存器的区标志符为（　　）。

A. V　　　　B. Q　　　　C. I　　　　D. T

50. 可编程序控制器程序的设计语言是（　　）。

A. 梯形图　　　B. 语句表　　　C. 顺序功能流程图　D. 以上都是

51. 语句表程序设计语言特点有（　）。

A. 采用助记符来表示操作功能，具有容易记忆，便于掌握的特点

B. 在编程器的键盘上采用助记符表示，具有便于操作的特点，可在无计算机的场合进行编程设计

C. 用编程软件可以将语句表与梯形图可以相互转换

D. 以上都是

52. 在左侧母线或线路分支点处初始装载一个常开触点，用（　　）指令。

A. LD　　　　B. LDN　　　　C. O　　　　D. AN

53. 在梯形图中表示并联连接一个常闭触点，用（　　）指令。

A. LD　　　　B. LDN　　　　C. ON　　　　D. AN

54. 逻辑运算结果在一个上升沿时（由 OFF→ON）产生一个宽度为一个扫描周期的脉冲，用（　　）指令。

A. LD　　　　B. EU　　　　C. ON　　　　D. ED

55. 通电延时定时器指令是（　　）。

A. TON　　　　B. TONR　　　　C. TOF　　　　D. LDN

56. 记忆型通电延时定时器指令是（　　）。

A. TON　　　　B. TONR　　　　C. TOF　　　　D. LDN

57. 数据传送指令 MOV 用来传送单个字节指令是（　　）。

A. 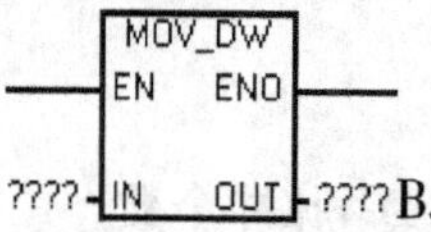

B. 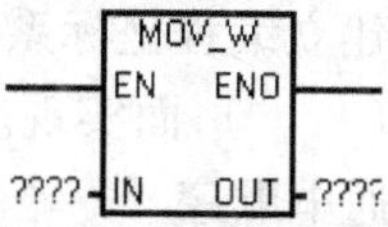

C. 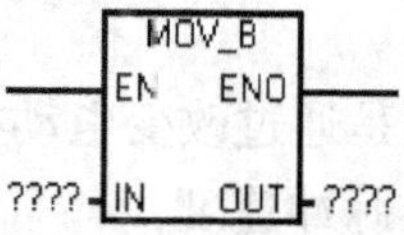

D. 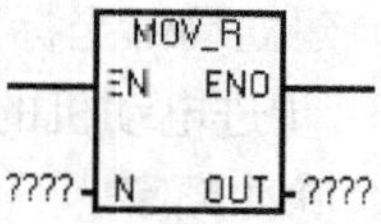

58. 由 1 台 PLC 控制多台设备或数条简易生产线的是（　　）。

A. 单机控制系统　　　　　　　　B. 集中控制系统

C. 远程 I/O 控制系统　　　　　　D. 分布式控制系统

59. 以控制系统中各种物理量的逻辑关系出发的设计方法是（　　）。

A. 经验设计法　　B. 顺序控制设计法　C. 时序图设计法　　D. 逻辑设计法

60. PLC 的维护与检修应每（　　）对 PLC 系统进行一次周期性检查。

A. 三个月　　　B. 半年　　　　C. 一年　　　　D. 两年

61. 数控装置是数控机床（　　）的组成部分。

A. 伺服系统　　B. 数控系统　　C. 检测系统　　D. 机械部分

62. 脉冲当量是指（　　）。

A. 一个脉冲电动机转过的角度　　　B. 一个脉冲丝杠转过的距离

C. 一个脉冲工作台移动的距离　　　D. 数控机床的定位精度

63. 半闭环位置检测方式一般是将检测元件安装在（　　）上。

A. 主轴　B. 电动机轴　C. 刀架　D. 滚珠丝杠上

64. 开环数控系统以（　）电动机为驱动元件。

A. 交流　B. 直流　C. 步进　D. 交流伺服

65. 数控机床长期不使用时应（　）。

A. 不用管　B. 经常通电

C. 用保护装置保护起来　D. 经常去看一看

66. Internet 的核心协议是（　）。

A. TCP/IP　B. SNMP　C. SMTP　D. UDP

67. 下列设备中不属于局域网设备的是（　）。

A. 网络交换机　B. 集线器　C. Modem　D. 令牌环网卡

68. 以下哪一个选项按顺序包括了 OSI 模型的各个层次（　）。

A. 物理层、数据链路层、网络层、运输层、会话层、表示层和应用层

B. 物理层、数据链路层、网络层、运输层、系统层、表示层和应用层

C. 物理层、数据链路层、网络层、转换层、会话后、表示层和应用层

D. 表示层、数据链路层、网络层、运输层、会话层、物理层和应用层

69. IP 地址为 192. 72. 20. 111，属（　）类地址。

A. C　B. A　C. B　D. 超出地址范围

70. 在以下几种传输媒体中，（　）传输速率最高。

A. 双绞线　B. 同轴电缆　C. 光纤　D. 通信卫星

71. 下列机床中，属于点位数控机床的是（　）。

A. 数控钻床　B. 数控铣床　C. 数控磨床　D. 数控车床

72. 数控机床开机时，一般要进行回参考点操作，其目的是（　）。

A. 建立机床坐标系　B. 建立工件坐标系

C. 建立局部坐标系　D. 建立编程坐标系

73. 步进电动机的转速是通过改变电动机的（　）而实现。

A. 脉冲频率　B. 脉冲速度　C. 通电顺序　D. 脉冲个数

74. 数控机床位置检测装置中（　）属于旋转型检测装置。

A. 光栅尺　B. 磁栅尺　C. 感应同步器　D. 脉冲编码器

75. 普通屏蔽线适用于工作频率（　）kHz 以下。

A. 10　B. 20　C. 30　D. 40

76. 对变化缓慢的模拟信号可以采用（　）抑制干扰。

A. RC 低通滤波　B. 铁氧体磁环　C. 并联终端电阻　D. 电路端并联电容

77. 由于环境温度过高，造成数控装置内温度超过（　）℃时应及时加装空调装置。

A. 65～70　B. 55～60　C. 45～50　D. 70～75

78. 交换机常用的三种交换技术：（　）、帧交换和信元交换。

A. 端口交换　B. 速率交换　C. 数据包交换　D. 地址交换

79. 铁氧体用于抑制（　）干扰。

A. 电磁　B. 电弧　C. 电磁辐射　D. 电磁噪声

80. 下列说法错误的是（　）。

A. 按需屏蔽的干扰场的性质不同，可分为电场屏蔽、磁场屏蔽和电磁场屏蔽
B. 隔离是指把干扰源与接收系统隔离开来，使有用信号正常传输
C. 接地不是抗干扰的措施，是保护措施
D. 滤波技术用来抑制沿导线传输的传导干扰，主要用于电源干扰和信号线干扰抑制

81. 采用隔离变压器和电源变压器的屏蔽层可以消除（　　）kHz 以下的干扰。
A. 10　　B. 20　　C. 30　　D. 40

82. 在信号线上，安装数据线路滤波器，有效抑制（　　）干扰。
A. 低频共模　　B. 高频共模　　C. 低频差模　　D. 高频差模

83. TCP/IP 体系共分成四个层次，它们分别是：（　　）、网络层、运输层和应用层。
A. 物理层　　B. 会话层　　C. 表示层　　D. 网络接口层

84. 网络适配器 NIC（Network Interface Card）也就是俗称的（　　）。
A. 路由器　　B. 交换机　　C. 网卡　　D. 网关

85. RS-485 传输技术中采用的电缆是（　　）。
A. 普通多股铜线　　B. 屏蔽双绞铜线　　C. 双绞铜线　　D. 光纤线

86. 在修理工作中，要按照设备（　　）进行修复，严格把握修理的质量关，不得降低设备原有的性能。
A. 原始数据和精度要求　　B. 损坏程度
C. 运转情况　　D. 维修工艺要求

87. 在检修或更换数控系统 CMOS 电池时，应在（　　）情况进行。
A. 通电　　B. 开机　　C. 停机　　D. 断电

88. 一个局域网通常由四个部分组成，它们分别是：服务器、工作站、通信设备和（　　）。
A. 路由器　　B. 网桥　　C. 通信协议　　D. 网关

89. 滤波技术用来抑制沿导线传输的（　　）干扰。
A. 电磁　　B. 传导　　C. 电流　　D. 脉冲

90. 根据不同要求，感性负载两端也可并联电阻、（　　）、二极管等，吸收关断时产生强烈的脉冲噪声。
A. 电容　　B. 光敏电阻　　C. 热敏电阻　　D. 压敏电阻

91. （　　）是培训与指导直观性的教学形式，是实践教学极为重要的教学手段。
A. 讲解法　　B. 操作训练法　　C. 示范操作法　　D. 电化教学

92. 相对标号法就是在每个接线端子处标明它所联结对象的编号，以表明两者之间相互连接关系的一种方法。此方式中，在某一元件端子上所连接的导线上的标识的含义为（　　）。
A. 导线的另一端的元件端子的标号　　B. 本元件端子的标号
C. 本元件的线路编号

93. 主电路接线端子代号的编制主电路接线端子代号采用（　　）数字来标志。
A. 一位数字　　B. 两位数字　　C. 用本元件名称

94. 在进行导线测量时，实际上是电阻测量，测量时应正确选择万用表的电阻挡位。对指针式万用表，其挡位应选择（　　）。
A. $R\times10$　　B. $R\times100$　　C. $R\times1$

95. 在电气设计中，我们应尽量将连接到开关元件的导线设计成（　　）。

A. 等电位的　　B. 不等电位的　　C. 与电位无关的

96. 对于（　　）的可逆线路中，正、反向接触器之间不仅要有电器联锁，而且要有机械联锁。

A. 频繁操作的　　B. 不频繁操作的　　C. 两地操作

97. 在电气控制设计中，我们经常用（　　）的方式避免误操作的发生。

A. 手动控制　　B. 循序控制　　C. 联锁控制

98. 对在一个控制箱里（　　）的元件，比如继电器、接触器、小型断路器等，应当有1~2只备用元件，以方便维护。

A. 手动控制元件　　B. 使用较多而、动作比较频繁

C. 进口元件

99. 工作接地方式有浮点、单点接地和（　　）。

A. 多点接地　　B. 保护接地　　C. 屏蔽接地

100. 对于复杂机械设备的维修成功率，在很大程度上要依靠（　　），维修人员遇到过的问题、解决过的故障越多，其维修经验也就越丰富。

A. 对电路的分析　B. 平时经验的积累　C. 了解元件的性能

101. 电机扩大机 K 在该直流控制系统中就是一个（　　）。

A. 放大器　　B. 励磁机　　C. 直流发电机

102. 在A系列龙门刨床主电路中励磁机G2的基本作用是（　　）。

A. 为发电机提供励磁电流　　B. 为控制系统提供控制电源

C. 参与调速

103. 在A系列龙门刨床电气控制电路中电流正反馈环节的作用是（　　）。

A. 对电枢的电压变化能作出调控

B. 补偿电动机电枢绕组与换向极绕组电压降所引起的转速降落

C. 加快过渡过程

104. 电流截止负反馈的作用是（　　）。

A. 使系统获得掘土机特性，限制主回路的电流

B. 稳定电压

C. 改善系统的动特性和加快过渡过程

105. 在A系列龙门刨床电气控制电路中，引起电动机转速振荡的原因，从本质上来说，是因为（　　）。

A. 发电机励磁绕组存在电磁惯性和电动机及由它拖动的部分存在机械惯性的缘故

B. 励磁机电压不稳定

C. 扩大机性能变坏

106. 在XN2010型龙门铣床电气控制系统中，测速发电机的作用是（　　）。

A. 稳定输出电压　B. 稳定输出电流　　C. 稳定电机转速

107. 在设备的保养工作中，二级保养（　　）进行一次。

A. 一年　　B. 三年　　C. 三个月　　D. 六个月

108. 电气设备的计划预修分为设备的（　　）两个方面。

A. 设备的保养和设备的维修

B. 设备的保养和设备小修

C. 设备的一级保养和二级保养。

109. 编制程序是根据编制计划的各项依据，由（　　），一般于当年的10月份左右，上报本单位资产管理部门。

A. 操作者提出

B. 生产车间的设备分管领导和设备维修人员共同提出

C. 修理人员提出。

110. 项修的工作标准和内容对于被修项，应参考（　　）的基本要求来实施。

A. 大修　　B. 小修　　C. 修理人员　　D. 设备使用人员

111. 设备修理计划的编制的依据为（　　）。

A. 1）设备的运转周期

2）检修间隔期

3）设备年度技术状况普查和维修情况资料

4）生产工艺及产品质量对设备精度和控制、安全等方便的要求

B. 1）设备的运转周期

2）操作者的申请

3）维修人员的申请

4）生产工艺及产品质量对设备精度和控制、安全等方便的要求

C. 1）设备的运转周期

2）操作者的申请

3）电气维修人员的申请

4）设备生产方的申请

112. 大修计划和项修计划，由（　　）。

A. 企业资产管理部门负责组织实施

B. 设备使用部门组织实施

C. 由维修人员和操作者组织实施

113. 修订计划的申请有时间限制，申请修订年度计划，要在（　　）提出。

A. 三个月前　　B. 六个月前　　C. 一个月前

114. 牵引机械（如电车、机械车、电瓶车）及大型轧钢机中，一般都采用直流电动机而不是异步电动机，原因是异步电动机的（　　）。

A. 功率因素低　　B. 调速性能很差

C. 起动转矩较小　　D. 起动电流太大

115. 热电偶输出的（　　），是从零逐渐上升到相应的温度后，不再上升而呈平台值。

A. 电阻值　　B. 阻抗值　　C. 电压值　　D. 热电势

116. 用晶体管图示仪测量晶体管时，调节（　　）可以改变特性曲线簇之间的间距。

A. 阶梯选择　　B. 功耗电阻

C. 集电极－基极电流/电位　　D. 峰值范围

117. 在过滤变压器油时，应先检查滤油机完好，并（　　），滤油现场立严禁烟火。

A. 接好电源　　B. 接好地线　　C. 做好绝缘防护　　D. 断电操作

118. （　　）会有规律地控制逆变器中主开关的通断，从而获得任意频率的三相输出。

A. 斩波器　B. 变频器

C. 变频器中的控制电路　D. 变频器中的逆变器

119. 电气控制电路设计应最大限度地满足（　　）的需要。

A. 机械设备加工工艺　B. 电流

C. 功率　D. 电压

120. 修理工作中，要按照设备（　　）进行修复，严格把握修理的质量关，不得降低设备原有的性能。

A. 原始数据和精度要求　B. 损坏程度

C. 运转情况　D. 维修工艺要求

121. 测量轧钢机的轧制力时，通常选用（　　）作为传感器。

A. 压力传感器　B. 压磁传感器　C. 霍尔传感器　D. 压电传感器

122. 变频器在故障跳闸后，要使其恢复正常状态应先按（　　）键。

A. MOD　B. PRG　C. RESET　D. RUN

123. 目前无速度传感器调节系统的速度调节精度和范围是（　　）有速度传感器的矢量控制系统。

A. 超过　B. 相当于　C. 低于　D. 远远低于

124. 变频器与电动机之间一般（　　）接入接触器。

A. 允许　B. 不允许　C. 需要　D. 不需要

125. 修理工作中，要按照设备（　　）进行修复，严格把握修理的质量关，不得降低设备原有的性能。

A. 原始数据和精度要求　B. 损坏程度

C. 运转情况　D. 维修工艺要求

126. PLC 改造设备控制是采用可编程序控制器 PLC 替换原设备控制中庞大而复杂的（　　）控制装置。

A. 模拟　B. 继电器　C. 时序逻辑电路

127. 高性能的高压变频器调速装置的主电路开关器件采用（　　）。

A. 功率场效应晶体管　B. 电力晶体管

C. 绝缘栅双极型晶体管　D. 晶闸管

128. 进行理论教学培训时，除依据教材外，应结合本职业特点讲解些关于（　　）的知识。

A. 案例　B. “四新”应用　C. 科技动态　D. 与本职业无关

129. CMOS 集成电路的输入端（　　）。

A. 不允许悬空　B. 允许悬空　C. 必须悬空

130. 8421BCD 码（0010 1000 0011）8421BCD 所表示的十进制数是（　　）。

A. 643　B. 283　C. 640　D. 683

131. 对逻辑函数进行化简时，通常都是以化简为（　　）表达式为目的。

A. 与　B. 与非　C. 或非　D. 与或

132. 直流电动机的调速方案，越来越趋向于采用（　　）调速系统。

A. 直流发电机－直流电动机　　B. 交磁电机扩大机－直流电动机
C. 晶闸管可控整流－直流电动机

133. 在数控指令中，T代码用于（　）。
A. 主轴控制　B. 换刀　C. 辅助功能

134. 绝缘栅双极型晶体管的导通与关断是由（　　）来控制。
A. 栅极电流　B. 发射极电流　C. 栅极电压　D. 发射极电压

135. 能够实现有源逆变的电路为（　）。
A. 三相半控桥式整流电路　　B. 三相全控桥式整流电路
C. 单相半控桥式整流电路　　D. 单相半波可控整流电路

136. 晶闸管供电直流电动机可逆调速系统主电路中的环流是（　　）电动机或负载的。
A. 不流过　B. 正向流过　C. 反向流过　D. 正向与反向交替流过

137. 自然环流可逆调速系统，若正组晶闸管处于整流状态，则反组必然处于（　　）状态。
A. 待逆变　B. 逆变　C. 待整流　D. 整流

138. 在自然环流可逆调速系统中，均衡电抗器（环流电抗器）所起的作用是（　）。
A. 限制动态环流　　B. 使主电路电流连续
C. 用来平波　　D. 限制静态环流

139. 在自然环流可逆调速系统中，触发器的初始相位角 α 和最小逆变角 β 分别是（　　）。
A. 0°和30°　B. 30°和90°　C. 90°和0°　D. 90°和30°

140. 在逻辑无环流可逆调速系统中，逻辑装置有以下工作状态：①检测主回路电流信号为零；②检测转矩极性变号；③经过“触发等待时间”的延时，发出开放原来未工作的晶闸管装置的信号；④经过“关断等待时间”的延时，发出封锁原来工作的晶闸管装置的信号。以上过程的正确顺序为（　　）。
A. ①→②→③→④　　B. ①→②→④→③
C. ②→①→④→③　　D. ②→①→③→④

141. 双闭环调速系统包括电流环和速度环，其中两环之间的关系是（　　）。
A. 电流环为内环，速度环为外环　　B. 电流环为外环，速度环为内环
C. 电流环为内环，速度环也为内环　　D. 电流环为外环，速度环也为外环

142. 自动控制系统中反馈检测元件的精度对控制系统的精度（　　）。
A. 无影响　B. 有影响　C. 不能确定
D. 有影响，但被闭环系统补偿了

143. 在速度、电流双闭环直流调速系统中，在起动、过载和堵转的条件下（　　）。
A. 速度调节器起主要作用　　B. 电流调节器起主要作用
C. 两个调节器都起作用　　D. 两个调节器都不起作用

144. 在速度、电流双闭环直流调速系统中，在负载变化时出现偏差，消除偏差主要靠（　　）。
A. 速度调节器　　B. 电流调节器
C. 电流、速度调节器　　D. 比例、积分调节器

145. 逻辑无环流可逆调速系统与自然环流可逆系统在主回路上的主要区别是（　　）。

A. 增加了逻辑装置　　B. 取消了环流电抗器

C. 采用了交叉连接线路　　D. 采用了反并联接法

146. 电流调节器（ACR）的调试不包括（　　）。

A. 调整输出电流值　　B. 调整输出正、负电压限幅值

C. 测定输入输出特性　　D. 测定PI特性

147. 在 U/f 控制方式下，当输出频率比较低时，会出现输出转矩不足的情况，要求变频器具有（　　）功能。

A. 频率偏置　　B. 转差补偿　　C. 转矩补偿　　D. 段速控制

148. PWM调制器产生的调宽脉冲的特点是（　　）。

A. 频率不变，脉宽随控制信号的变化而变化

B. 频率变化，脉宽由频率发生器产生的脉冲本身决定

C. 频率不变，脉宽也不变

D. 频率变化，脉宽随控制信号的变化而变化

149. 在变频器装置中，中间直流环节采用大电容滤波、无法实现回馈制动的是（　　）变频器。

A. 电压源型　　B. 电流源型　　C. 交-交型　　D. 可控整流型

150. 在起重机械中，由于变频器的数量较多，可以采用公用母线方式，即所有变频器的（　　）是公用的。

A. 交流电源部分　　B. 整流部分　　C. 逆变部分　　D. 电压输出部分

151. 对电动机基本频率向上的变频调速属于（　　）调速。

A. 转矩补偿　　B. 频率偏置　　C. 段速控制　　D. 弱磁恒功率

152. 采用空间矢量分析方法，采用定子磁场定向，直接对逆变器的开关状态进行控制的技术是（　　）。

A. 矢量控制　　B. 恒磁通控制　　C. 恒转矩控制　　D. 直接转矩控制

153. 工业洗衣机甩干时转速快，洗涤时转速慢，烘干时转速更慢，故需要变频器的（　　）功能。

A. 多段速　　B. 恒转矩　　C. 恒磁通　　D. 恒转差率

154. 不适应变频调速系统的制动方式是（　　）。

A. 直流制动　　B. 回馈制动　　C. 反接制动　　D. 能耗制动

155. 变频器升降速模式中，（　　）适用于带式输送机、纺织机一类的负载。

A. 线性方式　　B. S型方式　　C. 前半S　　D. 后半S

156. 主要用于机械准确停车控制和制止电动机在起动前由于外因引起的不规则自由旋转的通用变频器制动方案是（　　）。

A. 直流制动　　B. 制动单元/制动电阻

C. 回馈制动　　D. 机械抱闸制动

157. 变频器超载输出电流超过额定工作电流的150%时，规定持续时间不超过(　　)。

A. 0.5s　　B. 60s　　C. 600s　　D. 10min

158. 由于模拟量信号的抗干扰能力较差，因此必须采用屏蔽线，在连接时，屏蔽层靠

近变频器一侧应（　　），另一端应悬空。

A. 悬空　　B. 控制电路的公共端

C. 接地　　D. 接继电输出端子

159. 变频器的外接给定配置不包括（　　）。

A. 外接电压给定信号控制　　B. 外接电流给定信号控制

C. 电阻给定　　D. 辅助给定

160. 用微机控制变频器网络时，如通信距离较远，应采用（　　）通信口通信。

A. RS－485　　B. RS－232　　C. RS－422　　D. 采用双绞线

161. 如果变频器散热不好，温度一旦超过某一数值，会立即导致逆变管的损坏，风冷时，每带走 1kW 热量所需要的风量为（　　）。

A. $0.1m^3/s$　　B. $0.1cm^3/s$　　C. $1m^3/s$　　D. $1cm^3/s$

162. 一种检测精密位移，常用作各种机床的位移检测装置是（　　）传感器。

A. 自整角机　　B. 旋转变压器　　C. 光电编码器　　D. 感应同步器

163. 在步进电动机驱动电路中，脉冲信号经（　　）放大器后控制步进电动机励磁绕组。

A. 电流　　B. 功率　　C. 电玉　　D. 直流

164. I/O 接口芯片 8255A 有（　　）个可编程（选择其工作方式的）通道。

A. 一　　B. 二　　C. 三　　D. 四

165. 三相桥式电路平均逆变电压 U_d =（　　）。

A. $1.17U_2\cos\beta$　　B. $-1.17U_2\cos\beta$　　C. $2.34U_2\cos\beta$　　D. $-2.34U_2\cos\beta$

技能要求试题

一、双闭环可逆直流调速系统的接线、调试及维修

1. 考核要求

1）掌握双闭环可逆直流调速系统（见图1）的接线、调试及维修。

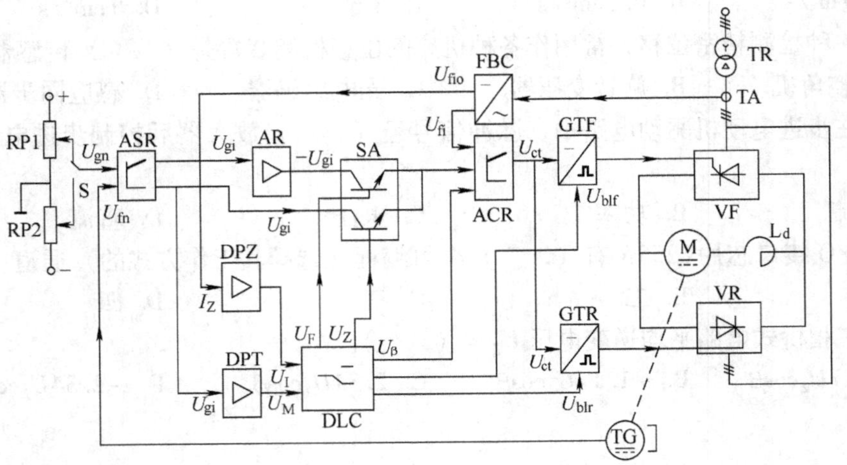

图1　双闭环可逆直流调速系统

2）能够正确使用相关仪器、仪表。

3）能够做到安全文明生产。

2. 考核步骤

1）双闭环可逆直流调速系统的接线。

2）双闭环可逆直流调速系统的调试。

① 先晶闸管主电路、后触发电路。

② 先部件、后系统。

③ 先开环、后闭环。

④ 先电阻性负载、后电感性负载。

⑤ 先内环、后外环。

⑥ 先不可逆、后可逆。

3）双闭环可逆直流调速系统的故障排除。

① 触发电路故障。

② 调节器电路故障。

3. 配分、评分标准（见表1）

表 1 双闭环可逆直流调速系统的连线、调试及维修配分、评分标准

定额时间：180min

考核内容	配分	评分标准	扣分	得分
接 线	20 分	连线不正确，一处扣 5 分		
调 试	10 分	晶闸管主电路、触发电路调试，不正确扣 10 分		
	10 分	开环调试，不正确扣 10 分		
	10 分	闭环调试，不正确扣 10 分		
	10 分	可逆调试，不正确扣 10 分		
仪器、仪表的使用	10 分	使用方法不正确，一次扣 2 分		
故障排除	10 分	触发电路故障，未排除扣 10 分		
	10 分	调节器电路故障，未排除扣 10 分		
安全文明操作	10 分	违反安全操作规程，每次扣 5 分		

评分人____________ 总分__________

二、编制用 PLC 控制的车辆出入库管理控制程序

1. 考核要求

1）入库车辆前进时，经过 1#→2#传感器后车辆计数加 1，后退时经过 2#→1#传感器后车辆计数减 1，单经过一个传感器则车辆计数不动作。

2）出库车辆前进时，经过 2#→1#传感器后车辆计数减 1，后退时经过 1#→2#传感器后车辆计数加 1，单经过一个传感器则车辆计数不动作。

3）设计一个由四位数码管及相应的辅助元件组成的显示电路，显示车库内车辆的实际数量。

4）该车辆出入库管理系统设有起动、停止及计数清零按钮。

2. 配分、评分标准（见表 2）。

表 2 编制用 PLC 控制的车辆出入库管理控制程序配分、评分标准

定额时间：90min

考核内容	配分	考核要求	评分标准	扣分	得分
电路设计	20 分	根据任务，列出 PLC 控制 I/O 口（输入/输出）元件地址分配表，根据控制要求，设计梯形图及 PLC 控制 I/O 口（输入/输出）接线图	电气控制原理设计不全或设计错，每处扣 2 分		
			输入输出地址遗漏或搞错，每处扣 2 分		
			梯形图表达不正确或画法不规范，每处扣 2 分		
			接线图表达不正确或画法，不规范每处扣 2 分		
			指令有错，每处扣 2 分		

(续)

考核内容	配分	考核要求	评分标准	扣分	得分
安装与接线	30分	按PLC控制I/O(输入/输出)接线图在模拟配线板正确安装,元件在配线板上布置要合理,安装要准确禁固、美观,导线要进线槽,导线要有端子标号	元件布置不整齐、不匀称、不合理,每个扣2分		
			元件安装不牢固、安装元件时漏装木螺钉,每个扣2分		
			损坏元件,每处扣10分		
			不按PLC控制I/O(输入/输出)接线图接线,每处扣5分		
			布线不进线槽,不美观,每处扣1分		
			接点松动、露铜过长、反圈、压绝缘层,标记线号不清楚、遗漏或误标,每处扣2分		
			损伤导线绝缘层或线芯,每根扣1分		
程序输入及调试	40分	熟练正确的将所编程序输入PLC;按照被控设备地动作要求进行模拟调试,达到设计要求	不会熟练操作PLC键盘输入指令,扣10分		
			不会用删除、插入、修改等命令,每项扣5分		
			一次试车不成功扣20分		
			二次试车不成功扣20分		
安全文明操作	10分	劳动保护用品穿戴整齐;遵守操作规程;考试结束要清理现场	考试中,违犯安全文明操作考核要求的任何一项扣2分,扣完为止		

评分人__________ 总分__________

三、检修B2012A型龙门刨床的电气控制电路

1. 考核要求

由高级考评员在B2012A型龙门刨床的电气控制电路中设置两处隐蔽故障(考生可参考电气原理图),考生进行电气控制系统的故障排除。

2. 配分、评分标准(见表3)。

表 3 检修 B2012A 型龙门刨床的电气控制电路配分、评分标准

定额时间：45min

考核内容	配分	评分标准	扣分	得分
读图与分析故障	20 分	排故前未进行调查研究，扣 5 分 根据故障现象不能标出最小的故障范围，每个故障点扣 5 分		
排除故障	60 分	排除故障过程中无思路，每处扣 5 分 排除方法不得当，每处扣 5 分 扩大故障，每处扣 15 分 仪表使用不当，每次扣 5 分		
试车	10 分	排除故障后整理电器线路并通电试车：未整理电器线路，扣 5 分；未通电试车扣 5 分		
安全文明操作	10 分	劳动保护用品穿戴整齐；遵守操作规程；尊重监考教师，讲文明礼貌；考试结束要清理现场。考试中，违犯安全文明操作考核要求的任何一项扣 2 分，扣完为止		

评分人：＿＿＿＿＿＿＿　　　　总分＿＿＿＿＿＿

四、数控车床电气控制系统的调试与故障排除

1. 考核要求

由高级考评员在数控车床的电气控制电路中设置两处隐蔽故障（考生可参考电气原理图），参加考评学员进行电气控制系统的调试与故障排除。

2. 配分、评分标准（见表 4）。

表 4 数控车床系统的调试与故障排除配分、评分标准

定额时间：90min

考核内容	配分	评分标准	扣分	得分
调试	40 分	调试过程无思路，每处扣 2 分 调试步骤错误，每处扣 3 分 仪器仪表使用不当，每次扣 5 分 调试过程中出现错误，每次扣 10 分		
排除故障	50 分	排除故障过程中无思路，每处扣 5 分 排除方法不得当，每处扣 5 分 扩大故障，每处扣 15 分		
安全文明操作	10 分	劳动保护用品穿戴整齐；遵守操作规程；尊重监考教师，讲文明礼貌；考试结束要清理现场。 考试中，违犯安全文明操作考核要求的任何一项扣 2 分，扣完为止		

评分人：＿＿＿＿＿＿＿　　　　总分＿＿＿＿＿＿

五、测绘数控机床的电气控制电路

1. 考核要求

要求参加考评的学员能够进行数控机床安装接线图、电气控制原理图的测绘，草图的整理，以及相关仪器仪表的正确使用。

2. 配分及评分标准（见表5）。

表5　测绘数控机床的电气控制电路配分、评分标准

定额时间：90min

考核内容	配分	评分标准	扣分	得分
测绘数控机床的安装接线图	30分	数控系统、伺服系统和机床内、外部电气部分的安装接线图		
测绘电气控制原理图	30分	数控系统与伺服系统、机床强电控制回路之间的电气控制原理图		
整理草图	10分	进一步检查核实，将所绘出的草图标准化，绘制出数控机床完整的安装接线图和电气控制原理图		
绘制安装接线图和电气控制原理图	10分	不正确扣10分		
仪器、仪表的使用	10分	使用方法不正确，一次扣2分		
安全文明操作	10分	违反安全操作规程，每次扣5分		

评分人________　　　　总分________

六、自动调速系统工作原理的分析

根据图2所示原理图进行下列分析。

1）系统有哪些反馈环节？各自的作用是什么？

2）系统中KA是什么元件？作用是什么？

3）电位器RP1下移，系统将产生怎样的变化？

4）电位器RP4左移，系统将产生怎样的变化？

5）当机械负载转矩增加、转速降低时，分析调速系统的自动调节过程？

七、B2012A型龙门刨床电气控制系统检修工艺计划的编制

1. 所需器材

B2012A型龙门刨床，电工工具1套，铅笔1支，绘图工具1套，A3纸张若干。

2. 操作工艺

1）做好编制大修前的技术准备：包括查阅资料、现场了解和制定方案。

2）编制大修工艺的分析：

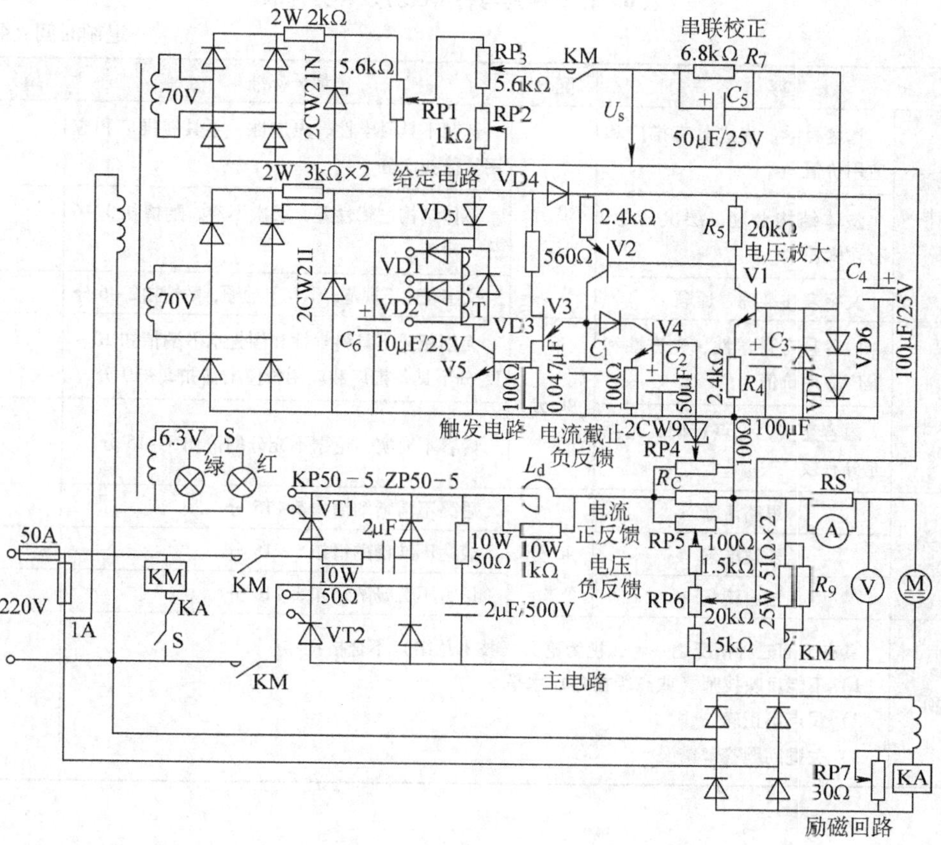

图2　某自动调速系统的工作原理

① 本设备距上次检修间隔有5年，修理周期已到；从检修记录中可看出，原有的正常；元器件没有更换。

② 设备现状，导线绝缘老化，接触器损坏频繁，编号脱落模糊，电动机要进行保养。

3）编制大修工艺并填写工艺卡。

八、论文撰写及答辩

1. 考核要求

（1）论文（专业技术总结）撰写

1）选题具有科学性、先进性和推广应用价值。

2）结构合理、层次清楚、文字（含图样等）表述准确通顺，技师论文字数不少于3000字；高级技师论文字数不少于5000字。

3）内容充实不空洞，论点正确，论据充分有效。

（2）论文（专业技术总结）答辩

1）答辩内容正确，叙述充分合理。

2）表达准确，语言简洁流畅。

2. 配分、评分标准（见表6）

表6　论文评判与答辩配分、评分标准

定额时间：45min

<table>
<tr><th colspan="3">考核内容</th><th>配分</th><th>评分标准</th><th>扣分</th><th>得分</th></tr>
<tr><td rowspan="5">论文或技术总结水平</td><td rowspan="3">选题结构文字</td><td>选题科学、先进具有推广和应用价值</td><td rowspan="3">20分</td><td>选题不具科学性、先进性，不具有推广和应用价值扣5分</td><td></td><td></td></tr>
<tr><td>整体结构合理，层次清楚，有逻辑性</td><td>整体结构逻辑性差，层次不清，酌情扣3~6分</td><td></td><td></td></tr>
<tr><td>文字表述准确、通顺</td><td>文字表述不规范，语句不通顺，酌情扣2~6分</td><td></td><td></td></tr>
<tr><td rowspan="2">内容水平</td><td>内容具有科学性、先进性和推广应用价值</td><td rowspan="2">40分</td><td>无创新或不具科学性和领先水平酌情扣10~15分不具备推广和应用价值酌情扣5~10分</td><td></td><td></td></tr>
<tr><td>内容充实，论点正确，论据充分有效</td><td>内容不充实，论据不充分酌情扣5~15分</td><td></td><td></td></tr>
<tr><td rowspan="3">答辩</td><td rowspan="3">答辩表现</td><td>思路清晰</td><td rowspan="3">40分</td><td>思路不清晰酌情扣5~15分</td><td></td><td></td></tr>
<tr><td>表达准确</td><td>表达不准确酌情扣5~15分</td><td></td><td></td></tr>
<tr><td>语言流畅</td><td>语言不流畅酌情扣5~10分</td><td></td><td></td></tr>
<tr><td colspan="2">否定项</td><td colspan="3">具有下面三种情况之一者，视为论文（技术总结）不合格：
1）不能反映技师（或高级技师）水平
2）观点不正确
3）关键问题答辩错误</td><td></td><td></td></tr>
</table>

模拟试卷样例

一、判断题（对画√，错画×；每题1分，共20分）

1. 为了获得更大的输出电流，可以将多个三端集成稳压器直接并联使用。（ ）

2. 查阅设备档案，包括设备安装验收纪录、故障修理纪录，全面了解电气系统技术状况。（ ）

3. 额定电流为100A的双向晶闸管与额定电流为50A的两只反并联的普通晶闸管，两者的电流容量是相同的。（ ）

4. 选择步进电动机时，通常应考虑的指标有：相数、步距角、精度（步距角误差）、起动频率、连续运行频率、最大静转矩和起动转矩等。（ ）

5. 逻辑代数的基本公式和常用公式中同一律 $A+0=A$，$A\times1=A$。（ ）

6. 根据真空三极管的特性曲线可以看出，改变栅极电流就可使阳极电流发生变化。（ ）

7. 直线运动各轴的反向误差属于数控机床的定位精度检验。（ ）

8. 由于各种原因引起故障报警，报警指示灯亮，可进一步通过编程器查看报警信息。（ ）

9. 两电压叠加后产生脉冲前沿幅度很低，陡度很小的触发脉冲，从而大大提高了对晶闸管触发的可靠性。（ ）

10. 根据梯形图分析和判断故障是诊断所控制设备故障的基本方法。（ ）

11. 带有辅助晶闸管换流电路的特点是，主晶闸管的关断是由LC串联谐振电路中电流反向来实现。（ ）

12. 串联二极管式逆变器，在变频调速系统中应用广泛，VD1～VD6为隔离二极管，其作用是使换相回路与负载隔离，防止电容器的充电电压经负载放掉。（ ）

13. 为了实现频率的自动跟踪，逆变触发电路采取自激工作方法，自激信号来自负载端。（ ）

14. 串级调速可以将串入附加电动势而增加的转差功率，回馈到电网或者电动机上，因此它属于转差功率回馈型调速方法。（ ）

15. 用NOP指令取代已写入的指令，对原梯形图的构成没有影响。（ ）

16. 空心杯形转子异步测速发电机输出特性具有较高的精度，其转子转动惯量较小，可满足快速性要求。（ ）

17. 实际运放在开环时，其输出很难调整到零电位，只有在闭环时才能调至零电位。（ ）

18. 施密特触发器能把缓慢变化的模拟信号转换成阶段变化的数字信号。（ ）

19. 安装前熟悉电气原理图和PLC及有关资料，检查电动机、电气元器件，准备好仪器、仪表、工具和安装材料，并根据电气原理图安装电气管路。（ ）

20. 晶闸管触发电路的触发信号可以是交流、直流信号，也可以是脉冲信号。（　　）

二、选择题（将正确答案的序号填入括号内，每题1分，共80分）

1. CMOS集成电路的输入端（　　）。

A. 允许悬空　B. 不允许悬空　C. 必须悬空　D. 无任何要求

2. 8421BCD码（0010 1000 0011）8421BCD所表示的十进制数是（　　）。

A. 643　B. 283　C. 640　D. 683

3. 进行理论教学培训时，除依据教材外，应结合本职业特点讲解些关于（　　）的知识。

A. 案例　B. 科技动态　C. “四新”应用　D. 与本职业无关

4. PLC改造设备控制是采用PLC可编程序控制器替换原设备控制中庞大而复杂的（　　）控制装置。

A. 模拟　B. 继电器　C. 时序逻辑电路　D. 数字

5. 高性能的高压变频器调速装置的主电路开关器件采用（　　）。

A. 功率场效应晶体管　B. 电力晶体管

C. 绝缘栅双极晶体管　D. 晶闸管

6. 对逻辑函数进行化简时，通常都是以化简为（　　）表达式为目的。

A. 与　B. 与非　C. 或非　D. 与或

7. 直流电动机的调速方案，越来越趋向于采用（　　）调速系统。

A. 直流发电机-直流电动机　B. 交磁电机扩大机-直流电动机

C. 晶闸管可控整流-直流电动机　D. 直流电动机-直流发电机

8. 在数控指令中，T代码用于（　　）。

A. 主轴控制　B. 换刀　C. 辅助功能　D. 无任何功能

9. 通过（　　），能使学员的动手能力不断增强和提高，从而熟练掌握操作技能。

A. 示范操作　B. 安全教育　C. 现场技术指导　D. 指导操作

10. 热电偶输出的（　　），是从零逐渐上升到相应的温度后，不再上升而呈平台值。

A. 电阻值　B. 热电势　C. 电压值　D. 阻抗值

11.（　　）会有规律地控制逆变器中主开关的通断，从而获得任意频率的三相输出。

A. 斩波器　B. 变频器

C. 变频器中的控制电路　D. 变频器中的逆变器

12. 电气控制电路设计应最大限度地满足（　　）的需要。

A. 电压　B. 电流

C. 机械设备加工工艺　D. 功率

13. 修理工作中要按照设备（　　）进行修复，严格把握修理的质量关，不得降低设备原有的性能。

A. 损坏程度　B. 原始数据和精度要求

C. 运转情况　D. 维修工艺要求

14. 绝缘栅双极型晶体管的导通与关断是由（　　）来控制。

A. 栅极电流　B. 发射极电流　C. 栅极电压　D. 发射极电压

15. 能够实现有源逆变的电路为（　　）。

A. 三相半控桥式整流电路　　B. 三相全控桥式整流电路

C. 单相半控桥式整流电路　　D. 单相半波可控整流电路

16. 晶闸管供电直流电动机可逆调速系统主电路中的环流是（　　）电动机或负载的。

A. 不流过　　B. 正向流过　　C. 反向流过　　D. 正向与反向交替流过

17. 自然环流可逆调速系统，若正组晶闸管处于整流状态，则反组必然处于（　　）状态。

A. 待逆变　　B. 逆变　　C. 待整流　　D. 整流

18. 在自然环流可逆调速系统中，均衡电抗器（环流电抗器）所起的作用是（　　）。

A. 限制动态环流　　B. 使主电路电流连续

C. 用来平波　　D. 限制静态环流

19. 在自然环流可逆调速系统中，触发器的初始相位角 α 和最小逆变角 β 分别是（　　）。

A. 0°和30°　　B. 30°和90°　　C. 90°和0°　　D. 90°和30°

20. 在逻辑无环流可逆调速系统中，逻辑装置有以下工作状态：①检测主回路电流信号为零；②检测转矩极性变号；③经过“触发等待时间”的延时，发出开放原来未工作的晶闸管装置的信号；④经过“关断等待时间”的延时，发出封锁原来工作的晶闸管装置的信号。以上过程的正确顺序为（　　）。

A. ①→②→③→④　　B. ①→②→④→③

C. ②→①→④→③　　D. ②→①→③→④

21. 双闭环调速系统包括电流环和速度环，其中两环之间关系是（　　）。

A. 电流环为内环，速度环为外环　　B. 电流环为外环，速度环为内环

C. 电流环为内环，速度环也为内环　　D. 电流环为外环，速度环也为外环

22. 自动控制系统中反馈检测元件的精度对控制系统的精度（　　）。

A. 无影响　　B. 有影响

C. 不能确定　　D. 有影响，但被闭环系统补偿了

23. 在速度、电流双闭环直流调速系统中，在起动、过载和堵转的条件下（　　）。

A. 速度调节器起主要作用　　B. 电流调节器起主要作用

C. 两个调节器都起作用　　D. 两个调节器都不起作用

24. 在速度、电流双闭环直流调速系统中，在负载变化时出现偏差，消除偏差主要靠（　　）。

A. 速度调节器　　B. 电流调节器

C. 电流、速度调节器　　D. 比例、积分调节器

25. 逻辑无环流可逆调速系统与自然环流可逆系统在主回路上的主要区别是（　　）。

A. 增加了逻辑装置　　B. 取消了环流电抗器

C. 采用了交叉连接线路　　D. 采月了反并联接法

26. 电流调节器（ACR）的调试不包括（　　）。

A. 调整输出电流值　　B. 调整输出正、负电压限幅值

C. 测定输入输出特性　　D. 测定 PI 特性

27. 在 U/f 控制方式下，当输出频率比较低时，会出现输出转矩不足的情况，要求变频器具有（　　）功能。

A. 频率偏置　B. 转差补偿　C. 转矩补偿　D. 段速控制

28. PWM 调制器产生的调宽脉冲的特点是（　　）。

A. 频率不变，脉宽随控制信号的变化而变化

B. 频率变化，脉宽由频率发生器产生的脉冲本身决定

C. 频率不变，脉宽也不变

D. 频率变化，脉宽随控制信号的变化而变化

29. 在变频器装置中，中间直流环节采用大电容滤波、无法实现回馈制动的是（　　）变频器。

A. 电压源型　B. 电流源型　C. 交-交型　D. 可控整流型

30. 在起重机械中，由于变频器的数量较多，可以采用公用母线方式，即所有变频器的（　　）是公用的。

A. 交流电源部分　B. 整流部分　C. 逆变部分　D. 电压输出部分

31. 对电动机基本频率向上的变频调速属于（　　）调速。

A. 转矩补偿　B. 频率偏置　C. 段速控制　D. 弱磁恒功率

32. 采用空间矢量分析方法，采用定子磁场定向，直接对逆变器的开关状态进行控制的技术是（　　）。

A. 矢量控制　B. 恒磁通控制　C. 恒转矩控制　D. 直接转矩控制

33. 工业洗衣机甩干时转速快，洗涤时转速慢，烘干时转速更慢，故需要变频器的（　　）功能。

A. 多段速　B. 恒转矩　C. 恒磁通　D. 恒转差率

34. 下列哪种制动方式不适应变频调速系统（　　）。

A. 直流制动　B. 回馈制动　C. 反接制动　D. 能耗制动

35. 变频器升降速模式中，（　　）适用于带式输送机、纺织机一类的负载。

A. 线性方式　B. S 型方式　C. 前半 S　D. 后半 S

36. 主要用于机械准确停车控制和制止电动机在启动前电动机由于外因引起的不规则自由旋转的通用变频器制动方案是（　　）。

A. 直流制动　B. 制动单元/制动电阻

C. 回馈制动　D. 机械抱闸制动

37. 变频器超载输出电流超过额定工作电流的150%时，规定持续时间不超过（　　）。

A. 0.5s　B. 60s　C. 600s　D. 10min

38. 由于模拟量信号的抗干扰能力较差，因此必须采用屏蔽线，在连接时，屏蔽层靠近变频器一侧应（　　），另一端应悬空。

A. 悬空　B. 控制电路的公共端

C. 接地　D. 接继电器输出端子

39. 变频器的外接给定配置不包括（　　）。

A. 外接电压给定信号控制　B. 外接电流给定信号控制

C. 电阻给定　D. 辅助给定

40. 用计算机控制变频器网络时，若通信距离较远，应采用（　　）通信口通信。

A. RS-485　　B. RS-232　　C. RS-422　　D. 采用双绞线

41. 如果变频器散热不好，温度一旦超过某一数值，会立即导致逆变管的损坏，风冷时，每带走1kW 热量所需要的风量为（　　）。

A. $0.1cm^3/s$　　B. $0.1m^3/s$　　C. $1m^3/s$　　D. $1cm^3/s$

42.（　　）传感器一种检测精密位移、常用作各种机床位移检测的装置。

A. 感应同步器　　B. 旋转变压器　　C. 光电编码器　　D. 自整角机

43. 在步进电动机驱动电路中，脉冲信号经（　　）放大器后控制步进电动机励磁绕组。

A. 电流　　B. 功率　　C. 电压　　D. 直流

44. I/O 接口芯片 8255A 有（　　）个可编程（选择其工作方式的）通道。

A. 一　　B. 二　　C. 三　　D. 四

45. 三相桥式电路平均逆变电压 U_d =（　　）。

A. $2.34U_2\cos\beta$　　B. $-2.34U_2\cos\beta$

C. $1.17U_2\cos\beta$　　D. $-1.17U_2\cos\beta$

46. 变频器的输出不允许接（　　）。

A. 纯电阻　　B. 电感器　　C. 电容器　　D. 电动机

47. 要求传动比的稳定性较高的场合，宜采用（　　）传动方式。

A. 齿轮　　B. 传动带　　C. 链　　D. 蜗轮蜗杆

48. 变频器在故障跳闸后，要使其恢复正常状态应先按（　　）键。

A. MOD　　B. PRG　　C. RESET　　D. RUN

49. 无速度传感器调节系统的速度调节精度和范围，目前是（　　）有速度传感器的矢量控制系统。

A. 超过　　B. 相当于　　C. 低于　　D. 远远低于

50. 三相桥式半控整流电路，晶闸管承受的最大反向电压是变压器（　　）。

A. 次级相电压的最大值　　B. 次级相电压的有效值

C. 次级线电压的有效值　　D. 次级线电压的最大值

51. 维修电工班组制定质量管理活动方案的内容包括制定该方案的主要原因、准备采取的措施、要达到的目的、（　　）、主要负责人、配合单位和人员。

A. 工作量　　B. 技术要求　　C. 完成日期　　D. 技术措施

52. 测绘 ZK7132 型立式数控钻铣床电气控制系统的第一步是测绘（　　）。

A. 控制原理图　　B. 安装接线图　　C. 控制草图　　D. 布置图

53. 电子测量装置的静电屏蔽必须与屏蔽电路的（　　）基准电位相接。

A. 正电位　　B. 负电位　　C. 零信号　　D. 静电

54. 采用数控技术改造旧机床，以下不宜采用的措施为（　　）。

A. 采用新技术　　B. 降低改造费用　　C. 缩短改造周期　　D. 突破性的改造

55. 计算机集成制造系统的功能不包括（　　）。

A. 经营管理功能　　B. 工程设计自动化

C. 生产设计自动化　　D. 销售自动化

56. 西门子 SIN840C 控制系统采用通道结构，最多可有（　　）通道。

A. 2　　B. 3　　C. 4　　D. 6

57.（　　）是利用功率器件，有规律地控制逆变器中主开关的通断，从而得到任意频率的三相交流输出。

A. 整流器　　B. 逆变器　　C. 中间直流环节　　D. 控制电路

58. 计算机控制系统依靠（　　）来满足不同类型机床的要求，因此具有良好的柔性和可靠性。

A. 硬件　　B. 软件　　C. 控制装置　　D. 执行机构

59. 测绘数控机床电气图时，在测绘之前准备好相关的绘图工具和合适的纸张，首先绘出（　　）。

A. 安装接线图　　B. 原理图　　C. 布置图　　D. 接线布置图

60. 维修电工班组完成一个阶段的质量活动课题，成果报告包括课题的（　　）全部内容。

A. 计划→实施→检查→总结　　B. 计划→检查→实施→总结

C. 计划→检查→总结→实施　　D. 检查→计划→实施→总结

61. 计算机制造系统 CIMS 不包含的内容是（　　）。

A. 计算机辅助设计 CAD　　B. 计算机辅助制造 CAM

C. 计算机辅助管理　　D. 计算机数据管理结构

62. 根据基础和专业理论知识，运用准确的语言对学员讲解、叙述设备工作原理，说明任务和操作内容完成这些工作的程序、组织和操作方法称之为（　　）教学法。

A. 示范教学法　　B. 现场讲授　　C. 课堂讲授　　D. 技能指导

63.（　　）可完成对逆变器的开关控制、对整流器的电压控制和通过外部接口电路发送控制信息。

A. 整流器　　B. 逆变器　　C. 中间环节　　D. 控制电路

64. CNC 定义为采用存储程序的专用计算机来实现部分或全部基本数控功能的一种（　　）。

A. 数控装置　　B. 数控程序　　C. 数控设备　　D. 数控系统

65. 西门子 SINUMERIK802S 系统是（　　）控制系统，是专门为经济型的数控车床、铣床、磨床及特殊用途电动机设计的。

A. 自整角机　　B. PLC　　C. 步进电动机　　D. 控制仪

66. 采用高导磁材料作屏蔽层，将磁场干扰磁力线限制在磁阻很小的磁屏蔽体内部，称为（　　）屏蔽。

A. 静电　　B. 电磁　　C. 低频　　D. 驱动

67. 数控机床的伺服系统一般包括机械传动系统和（　　）。

A. 检测元件　　B. 反馈电路　　C. 驱动元件　　D. 控制元件和反馈电路

68. 在三相半控桥式整流电路带电阻性负载的情况下，能使输出电压刚好维持连续的触发延迟角 α 等于（　　）。

A. 30°　　B. 45°　　C. 60°　　D. 90°

69. 以下合同中，（　　）不属于技术合同。

A. 技术开发合同 B. 技术转让合同 C. 技术服务合同 D. 技术租赁合同

70. 西门子 SIN840C 控制系统的数控分辨率可达（　　）mm。

A. 1 B. 0.1 C. 0.01 D. 0.001

71. 电气控制设计的一般程序包括：拟订设计任务书、选择拖动方案与控制方式、设计电气控制原理图、（　　）和编写设计任务书。

A. 设计电气任务书 B. 设计电气略图

C. 设计电气施工图 D. 设计电气布置图

72. 安装变频器时，在电源与变压器之间，通常要接入（　　）和接触器，以便在发生故障时能迅速切断电源，同时便于安装修理。

A. 断路器 B. 熔断器 C. 继电器 D. 组合开关

73. SINUMERIK850/880 系统是西门子公司开发的高自动化水平的机床及柔性制造系统，具有（　　）的功能。

A. 智能人 B. 机器人 C. PLC D. 工控机

74. 采用可编程序控制器替换原设备中庞大复杂的继电器控制装置，这种数控改造手段称为（　　）。

A. 变频器改造设备 B. 经济型数控改造设备

C. 数控专用改造设备 D. PLC 改造设备

75. （　　）的储能元件用于缓冲直流环节和电动机之间的无功功率的交换。

A. 继电器 B. 放大器 C. 中间直流环节 D. 交流环节

76. 维修电工班组主要是为生产服务的，活动课题一般都需要围绕提高（　　）、保证设备正常运转而提出的。

A. 经济效益 B. 产品质量 C. 产品数量 D. 技术水平

77. 计算机集成制造系统由管理信息、技术信息、制造自动化和（　　）四个分系统组成。

A. 质量管理 B. 技术管理 C. 制造信息 D. 电感效应

78. 低频干扰电压滤波器电路，对抑制因电源波形失真含有较多（　　）谐波的干扰很有效。

A. 低频 B. 中频 C. 高频 D. 直流

79. 在编写数控机床一般电气检修工艺前应先（　　）机床实际存在的问题。

A. 了解 B. 解决 C. 研究 D. 考虑

80. 伺服系统与 CNC 位置控制部分构成位置伺服系统，即进给驱动系统和（　　）。

A. 主轴驱动系统 B. 控制系统 C. 伺服控制系统 D. 进给伺服系统

答 案 部 分

知识要求试题答案

一、判断题

1. ×	2. √	3. ×	4. ×	5. √	6. √	7. ×	8. √
9. √	10. √	11. √	12. ×	13. ×	14. √	15. ×	16. ×
17. ×	18. ×	19. ×	20. ×	21. ×	22. ×	23. ×	24. √
25. ×	26. √	27. √	28. √	29. √	30. √	31. √	32. ×
33. √	34. √	35. ×	36. √	37. √	38. ×	39. √	40. √
41. ×	42. √	43. √	44. ×	45. √	46. √	47. √	48. √
49. ×	50. √	51. √	52. ×	53. √	54. √	55. ×	56. √
57. ×	58. √	59. √	60. ×	61. √	62. ×	63. √	64. √
65. √	66. √	67. ×	68. √	69. √	70. √	71. √	72. ×
73. ×	74. √	75. √	76. √	77. √	78. ×	79. √	80. √
81. √	82. √	83. √	84. √	85. √	86. ×	87. √	88. √
89. ×	90. ×	91. √	92. ×	93. √	94. √	95. √	96. √
97. √	98. √	99. √	100. √	101. √	102. √	103. ×	104. ×
105. √	106. ×	107. ×	108. ×	109. ×	110. √	111. ×	112. ×
113. ×	114. √	115. ×	116. ×	117. √	118. √	119. ×	120. √
121. ×	122. ×	123. ×	124. ×	125. ×	126. √	127. √	128. √
129. √	130. √	131. ×	132. √	133. √	134. ×	135. ×	136. √
137. √	138. ×	139. √	140. ×	141. √	142. √	143. √	144. √
145. √	146. ×	147. √	148. ×	149. ×	150. ×	151. ×	152. √
153. ×	154. √	155. √	156. ×	157. √	158. √	159. √	160. ×
161. ×	162. √	163. √	164. ×	165. ×	166. ×	167. √	168. √
169. ×	170. ×						

二、选择题

1. A	2. C	3. C	4. B	5. A	6. D	7. A	8. B
9. C	10. A	11. B	12. A	13. A	14. D	15. A	16. D
17. B	18. A	19. A	20. A	21. A	22. B	23. B	24. A
25. A	26. B	27. C	28. A	29. C	30. D	31. C	32. A
33. D	34. A	35. D	36. B	37. B	38. C	39. B	40. D
41. B	42. B	43. D	44. A	45. D	46. D	47. A	48. C
49. B	50. D	51. D	52. A	53. C	54. B	55. A	56. B
57. C	58. B	59. D	60. B	61. B	62. C	63. B	64. C
65. B	66. A	67. A	68. A	69. A	70. C	71. A	72. A
73. A	74. D	75. C	76. A	77. B	78. A	79. D	80. C
81. B	82. B	83. D	84. C	85. B	86. A	87. A	88. C
89. B	90. D	91. C	92. A	93. A	94. C	95. A	96. A
97. B、C	98. B	99. A	100. B	101. A	102. A、B	103. B、C	104. A、C
105. A	106. C	107. B	108. B	109. B	110. A	111. A	112. A
113. A	114. B	115. D	116. C	117. B	118. D	119. A	120. A
121. B	122. C	123. C	124. B	125. A	126. B	127. C	128. B
129. A	130. B	131. D	132. C	133. B	134. C	135. B	136. A
137. A	138. A	139. D	140. C	141. A	142. B	143. B	144. A
145. B	146. A	147. C	148. A	149. A	150. B	151. D	152. D
153. A	154. C	155. B	156. D	157. B	158. B	159. C	160. A
161. A	162. D	163. B	164. C	165. D			

模拟试卷样例答案

一、判断题

1. ×	2. ✓	3. ×	4. ✓	5. ✓	6. ×	7. ✓	8. ✓
9. ×	10. ✓	11. ×	12. ✓	13. ✓	14. ✓	15. ×	16. ✓
17 ✓	18. ✓	19. ×	20. ✓				

二、选择题

1. B	2. B	3. C	4. B	5. C	6. D	7. C	8. B
9. D	10. B	11. D	12. C	13. B	14. C	15. B	16. A
17. A	18. A	19. D	20. C	21. A	22. B	23. B	24. A
25. B	26. A	27. C	28. A	29. A	30. B	31. D	32. D
33. A	34. C	35. B	36. D	37. B	38. B	39. C	40. A
41. B	42. A	43. B	44. C	45. B	46. C	47. A	48. C
49. C	50. D	51. C	52. B	53. C	54. D	55. D	56. C
57. B	58. B	59. A	60. D	61. A	62. B	63. D	64. D
65. C	66. C	67. D	68. C	69. D	70. C	71. C	72. A
73. B	74. C	75. C	76. B	77. A	78. C	79. A	80. A

参 考 文 献

［1］王兆晶．维修电工（技师）职业资格培训教程［M］．济南：山东科学技术出版社，2002.
［2］曾毅．变频调速控制系统的设计与维护［M］．济南：山东科学技术出版社，2003.
［3］王建，庄建源，施立春，等．维修电工（技师·高级技师）国家职业资格证书取证问答［M］．北京：机械工业出版社，2006.
［4］温照方．SIMATIC S7-200 可编程序控制器教程［M］．北京：北京理工大学出版社，2005.
［5］孙平．可编程序控制器原理及应用［M］．北京：高等教育出版社，2003.
［6］鲍风雨．典型自动化设备及生产线应用与维护［M］．北京：机械工业出版社，2004.
［7］邱士安．机电一体化技术［M］．西安：西安电子科技大学出版社，2004.
［8］阳宪惠．现场总线技术及其应用［M］．北京：清华大学出版社，2005.
［9］王俊红．计算机网络基础与 Internet 应用［M］．2 版．北京：中国水利水电出版社，2005.

读者信息反馈表

感谢您购买《维修电工（技师、高级技师）第2版》一书。为了更好地为您服务，有针对性地为您提供图书信息，方便您选购合适图书，我们希望了解您的需求和对我们教材的意见和建议，愿这小小的表格为我们架起一座沟通的桥梁。

姓　名		所在单位名称	
性　别		所从事工作（或专业）	
通信地址		邮　编	
办公电话		移动电话	
E-mail			

1. 您选择图书时主要考虑的因素（在相应项前画✓）
（　）出版社（　）内容（　）价格（　）封面设计（　）其他
2. 您选择我们图书的途径（在相应项前画✓）
（　）书目（　）书店（　）网站（　）朋友推荐（　）其他

希望我们与您经常保持联系的方式：
☐ 电子邮件信息　☐ 定期邮寄书目
☐ 通过编辑联络　☐ 定期电话咨询

您关注（或需要）哪些类图书和教材：

您对我社图书出版有哪些意见和建议（可从内容、质量、设计、需求等方面谈）：

您今后是否准备出版相应的教材、图书或专著（请写出出版的专业方向、准备出版的时间、出版社的选择等）：

非常感谢您能抽出宝贵的时间完成这张调查表的填写并回寄给我们，我们愿以真诚的服务回报您对机械工业出版社技能教育分社的关心和支持。

请联系我们——
地址　北京市西城区百万庄大街22号　机械工业出版社技能教育分社
邮编　100037
社长电话　（010）88379080，88379083；68329397（带传真）
E-mail　jnfs@ mail. machineinfo. gov. cn
机械工业出版社网址：http：//www. cmpbook. com
教材网网址：http：//www. cmpedu. com

维修电工需学习下列课程：

初级：钳工常识、电工识图、电工基础、维修电工（初级）

中级：电工识图、电子技术基础、维修电工（中级）

高级：维修电工（高级）

技师、高级技师：维修电工（技师、高级技师）

国家职业资格培训教材

丛书介绍：深受读者喜爱的经典培训教材，依据最新国家职业标准，按初级、中级、高级、技师（含高级技师）分册编写，以技能培训为主线，理论与技能有机结合，书末有配套的试题库和答案。所有教材均免费提供PPT电子教案，部分教材配有VCD实景操作光盘（注：标注★的图书配有VCD实景操作光盘）。

读者对象：本套教材是各级职业技能鉴定培训机构、企业培训部门、再就业和农民工培训机构的理想教材，也可作为技工学校、职业高中、各种短训班的专业课教材。

◆ 机械识图
◆ 机械制图
◆ 金属材料及热处理知识
◆ 公差配合与测量
◆ 机械基础（初级、中级、高级）
◆ 液气压传动
◆ 数控技术与AutoCAD应用
◆ 机床夹具设计与制造
◆ 测量与机械零件测绘
◆ 管理与论文写作
◆ 钳工常识
◆ 电工常识
◆ 电工识图
◆ 电工基础
◆ 电子技术基础
◆ 建筑识图
◆ 建筑装饰材料
◆ 车工（初级★、中级、高级、技师和高级技师）
◆ 铣工（初级★、中级、高级、技师和高级技师）
◆ 磨工（初级、中级、高级、技师和高级技师）
◆ 钳工（初级★、中级、高级、技师和高级技师）
◆ 机修钳工（初级、中级、高级、技师和高级技师）
◆ 锻造工（初级、中级、高级、技师和高级技师）
◆ 模具工（中级、高级、技师和高级技师）
◆ 数控车工（中级★、高级★、技师和高级技师）
◆ 数控铣工/加工中心操作工（中级★、高级★、技师和高级技师）
◆ 铸造工（初级、中级、高级、技师和高级技师）
◆ 冷作钣金工（初级、中级、高级、技师和高级技师）
◆ 焊工（初级★、中级★、高级★、技师和高级技师★）
◆ 热处理工（初级、中级、高级、技师和高级技师）
◆ 涂装工（初级、中级、高级、技师和高级技师）
◆ 电镀工（初级、中级、高级、技师和高级技师）
◆ 锅炉操作工（初级、中级、高级、技师和高级技师）

◆ 数控机床维修工（中级、高级和技师）
◆ 汽车驾驶员（初级、中级、高级、技师）
◆ 汽车修理工（初级★、中级、高级、技师和高级技师）
◆ 摩托车维修工（初级、中级、高级）
◆ 制冷设备维修工（初级、中级、高级、技师和高级技师）
◆ 电气设备安装工（初级、中级、高级、技师和高级技师）
◆ 值班电工（初级、中级、高级、技师和高级技师）
◆ 维修电工（初级★、中级★、高级、技师和高级技师）
◆ 家用电器产品维修工（初级、中级、高级）
◆ 家用电子产品维修工（初级、中级、高级、技师和高级技师）
◆ 可编程序控制系统设计师（一级、二级、三级、四级）
◆ 无损检测员（基础知识、超声波探伤、射线探伤、磁粉探伤）
◆ 化学检验工（初级、中级、高级、技师和高级技师）
◆ 食品检验工（初级、中级、高级、技师和高级技师）
◆ 制图员（土建）
◆ 起重工（初级、中级、高级、技师）
◆ 测量放线工（初级、中级、高级、技师和高级技师）
◆ 架子工（初级、中级、高级）
◆ 混凝土工（初级、中级、高级）
◆ 钢筋工（初级、中级、高级、技师）
◆ 管工（初级、中级、高级、技师和高级技师）
◆ 木工（初级、中级、高级、技师）
◆ 砌筑工（初级、中级、高级、技师）
◆ 中央空调系统操作员（初级、中级、高级、技师）
◆ 物业管理员（物业管理基础、物业管理员、助理物业管理师、物业管理师）
◆ 物流师（助理物流师、物流师、高级物流师）
◆ 室内装饰设计员（室内装饰设计员、室内装饰设计师、高级室内装饰 设计师）
◆ 电切削工（初级、中级、高级、技师和高级技师）
◆ 汽车装配工
◆ 电梯安装工
◆ 电梯维修工

变压器行业特有工种国家职业资格培训教程

丛书介绍：由相关国家职业标准的制定者——机械工业职业技能鉴定指导中心组织编写，是配套用于国家职业技能鉴定的指定教材，覆盖变压器行业5个特有工种，共10种。

读者对象：可作为相关企业培训部门、各级职业技能鉴定培训机构的鉴定培训教材，也可作为变压器行业从业人员学习、考证用书，还可作为技工学校、职业高中、各种短训班的教材。

◆ 变压器基础知识
◆ 绕组制造工（基础知识）
◆ 绕组制造工（初级 中级 高级技能）
◆ 绕组制造工（技师 高级技师技能）
◆ 干式变压器装配工（初级、中级、高级技能）
◆ 变压器装配工（初级、中级、高级、技师、高级技师技能）
◆ 变压器试验工（初级、中级、高级、技师、高级技师技能）

◆ 互感器装配工（初级、中级、高级、技师、高级技师技能）
◆ 绝缘制品件装配工（初级、中级、高级、技师、高级技师技能）
◆ 铁心叠装工（初级、中级、高级、技师、高级技师技能）

国家职业资格培训教材——理论鉴定培训系列

丛书介绍： 以国家职业技能标准为依据，按机电行业主要职业（工种）的中级、高级理论鉴定考核要求编写，着眼于理论知识的培训。

读者对象： 可作为各级职业技能鉴定培训机构、企业培训部门的培训教材，也可作为职业技术院校、技工院校、各种短训班的专业课教材，还可作为个人的学习用书。

◆ 车工（中级）鉴定培训教材
◆ 车工（高级）鉴定培训教材
◆ 铣工（中级）鉴定培训教材
◆ 铣工（高级）鉴定培训教材
◆ 磨工（中级）鉴定培训教材
◆ 磨工（高级）鉴定培训教材
◆ 钳工（中级）鉴定培训教材
◆ 钳工（高级）鉴定培训教材
◆ 机修钳工（中级）鉴定培训教材
◆ 机修钳工（高级）鉴定培训教材
◆ 焊工（中级）鉴定培训教材
◆ 焊工（高级）鉴定培训教材
◆ 热处理工（中级）鉴定培训教材
◆ 热处理工（高级）鉴定培训教材
◆ 铸造工（中级）鉴定培训教材
◆ 铸造工（高级）鉴定培训教材
◆ 电镀工（中级）鉴定培训教材
◆ 电镀工（高级）鉴定培训教材
◆ 维修电工（中级）鉴定培训教材
◆ 维修电工（高级）鉴定培训教材
◆ 汽车修理工（中级）鉴定培训教材
◆ 汽车修理工（高级）鉴定培训教材
◆ 涂装工（中级）鉴定培训教材
◆ 涂装工（高级）鉴定培训教材
◆ 制冷设备维修工（中级）鉴定培训教材
◆ 制冷设备维修工（高级）鉴定培训教材

国家职业资格培训教材——操作技能鉴定实战详解系列

丛书介绍： 用于国家职业技能鉴定操作技能考试前的强化训练。特色：

● 重点突出，具有针对性——依据技能考核鉴定点设计，目的明确。
● 内容全面，具有典型性——图样、评分表、准备清单，完整齐全。
● 解析详细，具有实用性——工艺分析、操作步骤和重点解析详细。
● 练考结合，具有实战性——单项训练题、综合训练题，步步提升。

读者对象： 可作为各级职业技能鉴定培训机构、企业培训部门的考前培训教材，也可供职业技能鉴定部门在鉴定命题时参考，也可作为读者考前复习和自测使用的复习用书，还可作为职业技术院校、技工院校、各种短训班的专业课教材。

◆ 车工（中级）操作技能鉴定实战详解
◆ 车工（高级）操作技能鉴定实战详解
◆ 车工（技师、高级技师）操作技能鉴定实战详解
◆ 铣工（中级）操作技能鉴定实战详解
◆ 铣工（高级）操作技能鉴定实战详解

- 钳工（中级）操作技能鉴定实战详解
- 钳工（高级）操作技能鉴定实战详解
- 钳工（技师、高级技师）操作技能鉴定实战详解
- 数控车工（中级）操作技能鉴定实战详解
- 数控车工（高级）操作技能鉴定实战详解
- 数控车工（技师、高级技师）操作技能鉴定实战详解
- 数控铣工/加工中心操作工（中级）操作技能鉴定实战详解
- 数控铣工/加工中心操作工（高级）操作技能鉴定实战详解
- 数控铣工/加工中心操作工（技师、高级技师）操作技能鉴定实战详解
- 焊工（中级）操作技能鉴定实战详解
- 焊工（高级）操作技能鉴定实战详解
- 焊工（技师、高级技师）操作技能鉴定实战详解
- 维修电工（中级）操作技能鉴定实战详解
- 维修电工（高级）操作技能鉴定实战详解
- 维修电工（技师、高级技师）操作技能鉴定实战详解
- 汽车修理工（中级）操作技能鉴定实战详解
- 汽车修理工（高级）操作技能鉴定实战详解

技能鉴定考核试题库

丛书介绍：根据各职业（工种）鉴定考核要求分级编写，试题针对性、通用性、实用性强。

读者对象：可作为企业培训部门、各级职业技能鉴定机构、再就业培训机构培训考核用书，也可供技工学校、职业高中、各种短训班培训考核使用，还可作为个人读者学习自测用书。

- 机械识图与制图鉴定考核试题库
- 机械基础技能鉴定考核试题库
- 电工基础技能鉴定考核试题库
- 车工职业技能鉴定考核试题库
- 铣工职业技能鉴定考核试题库
- 磨工职业技能鉴定考核试题库
- 数控车工职业技能鉴定考核试题库
- 数控铣工/加工中心操作工职业技能鉴定考核试题库
- 模具工职业技能鉴定考核试题库
- 钳工职业技能鉴定考核试题库
- 机修钳工职业技能鉴定考核试题库
- 汽车修理工职业技能鉴定考核试题库
- 制冷设备维修工职业技能鉴定考核试题库
- 维修电工职业技能鉴定考核试题库
- 铸造工职业技能鉴定考核试题库
- 焊工职业技能鉴定考核试题库
- 冷作钣金工职业技能鉴定考核试题库
- 热处理工职业技能鉴定考核试题库
- 涂装工职业技能鉴定考核试题库

机电类技师培训教材

丛书介绍：以国家职业标准中对各工种技师的要求为依据，以便于培训为前提，紧扣职

业技能鉴定培训要求编写。加强了高难度生产加工，复杂设备的安装、调试和维修，技术质量难题的分析和解决，复杂工艺的编制，故障诊断与排除以及论文写作和答辩的内容。书中均配有培训目标、复习思考题、培训内容、试题库、答案、技能鉴定模拟试卷样例。

读者对象：可作为职业技能鉴定培训机构、企业培训部门、技师学院培训鉴定教材，也可供读者自学及考前复习和自测使用。

◆ 公共基础知识
◆ 电工与电子技术
◆ 机械制图与零件测绘
◆ 金属材料与加工工艺
◆ 机械基础与现代制造技术
◆ 技师论文写作、点评、答辩指导
◆ 车工技师鉴定培训教材
◆ 铣工技师鉴定培训教材
◆ 钳工技师鉴定培训教材
◆ 焊工技师鉴定培训教材
◆ 电工技师鉴定培训教材
◆ 铸造工技师鉴定培训教材
◆ 涂装工技师鉴定培训教材
◆ 模具工技师鉴定培训教材
◆ 机修钳工技师鉴定培训教材
◆ 热处理工技师鉴定培训教材
◆ 维修电工技师鉴定培训教材
◆ 数控车工技师鉴定培训教材
◆ 数控铣工技师鉴定培训教材
◆ 冷作钣金工技师鉴定培训教材
◆ 汽车修理工技师鉴定培训教材
◆ 制冷设备维修工技师鉴定培训教材

特种作业人员安全技术培训考核教材

丛书介绍：依据《特种作业人员安全技术培训大纲及考核标准》编写，内容包含法律法规、安全培训、案例分析、考核复习题及答案。

读者对象：可用作各级各类安全生产培训部门、企业培训部门、培训机构安全生产培训和考核的教材，也可作为各类企事业单位安全管理和相关技术人员的参考书。

◆ 起重机司索指挥作业
◆ 企业内机动车辆驾驶员
◆ 起重机司机
◆ 金属焊接与切割作业
◆ 电工作业
◆ 压力容器操作
◆ 锅炉司炉作业
◆ 电梯作业
◆ 制冷与空调作业
◆ 登高作业